马克思生态思想研究

Reserch on Marx's ecological thoughts

陶火生 著

学习出版社

图书在版编目（CIP）数据

马克思生态思想研究/陶火生著.
-北京：学习出版社，2013.4
（国家社会科学基金后期资助项目）
ISBN 978-7-5147-0085-5

Ⅰ.①马…　Ⅱ.①陶…　Ⅲ.①马克思主义-生态学-思想研究
Ⅳ.①A811.693

中国版本图书馆CIP数据核字（2013）第057266号

马克思生态思想研究
MAKESI SHENGTAI SIXIANG YANJIU
陶火生 著

责任编辑：李　岩
技术编辑：周媛卿　刘　硕
封面设计：杨　洪

出版发行：学习出版社
北京市崇外大街11号新成文化大厦B座11层（100062）
010-66063020　010-66061634
网　　址：http://www.xuexiph.cn
经　　销：新华书店
印　　刷：北京市密东印刷有限公司

开　　本：710毫米×1000毫米　1/16
印　　张：21.5
字　　数：363千字
版次印次：2013年4月第1版　2013年4月第1次印刷

书　　号：ISBN 978-7-5147-0085-5
定　　价：42.00元

国家社科基金后期资助项目

出版说明

后期资助项目是国家社科基金设立的一类重要项目，旨在鼓励广大社科研究者潜心治学，支持基础研究多出优秀成果。它是经过严格评审，从接近完成的科研成果中遴选立项的。为扩大后期资助项目的影响，更好地推动学术发展，促进成果转化，全国哲学社会科学规划办公室按照“统一设计、统一标识、统一版式、形成系列”的总体要求，组织出版国家社科基金后期资助项目成果。

全国哲学社会科学规划办公室

目 录

Contents

导论　自然“复活”路径的深度探索

生态和谐是人类生存的基本需求，当下这一需求却呈现为问题状态。生态自然是人类的生存家园，人类从自然家园中获得赖以生存的自然资源和生存环境。然而，由于人类的掠夺式开发，资源告急！由于人类大量、随意排放废弃物，生态环境遭到破坏，生态系统处于严重失衡的危机之中！资源瓶颈给陶醉于社会发展的人们敲响了警钟，社会物质财富的繁荣景象丧失了自然资源的可持续支撑而面临危险；环境的超载与破坏意味着人类的生存空间在人为地缩减，甚至人的健康已经受到直接的威胁。正是这种人与自然的深刻矛盾，推动了生态理论的勃兴。

一旦现实需要新的理论，那么，这种需要将会极大地推动理论创新。现实的生态问题需要新的理论来解决人与自然的失衡关系，生态理论的创新以生态科学为依据，并且深入社会科学领域。在解决生态问题的技术性实践中，生态科学和生态技术获得了迅速的发展，但是，技术方案治标不治本。人们开始把视野投向人自身的更深层原因，西方的生态伦理学获得了长足发展，并臻于成熟。新自然主义的生态世界观力图通过返魅自然的内在价值而重新确立“人在自然界中的位置”。以人的生态生存为底板，自然的内在价值在新自然主义的对象性思维语境中广获认同，这对根本颠覆人类征服和控制自然的现代性文化具有彰显而重大的积极意义。然而，伦理规则的柔性不刚使得生态伦理学对人与自然关系的伦理追溯和价值批判缺乏现实性。生态问题的价值批判离不开现代制度根源，即资本主义所构建起来的现实世界，而资本主义制度则是资本的保护壳，因此，对生态危机的伦理批判必然会走向政治批判。然而，只要资本仍然操纵着社会生产和人们的生活，那么，不根除现代社会的资本逻辑及其超越性扩展能力，生态和谐永远难成现实。

多元化的创新路径构成了研究马克思生态思想的当代语境和理论意义。通过对马克思理论文本的整体性解读，深入理解马克思哲学的根本变革及其理论意义，为研究马克思生态思想及开发其现实价值、使之参与当代话语交流提供始源性的理论依据；在发展的时代主题要求下，研究马克思生态思想以应对全球性生态问题，并在众多解决方案中独树一帜，具有根本性和现实性的比较优势。

建设中国特色社会主义生态文明需要创新马克思主义生态理论以指导实践。针对当前全球性发展语境下出现的生态问题，从马克思的理论文本中寻获生态问题之社会根源，从而找到解决生态问题的社会方法，这是西方生态学马克思主义的基本思路，以威廉·莱斯、詹姆斯·奥康纳、J. B. 福斯特为代表的西方生态学马克思主义从马克思的理论出发、开发了马克思生态思想的现实价值，做出了杰出的理论贡献。但是，当代发展语境不仅是劳动者与资本的二元对立，更是多元样式的利益分化，如何进一步总结尚无定论。

同时，中国化马克思主义生态思想的产生和发展一方面是通过翻译和引介生态伦理学的著作和思想来吸收和借鉴西方生态伦理学和生态学马克思主义的理论资源；而另一方面，深入马克思主义经典作家的文本当中去挖掘思想源泉，创造出生态哲学研究的繁荣局面、为建设中国特色社会主义生态文明做出特有的理论贡献却进展有限。尤其是，当前国内学术界研究马克思生态思想多是关注马克思的生态思想的内容及其现实指导意义，却寥于考察马克思生态思想的存在论基础，从而把马克思的当代性归附于枝节之论，而不能从马克思哲学的革命性根基之处显示马克思生态思想的当代性。

一、自然的价值返魅：新自然主义的伦理路径

自然的价值返魅源自自然的现代性祛魅。马克斯·韦伯提出了自然的祛魅概念，概括了人类利用科学技术和机器生产走向现代世界的趋势。自然的祛魅是现代工业文明的理性伟业。现代文明伊始，人类对自然世界的认识根本不能满足资本主义生产的需要，人们急切地需要了解充满迷魅的自然世界。如果说古代生活经验产生了自然之谜的神话学解答方法，那么近代人类则从宗教神学中解放出近代科学，建立起了实验的方法，开始提供自然之谜的科学解答。自然知识的不断丰富提供给人类以极大的力量和信心去改造自然，被非人的力量所控制的自然敞现在惊奇的世人面前，科学开始把控制自然的非人的力量驱逐出自然领域，人也不再把自然继续当作人类的榜样，而使之成为人类物质财富的源泉。当

然，仅靠观念形态的科学是不能实现自然的祛魅的，现代技术把自然知识转化为人类实践方式的内在要素。现代技术不再是农业文明条件下的传统经验型形态，而是以科学知识为前提的实践形态，新技术的应用一下子扩大和延伸了人的力量，在追逐物质财富的利益驱动下，人对自然进程的干预范围愈益深入，这种深入最终竟然达到了破坏生态环境的程度。在自然的现代性祛魅中，自然界被透明化和功利化，人们忽视了人的生态生存这一事实，这样，透明的生存居所被祛魅了，祛魅的自然成为了现代主体性的无保护属地。当代的生态事实表明，自然的自在存在蕴藏了巨大的规律性的张力，它以“自然报复”的形式把人的现代性实践的自然后果反馈给人。

新自然主义从生态伦理学的理论视域确认了自然的价值返魅。在处于严重危机的生态环境面前，人类反思自身实践方式的生态合理性，在反思中，自然的道德存在突破了人际领域进入种际领域，并且从自然的内在价值那里获得了可能的依据。后现代生态伦理学的一个重要的理论主题就是寻获自然的内在价值，新自然主义的环境伦理学把“自然事物本身作为道德考虑的对象”。此处之“新”不同于旧的自然主义，旧自然主义力图用自然的机理解释人的社会活动和历史，新自然主义伦理学则认为“在生态系统的机能整体特征中存在着固有的道德要求”[①]。旧的自然主义把自然界的物质运行规律转用到对人类社会历史的解释，新自然主义则扩大了视界，从人与自然的统一来看待自然在人类社会中的位置以及人在自然中的位置。自然中存在着“固有道德要求”，或者说，自然的道德存在可以延伸出人与自然处于一个伦理共同体之中，人与自然之间所筑起的现代性藩篱被自然的道德认同所摧毁，作为社会财富源泉的自然不再是现代性实践方式的掠夺对象，自然有其对于人而言的客观规律，由此产生人的活动的生态规律性。

自然的后现代返魅批判并要求消解现代科学的片面性，把人与自然的关系建立在新的科学基础之上。如果说“自然的祛魅”意味着“否认自然具有任何主体性、经验和感觉”[②]，那么，“自然的返魅”并非意味着自然的神灵重现，而是以现代生态学为科学基础对自然的整体主义考察。生态科学是对现代机械论的科学观的根本变革，为当代人类的生态生存

---

① ［美］霍尔姆斯·罗尔斯顿Ⅲ著：《哲学走向荒野》，刘耳、叶平译，吉林人民出版社2000年版，第7页。

② ［美］大卫·格里芬编：《后现代科学》，马季方译，中央编译出版社2004年版，第2页。

提供了新的学科基础。现代哲学的二元论和还原论、机械论的思维方式、事实与价值的分离、主体与客体的对立，深刻地影响了现代科学及其运用。而新自然主义生态学则要求确认自然的自在运行，以及人与自然的和谐相处。整体主义、有机论方法、超越人类中心、反对控制和掠夺自然，打破禁忌、多元化认同、强调非暴力、追求生态和谐成为新自然主义的认识方法和价值追求。后现代科学用生态学范式取代机械论的科学范式，力图把“人类，实际上是作为一个整体的生命，重新纳入到自然中来，同时，不仅将各种生命当成达到我们的目的的手段，而且当作它们自身的目的”[①]，以解除现代科学技术对自然的控制，复归科学技术的真正本质。

新自然主义返魅自然价值的多元伦理路径蕴涵了共同的哲学世界观。后现代生态伦理学深追自然的内在价值，恢复生命和自然的主体性（自然的内在价值即自然本身的价值，是生命和自然界的主体性的表现[②]）。自然的内在价值的获得方式则是简居山野、贴近和体悟自然，希望人能够像山一样思考，直到走向荒野。深层生态学从宽域的“生态自我”来实现人与自然的认同，把平等的范围扩大到整个生物圈，提倡生态中心主义的平等，以超越理性的直觉来感受自然的内在价值。在新自然主义那里，多元的理论形态建基于共同的世界观基础，这就是后现代的生态哲学世界观。无论他们之间的分歧如何，这样的共识是存在的：世界是一个有机的整体，人与自然相互作用；人是生态系统中的一员，生命和自然的存在有其自在的独立性。自然不是人的价值的实现，而是有自身的内在价值。人在生态世界中生存，自然世界影响着人类的生存状况。后现代生态主义世界观提供给人们一种广泛的、整体的世界图景，这个物质性世界不只是人类认识的对象和现代知识的来源，更是人类现实的生存世界。

作为后现代主义的理论形态之一，后现代生态主义世界观凝聚着对现代性的批判和超越。当代人类的生态生存所处的深刻危机促使人们对造成这一后果的现代性发展实践予以深度关注和深层批判。后现代主义对现代性的文化批判颠覆了现代文化的理性主义、主体主义、科学主义和技术统治，把人从现代性的社会控制之下解放出来。循着这一批判路径，后现代生态主义着意于批判现代性的反生态特质，以当下人类的生

① ［美］大卫·格里芬编：《后现代科学》，马季方译，中央编译出版社2004年版，第44页。
② 余谋昌著：《自然价值论》，陕西人民教育出版社2003年版，第115页。

态生存的事实为出发点和依据来解构现代性。他们对现代性的自然观的解构突出地把道德边界从人际领域扩展到种际领域，甚至力图通过恢复自然的主体性来消解现代的片面主体性，通过整体主义的方法来破解现代哲学的主客二分。就其批判意味而言，这是有重大的积极意义的。但是，由于其自身的理论局限，他们的批判把伦理意识的相对独立性夸大为绝对的独立性，他们对现代性自然观的后现代批判仍然是一种抽象的文化批判，并且，其对象性的思维方式始终在生态价值的合理性上处于难解的尴尬境地。比如，新自然主义强烈批判人类中心主义，但他们离不开人类的“种族假相”来解释生态中心主义，而且，一方面对人类中心主义的批判甚至导致了反人类的逻辑结论，即逻辑地推论出人具有反生态的本性，把人的生理需要当作反生态的始源，从而走向反人类的逻辑立场；另一方面，生态中心主义构想却又产生了生态整体的神秘主义，即把整体主义的生态中心主义当作整体性的生态世界，对远离人的荒野进行崇拜。

对自然的现代性祛魅的生态批判是新自然主义批判现代性的基本层面，而后现代主义对现代性的批判不仅是对现代性的理性主义、本质主义的抽象批判，它更要在现代社会中展开全面而深入的批判。而只要资本主义制度仍然是现代社会的整体架构，“只要资本主义和它的异化后果对此进行着自然与人的关系，就不可能有与‘自然相协调’。”① 从自然的伦理批判到生态世界观的形成，后现代生态主义形成了考察资本主义生态危机的一般理论架构，他们对当代资本主义的伦理批判拆除了现代生态根源的意识支撑，但现实的社会制度批判、资本主义的生产方式中所蕴涵的资本主导权还需要他们从社会制度方面深入展开自然的返魅路径，从而超越纯粹的理性批判以及使得理性批判获得实际的功效。

二、生态危机的制度批判路径

当代资本主义由于资本主义内部对人与人关系的调整，以及忽视人与自然关系而把生态危机推向了资本主义批判的前沿。后现代生态主义也确实看到了资本主义生产方式对人与自然关系的遮蔽，并且提出了自己的看法，莫斯科维奇总结道，“生态主义者最先建议大幅缩减劳动时

① [美] S. 贝斯特、D. 科尔纳著：《后现代转向》，陈刚等译，南京大学出版社 2002 年版，第 267 页。

间，使劳动者能够重新回到花草树木当中，摆脱生产率的纠缠，能够站得稍微远一点，在顾及与自然关系的前提下思考生产模式、资源和产品的选择问题"①。然而，劳动者能否"重新回到花草树木当中"、劳动时间的缩短不是由劳动者自行决定的，而是由资本主义制度所决定。

福斯特合理地提出了资本主义生态危机的经济制度原因。福斯特明确宣称"生态和资本主义是相互对立的两个领域"，指认出西方文化中的支配自然的观念不能解答现代社会中人类对自然的依附，而"资本主义制度的扩展主义逻辑"才蕴涵了问题的答案。解决生态问题是复杂的系统工程，其中，最主要的就是进行制度变革。福斯特看到了资本主义条件下仅仅技术性地解决生产、销售、技术和增长等问题还不能真正解决生态问题，而只有寻获新的社会制度取代资本主义社会秩序，人类才能实现可持续发展。资本主义制度不仅是生态危机的制造者，也是阻碍制度变革的根本原因。要摒弃资本主义的社会秩序、体制和制度，就必然涉及统治利益集团对整个社会的掌控权。在福斯特看来，无论是以争取社会改革而爆发的工人阶级斗争，还是以克服环境恶化而开展的环保运动，都在迫使资本主义制度不能完全按照自己的逻辑长期发展。但是资本主义制度的维护者——资本家阶级——却始终阻碍着这种必要的基本变革。因此，福斯特强调了环保主义运动与个人的联合对于真正解决生态环境问题至关重要。环保主义者与工人阶级的分离会导致环境保护运动失去其最可靠的物质力量，从而给资本主义政府抵制环保运动提供了分化征服的裂隙。在这里，福斯特批评了那种抽象的泛人类主义的环保主义运动，提出要把环保运动和工人阶级争取利益保障运动联合起来，形成坚强的"劳工——环保联盟"的反统治利益集团的变革方式，这种"劳工——环保联盟"意味着社会革命与环境革命的一体化。作为社会革命与环境革命的一部分，福斯特提出了"生态转化战略"方式。生态转化的实现方式是怎样的？福斯特认为要从国家层面来开展协作，"从根本上说，实施生态转化战略，并不十分需要臆想中的衰落社区的积极性，而是需要国家层面上的协作行动，包括寻找在全国范围内强制将经济盈余输入生态转化项目的手段"②。然而，这样的国家层面是福斯特所要批

① ［法］塞尔日·莫斯科维奇著：《还自然之魅》，庄晨燕、邱寅晨译，三联书店 2005 年版，第 25 页。

② ［美］J.B. 福斯特著：《生态危机与资本主义》，耿建新、宋兴无译，上海译文出版社 2006 年版，第 127 页。

判的资本主义国家，而他又要借助于这种国家来解决生态转化战略，由此可见，福斯特对社会革命与环境革命之间如何联合也仍然缺乏非常明晰的认识。

建设性后现代主义认为，后现代社会所重建的社会秩序，“不再让人类隶属于机器，不再让社会的、道德的、审美的、生态的考虑服从于经济利益，它将超越于现代的两种经济制度之上”[①]，即超越现代现实的资本主义经济和社会主义经济，成为未来经济的主导形态。从社区组织原则出发，新的社会秩序包含在经济、政治和文化的生态化结构中。乔·霍兰德认为，“经济领域：适当的技术和社区合作社”——实质上，经济领域中的适当的技术指的是小型技术，以“人道的社区工作”为基础重组社会经济的合作方式；“政治领域：社区和网络化”——政治是一种社会组织形式，通过建构参与式民主来分散官僚机构的权力，把社会的各个阶层联成整体网络，彼此平等；“文化：一种新的根基隐喻”[②]。作为对增长型的现代经济主义的反对，赫尔曼·达利则把后现代的经济规定为“使人口和人工产品的总量保持恒定”的稳态经济，这里的“恒定”意味着综合平衡不是“静止”，强调经济的“质的发展而不能有量的增长”。在达利看来，稳态经济需要限制人口；限制人工产品的数量；公平分配。可以说，稳态经济学对于社会产品总量的考量符合生态可持续性的原则，对社会产品的分配体现了社会公正原则，不过，达利的这种马尔萨斯式的原则具有理想性大于现实性的明显特点，在当代人类社会这一整体性的复杂巨系统中，任何一项原则的实现都关乎特殊的利益而难以成为现实。

新的社会秩序以新的整体性价值观和世界观为基础。查伦·斯普雷特纳克列举了后现代社会的“十种关键价值”：生态智慧、基层民主、个人责任和社会责任、非暴力、权力分散化、社区性经济、后家长制价值观、尊重多元性、全球性责任、未来焦点等。更为详细的考察是丹尼尔·科尔曼，他深入分析了这十种关键价值，认为这十大关键价值构成了生态社会的整体性价值观，奠定了人类从反生态的现代社会向着生态社会演进的基础。生态社会的整体性价值观中，可能存在着彼此的矛盾，但我们需要把各种具体的价值视为“统一的世界观”的各个不同侧面，

---

① ［美］大卫·格里芬编：《后现代精神》，王成兵译，中央编译出版社2005年版，第3页。

② ［美］大卫·格里芬编：《后现代精神》，王成兵译，中央编译出版社2005年版，第85—91页。

即我们需要“心中装着大局”①，可以说，生态可持续是新的社会秩序的基本样式和基本原则，体现了人类可持续发展的整体性视野和生存论性质。

对资本主义制度的反生态本性的批判，主张变革社会制度，破除不道德的现代资本主义生产方式，来解除生态危机，突破了观念论的道德革命为主旨的新自然主义生态伦理学的困境。这种把生态问题的解决方案从文化领域推进到政治领域和社会秩序领域，从泛人类的道德革命推进到现代社会的资本主义制度变革，是深入而现实的。但是，没有对资本的彻底批判、不消解资本的现代性霸权，哪里会有资本主义制度的生态革命呢？自然的价值返魅，只有对现代资本统治权的根本消解才能成为现实，对现代资本的全面控制权的生态批判，在马克思那里最为彻底。

三、资本控制权的彻底消解：走向马克思的生态思想

资本来到世间，意味着现代性有其物质性基础。现代性思想启蒙产生了主体哲学和理性本质，其物质基础是现代的生产方式和交换方式。生产资料的生产和生活资料的生产决定了人们的生活方式，而生产方式和生活方式是什么样的，人就是什么样的。人是什么样的，社会共同体就是什么样的。资本主义的生产方式决定了人们的现代性生活方式和社会的现代性，而这种生产方式本身则是由资本来主导各种资源的配置。可以说，资本是现代性的深层物质基础，资本的扩展能力一旦形成，就已经超越物质生产领域，“现代的灾难”就始源于资本的超越性扩展能力，马克思提出，“资本一旦合并了形成财富的两个原始要素——劳动力和土地，它便获得了一种扩张的能力，这种能力使资本能把它的积累的要素扩展到超出似乎是由它本身的大小所确定的范围，即超出由体现资本存在的、已经生产的生产资料的价值和数量所确定的范围。”② 劳动力是剩余劳动的始源，是人的存在和社会关系的象征，而土地则是社会物质财富的源泉，是自然资源和生态环境的标志，因此，也是人的自然存在标志。资本的超越性扩展能力控制了整个资本主义社会中人与世界的

① ［美］丹尼尔·A.科尔曼著：《生态政治》，梅俊杰译，上海译文出版社2002年版，第135页。

② 《马克思恩格斯文集》第5卷，人民出版社2009年版，第697页。

关系，既包括劳动者的非人化存在，也包括生态系统的资本化受控状态。

在马克思看来，资本的现代性逻辑蕴涵着内在的矛盾。正是社会发展的基本规律所形成的资本主义的固有的矛盾，即现代生产力创造了强大的资本主义社会，而资本的逻辑却成为现代生产力继续发展的约束。社会发展的基本矛盾规律既具有普遍性，在资本主义条件下又具有现代性特征，“现在，我们眼前又进行着类似的运动。资产阶级的生产关系和交换关系，资产阶级的所有制关系，这个曾经仿佛用法术创造了如此庞大的生产资料和交换手段的现代资产阶级社会，现在像一个魔法师一样不能再支配自己用法术呼唤出来的魔鬼了。几十年来的工业和商业的历史，只不过是现代生产力反抗现代生产关系、反抗作为资产阶级及其统治的存在条件的所有制关系的历史。”① 现代资本主义生产不仅使人自身的发展成为一种自然必然性，也控制了自然力。马克思说，“资本主义生产方式以人对自然的支配为前提。过于富饶的自然‘使人离不开自然的手，就像小孩子离不开引带一样’。它不能使人自身的发展成为一种自然必然性。……社会地控制自然力，从而节约地利用自然力，用人力兴建大规模的工程占有或驯服自然力，——这种必要性在产业史上起着最有决定性的作用。”② 资本主义的生产借助于现代科学技术、机器、工厂制度等对自然力的控制所形成的人与自然的实践性关系是征服性的、颠覆性的，给现代生态环境带来巨大的破坏，“资本主义生产使它汇集在各大中心的城市人口越来越占优势，这样一来，它一方面聚集着社会的历史动力，另一方面又破坏着人和土地之间的物质变换，也就是使人以衣食形式消费掉的土地的组成部分不能回归土地，从而破坏土地持久肥力的永恒的自然条件。……此外，资本主义农业的任何进步，都不仅是掠夺劳动者的技巧的进步，而且是掠夺土地的技巧的进步，在一定时期内提高土地肥力的任何进步，同时也是破坏土地肥力持久源泉的进步……因此，资本主义生产发展了社会生产过程的技术和结合，只是由于它同时破坏了一切财富的源泉——土地和工人。”③

后现代时代的自然返魅、理性主义的消解、经济主义的批判如果离开了对资本主导性的批判则流向了乏力的空谈。资本主导下的现代灾难将导致资本主义社会矛盾运动的普遍危机。在资本主义的现代工业生产

---

① 《马克思恩格斯文集》第 2 卷，人民出版社 2009 年版，第 37 页。

② 《马克思恩格斯文集》第 5 卷，人民出版社 2009 年版，第 587 页。

③ 《马克思恩格斯文集》第 5 卷，人民出版社 2009 年版，第 587 页。

体系条件下，自然资源的匮乏以及生产对生态环境的破坏也处于严重的危机状态。由于无限度地追求自行增殖，资本不仅“像狼一般地贪求剩余劳动”①，也造成了“对工人在劳动时的生活条件系统的掠夺，也就是对空间、空气、阳光以及对保护工人在生产过程中人身安全和健康的设备系统的掠夺，至于工人的福利设施就根本谈不上了”②。资本的力量主导了现代性的全球性扩展，奔走于全球各地的，不外是人格化的资本。即使在后现代时代，资本本身也是难以消解的，但是可以变革的，则是资本的主导权、资本对世界的控制力。现代性的问题以及当代资本主义生态危机恰恰是资本的主导权危机，资本的主导权则是资本的现代性本质。资本的现代性本质是资本对人与世界的控制，但世界是人的生存寓所，在世界之中生存是人对世界的态度的底线。资本对自然的控制一旦触及这一底线，或者会导致人类的覆灭，或者会被解除其控制力。资本的现代性霸权在于对人的社会需要的控制以及人的全面发展的约束，资本把劳动者变成仅有着动物般需要的劳动工具，人的方式在劳动者那里被资本遮蔽了，动物般的需要成为人的全部需要。自行覆灭是难以接受的，唯有消解资本的霸权。

马克思对资本主义的反生态性质的批判不唯是19世纪的，也是当下的，这是由于资本的逻辑主导性并没有获得当代的解决。现代性与资本主义的共同问题在于资本对人与世界的全面控制，资本制造的生态危机与资本主义条件下人在资本的逻辑中遭遇到的生存危机是一致的，人的社会生存危机是人的社会关系本质受到现代性资本的遮蔽和控制，随着生存视域的拓展，资本所控制的人的生态生存也被揭示出来。资本对劳动者的掠夺和对自然的掠夺是同一过程的两个方面，掠夺性则是资本的逐利本性的必然逻辑，在资本的逐利性掠夺过程中，人的生存世界被工具化和资源化，人遭遇到了生存世界的颠覆。后现代生态主义突出地强调了自然的荒野价值，力图通过发掘自然的内在价值来确认自然在人类社会的发展中有其合理的地位。在马克思看来，作为人类生存家园的生态世界只有在真正合乎人的本性的社会中才能获得自己的真正的本质，这样的社会“是人同自然界的完成了的本质的统一，是自然界的真正复活，是人的实现了的自然主义和自然界的实现了的人道主义。”③没有社

① 《马克思恩格斯文集》第5卷，人民出版社2009年版，第306页。
② 《马克思恩格斯文集》第5卷，人民出版社2009年版，第491页。
③ 《马克思恩格斯文集》第1卷，人民出版社2009年版，第187页。

会实践方式和社会关系的根本变革，沉沦的生态世界难以真正获救，生态的沉沦则是人的生存世界的末日。

资本的生态批判在于现实的社会运动。马克思对资本现代性的批判以现实的社会运动为鹄的，现代社会中，资本的狂欢从建立于其上的私有财产制度中获得保障。对现代资本的主导权的颠覆需要扬弃资本主义的私有财产制度，这是一种现实的社会运动而不仅是观念的批判，马克思说，“要扬弃私有财产的思想，有思想上的共产主义就完全够了。而要扬弃现实的私有财产，则必须有现实的共产主义行动。”① 彻底地消解资本的控制权就需要这种现实的共产主义运动，尽管当代的时代背景，即和平与发展成为时代的主题，而且资本主义也在自我调整中重获生命，但是资本主义内在的最深层矛盾却成为生态问题无法根本解决的渊薮。后现代生态主义看到的是人类问题，突出了生态运动的泛人类主体，指望通过人类的自我改变来改变生态现状，这不乏乌托邦的虚幻。保护自然的生态运动离不开制度变革的社会运动，只有在充分显现人的本质的社会里，生态和谐才能真正实现，从这一角度看，马克思对资本主义的批判更为深刻，马克思所提出的生态危机的解决途径更为根本。

四、基本观点和研究思路

马克思把人——自然——社会作为整体，从人类生存的生态事实出发，坚持了实践论、历史评价、人本导向等考察视域，深刻批判了资本主义条件下生态破坏的社会根源。马克思哲学是对近代西方哲学的根本变革，这一变革的根本性首先在于马克思哲学的存在论革命，即以生存论存在论基础超越整个近代形而上学的基本建制。马克思的哲学革命深入其全部思想领域，由此所规定的马克思生态思想对近代自然观具有全面的超越性质。在发展的时代主题中，马克思生态思想的当代性质是以生态问题全球化为基本语境，以关注人类合理的、持续的生存为基本特质，以重组社会秩序为基本途径，以参与到后现代生态主义的对话并独具现实性为理论特色的基本样态，对于建设当代生态文明具有根本性的理论意义和现实意义。以生态实践为基础，人与自然可以协调发展。

马克思的生态思想以人与自然之间的实践性、社会性关联为主要对

① 《马克思恩格斯文集》第1卷，人民出版社2009年版，第231页。

象，以一般历史性和资本逻辑为主导的现代性为分析路径，以人的生存和自由发展为价值旨向；马克思的哲学革命在其存在论基础上实现了对现代形而上学的根本颠覆，开辟了关注人的现实生存的存在论路向，这也体现在其生态思想中。在发展成为时代主题的全球化语境中，马克思生态思想以一种参与式、对话式的方式当代化，其中仍然包含对现代社会的最深刻批判，也指出了生态问题的根本解决途径。

本研究的基本思路主要体现为整篇的逻辑架构，具体是：

自然“复活”路径的深度探索。人的当下生存与生态重建广受瞩目，其中新自然主义的生态世界观力图通过返魅自然的内在价值而重新确立“人在自然界中的位置”。后现代时代自然的返魅、理性主义的消解、经济主义的批判如果离开了对资本主导性的批判则流向乏力的空谈。资本主导下的现代灾难将导致资本主义社会矛盾运动的普遍危机。在资本主义的现代工业生产体系条件下，自然资源的匮乏以及生产对生态环境的破坏也处于严重的危机状态。

马克思生态思想的整体架构。马克思把人化自然当作自己的生态思想的出发点，而不是静观自然。不去抽象地谈论自然，而是把自然作为人的劳动实践产物，这是人化自然观的基本特质。在自然的人化过程中，人、自然、社会形成人类生态学视域下的整体性生态系统，这样，自然哲学不再是纯粹的抽象自然观，而是实践论的生态思想。作为自然存在物的人参加自然界的生活，就是指人对自然界的物质变换活动发生在作为环境的自然界的物质运动之中，“自然存在物”与“自己的自然界”实质上就是生命体与环境的生态关系。人的自然存在是社会性的自然存在。但是在现代社会，劳动的异化、资本的全面控制、私有财产制度使得自然界被异化，也使得人的自然存在被异化。资本主义的生产方式决定了人们的现代性生活方式和社会的现代性，而这种生产方式本身则是由资本来主导各种资源的配置。劳动的本真复归通过使自然的人化方式发生质的变化，从而使自然界真正复活，实践的社会历史性蕴涵着劳动实践的本真复归必然会带动社会结构的根本转变，从虚假的社会共同体走向真正的共同体，即社会主义社会。

哲学革命与马克思生态思想的超越性质。马克思的生态思想包含在其哲学革命之中，这意味着在现代形而上学的基本建制能够在实质上趋于瓦解或崩溃的地方，马克思的哲学革命及其意义才有可能同我们真正照面。马克思哲学是整个现代西方哲学史上的一次壮丽日出，是对西方哲学传统的根本变革。马克思的唯物史观的革命性业已清晰，马克思认识论革命的实践路径预示了对整个认识论学说的根本革命，而其基础则是马克思哲学存在论的根本变革。传统的存在论哲学把所有的实体、存在物当作哲学的对象，其生态思想是物的关系的集合。马克思的生态思想不是把物的集合当作存在论的现象，而是把人的生存作为理解人类生态系统的基本介质和意义归宿。世界不是物的集合，而是人的生存世界。人在其生存实践中，改变自然和自身，人——社会——自然所构成的世界整体通过实践呈现在人的面前，人的实践必须是坚持规律原则与价值原则的统一。

生存眷注与马克思生态思想的价值关怀。马克思的哲学关注了人的生存状况，对现实的人的生存眷注是马克思哲学的最深关怀，这种深层的理论关怀支配了马克思的整个思想体系，也渗透在马克思的生态思想之中。马克思关注到了现代工人的生态生存状况，在资本的全面控制下人的生态需要也被异化。劳动的异化导致了劳动者的需要被异化，现代工业生产出了满足需要的精致化的生活资料，同时也生产着“需要的牲畜般的野蛮化和最彻底的、粗陋的、抽象的简单化”，在这里，“甚至对新鲜空气的需要在工人那里也不再成其为需要了”。资本生产的工业文明的污浊毒气污染了人的生存居所，人的生存环境遭到根本性的破坏，“光、空气等等，甚至动物的最简单的爱清洁，都不再是人的需要了。肮脏，人的这种堕落、腐化，文明的阴沟（就这个词的本义而言），成了工人的生活要素。完全违反自然的荒芜，日益腐败的自然界，成了他的生活要素”。由于劳动的异化，被颠覆的生态环境成为工人的生活世界，资本压制和遮蔽了人的生态需要。生存方式的合理性、真正性与人性是内在一致的，在整体性的生态实践中，真正的社会共同体通过生活实践合理地敞现出来，这蕴涵了合乎人性的社会要求建设生态，社会必须保障人以全面的方式占有自己全部本质，尤其是自然存在的真正本质。在马克思主义大众化进程中坚持和发展马克思的生态思想，就是坚持社会主义生态文明建设以人为本，其中包括生态文明建设依靠人民、生态文明建设成果人民共享。

时代主题的转换与马克思生态思想的当代境遇。随着发展成为当代的主题，生态环境问题及其解决途径也随着经济全球化而趋向全球化，成为全球性问题，这是马克思生态思想当代出场的现实境遇。在各种思想和方案的多元对话和激荡砥砺中，马克思的生态思想如何能够参与、融会其中，并且与中国特色社会主义发展道路相结合，这是马克思生态思想的当代路径。在马克思主义时代化进程中，坚持和发展马克思的生态思想，就是立足发展的时代主题，解答当前的生态问题，创新马克思主义的生态理论。

生态实践与马克思生态思想的新思考。科学实践观是对人的感性的对象性活动的科学认识，在马克思那里，实践是人的根本存在方式、是感性世界的形成前提、是社会发展的现实性依据，科学实践观是马克思理解全部自然、人、社会的理论基石。感性的实践总是表现为具体的实践方式，实践方式随着时代发展呈现多样化样式，现代实践方式则是导致现代生态问题的实践根源。生态实践是解决生态问题、建设生态文明的根本实践方式，是清洁生产、循环经济、绿色消费、绿色生活、绿色科技等的概括。人与自然之间的物质变换不仅包括自然物的资源化、属人化，还包括人化物如何回归自然、废弃物的处理问题，生态实践把自然物的这两种流向都融会在内。在生态实践的基础上，马克思生态思想应该获得新的发展，对这种发展的尝试包括：生态实践是人的生态存在的基本方式、人类的历史是一部生态实践史、生态意识是人类生态实践存在的意识形态等。

对话、创新与坚守：马克思生态思想的当代遭遇。通过对马克思当代遭遇的思考融会在比论马克思生态思想与生态伦理学的差异与对话、分析生态学马克思主义的创新和误解、考察中国化马克思主义的坚守与实践之中，希望能够以理论与实践的互为开放以及理论之间的平等对话来发展马克思的生态思想。在马克思主义中国化进程中坚持和发展马克思的生态思想，就是立足中国具体国情、按照中国特色社会主义发展道路、依据中国特色社会主义理论体系，来坚持马克思生态思想中的基本立场和基本原则，开发出满足中国社会需要的马克思主义生态文明理论。

马克思的生态思想对建构当代生态哲学的启示。随着生态问题的凸显和生态文明建设的深化，生态哲学成为当代哲学新的增长点。新生的哲学需要思想资源，马克思的生态思想及其当代性的解释可以为建构当代生态哲学提供一些必要的启示，这一启示将导向人的实践化、社会化生存中的生态和谐。生态哲学的内在精神不在于对生态科学的知识性反思，而是以人与自然的和谐发展为理论主题的理念创新。当代生态哲学的理念创新，是建设生态文明的理论基础，为人在自然界中的位置提供全新的认识视野；当代生态哲学的理念创新，以生态来观照发展，为自然在社会发展中的位置提供全新的检校维度；当代生态哲学的理念创新，以生态和谐为价值指向，为“自然界的真正的复活”、为人类史与自然史的真正的统一提供了合理性的依据。关注生态现实、立足时代主题、创新研究方法、深化生存性质、指向生态和谐，是建构当代生态哲学的基本维度。

五、基本研究方法、重点难点和创新之处

1. 本研究所采用的基本研究方法包括：

互文性文本解读方法。这是把马克思的主要文本联成一体，相互印证，从马克思的整体性理论语境中来分析马克思的生态思想。马克思的思想本身处于不断的发展之中，不同时期的生态思想之间有着内在的逻辑线索，尤其是在《1844年经济学—哲学手稿》和《资本论》之间，马克思对现代自然世界的异化和资本化的批判具有逻辑一致性。只有立足于文本，马克思的思想才能客观重现；只有链接文本，马克思的思想才能呈现出有机整体性和逻辑自洽性。

理论与现实相结合的辩证分析方法。根据不同历史时代的社会主要矛盾所形成的时代主题，来分析马克思的生态思想，以及随着时代主题的转换，在当下社会发展的时代语境中，如何坚持和发展马克思的生态思想。坚持和发展马克思的生态思想，既要处理好马克思生态思想的理论挖掘，依据文本，作出符合原意的文本解读，又要立足时代主题的转换、现实的生态问题和具体的发展要求，对文本中的思想作出具有当代性的诠释，开发出马克思生态思想的当代价值。

比较分析方法。通过把马克思的生态思想与后现代生态伦理学进行比较分析，得出马克思生态思想的独立品质及其比较优势；通过把生态学马克思主义与中国化马克思主义生态思想进行比较，指出马克思主义的思想资源与现实之间的合理的关联度。

层次分析方法。根据一般与特殊之间的层次关系，把马克思的生态思想归纳为一般意义上的人与自然的统一、现代社会中人与自然的分离、资本统治下的生态问题的解决原则等。

2. 本研究的重点是在返本式地解读马克思文本的基础上，准确把握马克思生态思想的整体结构，并且立足于当下的生态现实合理地开发马克思生态思想的当代价值。

3. 本研究的难点是如何科学地揭示出马克思的哲学革命，从而准确地把握马克思生态学思想的当代性性质；根据当代社会发展，如何准确而合理地开发出历史唯物主义的发展辩证法，并且处理好革命辩证法与

发展辩证法的辩证关系。

4. 本研究的创新之处主要有：揭示出马克思的哲学革命与马克思生态思想之间的内在联系；立足于生态实践方式，对马克思生态思想进行新的思考；根据社会发展的当代现实探索历史唯物主义的发展辩证法。

第一章　马克思生态思想的整体架构

人化自然、人所生存于其中的自然是马克思生态思想的理论对象。不去抽象地谈论自然，而是把自然作为人的劳动实践的产物、现代工业的产物，这是马克思人化自然观的基本特质。立足于生产性的实践，人、自然、社会形成了人类生态学视域下的整体性生态系统，马克思的自然哲学不再是纯粹抽象的自然观——费尔巴哈式的客体的（或者直观的）自然世界以及黑格尔式的绝对精神的外化的自然世界，而是在现实中有着特定社会性质的实践论的生态思想。人与自然之间的实践关联只有在科学的实践方式基础上才会有合理的生态关系，在资本主义条件下，劳动实践的异化、资本的独占统治必然导致自然界的异化。与此相应，异化劳动的扬弃、以革命的实践推翻资本的全面统治才是自然的真正的复归路径。

一、自然哲学发展史中的几种主要范式

人类对自然的认识经历了几个主要的发展阶段。人类早期的宇宙论自然观力图朴素地揭示出世界的最终本原，为人类洞察世界提供本体性的根基；从神话学、泛灵论到宗教神学的自然观则力图把自然世界的存在和变化归结到神，人对自然的认识体现了对神的存在的领悟；近代认识论自然观则借用科学技术理性地解答自然的谜魅，从而为资本对自然的控制奠定了认识论依据。这彼此迥异的发展阶段和理论形态，形成了自然哲学的几种主要范式。

（一）宇宙论自然观

古代西方哲学是从认识自然开始的。古希腊早期的哲学家思考自然时，通过考察自然和宇宙的来龙去脉和追溯整个世界的构建始基，从而

获得了宇宙论的自然哲学。对水、火、原子等物质性的存在的探索表明了西方哲学本体论以及方法论研究的历史开端。泰勒斯追寻宇宙万物的本质，把多归结于一，这个一就是物理事实的根基——水，他认为，“大地浮在水上”，“万物都要靠水分来滋润”，以及“万物的种子本性都是潮湿的”，因此，水是万物的自然本原①。他的学生阿那克西曼德是第一个对自然作出书面论述的希腊人，阿那克西曼德在泰勒斯世界本原论的基础上进一步把自然的各种现象归结于超越具体规定性的运动着的基质，认为“万物的本原和元素是‘无定’，……从这里生成了全部的事物及其中包含的各个世界。一切存在着的东西都由此生成的也是它们灭亡后的归宿，这是命运注定的”②。这种无定的自然生成了整个宇宙，整个宇宙是由无数的具体世界合成的。阿那克西美尼也认为自然的基础是单一的并且是无定的，但是，与阿那克西曼德不同，他认为自然的本原是“气”，“气先于水，它比其他单纯的物体更是本原”③。赫拉克里特认为，宇宙万物“既不是任何神，也不是任何人创造的，它过去是、现在是、将来也是一团永恒的活生生的火，按照一定的分寸燃烧，按照一定的分寸熄灭”④。万物的生成都是通过逻各斯实现的，一切皆流，无物常住。然而，由于思维水平的历史性局限，人类对事物的认识还是模糊的、不精确的，正如恩格斯所指出的，“在希腊人那里——正是因为他们还没有进步到对自然界进行解剖、分析——自然界还被当做整体、从总体上来进行观察。”⑤

在古老的东方，中国的贤哲们也提出了关于宇宙论自然观的智慧，他们用“术数”来解读“天命”、通过占地形和看风水来预测人生，剔除其中的迷信元素，他们提供了早期关于自然的知识。《易经》提出阴阳学说，通过乾和坤的不同组合来概括自然，具有“朴素辩证法的因素”⑥。五行说以金、木、水、火、土五种基本物质衍生万物，并且以天象（自然现象）与人事（人的活动）为相互感应。人们通过对地理位置的阴阳之辨和广泛运用五行器物，推进了对自然的认识和生产实践的发展。这种整体主义思维方式下的朴素的自然辩证法给我们提供了简单的自然图

① 苗力田主编：《古希腊哲学》，中国人民大学出版社 1989 年版，第 20 页。
② 苗力田主编：《古希腊哲学》，中国人民大学出版社 1989 年版，第 24 页。
③ 苗力田主编：《古希腊哲学》，中国人民大学出版社 1989 年版，第 30 页。
④ 苗力田主编：《古希腊哲学》，中国人民大学出版社 1989 年版，第 37 页。
⑤ 《马克思恩格斯文集》第 9 卷，人民出版社 2009 年版，第 438 页。
⑥ 冯契著：《中国古代哲学的逻辑发展》（上），上海人民出版社 1983 年版，第 66 页。

景和世界图景，同时也蕴涵了深刻的生态体验，这在“人与自然流动变化的节律及社会生活秩序和睦的传统”中，“渗透着许多带有古朴而神秘的色彩但又非常深刻的生态直觉”①。

古代印度哲学对宗教的分离始于《奥义书》。奥义书中具有朴素的唯物主义自然观，他们把水（《森林奥义》说，“太初这个世界仅是水，那水产生实在。”）、火（《大日经·住心品》说，“此宗计火能生万物，火为真实。”）、风（《歌者奥义》说，“空气确实是一个摄收者。火熄了归于空气，太阳落了归于空气，月亮没了也归于空气；水干了归于空气，空气确实摄收了一切，因此，它是至上神。”）、地（《十住心论》说，“或言地为万物因，以一切众生万物依得故。”）、金卵（《歌者奥义》提出，“这个世界，最初是无，由无变有，再从有中成长，变成一个鸡卵，周年成熟，破裂成两片卵壳。一片是金的，另一片是银的。卵的外膜为山岳，里膜为云雾，脉管为江河，汁液为海洋。”）作为万物生成的物质原型，世界由普遍性的物质本原构成。同时，《奥义书》的唯物主义哲学家认为世界万物是在不断变化发展中的，物质的元素是可以运动和相互转化的，以此对某些自然现象试图作出辩证的解释。②

在早期的阿拉伯人那里，有多种自然崇拜。由于他们生活在特定的社会地理环境之中，“他们把那些给他们的生活带来好处的自然物和自然现象，看成是具有善意的能保护他们的神灵。在他们看来，自然界和自然现象与人一样，也是有人格、有意志的，而且还具有人所没有的特性，如万能性、永恒性和普遍性。这些构成了自然界的神圣性。于是，他们用人格化的方法来同化自然力，从而产生了最早的宗教信仰：自然崇拜”③。自然崇拜具体在不同的地区有着各种表现方式，如天体崇拜、水崇拜、岩石崇拜、动植物崇拜等。

（二）神学自然观

神学自然观经历了两个主要的时期，即自然之谜的神话学解释和宗教式解释。神话学的解释以多元化的、泛灵论的人格神把自然的力量加以夸大，而宗教式的解释则倾向于一元论的“上帝”来统领人与自然，自然的存在不过是一元神的全在的显现。

---

① 佘正荣著：《生态智慧论》，中国社会科学出版社 1996 年版，第 1 页。

② 黄心川著：《印度哲学史》，商务印书馆 1989 年版，第 62—66 页。

③ 蔡德贵著：《阿拉伯哲学史》，山东大学出版社 1992 年版，第 65 页。

人类早期，自然力是巨大而令人惧怕的，自然是神秘而令人迷惑的，对自然力的屈服、对自然之谜的直观形成了人的头脑中神化的自然观。人对自然的力量无能为力的时候，只能屈从自然对人的统治，马克思曾经指出，“自然界起初是作为一种完全异己的、有无限威力的和不可制服的力量与人们对立的，人们同自然界的关系完全像动物同自然界的关系一样，人们就像牲畜一样慑服于自然界，因而，这是对自然界的一种纯粹动物式的意识（自然宗教）”[1]。对自然界的动物意识说明了动物般存在状态的人只能在“意识到了的本能”水平上直观自然，这就是人类早期的天人合一。

对自然界的低级直观直接导致了对自然的虚幻抽象，导致了自然的神化，人以神话学的自然观念屈从于自然的统治。在古希腊哲学中，泰勒斯认为万物都由灵魂支配，“神就是宇宙的心灵或理智，万物都是有生命的并且充满了各种精灵，正是通过这种无所不在的潮气，一种神圣的力量贯穿了宇宙并使它运动”[2]。对自然的神化依赖于自然物的存在，并且人通过虚拟的自然神，以幻想的形式支配自然。对自然之谜的神话学解释有赖于把自然人格化。对早期的人类而言，自然力是巨大的、超越于人力之上，人们对自然力感到恐惧，并转而崇拜，形成了人格化的自然神。正如马克思所认为的，“在原始人看来，自然力是某种异己的、神秘的、压倒一切的东西。在所有文明民族所经历的一定阶段上，他们用人格化的方法来同化自然力。正是这种人格化的欲望，到处创造了许多神”[3]。自然力的人格化固然是自然力量的放大，实质则是以神化的形态把自然变成人的生活世界的组成部分，以人格神来“同化自然力”。在这一同化过程中，人格神的形象树立起来了，神化形态的人的力量也强大起来了，“神观念实质上是一种超自然力量的观念，它成为对自然的支配力量，在自然背后的力量。这样，自然就开始剥落万物有灵的神秘内核，而把神秘性质只留给了人格神。这表明人的力量强大了，也开始形成真正的自然观念了”[4]。

随着人的实践能力和认识水平的提高，自然的存在状况逐步得到解释，自然物的威力逐渐变得为人所知，自然宗教逐渐由于人对自然物的

---

① 《马克思恩格斯文集》第1卷，人民出版社2009年版，第533页。
② 苗力田主编：《古希腊哲学》，中国人民大学出版社1989年版，第22页。
③ 《马克思恩格斯文集》第9卷，人民出版社2009年版，第356页。
④ 韩民青著：《当代哲学人类学》第3卷，广西人民出版社1998年版，第26页。

直接依赖转变为由劳动的联合而导致的人对人的依赖的社会宗教，牲畜般的自然意识转变为人替人格化的神（上帝）管理自然，自然被置放在人的管理和支配之下。马克思认为，"任何神话都是用想象和借助想象以征服自然力，支配自然力，把自然力加以形象化；因而，随着这些自然力实际上被支配，神话也就消失了。"① 自然的神话学解释随着宗教的兴起而转向宗教式解释。

在自然的宗教式解释中，一元神是整个世界和人的创造者。自然的存在不过是一元神的创造物，而人则能够体悟到神的存在，并且能够替这个一元神管理世间万物。在《圣经·创世记》中，上帝让人"要生养众多，遍满地面，治理这地，也要管理海里的鱼，空中的鸟和地上各样行动的活物"②。一元神代替多元神的自然解释方式体现了人的力量的增长。

（三）认识论自然观

恩格斯在谈到近代唯物主义自然观的基本哲学原则时说，"唯物主义自然观只是按照自然界的本来面目质朴地理解自然界，不添加任何外来的东西"③，其突出的特点正如恩格斯在《自然辩证法》中所指出的那样，"新的自然观就其基本点来说已经完备：一切僵硬的东西溶解了，一切固定的东西消散了，一切被当做永恒存在的特殊的东西变成了转瞬即逝的东西，整个自然界被证明是在永恒的流动和循环中运动着。"④

康德在其前批判时期的最重要的著作《自然通史与天体理论》中，提出了近代第一个有科学根据的宇宙自然发生、发展的学说，提出了某些在物质和精神相互关系上的自然科学唯物主义思想。近代自然科学最早发展起来的是天文学和力学。牛顿总结了前人的成就，建立了唯物的、形而上学的却是第一幅有科学根据的完整的世界图景。然而他的自然观是僵化的，对自然科学的发展有着很大的制约作用。康德第一个起来向这种僵化的自然观开火，从而把自然科学建立在科学的基础上。康德根据当时的天文学观测的资料和牛顿的力学定律，提出了太阳系起源的"星云假说"。他认为，宇宙最初布满了原始分散的、云雾状的物质微粒，

① 《马克思恩格斯文集》第8卷，人民出版社2009年版，第35页。
② The Holy Bible, Published by World Publishing Nashville, TN, p. 1.
③ 《马克思恩格斯文集》第9卷，人民出版社2009年版，第458页。
④ 《马克思恩格斯文集》第9卷，人民出版社2009年版，第418页。

由于相互吸引而不断凝聚，相互排斥而发生旋转运动，逐渐形成目前的天体系统。康德力图从物质本身的运动来说明天体的形成，把宇宙看成是在时间中运动、变化和发展的过程，推翻了自然界永远不变的形而上学和唯心主义的观点。康德的“星云假说”推动了自然科学的发展，特别是有力地推动了近代辩证法的自然观的形成。同时，他所发动的自然观上的革命，是对宗教神学和唯心主义目的论世界观的一个极其沉重的打击，为自然科学最终从神学的禁锢中，从陈腐的唯心主义目的论中解放出来，开辟了广阔的道路。

康德相信，人类历史不外是大自然的一幕隐蔽计划的实现。人作为自然的最终目的，必然在历史的演绎和发展中体现出来。在历史过程中，自然实现了它的意图，即使人类原始的禀赋不断地得到发展。他认为，人类作为被创造物，不可能被盲目地创造出来，大自然创造的一切符合它的目的，大自然不做徒劳无功的事。人类之被创造，人类历史的形成和发展过程，就是一个“自然向人生成”的过程，其间隐藏着自然的计划和意图。历史中的自然计划实质上就是人类自由的发展计划，自然创造人的目的就是发展道德的自由。自然向人的生成的结果就是文化。“道德——文化的人”就是自然的最终目的。大自然赋予人的外在目的是幸福，而内在目的就是人的文化。在道德领域，自然就为自由所否定。人类社会从原始状态、野蛮状态到文明社会，就充分地体现着自然的目的。康德从对自然的疑问进一步提出对自然科学知识的普遍性和必然性的怀疑，推动了本体论研究向认识论研究的转变。

谢林的自然哲学是他的“同一哲学”的重要内容。他把一切客观知识的总和称为自然，而自然是不依赖人的主观“自我”而存在的。在谢林看来，关于物质、自然界的哲学叫做“自然哲学”，“自然哲学”的任务就是从自然界追溯精神，即从无意识的自然界中引申出一个有意识的理智，把一切自然之物归结为精神，把自然的规律归结为理智的规律，从而表明客观的自然界与主观的理智原来是同一个东西。如此，自然界的客观存在就变成了理智的产物，自然的历史就变成了无意识的精神、“绝对自我”的产物。

在黑格尔那里，自然哲学不过是绝对精神在自然界的外化。在黑格尔看来，“自然是作为他在形式中的理念产生出来的。既然理念现在是作为它自身的否定东西而存在的，或者说，它对自身的外在的，那么自然就并非仅仅相对于这种理念（和这种理念的主观存在，即精神）才是外在的，相反的，外在性就构成自然的规定，在这种规定中自然才作为自然而存在。”[1] 自然是客观精神的演进环节，自然哲学是绝对精神在自然阶段的实现，对自然的看法受到绝对精神的制约，因此，自然是从属于绝对精神的。黑格尔认为，自然阶段的理念是以天然必然性的形式进行的，这种天然必然性是透过自然界创造物的形式的无限丰富性、多样性、偶然性表现出来的，所以，自然界中的根本的矛盾就是必然性、规律性和偶然性、无规则性之间的矛盾。他认为，对自然界的研究不能纯粹靠经验观察，而必须把对自然界的思维考察引入到自然科学的研究当中去，然而，由于他的唯心主义哲学体系的需要，黑格尔的自然哲学与他的辩证的思维是相左的。对此，马克思批评道，“这种抽象思维的外在性就是……自然界，就像自然界对这种抽象思维所表现的那样。自然界对抽象思维来说是外在的，是抽象思维的自我丧失；而抽象思维也是外在地把自然界作为抽象的思想来理解，然而是作为外化的抽象思维来理解。”[2]

在黑格尔那里，自然哲学是“绝对精神”运动的第二阶段，是其整个唯心主义世界观体系的重要组成部分，是对18世纪法国唯物主义的自然观的否定。在黑格尔看来，自然界是理念的外化和异在，绝对理念决定把自己作为自然界从自身释放出去。黑格尔突出强调了“自然界的目标就是自己毁灭自己，并打破自己的直接的东西和感性东西的外壳，像芬尼克斯那样毁灭自己，以便作为精神从这种得到更新的外在性中涌现出来”[3]。黑格尔的自然哲学的任务就是指出自然界是精神的生成过程，是精神扬弃其异在的过程。自然界本身的发展阶段就是精神力图超出其异在的意图的结果，而精神一旦完全超脱出来，自然界就被精神遗弃了。除了“有限的”自然科学以外，哲学对被“遗弃”的自然界不感兴趣。所以，黑格尔的唯心主义自然观实际上是一种形而上学的对自然的看法。他把自然界看作理念的异在和理念超出这种异在的观点，其逻辑的必然结论就是自然界本身是不变的、孤立的，假如说自然界存在联系和发展的话，那也是客观精神的运动结果，而不是自然界本身的运动结果。因此，他主张“应当把自然界看作是一个诸阶段的系统，其中每一阶段都是必然地从另一阶段产生”，然而他又认为“这种产生并不是一个阶段从另一个阶段中自然地产生而是在内在的、构成自然界的根据的理念中产生”。恩格斯多次尖锐地批评了黑格尔的这种形而上学的自然观，指出

---

① ［德］黑格尔著：《自然哲学》，梁志学等译，商务印书馆1980年版，第19—20页。
② 《马克思恩格斯文集》第1卷，人民出版社2009年版，第202页。
③ ［德］黑格尔著：《自然哲学》，梁志学等译，商务印书馆1980年版，第617页。

“旧的自然哲学，特别是在黑格尔的形式中，具有这样的缺陷：它不承认自然界有时间上的发展，不承认‘先后’，只承认‘并列’。”①

费尔巴哈的人本主义唯物主义是以自然人为基础的人的学说。自然主义的人是费尔巴哈哲学的重要范畴，而人是以自然界为基础的人和自然界的不可分割的统一体。费尔巴哈说，“我所理解的自然界就是一切感性的力量、事物和存在物的总和，人把这些东西当作非人的东西而和自己区别开来……或者具体地说……自然界对人来说就是作为人的生活的基础和对象而直接地感性地表现出来的”，“自然界这个无意识的实体，是非发生的永恒的实体，是第一性的实体”。人作为完整的物质实体，本身不仅是自然界的产物，而且与自然界发生实在的联系才能再生产自己。自然界本身是自因的，它没有开端、没有终结，也不依赖于精神而独立存在。正是“人连同作为人的基础的自然”成为费尔巴哈的哲学的唯一的、最高的对象，然而，费尔巴哈哲学的局限在于，把人与人的自然关系泛化，把人仅仅当作自然实体，作为其哲学的出发点，而对人的社会性存在的自然主义解释无法实现的时候，费尔巴哈总是回到直观的自然。

二、马克思生态思想的出发点：人与自然的统一

在马克思的生态思想中，人与自然的统一是基本的出发点。人与自然的辩证统一包括人的自然存在和自然的人的存在的有机统一，这种辩证统一的实现在于人的实践活动、尤其是人的生产性实践。在人的实践活动中，自然不是抽象的、外在于人的自然，而是人的实践的产物；人的存在的自然性体现了人的世界性存在方式，离开了现实的自然，或者说自然不再是人的生存世界，都是人的生存方式的异化。

（一）人的自然存在

马克思继承了费尔巴哈的唯物主义哲学基地，认为人是受自然条件制约且具有能动性的自然存在物。马克思指出，“人作为自然存在物，而且作为有生命的自然存在物，一方面具有自然力、生命力，是能动的自然存在物；这些力量作为天赋和才能、作为欲望存在于人身上；另一方面，人作为自然的、肉体的、感性的、对象性的存在物，同动植物一样，

① 《马克思恩格斯文集》第9卷，人民出版社2009年版，第13页。

是受动的、受制约的和受限制的存在物，就是说，他的欲望的对象是作为不依赖于他的对象而存在于他之外的；但是，这些对象是他的需要的对象；是表现和确证他的本质力量所不可缺少的、重要的对象。”[①]人的自然存在是人的对象性存在，人在对象中表现自己的本质力量。人的自然本质不外是人的生命表现。人作为自然存在物一方面是指人的自然属性，此时，人像动植物一样，遵从自己生命存在的自然规律；另一方面，人作为自然存在物包含了人的生态属性，即人是自然界的物质、能量流动的一个环节，是生态系统中的一员。作为自然存在物的人是在自己的生存实践中把自然对象作为自己的生命本质，人不是自然直观的对象性存在，而是生存能动性与自然受动性的统一，是人的对象性存在的辩证法。人的实践性生存不仅是自然物的人化以满足自己的肉体需要，而且是在人的生存实践中把自己和自然界连接成为一个整体。

作为自然存在物的人是自然界的一员。马克思指出，“自然界，就它自身不是人的身体而言，是人的无机的身体。人靠自然界生活。这就是说，自然界是人为了不致死亡而必须与之处于持续不断的交互作用过程的、人的身体。所谓人的肉体生活和精神生活同自然界相联系，不外是说自然界同自身相联系，因为人是自然界的一部分。”[②]人是自然界的一部分和人是生态系统中的一员，都是把人与自然环境当作一个整体的系统。当马克思说到自然是人的无机的身体时，他指出了人寓居于生态系统这一生态学的观念。在马克思那里，这种寓居是实践性的，在人的实践中，人与自然构成真正人类学意义上的整体性的生态系统。

作为自然界的一员，人从自然中获得满足自己需要的生产和生活资料。有生命的个人所采取的第一个历史行动就是“开始生产自己的生活资料”，对物质产品的需要促使人类从事与自然界的物质变换，因此，“个人的肉体组织以及由此产生的个人对其他自然的关系”是人类社会的基本前提。人类生命体从事与自然界的物质变换，就是使得自然物资源化，获得自然物的使用价值。自然物的资源化标志着大地是社会财富的来源地，既是农业生产的富源，也是现代工业生产的富源。马克思说，客观的自然界是劳动者的实践基础，“没有自然界，没有感性的外部世界，工人什么也不能创造。自然界是工人的劳动得以实现、工人的劳动

① 《马克思恩格斯文集》第1卷，人民出版社2009年版，第209页。
② 《马克思恩格斯文集》第1卷，人民出版社2009年版，第161页。

在其中活动、工人的劳动从中生产出和借以生产出自己的产品的材料。”①

作为自然的一员，人的存在依寓于自然世界。生活资料的获得来自在人类的生态居所，自然界不仅是社会的富源，更是人类生存之所。生态学一词就是由希腊文 Oikos 衍生而来，是“住所”和“生活所在地”的意思，以人为主体的人类生态学不是为了获得自然界的各种知识，而是对人类在生态世界中的生存方式和生存状况的深切考察。在马克思那里，这个居所是我们共同生存于其中、并由实践活动创造的感性世界。这个感性世界，正如海德格尔所认为的那样，在存在论的意义上，世界“被了解为一个实际上的此在作为此在‘生活’‘在其中’的东西。世界在这里具有一种先于存在论的生存上的含义。在这里又有各种不同的可能性：世界是指‘公众的’我们世界或者是指‘自己的’而且最切近的‘家常的’周围世界”②。日常的周围世界则是人们的实践活动所形成的感性世界，这一感性世界就是人的生存环境③、是人的生存世界，人在世界之中存在，依寓于世界而存在是人的根本存在方式。现代社会中，自然界被当作社会财富的“水龙头”和人类废弃物的“污水池”，此外，自然界便离人而去，这恰恰是遗忘掉了人依寓于世界而存在的本性，遗忘掉了自然是人的生存家园。

人的自然存在是人的对象性存在。对象性存在是人的本质规定，“对象性的存在物进行对象性活动，如果它的本质规定中不包含对象性的东西，它就不进行对象性活动。它所以创造或设定对象，只是因为它是被对象设定的，因为它本来就是自然界。”④ 被自然界所设定是由于人本身就是对象性的自然存在。在这里，马克思吸收了费尔巴哈的自然主义人本学的合理观念，恢复了人的感性对象性的自为存在。马克思又进一步指出，“一个存在物如果在自身之外没有自己的自然界，就不是自然存在物，就不能参加自然界的生活。”⑤ 作为自然存在物的人参加自然界的生活，就是指人对自然界的物质变换活动发生在作为环境的自然界的物质运动之中，“自然存在物”与“自己的自然界”揭示了作为生命体的人与

---

① 《马克思恩格斯文集》第1卷，人民出版社2009年版，第158页。

② ［德］马丁·海德格尔著：《存在与时间》，陈嘉映、王庆节译，三联书店2006年版，第76页。

③ Martin Heiderger. Being and Time. Translated by John Macquarrie & Edward Robinson. SCM Press Ltd. 1962. P67.

④ 《马克思恩格斯文集》第1卷，人民出版社2009年版，第209页。

⑤ 《马克思恩格斯文集》第1卷，人民出版社2009年版，第210页。

自然环境的生态关系。

同时，马克思也批判了那种仅仅用自然属性来规定人的自然存在的观点，指出了人具有以自然存在为基础的社会存在方式。马克思说，“人不仅仅是自然存在物，而且是人的自然存在物，就是说，是自为地存在着的存在物，因而是类存在物。”① 在这里，自然存在既是人的存在的自然基础，也在人的社会存在和精神存在中映现自身。这种映现表达出马克思把人的自然存在、社会存在和精神存在看作人的全面存在方式，这种全面存在蕴涵了社会的自然性存在和自然的社会性存在。自然的社会性即自然在社会共同体中的存在，自然的存在形态受到社会历史的制约。

人的自然存在是社会性的自然存在。人的存在是社会的存在，马克思说，“只有在社会中，自然界对人来说才是人与人联系的纽带，才是他为别人的存在和别人为他的存在，只有在社会中，自然界才是人自己的合乎人性的存在的基础，才是人的现实的生活要素。只有在社会中，人的自然的存在对他来说才是人的合乎人性的存在，并且自然界对他来说才成为人。因此，社会是人同自然界的完成了的本质的统一，是自然界的真正复活，是人的实现了的自然主义和自然界的实现了的人道主义。”② 在《雇佣劳动与资本》一文中，马克思进一步指出，“人们在生产中不仅仅影响自然界，而且也互相影响。他们只有以一定的方式共同活动和互相交换其活动，才能进行生产。为了进行生产，人们相互之间便发生一定的联系和关系；只有在这些社会联系和社会关系的范围内，才会有他们对自然界的影响，才会有生产。”③ 社会关系是社会性的本质，人的社会性存在是人与自然发生实践关系的人学前提，也是人的自然存在的人学前提。在社会中，人的自然存在是人的现实存在，这体现了马克思从社会性维度来看待人——自然——社会的统一关系。同时，这里的“社会”还具有另一种含义，这不是一种泛历史性的社会，而是超越资本主导的新社会，或者“共产主义社会”，社会是人与自然的统一，但是这种统一并不都是合乎生态的，而人要实现与自然的“本质的统一”和真正复活自然界，人的社会要合乎生态。

作为自然存在物的人不仅有着自己的自然环境，并且能够“参加自然界的生活”。马克思提出，“一个存在物如果在自身之外没有自己的自

① 《马克思恩格斯文集》第1卷，人民出版社2009年版，第211页。
② 《马克思恩格斯文集》第1卷，人民出版社2009年版，第187页。
③ 《马克思恩格斯文集》第1卷，人民出版社2009年版，第724页。

然界，就不是自然存在物，就不能参加自然界的生活。”[①] 自然存在的人参加自然界的生活，就是说，人需要在生态系统中生存，任何破坏生态系统的生存方式都是对人的生存世界的颠覆，没有了自己的生存世界，人的可持续生存就不会存在。参加自然界的生活，源于人对自然界的需要，人的自然存在、作为生态系统中的一员不仅是人的事实存在，也是人的内在需要。

当马克思谈到人的自然存在时，马克思并没有从生物学的科学角度来“剖析”人的身体机理，而是从人的对象性存在出发、从人在自然界中的生存和实践活动出发来谈论人的自然存在。在马克思那里，人的自然存在和人的社会存在统一于人自身，人的自然存在离不开人的社会存在。马克思说，“人同自身以及同自然界的任何自我异化，都表现在他使自身、使自然界跟另一些与他不同的人所发生的关系上。”[②] 在这里，马克思指出了人与人的异化是人与自然的异化的重要实现途径。这蕴涵了一个重要的思想，即人的生态需要和自然权利的保障离不开社会制度，而现代社会中随着劳动的异化，人的生态需要被漠视，人的自然权利也被遮蔽。

（二）自然的人的存在

马克思的自然观不是认识论的自然观，而是实践论的人化自然观。在马克思那里，对自然的认识维度在于人的感性的对象性实践，而实践本身是人的基本存在方式，由此所获得的自然观则是人的生存境遇，在实践中，这种自然境遇具有了对于人的意义。因此，实践论的自然观不是范畴的排序，而是人的生存建构，是一种以实践为基本范式的生存论的自然观。

自然是人化自然，而不是抽象的无。如果没有人的存在，没有人的实践性生存活动，抽象的自然界“对人来说也是无”，这里的“无”可能是知识论的“有”，但却是生存论的“无”。感性世界的存在通过人的感性活动才能形成，同时马克思也确认了自然界对于人类实践的优先存在，“在这种情况下，外部自然界的优先地位仍然会保持着……先于人类历史而存在的那个自然界，不是费尔巴哈生活于其中的自然界；这是除去在澳洲新出现的一些珊瑚岛以外今天在任何地方都不再存在的、因而对于

① 《马克思恩格斯文集》第1卷，人民出版社2009年版，第210页。
② 《马克思恩格斯文集》第1卷，人民出版社2009年版，第165页。

费尔巴哈来说也是不存在的自然界。”[①] 不存在的自然界是抽象的自然界，是人的实践之外的自然界，对于人来说，这样的自然界只能存在于意识的抽象中，不具有现实性。

从社会历史的维度来考察自然，是马克思的生态自然观的独特之处。施密特提出，马克思“把从本体论角度所提出的关于最初的人与自然的创造者问题，作为一种‘抽象的产物’加以拒绝”[②]。施密特对马克思自然观的分析是确切的，马克思对抽象的自然观的逾越就在于他从生存论路向而不是传统的知识论路向来看待自然。施密特认为，“把马克思的自然概念从一开始同其他种种自然观区别开来的东西，是马克思自然概念的社会——历史性质。马克思……把自然看成从最初起就是和人的活动相关联的。他有关自然的其他一切言论，……都已是以人对自然进行工艺学的、经济的占有之方式总体为前提的，即以社会的实践为前提的”[③]。同时，“人所把握、支配了的生活过程，依然是一种自然关系”，在马克思看来，“主体和客体的辩证法是自然界的诸构成部分间的辩证法”[④]。施密特的评价符合马克思的文本本义。

自然的人的存在的根基在于人的实践性存在。实践视角是马克思哲学的最基本思维方式。在人的实践中，自然是人的无机的身体，而人是自然的开发利用者。对实践的认识正确与否，关系到人类对自然的态度，也关系到人类社会的自身发展。在近代，工业发展日益深化人类对自然界的开发和利用，社会生产力也获得空前发展，人类对自然界的利用能力是历史上不曾有过的。然而，马克思不仅仅看到人类的生产能力的巨大发展，还认识到由于人类对自然界的无限利用，最终自然界会变得“满目疮痍”。

实践论的自然观是一种社会实践中的自然观，是社会的自然观。自然由于人的实践而进入社会历史的进程，卢卡奇认为，“自然是一个社会范畴，在任何特定的社会发展阶段上，无论什么被认为是自然的，那么这种自然是与人相关的，人所涉及的自然无论采取什么形式，也就是说，

---

① 《马克思恩格斯文集》第1卷，人民出版社2009年版，第529页。

② ［联邦德国］A. 施密特著：《马克思的自然概念》，欧力同、吴仲昉译，商务印书馆1988年版，第28页。

③ ［联邦德国］A. 施密特著：《马克思的自然概念》，欧力同、吴仲昉译，商务印书馆1988年版，第2—3页。

④ ［联邦德国］A. 施密特著：《马克思的自然概念》，欧力同、吴仲昉译，商务印书馆1988年版，第3页。

自然的形式，自然的内容，自然的范围和客观性总是被社会所决定的”①。实践的历史辩证法是自然的现实的存在形态，自然不是静静地自在存在，而是在人类的实践的历史进程中不断向着人敞开自身。社会的历史性只有在人类历史的总体进程中才能被清楚地认知，同样，自然史也只能在人类史中被清楚地认知。

实践是人与自然的有机统一的基石，实践本身具有历史性，实践的历史性决定了人与自然的有机统一的历史性。由于人的实践水平、实践能力、实践方式在不同的历史阶段具有历史性的差异，人的实践所造就出来的自然界也呈现出历史性的不同。实践的自然观是人的生存实践所生产出来的人化自然。在马克思那里，社会历史的出发点是现实的人，人的实践表现为现实的人的生产和生活方式，因此，人化自然是人的现实的自然界。

（三）自然的社会化存在：以自然生产力、生产的自然条件为例

自然力首先是自然物质是劳动生产的前提。对于劳动者而言，感性的外部自然界给劳动者提供生产劳动资料和日常生活资料，另一方面，自然的存在是通过劳动来解释的，因为自然力是劳动的前提性存在物，自然界给劳动提供生活资料和生产空间，即提供生产原料和生产工具；同时也提供人们物质生活资料。假设其他条件不变，那么劳动的前提如何会直接影响到劳动的结果和效率。在这里，生产逻辑不仅规定了生产过程，甚至还解释了生产过程的自然前提。自然物质作为生产劳动的前提，一开始参与到社会生产过程，就会成为影响生产效率的生产要素，从而摆脱生产逻辑的前提态，而成为生产过程的要素态。

使劳动有较大生产力的自然条件，可以说是“自然的赋予，自然的生产力”。自然生产力是进入生产过程并且发挥效能、促进生产的自然物质和自然力量。劳动的自然条件、劳动的自然生产力会影响到劳动生产率，马克思说，“撇开社会生产的形态的发展程度不说，劳动生产率是同自然条件相联系的。这些自然条件都可以归结为人本身的自然（如人种等等）和人的周围的自然。外界自然条件在经济上可以分为两大类：生活资料的自然富源，例如土壤的肥力，渔产丰富的水域等等；劳动资料

---

① ［南］卢卡奇著：《历史和阶级意识》，张西平译，重庆出版社1996年版，第67—68页。

的自然富源，如奔腾的瀑布、可以航行的河流、森林、金属、煤炭等等。”①“人的周围的自然”、“外界的自然条件”，人“周围的感性世界”，这是劳动的物质前提，也是自然生产力的来源。劳动生产率和自然相联系，表达了马克思对生产逻辑的看法，即生产劳动的条件性。这种条件性意味着生产逻辑的合生态性。因为“自然条件”既是生产的物质条件，也是人的生态家园，自然生产力对于劳动生产力的补充恰是突出了这一点。因此，在马克思那里，生产逻辑本身并不是反生态的。

在现代社会中，生产的自然条件是如何转化为劳动的自然生产力的呢？马克思的自然生产力范畴外延广泛，既包括“自然物质”，也包括作为生产要素、促进生产效能却“不费分文”的各种自然动力。不费资本家分文的自然力为资本家所无偿占有，直接参与社会生产过程的自然条件，是能够“作为要素加入生产但无须付代价的自然要素，……也就是，作为劳动的无偿的自然生产力加入生产的。”② 在现代社会中，自然生产力的内在价值缺失了，自然物被资源化，而生态合理性、人的生态性生存则被现代生产逻辑所遮蔽了，同时，所谓“不需要代价”、“不费分文”也意味着现代生产逻辑中的“自然要素”不具有社会经济价值。

离开了生产实践，自然生产力就仅仅是自然存在物，而不能进入人的视野，从而不具有社会历史性。在马克思看来，这些自然要素“最初可能表现为自然发生的东西。通过生产过程本身，它们就从自然发生的东西变成历史的东西，并且对于这一个时期表现为生产的自然前提，对于前一个时期就是生产的历史结果”③。自然力最初的存在是自然发生的，而一旦进入生产过程，自然的东西就具有了历史性。自然的历史性发生在人类社会中，随着人类实践而与社会的历史性相统一。

自然力对生产过程的参与状况与劳动生产力的发展水平紧密相关。价值创造是生产过程中的劳动力的价值转移和价值增值，自然生产力的实现和参与生产过程与劳动力的紧张程度具有一致性，“生产上利用的自然物质，如土地、海洋、矿山、森林等等，不是资本的价值要素。只要提高同样数量劳动力的紧张程度，不增加预付货币资本，就可以从外延方面或内涵方面，加强对这种自然物质的利用。”④ 可以说，劳动生产力

---

① 《马克思恩格斯文集》第5卷，人民出版社2009年版，第586页。
② 《马克思恩格斯文集》第7卷，人民出版社2009年版，第843页。
③ 《马克思恩格斯文集》第8卷，人民出版社2009年版，第21页。
④ 《马克思恩格斯文集》第6卷，人民出版社2009年版，第394页。

的巨大发展是开启自然力的钥匙。马克思虽然强调自然力进入生产过程，但并不进入价值形成过程，商品的价值在于抽象的一般劳动。自然力没有价值，它只是人们的社会生产和社会生活的物质资料。这种没有价值的自然力，人们是可以无偿使用的。同时，自然生产力的状况也直接影响到劳动生产力的水平。

进入生产过程的自然力到底会有什么样的生产效能呢？自然力有使用价值，为价值创造提供要素。马克思的“自然力”的主要所指就是自然资源在生产过程中所发挥的现实功能，它既是使用价值的源泉，又是社会财富的物质载体。“劳动不是一切财富的源泉。自然界同劳动一样也是使用价值（而物质财富就是由使用价值构成的！）的源泉”①。自然力和劳动力一样也是使用价值形成的源泉，是商品的使用价值的可能性前提。在劳动价值论的经济学视阈中，使用价值是价值的物质性载体，人在自然界进行价值创造，自然力在人的价值创造的经济实践中发挥着不可或缺的作用。自然力参与生产，但不参与价值创造，马克思说，“瀑布和土地一样，和一切自然力一样，没有价值，因为它本身中没有任何对象化劳动”②。自然力既然没有价值，所以在生产过程中，也不会把自己的价值转移到新产品中去，正如马克思指出的，“自然力不费分文；它们进入劳动过程，但是不进入价值形成过程”③。尽管如此，自然力对价值形成的基础性作用是不可忽视的。

马克思的自然生产力思想体现了实践的主导原则。实践的观点是马克思哲学、经济学的理论原则，也是马克思自然生产力思想的主导原则。自然生产力不是自然界的自主性生产力或生物圈的生产力，而是进入生产过程中的自然力。纯自然的物质运动形式，独立于人的存在，是生态科学所提供的科学知识，而马克思的自然生产力则是建立在人类生产实践的基础之上，以人化自然为自然生产力的基本来源。在马克思那里，实践的主导原则具体化为生产的辩证法，马克思的自然生产力思想体现了生产的辩证法，马克思在《1857—1858 年经济学手稿》的导言中概括了生产的辩证法，认为生产是“生产一般”与“一定社会发展阶段上的生产”的统一；生产是生产要素（条件）与“生产率程度”的统一；生产是“对自然的占有”与财产的“社会形式”的统一；生产是物质需要

---

① 《马克思恩格斯文集》第 3 卷，人民出版社 2009 年版，第 428 页。
② 《马克思恩格斯文集》第 7 卷，人民出版社 2009 年版，第 729 页。
③ 《马克思恩格斯全集》第 47 卷，人民出版社 1979 年版，第 513 页。

的满足与自然力的消费的统一；生产是自然联系与历史联系的统一。[①] 如果说现代工业生产是生产的异化，那么生产的辩证法则要通过复归人的本性来还生产劳动以本来面目。生产实践是人类生存的最基本实践方式，在生产过程中，人与自然、社会、历史有机统一。

马克思的自然生产力思想体现了对现代生产方式的批判。在马克思看来，现代的自然生态不是原初自然，而是现代生产方式的结果。现代生产是建立在工业化大生产基础上的资本主义生产方式。作为马克思“研究的本题”，资本主义生产方式——这种“建立在资本上的生产”——必然要符合资本的逐利本性，一方面通过采用和发展科学技术扩大生产效率，另一方面则尽量掠夺式地无偿使用自然资源。现代生产方式夸大了生产的功能，他们把劳动当作人用来增加自然产品价值的唯一的东西，当作人的能动的财产，在这种观念的主导下，通过机器起作用的盲目的自然力，将为现代生产方式所掠夺和控制。由于劳动被异化，人的自然本质也被异化，因此，现代生产方式的必然结果就是奴化自然力。

资本家不花费分文就能够占有的自然力属于资本家还是属于人类?对资本主导权的反思和批判，马克思提出了生产实践所应该遵循的生态逻辑。物质生产是遵循自然规律的、具有受制性，即生产应该合乎生态逻辑，而不是置生态规律于不顾的资源掠夺式和环境污染性的生产。资本可以不为自然生产力付费，但人类的生存却要把生态成本纳入生产过程。马克思指出，“劳动生产力是由多种情况决定的，其中包括……自然条件”[②]。在这里，“生产资料的规模和效能，以及自然条件”就是参与社会生产的自然条件制约着劳动生产力的发展，即生产的生态逻辑的客观性。

生态逻辑是人的合世界性生存的对象性逻辑。对象性存在是人的本质规定，同时，这种对象性存在逻辑指明了人的存在是合世界性的存在。人类作为生命进化的最高级阶段，是生物进化的产物，也是物质和能量在自然生态系统中的运动环节。就人在自然生态系统中生存来说，人类是生存在与其他物种和谐共处、自然与社会相互交融瑰丽多姿的复合生态系统中，人类的存在和活动是生态系统演变不可缺少甚至说是较为重要的力量，但归根到底还是充满多样性的生命链条上的一个环节而已。马克思进一步指出了作为自然存在物的人参加自然界的生活，就是指人

① 《马克思恩格斯全集》第30卷，人民出版社1995年版，第22—53页。
② 《马克思恩格斯文集》第5卷，人民出版社2009年版，第53页。

对自然界的物质变换活动发生在作为环境的自然界的物质运动之中，“自然存在物”与“自己的自然界”实质上就是生物合世界性的生态关系。

马克思自然生产力思想的生态逻辑以马克思深刻的生态思想为基本语境。马克思提出的“人是自然界的一部分”，不仅仅包括人的对象性存在，更意味着实践所联结起来的人与自然环境是一个有机的整体系统；意味着“自然是人的无机的身体”，即自然的人的存在。在这里，人是自然界的一部分和自然界是人的一部分，表达了马克思关于人寓居于自然世界的观念与世界的生存论解释学的整体性互动与有机论通达。这种互动以人的生存实践为中介，在彼此通达中，人与自然相互敞现。社会关系是社会性的基本内涵和生成空间，人的社会性特质是人与自然发生实践关系的人学前提，也是人的自然存在的人学前提。在社会中，人的自然存在是人的现实存在呈现为历史性的统一，这体现了马克思从社会性维度来看待人——自然——社会的统一关系的基本视角。同时，这里的“社会”还具有另一种含义，这不是一种泛历史性的社会，而是超越资本主导的新社会，或者“共产主义社会”，这样的社会才有人与自然的真正统一。

三、人与自然的现代分离，马克思对异化劳动与资本的批判

既然人的自然存在是人在自然界中的对象性存在，那么，人只有靠自己的对象性活动去生存于自然世界。马克思坚持了费尔巴哈哲学的唯物主义基地，反对了黑格尔那种从自我意识的外化、对象化来理解自然的意识性形而上学自然观。马克思的哲学是“实践的唯物主义”，实践的理论立场是马克思的唯物主义自然观的根本立场和方法原则。在自然的人化过程中，“化”的方式，即实践方式具有历史性。实践的历史性一方面是泛历史性的人类实践，另一方面则是特殊时代条件下的实践方式，实践方式、实践手段、实践工具则是凝结在生产力中的人与自然之间的实践辩证法。自然产品体现了自然，自然在人的生存实践中，通过用具而在场。然而，实践的生态辩证法在现代资本主义社会中被遮蔽了，正如劳动的异化那样，实践的生态辩证法是异化的辩证法，是自然的异化。异化的实践受到资本的控制，是异化的劳动对劳动的异化。

在现代社会中，由于资本的超越性扩展能力，现代生产逻辑具有明

显的反生态性。马克思指出，“资本一旦合并了形成财富的两个原始要素——劳动力和土地，它便获得了一种扩张的能力，这种能力使资本能把它的积累的要素扩展到超出似乎是由它本身的大小所确定的范围，即超出由体现资本存在的、已经生产的生产资料的价值和数量所确定的范围。”[①] 劳动力是剩余劳动的始源，是人的存在的象征，而土地则是社会物质财富的源泉，是自然资源的标志，因此，也是人的自然存在的标志。资本所获得的超越性扩展能力控制了整个资本主义社会中人与世界的关系，既包括了劳动者的非人化存在，也包括了自然系统的资本化受控状态。资本主义生产借助于现代科学技术、机器、工厂制度等对自然力的控制所形成的人与自然的实践性关系是征服性的、颠覆性的，给现代生态环境带来巨大的破坏，“资本主义生产……一方面聚集着社会的历史动力，另一方面又破坏着人和土地之间的物质变换，也就是使人以衣食形式消费掉的土地的组成部分不能回归土地，从而破坏土地持久肥力的永恒的自然条件。……此外，资本主义农业的任何进步，都不仅是掠夺劳动者的技巧的进步，而且是掠夺土地的技巧的进步，在一定时期内提高土地肥力的任何进步，同时也是破坏土地肥力持久源泉的进步。……因此，资本主义生产发展了社会生产过程的技术和结合，只是由于它同时破坏了一切财富的源泉——土地和工人。”[②]

在马克思看来，异化劳动是现代生产劳动的片面性和反生态性的集中体现。由于劳动的异化，因此，“工人越是通过自己的劳动占有外部世界、感性自然界，他就越是在两个方面失去生活资料：第一，感性的外部世界越来越不成为属于他的劳动的对象，不成为他的劳动的生活资料；第二，感性的外部世界越来越不给他提供直接意义的生活资料，即维持工人的肉体生存的手段。”[③] 在现代资本原则的主导下，工人通过异化劳动占有外部世界和感性自然界，然而，“异化劳动从人那里夺去了他的生产的对象，也就从人那里夺去了他的类生活，即他的现实的类对象性，把人对动物所具有的优点变成缺点，因为人的无机的身体即自然界被夺走了。”[④] 可以说，现代资本主义工业是异化劳动的集散地，现代工业把劳动的异化和反生态特质展示得淋漓尽致。

---

① 《马克思恩格斯文集》第5卷，人民出版社2009年版，第697页。
② 《马克思恩格斯文集》第5卷，人民出版社2009年版，第579—580页。
③ 《马克思恩格斯文集》第1卷，人民出版社2009年版，第158页。
④ 《马克思恩格斯文集》第1卷，人民出版社2009年版，第163页。

（一）异化劳动与自然的异化

劳动是物质生产实践，异化劳动是生产实践的异化。异化劳动所造成的自然的异化是生产性异化，包括工业生产过程中对自然的掠夺。人对自然的掠夺是资本对劳动的掠夺的表现方式，是人对人的掠夺样式，在生产过程中，劳动者参与自然界的生活服从于资本对自然的掠夺需要。从制度根源来说，异化劳动是私有财产制度所造成的，私有财产制度让劳动服从于资本的统治，把自然界变成资本的掠夺对象。

现代社会就是存在于一切文明国度中以工业化大生产为基础的资本主义社会，现代工业造就了现代社会和文明，也造就了资本主义社会和资本主义时代。工业生产方式是以机器为主要工具的社会化大生产，机器和大生产极大地提高了劳动生产效率，也为自然物的商品化、自然资源的掠夺、自然的社会统治提供了便利。现代工业既增加了社会的物质财富，又造就了人生活于其中的“感性世界”；现代工业既体现了人的主体性力量，又造就了人的生存方式。然而，在马克思看来，现代工业的生产方式是异化的实践形态，异化的生产方式造成了感性世界的异化和人自身的生存方式的异化。

作为人的感性的生存世界的自然界是如何同人相异化的呢？自然的异化是自然界的人的存在的异化和人的自然存在的异化。自然界的人的存在的异化体现在“物的异化”中，包含在工人对劳动产品的异化中，表现了“工人对感性的外部世界、对自然对象——异己的与他敌对的世界——的关系”。由于人生活在自然界中、是自然界的一部分，因此，自然界的异化是异化劳动“从人那里夺走了他的无机的身体即自然界”。在马克思看来，自然界本是人的类本质，而异化劳动导致了人的自然本质变成人的异己的本质，变成维持人的个人生存的手段。自然的异化是人的自然本质对于人的异化，人的自然存在、自然本质指的是人在自然界中的对象性存在和本质，而异化劳动造成了自然对象的丧失，使得人成为非对象性的存在者。而“非对象性的存在物是非存在物”，是不存在的，因此，异化劳动造成了人的自然存在的覆灭。异化劳动使自然界同人相异化，自然界与人的异化是人的自然本质与人自身的异化，马克思说，“异化劳动使人自己的身体同人相异化，同样也使在人之外的自然界同人相异化”①，人的自然本质与人相异化，意味着人颠覆了自己的生存

① 《马克思恩格斯文集》第1卷，人民出版社2009年版，第163页。

环境。自然界本是人的生存世界，它既是劳动对象的来源，又是劳动者的生活资料的来源。然而由于劳动的异化，劳动者越是通过劳动占有自然，他就越是失去自然，他的生产与生活也就越是远离本质的自然。自然界的异化意味着对自然资源的占有变成了对生态环境的失去，异化劳动使得创造变成失去。自然是人的劳动对象，是人的对象性存在的根本规定，自然的异化是人的类对象性的失去，因而是人的类本质的异化。

现代资本主义工业是异化劳动的集散地。资本主义工业是马克思所意指的现代实践方式，现代工业生产方式是现代社会的最根本的、主导性的生产方式。现代的感性世界是现代工业的产物，现代工业在生产现代人所寓居的生存空间时，采取的实践方式是异化劳动方式，现代工业是异化劳动的集散地。工业是异化劳动的集体性存在方式，现代工业产生的自然界是人的现实的自然世界。马克思说，“在人类历史中即在人类社会的形成过程中生成的自然界，是人的现实的自然界；因此，通过工业——尽管以异化的形式——形成的自然界，是真正的、人本学的自然界。”[①] 现代自然界所具有的真正的人本学的含义，在于人的主体性本质和力量通过现代工业生产方式在自然界的实现。马克思认为现代工业生产方式集中释放了人的本质力量和主体性，是形成现代自然观的根本物质力量，“工业是自然界对人，因而也是自然科学对人的现实的历史关系。因此，如果把工业看成人的本质力量的公开的展示，那么自然界的人的本质，或者人的自然的本质，也就可以理解了”[②]。通过生产方式的革命，大工业把巨大的自然力和自然科学并入生产过程，大大提高了劳动生产率，社会生产力得到迅速发展，人对自然世界的改造日新月异。在工业化的改造自然界的活动中，现代社会和现代文明得到极大的发展，同时，由于工业生产方式的异化性质，人所改造的自然被加剧异化。

现代工业生产方式是资本主义的生产方式。生产的资本主义产生了资本主宰下的生产主义。生产是不能停滞的，不仅因为人们不能停止消费，更因为资本要实现价值增值。资本主义生产极大地增加了可以被消费的商品，并且采取各种方式提高生产效率、扩大生产规模。资产阶级奔走于全球各地，打开世界市场，把商品输送到世界各地，从而推动更大规模的生产。然而，生产的资本主义原则性地规定着生产的目的和性质，即生产是资本的价值增值，生产是资本利益最大化的实现方式。生

① 《马克思恩格斯文集》第1卷，人民出版社2009年版，第193页。
② 《马克思恩格斯文集》第1卷，人民出版社2009年版，第193页。

产不是为了满足人的物质需要，商品对人的微笑是为了使资本充实更多的血汗。资本的逐利原则规定了资本主义条件下生产的无限扩大，形成了资本的生产主义。只有无限扩大生产，资本的增值才能最大化；只有无限扩大生产，资本才能不断充实自己，生产主义是资本的必然逻辑。资本主义的生产方式是异化劳动，只有使劳动被资本所异化，生产的过程和结果才能被资本所控制，对自然的掠夺才能在掠夺劳动力中同步实现。

由于生产是消费的源头，生产实践的异化必然会导致消费的异化，从而导致劳动者的生活方式、消费方式中自然的异化。自然界是工人维持肉体生存的物质来源，也是工人的生存环境。现代的感性世界、生存环境是现代工业的产物，因此，人所消费的自然、人在消费中与自然的联系只能是现代工业生产方式中被异化的自然。人的日常生活受到社会生产的制约，异化的生产造成了异化的消费，劳动生产是生产过程中人对自然的消费，它与维持人的肉体生存的日常生活消费共同构成了人对自然的整体性消费，自然的异化在现代的生产性消费和生活性消费中走向极致，从这个意义上来说，生态危机是自然被异化的悲剧。

在资本的全面控制下人的生态需要也被异化。劳动的异化导致了劳动者的需要被异化，现代工业生产出了满足需要的精致化的资料，同时也生产着“需要的牲畜般的野蛮化和最彻底的、粗陋的、抽象的简单化”，在这里，“甚至对新鲜空气的需要也不再成其为需要了。”① 资本生产的工业文明的污浊毒气污染了人的生存居所，人的生存环境遭到根本性的破坏，“光、空气等等，甚至动物的最简单的爱清洁习性，都不再是人的需要了。肮脏，人的这种堕落、腐化，文明的阴沟（就这个词的本义而言），成了工人的生活要素。完全违反自然的荒芜，日益腐败的自然界，成了他的生活要素。”② 被颠覆的生态环境是由于劳动的异化，资本的控制压制和遮蔽了人的生态需要。

异化劳动是马克思分析自然的异化的实践论立场。实践的理论立场是马克思的理论基石，是马克思分析一切社会现实和自然现实的逻辑原则，其理论的逻辑起点则是当前的事实。本真的劳动是人的自由自觉的劳动，是人的类本质、类特性的规定，也是实现人与自然的有机统一的基本方式。因为物质生产是人类的第一个活动，所以本真的劳动首先在

① 《马克思恩格斯文集》第1卷，人民出版社2009年版，第225页。
② 《马克思恩格斯文集》第1卷，人民出版社2009年版，第225页。

人们的物质生产中实现自身，而一旦进入现实之境，生产中的劳动能否保持其本质规定就要具体分析了。在私有财产制度条件下，劳动被异化，异化劳动把人与自然的有机统一性异化成为机械的、根本对立的矛盾关系，人与自然被完全二分。因此，必须通过现实的共产主义行动恢复劳动的本质，才能实现"自然界的真正的复活"。

劳动被异化是财产私有制度的结果。私有财产的运动是人的社会现实，私有财产的关系包含了劳动与资本的对立。在私有财产的运动中，劳动和资本被异己化和抽象化，劳动被异己的资本所控制，资本则获得了超越性存在。实质上，私有财产制度毋宁是保障资本存在的"内环原则"，而资本则是私有财产制度的"内核"，资本的超越性存在及其运动把劳动者变成纯粹的劳动力，把自然的存在抽象为财富之源，私有财产制度保障资本的抽象成为现实。

（二）资本的超越性扩展活动形成了人与自然的社会性对立

在现代社会，劳动的异化、资本的全面控制、财产私有制度使得自然界被异化，也使得人的自然存在被异化。异化劳动条件下人的社会性存在变成社会性的人的非人的存在，成为人的受压迫，同时异化劳动使得"对于通过劳动而占有自然界的工人来说，占有表现为异化……对象的生产表现为对象的丧失，即对象转归异己力量、异己的人所有。"①劳动的异化是劳动的异己的对象化，是资本。资本是劳动的凝结，但是积累起来的死劳动反过来却统治了现实的活劳动，成为控制活劳动的社会力量。资本对现代社会的控制是全面的，具有超越性的扩展能力。资本对世界的统治是对世界的掠夺，既掠夺劳动者，也掠夺自然，因此，人的生存的历史辩证法和自然辩证法②都被资本所控制。

资本所控制的人的自我不仅是劳动者的自我异化，有产者也被异化。在马克思看来，"有产阶级和无产阶级同样表现了人的自我异化。但是，有产阶级在这种自我异化中感到幸福，感到自己被确证，它认为异化是

---

① 《马克思恩格斯文集》第1卷，人民出版社2009年版，第168页。

② 针对杜林先生出版《自然辩证法》来反对黑格尔的辩证法，马克思在《致路·库格曼》的信（1868年3月6日于伦敦）中说，"我的书（《资本论》第1卷）在这两个方面（注：另一方面是对杜林《国民经济学批判基础》的批判）都把他埋葬了"（《马克思恩格斯文集》第10卷，人民出版社2009年版，第280页）。对反辩证法的"自然辩证法"的埋葬只能是真正的辩证的自然观，在此，马克思提示说自己的《资本论》（第一卷）也是一部自然辩证法的著作，或者至少凝聚了马克思关于人与自然关系的主要的思考，喻示了资本批判语境中的生态辩证法。

它自己的力量所在，并在异化中获得人的生存的外观。而无产阶级在异化中则感到自己是被消灭的，并在其中看到自己的无力和非人的生存的现实。这个阶级，用黑格尔的话来说，就是在被唾弃的状况下对这种状况被唾弃的愤慨，这是这个阶级由于它的人的本性同作为这种本性的露骨的、断然的、全面的否定的生活状况发生矛盾而必然产生的愤慨。”[①]人的异化、劳动者的自我异化，直接地是劳动者的生活条件与他的人的本性之间的异化，可以“外观”的人的生存则是人的异化生存，是人的“非人的生存”。而有产者被异化则是表现为有产者成为人格化的资本，资本家“自己也无非是单个的人，而且还是被利润和利息所雇用的人，”[②]人格化的资本被资本的逐利本性所规定，也不是真正的人的存在。

资本的超越性扩展能力是现代工业化生产方式的结果。资本主义的生产方式决定了人们的现代性生活方式和社会的现代性，而这种生产方式本身则是由资本来主导各种资源的配置。可以说，资本是现代性的深层物质力量，资本的扩展能力一旦形成，就已经超越物质生产领域。资本主义生产的发展，导致了“现代的灾难”，现代的灾难形成于资本的超越性扩展能力。劳动力是剩余劳动的始源，是人的存在的能力，而土地则是社会物质财富的源泉，是自然资源的标志，因此，也是人的自然存在的标志。资本所获得的超越性扩展能力控制了整个资本主义社会中人与世界的关系，既包括了劳动者的非人化存在，也包括了自然系统的资本化受控状态。

资本主导下的现代灾难将导致资本主义社会矛盾运动的普遍危机。马克思指出，“使实际的资产者最深切地感到资本主义社会充满矛盾的运动的，是现代工业所经历的周期循环的各个变动，而这种变动的顶点就是普遍危机。”[③]资本主义的普遍危机集中表现为经济危机，在资本主义的现代工业生产体系条件下，自然资源的匮乏以及生产对生态环境的破坏也处于严重的危机状态。由于消费总是由生产所决定，并且反过来影响生产，资本主义条件下的消费也被异化了，这种异化消费和它所主导的人的生活方式使得资本的逻辑与现代性融为一体。由于无限度地追求自行增值，资本不仅“像狼一般地贪求剩余劳动”，也造成了“对工人在劳动时的生活条件系统的掠夺，也就是对空间、空气、阳光以及对保护

---

① 《马克思恩格斯文集》第1卷，人民出版社2009年版，第261页。

② 《马克思恩格斯文集》第1卷，人民出版社2009年版，第272页。

③ 《马克思恩格斯文集》第5卷，人民出版社2009年版，“第二版跋”，第23页。

工人在生产过程中人身安全和健康的设备系统的掠夺，至于工人的福利设施就根本谈不上了。”① 资本主义的普遍危机主要是人与自然、人与人之间的秩序危机，当资本主义无限扩大的生产与人们的消费处于失调状态的时候，便不可避免地爆发经济危机。而生态危机则为当代资本主义的日常性危机，只要资本规定着生产和消费，生态危机便不可避免。资本主义日常性危机的实质是资本主义内在矛盾的展开。当代资本主义由于资本主义内部对人与人的关系的调整，以及忽视人与自然关系而把生态危机推向了资本主义批判的前沿。当体现人与人的关系的经济危机凸显的时候，生态危机退居次席。

资本的现代性本质是资本对人与世界的控制，但世界是人的生存寓所，在世界之中生存是人对世界的态度的底线。资本对自然的控制一旦触及这一底线，或者会导致人类的覆灭，或者会被解除其控制力。资本的现代性霸权在于对人的社会需要的控制以及人的全面发展的约束，资本把劳动者变成仅有动物般需要的劳动工具，人的方式在劳动者那里被资本遮蔽了，动物般的需要成为人的全部需要。自行覆灭是难以接受的，唯有消解资本的霸权。资本的霸权通过资本主义的财产私有制度得到保障，资本霸权的消解即是财产私有制度的扬弃。物质的私有财产是现代资本主义社会中“异化了的人的生命的物质的、感性的表现。私有财产的运动——生产和消费——是迄今为止全部生产的运动的感性展现，就是说，是人的实现或人的现实。”② 私有财产的运动就是资本主义生产和异化消费，私有财产制度则是保障资本的全面控制的现实力量，是与资本主义自由竞争相适应的社会制度和政治制度。

私有财产制度保障了资产阶级的物质利益，从而保障了资产阶级对自然的控制、掠夺和占有。生产是对自然的占有，资本主义生产方式占有自然是控制式的、掠夺式的占有。财产的私人占有制度是资本主义基本的经济制度，它所保障的是现代资产阶级的物质利益及其财富积累方式。物态的财产源自自然，是自然物的属人存在。在私有财产制度中，自然物所属的不是抽象的人、不是全体的人类，而是代表资本行使霸权的资产阶级。物态财产的资本化可以吸纳劳动力以充实和丰富自身，从而实现价值增殖。同时，私有财产制度也实际地吸纳了劳动者的自然世界，把作为全人类的生存世界的共同的自然变成本阶级的财富来源。自

---

① 《马克思恩格斯文集》第5卷，人民出版社2009年版，第491页。
② 《马克思恩格斯文集》第1卷，人民出版社2009年版，第186页。

然，这一公共之域被私有化，资本主义竞争是私有化的内部竞争，劳动者被排除在这一私有化竞争之外。资本与雇佣劳动之间的矛盾关系的一个重要方面就是自然的所属矛盾，自然不仅是资本的财富源泉，也是劳动者的生存世界，劳动者的衣食住行的需要的满足、对良好生态环境的需要都在自然的私有化中被褫夺，私有制保障这种褫夺、加剧这种褫夺。

资本主义私有制制约了现代资本主义社会的经济关系。需要及其满足形成了人与人之间的物质利益关系和经济关系，在资本主义条件下，人与人之间的经济交往以商品为中介，商品的生产、交换属于不同形态的资本所有者，受到私有制的经济制度的规约。资本主义私有制对经济关系的制约间接地制约了人与自然的物质关系，人与自然的对立以人与人的社会性对立表现出来。在人们的经济活动中，商品的生产、分配、交换和消费是人与人的关系的社会性实现，在资本主义条件下，人们之间的物质利益关系受到私有制的约束，被升格为利益统治者的资本所规定。人与人之间的利益博弈、社会竞争只能在私有制的架构内才能被允许，一旦超出这一规定，国家就必然会进行干预，体现私有财产意志的政治国家是保障私有制的刚性力量。

私有财产制度以现代国家为保障，因此现代资本主义国家是统治自然的政治上层建筑。现代资本主义的上层建筑、国家制度、政权机构、政治体制建立在资本主义私有财产制度的经济基础之上，满足经济基础的需要。现代国家对人的控制既是直接地控制人的政治生活，也政治地控制人的自然生活、物质生活，通过对人的物质生活的控制来控制人与自然的物质关系。在资本控制下的人的政治生活中，被控制、统治的人是不自由的，不仅是人身的不自由，也是人与自然关系的不自由、人在自然中不自由。人与自然之间的关系被现代国家、现代政治所控制，其目的是满足资本的增值需求、实现资本的自由增值。体现资本意志的现代国家通过压迫、剥夺劳动者来掠夺自然，劳动者成为现代国家的自然掠夺者。

现代自然意识是为资本服务的、控制自然的反生态意识。在资本主义条件下，自然意识是财富源泉的意识，是资本的价值增值的意识形态，人对自然的态度必然要服从于资本的扩展。马克思认为，“在私有财产和金钱的统治下形成的自然观，是对自然界的真正的蔑视和实际的贬低。”[1]现代的反生态意识是私有财产和资本统治下的自然观，是资本的意识形

① 《马克思恩格斯文集》第1卷，人民出版社2009年版，第52页。

态对自然的蔑视。资本把自然视为财富之源，除此之外再无别的，自然对人的生存意义、自然之美、人与自然的有机统一被利润所遮蔽。资本主义条件下，人类中心主义的态度不过是人格化的资本中心主义的存在样态。资本获得了超越性存在之后，人也要向着资本顶礼膜拜，人在自然界中的主体性力量的实现不过是资本的主体性力量的人化方式，资本的主体性把人和自然都变成了理性的对象和工具。因此，现代的反生态意识是资本运动的必然结果。

在资本主义条件下，科学技术也被工具化。在其社会化的应用中，现代科学技术的反生态特征根源于科学技术被知识化和工具化。近代以来，科学技术的主要责任就是为人类提供更多的自然之谜的解答和社会财富的源泉。工业文明伊始，人类对自然世界的认识根本不能满足物质实践的需要，人们急切地需要了解充满迷魅的自然世界。从宗教神学中解放出来的近代科学拾起了实验的方法，开始提供自然之谜的科学知识。自然知识的不断丰富提供给人类以极大的信心和力量去改造自然，被非人的力量所控制的自然自在地呈现在惊奇的世人面前，科学知识开始把控制自然的非人的力量驱逐出自然哲学，人开始渴望去控制和改造自然。一旦人类了解到自然的奥秘，自然便难以继续成为人类的榜样，而只会成为人类的实践对象，它提供人类物质财富的源泉。当然，仅靠观念形态的科学知识是不能实现自然的祛魅的，现代技术把科学知识转化为实践方式的内在要素。现代技术不再是农业文明条件下的传统经验型形态，而是以科学知识为前提和基础的实践形态，新技术的应用一下子扩大和延伸了人力的力量，在追逐物质财富的利益驱动下，人对自然进程的干预愈益深入。

被工具化的科学技术是为资本服务的。现代科技能够把迷魅的自然世界清晰地呈现在人类面前，而这种可能性的实现则是现代资本主义生产方式。资本主义生产方式炸毁了自然的迷魅，也摧毁了农业文明条件下人对自然的依赖，从此，人类田园诗般的自然生活发生了根本的改变。由于科学技术的资本主义运用，作为“资本内在的生产力”的劳动的社会生产力服从于资本的逐利本性，“为资本服务”成为了大工业时代科学技术赖以存在的根本动力。在资本逐利性的内在驱动下、在资本主义生产方式的张力结构中，科学技术日益被工具化。被现代生产方式工具化的科学技术从资本那里获得了极大的动力，并且在资本主义生产过程中发挥了极大的功效。在开发自然世界的科技进步历史中，工具作为人类实践能力的标志赋予了科学技术的工具化以一定的合理性，不能被工具化的科学技术则很快会失去其存在的价值。工具的标志性在于工具的科技含量的程度变化，提高实践的科技含量，就是提高人类改造自然的实践能力，科学技术的工具化应用具有人类历史性的重大意义。然而，现代社会中的科学技术的工具化则受到资本的支配。社会物质财富的增加满足了人类的物质需要，科学技术与现代大工业的结合则把人们物质需要的满足也变成资本逐利性的手段。受到资本控制的科学技术的工具化，造成了生态环境的蜕化，繁荣的物质生活蕴藏了巨大的潜在危机，人的工具性解放却把人带入新的生存风险。科学技术的工具化本然是处理和解决人与自然的物质性矛盾关系，是满足人的生存需要、实现人的物质性生存的基本方式，然而，在现代生产方式的张力下，受资本控制的科学技术对自然形成了强权控制，它的现实职责是为资本服务，是资本的增值工具。

人的现代生活以及生活消费所联结的人与自然的关系受到资本主义制度的控制。社会制度是人的生活的社会规则，人的生产、生活、交往等活动是在社会制度的规则框架之内进行的，社会规则作为既定的规范、准则、制度构成人们的活动的社会空间，人们在其中开展其活动并扩大主体际的交往。现代资本主义社会制度所规定的是资本的自由活动的社会空间，资本的自由是劳动者的不自由，是劳动者生产的不自由和生活的不自由，是劳动者不能自由地参加自然界的生活。劳动是人的本质规定，劳动者的不自由是劳动的不自由和人的不自由。在资本的控制下，人的生态自由与社会自由一样都成为虚假的自由，劳动者自由地出卖劳动力受制于资本对劳动力的市场需求，同样，劳动者自由地享受自然受制于资本对自然的财富需求。

马克思批判了现代资本主义对农业文明中人与土地的破坏。农业劳动以人与土地的关系为对象，农业劳动生产力取决于土地的生产效率，资本主义农业为了片面地追求农业生产的经济效益而不顾人与土地的协调性。土地是无机的自然界本身[①]，土壤肥力下降以及农产品相应涨价所引起的劳动生产力的降低，因此，资本主义的发展史是土地肥力的流失史。

现代工业中的资本主导权，由于资本的逐利性而对自然的破坏。资本所关心的只是劳动的直接的经济效益，而资本主义生产方式所造成的环境破坏这一长期性的、累积性的结果却完全被忽视了。人的自然存在

---

① 《马克思恩格斯文集》第7卷，人民出版社2009年版，第922页。

的复归在于异化劳动的扬弃，由于私有财产的扬弃和异化劳动的扬弃是同一个共产主义运动过程，扬弃异化劳动就是清除资本的全面控制，推翻资本主义统治。清除资本的统治才能使得自然界复归为本真的自然界，才能使人的自然存在成为真正的人的存在，这就是马克思的资本中心主义批判。

（三）生态领域中的资本中心主义批判

资本中心主义是一切现代灾难的根源，也是当代生态危机的根源。与当代生态伦理学对人类中心主义的伦理批判不同，马克思开辟了对人与自然的异化关系的资本中心主义的历史性批判。

当前，生态伦理学把对人类中心主义的伦理批判作为理论前提。人类中心主义的自然观把人与自然的关系看作人与人的关系的物质性载体和中介性环节，否定人与自然的关系具有直接的伦理意义，我们之所以要对生态环境承担伦理责任，是人类可持续生存和发展的根本需要，而不是出于对自然事物本身的关注。辛格批判地认为，“按照西方主流传统，自然界是为人的利益而存在的。上帝让人统治自然界，并不在乎我们如何对待它。人是世界上唯一具有道德重要性的成员。自然本身没有内在价值，因此对动植物的破坏就不能算是犯罪，除非这种破坏行为危害了人”①。而诺顿则区分了两种类型的人类中心主义，他把人的偏好区分为感性偏好与理性偏好，认为仅是满足欲望和感性需要的强式人类中心主义的主导精神就是控制、征服和改造自然，而那种只应满足人的理性偏好、并依据一种合理的世界观对这种偏好的合理性进行评判的弱势人类中心主义才能够促使人们合理地利用自然资源和环境。罗尔斯顿说，“环境伦理有两种。比较容易理解的一种是人类中心论的，即根据人类的利益来判断对与错。这种伦理只在派生的意义上是一种环境伦理，即它主要考虑一件事对人是有益还是有害，而对环境的关心完全附属于这种对人的关心”②。作为派生意义上的生态伦理，是从人类学的意义上来看待的环境伦理，这规约了所谓“派生”的内涵，即人类对周围世界的恐惧和依赖。彼得·S. 温茨把人类中心主义划分为两种基本类型，一个是经济人类中心主义，“经济人类中心主义希望把所有的价值都置于货币条

---

① ［美］彼得·辛格著：《实践伦理学》，刘莘译，东方出版社2005年版，第263页。

② ［美］霍尔姆斯·罗尔斯顿Ⅲ著：《哲学走向荒野》，刘耳、叶平译，吉林人民出版社2000年版，第262页。

件下，以便于人们能够利用市场（或模拟市场）选择那些增进最大极限的人类福祉的行为和政策”，另一个是非经济人类中心主义，“非经济人类中心主义者也希望唯一地增进人类的福祉，但是宣称一些重要的价值不能被置于货币条件下。这就包括与人权、审美、国家遗产相关联的价值观念，以及对消费条款上漫无目的的消耗加以反对的价值观念。”①

从批判人类中心主义前提出发，生态伦理学提出了生命平等主义（或者生物中心主义）与生态整体主义的伦理观。生物中心主义认为所有的生命都是道德关怀的对象。在敬畏生命的伦理学看来，善的本质就是保持生命，促进生命，使可发展的生命实现其最高价值；恶的本质就是毁灭生命，伤害生命，阻碍生命的发展。所有的生命都是密不可分、休戚与共的。作为生命进化的最高成果，我们有义务尊重和帮助所有的生命。后果主义的生物中心主义则把生物所具有的发育成长的能力以及展现其所属物种的潜能的能力视为它们获得伦理关怀的根据。通过发育成长而实现其内在能力，这是任何一个生命的根本利益，它们的这种利益必须得到保护。因此，让所有的生命都欣欣向荣，这是我们的伦理义务。在生物平等主义看来，所有的有机体都是“生命的目的中心”，都以它们自己的方式实现着自己内在的善和生命目的。作为生命的目的中心，所有的有机体个体都具有平等的内在价值，拥有平等的道德地位，因此，作为道德代理人，我们必须尊重所有活着的有机体，用不伤害、不干涉、诚实和补偿正义的基本伦理原则来指导和调节我们与其他生命的关系。而生态整体主义（ecological holism）的核心思想是：把生态系统的整体利益作为最高价值而不是把人类的利益作为最高价值，把是否有利于维持和保护生态系统的完整、和谐、稳定、平衡和持续存在作为衡量一切事物的根本尺度，作为评判人类生活方式、科技进步、经济增长和社会发展的终极标准。温茨认为，“生态中心整体论的观点是，人们应当出于对物种的持续存在与环境体系的持续健康的关怀而限制自身的活动”②。

人类中心主义是把人类当作无差别的整体来看待的人与自然的关系，而没有明确指认出这一整体内部有着多元样式的差异、矛盾，甚至对立，因而，人类中心主义批判的高度抽象蕴涵着对人类生存方式的茫然无着

① ［美］彼得·S.温茨著：《现代环境伦理》，宋玉波、朱丹琼译，上海人民出版社2007年版，第90页。

② ［美］彼得·S.温茨著：《环境正义论》，朱丹琼、宋玉波译，上海人民出版社2007年版，第371—372页。

落，并且这一抽象难以指导具体生态问题的解决。与此不同，马克思却把历史性批判的矛头直指现代资本中心主义。

资本中心主义是以资本为中心、一切来源于资本的逐利原则并且为了实现资本的价值增殖的实践方式和认识方式。资本成为现代社会的中心不仅存在于人与人之间的社会关系之中，而且也存在于人与自然的生态关系之中。资本的中心驱动和价值统摄根本地规定了每个人的具体的实践方式和认识方式。

资本中心主义的实质是资本对人与世界的统治关系。在资本的现代控制之下，自然物被使用价值化，自然世界成为财富的源泉。尽管使用价值和财富通常是从人的角度来说的，但是人本身已经被资本所异化、所控制，因此，现代世界的属人化归根到底是属资本化。由于资本的本质不是物，而是以物为中介的人与人之间的利益共存关系。生态自然的属资本化实质上是一部分资本的代言人通过对整个自然世界的控制实现对不占有资本的劳动者的控制。这种控制以生产性控制为基础，延伸到消费领域，即以异化劳动产生异化消费、异化的生活方式。

资本对于生态自然的整体性占有是以人类的世界历史性的形成而完成的。随着资产阶级奔走于全球各地，资本利用远洋航海、欺骗、坚船利炮、价廉物美的工业品打开了不同民族和国家的壁垒与障碍，世界各地的民族、部落、种族联成一体，人类获得了世界历史性的形成。一旦人类成为一个整体，东方社会从属于西方，资本对现代欧洲的控制就演绎为对整个人类的控制，对资本发源地的自然生态的控制就衍变为对整个地球生态系统的控制，从而实现了对自然世界的整体性占有。

资本占有自然生态系统是通过社会的分化实现的。在资本增殖和现代化发展的驱动中，整个社会日益分裂为根本对立的两大阶级——资产阶级和无产阶级，资产阶级代表资本占有整个世界，而无产阶级只剩下劳动力以谋生。劳动者失去自己的生存世界与资产阶级掠夺整个世界是同一个过程，自然的公共世界变成了资本家的“私人花园”，资本成为了现代生态世界的主宰。无产阶级与资产阶级的社会分化、资产阶级对无产阶级的剥夺与统治实质上是人格化的资本对人格化的劳动以及无人格的自然的中心控制。阶级之间的社会对立根源于资本控制下的对自然资源和生态环境的不公正配置。

资本中心主义具有历史性。一方面，资本中心主义是历史性地形成的，随着资本的原始积累、工场手工业者、新兴的资产阶级和新贵族为了争取更多的利益而斗争，资本日益成为现代社会的主导力量并且中心化。另一方面，资本中心主义必然会历史性地消除，随着无产阶级反对资产阶级的斗争、无产阶级通过自身解放实现人类的解放，资本的中心地位必然会被劳动的中心地位所取代。由于劳动是人的本性，因此，劳动的中心化是人的真正的解放。当然，人的真正的解放是劳动作为人的本质的复归，由于劳动也是人化自然的本质，因此，劳动的中心化也是自然的真正的解放。这就是说，在人化自然中，劳动实践也是自然界的本质，因此，劳动者的自我解放也是自然界对资本控制的解脱。

与生态伦理学从批判人类中心主义到构建生态整体主义不同，对资本中心主义的历史性批判将会走向真正的生态和谐的社会，即“自然界的真正的复活”。

四、“自然界的真正的复活”途径

马克思的生态思想包含了解决生态问题的社会化方案。在马克思那里，生态问题的解决是“自然界的真正的复活”，它以革命的实践为基础，要求通过共产主义行动来扬弃异化劳动，消解资本对自然界和人的全面控制，在重新组织社会系统、建构真正的社会共同体中得以实现。

（一）以“革命的实践”实现“自然界的真正的复活”

科学的实践观是马克思解决社会问题的理论基石。科学的实践观是人的感性的对象性活动，是人的生产方式和生活方式的理论抽象。把实践从道德自律和理论批判转换到生产、生活和交往，马克思为理解和解释社会发展、人的生存，尤其是对现代资本主义社会的批判提供了有力的理论奠基。科学的实践是人的改变与环境的改变一致的“革命的实践”，实践方式的革命是以复归人的本性的实践来取代和超越异化劳动。

“自然界的真正的复活”建立在革命的实践基础上。人化自然是人的实践作品，有什么样的实践方式，就会有什么样的自然界，要改变人化自然界的存在样态，首先就要改变人的实践方式。自然的异化产生于现代社会中的异化劳动，自然界的复活必然产生于异化劳动的扬弃，使劳动实践复归其属人的本性。复归本性的劳动实践是“环境的改变和人的活动或自我改变的一致”，是“革命的实践”。革命的实践方式具有革命性质，既包含人与人的社会关系的革命，也包含人与自然关系的革命，二者不可分离，是对整个现代社会的根本变革。

革命的实践是科学的实践方式。实践是人的感性的对象性活动，作为人的对象性的活动，实践活动确证了人与对象之间的实在关系以及人的对象性存在，人在自然界中的对象性存在就是作为自然存在物的人参加自然界的生活；作为人的感性的活动，是说人的实践活动是受动的，受到对象的存在方式的制约。科学的实践方式承认对象对实践的制约，是人的能动和人的受动的统一，是对对象的占有和对人本质力量的占有的统一，是人以人的方式来占有对象。科学的实践方式把对象性的现实、把实践的对象变成人的现实，实践的对象化成为人的本质力量的确证和实现。

革命的实践是以共产主义行动来改变整个现存的世界。马克思说，"对实践的唯物主义者即共产主义者来说，全部问题都在于使现存世界革命化，实际地反对并改变现存的事物。"[①] 实践的唯物主义是指导共产主义行动的理论基础，对现存世界的革命是共产主义者革命的实践。反对、改变现存世界的革命实践就是"那种消灭现存状况的现实的运动"，革命的实践所要消灭的世界现状，包含了对现代社会中人与自然的分离状况的改变。由于人与自然的关系是社会地造成的，对人与自然的分离状况的改变，就必然包含着对社会状况的改变，这就是说，共产主义行动所要实现的，是人与自然关系和人与人的社会关系的整体性改变。

改变现存世界的革命的实践是有机统一的实践系统。实践方式的革命包括改变社会关系的社会革命、生产劳动方式的革命、生活方式的革命、交往方式的革命，等等。革命的实践，即共产主义行动，既包括反对和摧毁旧世界，也包括建设新世界，在马克思的生态思想中，革命的实践包含了对现代社会人与自然关系的分离状况的解决，也包含了建设新的生态世界，这种新的生态世界的社会制度是共产主义的社会制度。

马克思的新唯物主义是"改变世界"的实践哲学，强调用"共产主义行动"来改变现实的、感性的对象世界。在马克思那里，感性的对象世界既包括社会环境，也包括自然环境。这意味着，"共产主义行动"既改变资本主导下的现代社会环境，也改变现代自然环境，即作为"私有财产即人的自我异化的积极的扬弃"的共产主义"是人和自然界之间、人和人之间的矛盾的真正解决，是存在和本质、对象化和自我确证、自由和必然、个体和类之间的斗争的真正解决。它是历史之谜的解答，而

① 《马克思恩格斯文集》第1卷，人民出版社2009年版，第527页。

且知道自己就是这种解答。”① 在这里，马克思把共产主义行动所具有的解决人与自然、人与人之间矛盾关系的整体功能揭示了出来，提示了生态环境问题的解决只有通过新的实践方式、以社会化方案才能进行的基本思想。

改变现存生态状况的革命的实践是对异化劳动的扬弃。对异化劳动的扬弃是通过现实的共产主义运动实现的，在财产私有制度下，“对异化的扬弃只有通过付诸实行的共产主义才能完成。要扬弃私有财产的思想，有思想上的共产主义就完全够了。而要扬弃现实的私有财产，则必须有现实的共产主义行动。”② 在现代工人那里，“他们非常痛苦地感觉到存在和思维之间、意识和生活之间的差别。他们知道，财产、资本、金钱、雇佣劳动以及诸如此类的东西决不是想象中的幻影，而是工人自我异化的十分实际、十分具体的产物，因此，也必须用实际的和具体的方式来消灭它们，以便使人不仅能在思维中、在意识中，而且也能在群众的存在中、在生活中真正成其为人。”③ 由于异化劳动导致了人与自然的异化，因此异化劳动的扬弃、劳动的本真复归则包含作为人的生活条件的人与自然关系的扬弃，其结果就是使自然界开始真正复活。

以革命的实践改变现代生态状况是对新的生态关系的建设。自然界的复活需要人建设生态环境，而异化劳动的扬弃不是把现存的世界全部抛弃，而是积极的扬弃和建设。马克思说，“无神论、共产主义决不是人所创造的对象世界的消逝、舍弃和丧失，决不是人的采取对象形式的本质力量的消逝、舍弃和丧失，决不是返回到非自然的、不发达的简单状态去的贫困。恰恰相反，无神论、共产主义才是人的本质的现实的生成，是人的本质对人来说的真正的实现”④，现代社会的自然世界就是人通过工业生产这一异化劳动形式创造出来的感性世界，在这个世界中，人的本质力量的对象化形式是异化形式，自然对象的存在形式也是异化形式，异化的共产主义行动的扬弃不是简单地返回到不发达的田园诗般的浪漫状态，而是在生产力发展的基础上建设新的生态关系。

建设新型生态关系的革命实践需要以本真的生产劳动方式代替异化的生产劳动方式。异化劳动方式造成了人与自然关系的异化，本真的劳

① 《马克思恩格斯文集》第1卷，人民出版社2009年版，第185—186页。

② 《马克思恩格斯文集》第1卷，人民出版社2009年版，第231页。

③ 《马克思恩格斯文集》第1卷，人民出版社2009年版，第273页。

④ 《马克思恩格斯文集》第1卷，人民出版社2009年版，第217页。

动方式是人与自然的有机统一的实践方式。本真的劳动方式是自由自觉的实践方式，会造成人的自由自觉的生存状况。人的自由自觉的生存是合乎人的本性的社会生存，人的自然生存以合乎生态规律为前提展现人的本质。自由自觉的生产劳动方式不是现代社会中掠夺自然资源、破坏生态环境的生产方式，而是合乎生态环境规律的物质生产方式。生产活动是人类最基本的实践方式，只有在生产实践中复活自然界，自然界才能得到根本的复活。同时，生产与交往彼此联结，互为前提，以复活自然界为基础的劳动者的联合也需要在社会交往中相互合作，而社会交往方式的彻底改变，则只有通过社会革命才能真正得以实现。

革命的实践是劳动者与劳动工具和劳动资料重新结合与统一的实践。现代资本主义的工业实践是劳动者与劳动资料和劳动工具相分离的实践，而革命的实践则必须重新实现劳动者与劳动资料相结合，这不是简单地返回到不发达状态的结合，而是在现代社会生产力的基础上，利用先进的科学技术，通过变革生产方式和社会秩序，实现人与自然、劳动者与劳动对象、劳动工具的生态化的统一。

（二）以社会革命实现“自然界的真正的复活”

革命的实践得以实现，需要无产阶级的社会革命。社会革命是无产阶级劳动者推翻资本主义制度的革命运动。无产阶级对资本主义的社会革命的实质是消解资本对人和世界的全面控制，其中包括对自然世界的控制和对人的自然存在的控制，从而实现“自然界的真正的复活”。自然界的真正的复活是在社会生产实践中得以实现，但不是在所有的社会中，而是在新的社会中，在符合人的生活和人的本性的真正的社会共同体中。新的社会形成于现代资本主义社会，无产阶级的社会革命是“红色革命”与“绿色革命”的一致。

在马克思看来，革命是推翻现代资本主义的基本方式。无产阶级的社会革命以摧毁整个现代资本主义制度为目标，现代资本主义社会的现代国家、政治制度、政权机构都是建立在市民社会的基础之上的，只有推翻现代社会的私有财产制度、经济基础，才能彻底推翻资本主义。现代资本主义制度是资本的保护壳，对资本主义制度的破除必然要深入到现代资本霸权的消解。无产阶级是革命的承担者，这是“由于在已经形成的无产阶级身上，一切属于人的东西实际上已完全被剥夺，甚至连属于人的东西的外观也已被剥夺，由于在无产阶级的生活条件中集中表现了现代社会的一切生活条件所达到的非人性的顶点，由于在无产阶级身上人失去了自己，而同时不仅在理论上意识到了这种损失，而且还直接被无法再回避的、无法再掩饰的、绝对不可抗拒的贫困——必然性的这种实际表现——所逼迫而产生了对这种非人性的愤慨，所以无产阶级能够而且必须自己解放自己。”① 与社会革命相比，局部性的社会改良则是治标不治本，只要资本的逻辑仍然是社会关系的幕后操纵者，社会改良就只能是资本对人的本真生存方式的“放风”，具有反讽意味的是，短视的人对此信以为真，把资本对人的“放风”当作人自身的真正解放，而不知资本是社会改良的最大受益者。

无产阶级的社会革命是革除现代资本主义社会制度的“红色革命”，也是革除资本对自然的控制的“绿色革命”。“红色革命”（社会革命）与“绿色革命”（生态革命）是无产阶级革命的双重指向。“红色革命”指向了资本主义社会中的人与人的社会关系与社会秩序，而“绿色革命”指向了资本主义社会中人与自然的生态关系与生态秩序，只要人——自然——社会是相互联结的，“红色革命”与“绿色革命”就必然是一体化的。“红色革命”通过对资本控制下的社会秩序的破解释放出社会正义，“绿色革命”通过破解资本的自然控制释放出生态正义，在社会化的资本主义生产方式和交往方式中，生态正义与社会正义难以分离。

在无产阶级的社会革命中，释放生态正义的“绿色革命”不是释放社会正义的“红色革命”的附属品，而是“红色革命”的内在要求。红色的社会革命所破除的现代社会秩序是人与人的分离——其中一部分人是人格化的资本，而另一部分人是人格化的劳动——的社会秩序，人与人的分离是资本对劳动的控制和统治。资本对劳动的控制一方面是直接的雇佣方式，另一方面是间接地以对物的控制的方式来控制人。对物的控制包含了对自然物、自然界，以及对人与自然关系的全面控制。因此，无产阶级的社会革命既要针对资本对雇佣劳动的社会控制进行革命，也要针对资本对自然界的控制从而控制人进行社会革命，生态革命是社会革命的内在要求，是革命的彻底性、全面性的体现。

革命是无产阶级对资产阶级的暴力，是劳动者推翻压在自己头上的资本之城。资产阶级通过平均利润实现阶级联合，而劳动者不联合起来自觉地进行阶级斗争就不能解放自己。资产阶级的联合是资本的一体化，是单个的资本、不同经济活动环节中的资本的联合，人的联合是资本的人格化的联合。联合起来的劳动者、社会化的人是人格化的劳动的联合，

---

① 《马克思恩格斯文集》第1卷，人民出版社2009年版，第261页。

劳动的联合对资本的联合是劳动者的解放。劳动者的解放就是推翻笼罩在劳动之上的资本之城，复归劳动者的本质，复归劳动的人的本质。资本不吸取劳动就不能存活，资本吸取劳动的原则是利益最大化的逐利原则，因此，劳动不彻底推翻资本的统治就不能真正存活。

同样，无产阶级的革命也是推翻笼罩在自然上空的资本之城。资本既榨取劳动，也掠夺自然。劳动可以通过人格化的力量打开资本的牢笼、获得解放，而自然只能报复人类。自然对人类的报复是既报复劳动者，也报复资本家，同时还报复非劳资社会中的所有的人。这意味着，资本是掠夺世界的最大的受益者，劳动者的收益只是使自己和后代存活从而持续地提供为资本服务的劳动力，而环境污染、生态破坏却要全人类来承担。自然只能通过人来表达对资本的控诉。能够代表自然控诉资本的，只能是与自然息息相关、参与自然界的生活的劳动者。劳动者不会单独实现自然的解放，而是把自身的解放和自然的解放相结合，把社会革命与生态革命相统一，才能真正推翻资本对人和自然的控制。

劳动者之所以能够为自然代言，是因为自然界的真正的复活只能在本真的劳动中才能实现。人的自然世界是实践中所形成的人化自然，实践是人化自然的本质规定。实践的最基本存在方式就是人的劳动，劳动实践是人的基本的存在方式，是人的本真生存方式。劳动实践是人与自然的统一的基础，因而也是自然的本真的存在方式，本真的劳动产生本真的自然，劳动的解放才是自然的解放。在马克思看来，劳动的无产阶级、社会化的人的解放才能实现人类的社会解放，同时，以劳动为本质规定的无产阶级革命也才能实现自然的解放，自然的解放与人类的解放都只能以劳动者为自己的代言人。

无产阶级的社会革命所要实现的，是一个能够实现"自然界的真正的复活"的真正的社会共同体，"自然界的真正的复活"是新的真正的社会共同体的必要组成和基本特征。

（三）真正的社会共同体是"自然界的真正的复活"的社会

生态问题的社会化方案所导向的是，只有随着社会的重建才能重建被资本所破坏的自然。马克思认为，在被重建起来的社会里，"社会是人同自然界的完成了的本质的统一，是自然界的真正复活，是人的实现了的自然主义和自然界的实现了的人道主义。"[①] 在重建的真正的社会里，

① 《马克思恩格斯文集》第1卷，人民出版社2009年版，第187页。

社会是自然界的真正的复活。这意味着，人与自然的和谐一致只有在全面彻底地控制资本、而不是被资本全面彻底控制的社会里才能得以真正的实现。从扬弃异化到资本批判，马克思对现代社会的虚假性的揭露与社会共同体的重建思想以社会变革的共产主义行动为基础，提出了解决现代社会中的生态问题的社会化变革方案。只有变革和重建社会组织，才能实现自然界的真正的复活，才能把自然界的复活与人的本质的复归统一起来。

只有真正的社会才会有“自然界的真正的复活”，而只有以“共产主义行动”在所有的领域中都扬弃资本的现代主导权、控制资本的超越性扩展能力，才能建构起生态和谐的真正的社会。共产主义行动的理论前提是唯物史观，唯物史观的理论立场是科学实践观。在现实的社会变革中，共产主义行动是科学实践观的具体形态。在马克思那里，共产主义行动是一场社会变革，以无产阶级这一“社会化的人类”为“物质武器”，以“人类社会”的持续发展为利益立场，最终实现每个人的自由而全面的发展。共产主义行动所要变革的是现代资本主义社会，其中，资本的超越性扩展能力业已使得社会共同体不复是人的本真存在方式，人的合理的生存方式被异化，其中包括人与自然的异化。共产主义行动就是扬弃人的异化劳动、异化生存，通过整体性的社会变革复归人的本真生存，包括复归人与自然的真实关系。

对私有财产的积极的扬弃是人复归到人的本真存在即社会存在，它可以形成一切异化的复归，如宗教、家庭和国家等等，无论是现实的物质层面的，还是内在观念层面的。社会存在也并不是被异化的社会现实，而是真正的社会，这种具有真正性的社会规约了整个扬弃异化运动的普遍性质。在合乎人的本性的社会中，“自然界的人的本质只有对社会的人来说才是存在的；因为只有在社会中，自然界对人来说才是人与人联系的纽带，才是他为别人的存在和别人为他的存在，只有在社会中，自然界才是人自己的合乎人性的存在的基础，才是人的现实的生活要素。只有在社会中，人的自然的存在对他来说才是人的合乎人性的存在，并且自然界对他来说才成为人。因此，社会是人同自然界的完成了的本质的统一，是自然界的真正复活，是人的实现了的自然主义和自然界的实现了的人道主义。”[①] 在这里，“社会”不是抽象的东西与个体对立，个体本身就是社会存在物。

① 《马克思恩格斯文集》第1卷，人民出版社2009年版，第187页。

人与自然的统一，不仅是直接的现实，也反映在马克思对自然科学的理解之中。在继承费尔巴哈的客观性科学观的基础上，马克思谈到，“自然科学往后将包括关于人的科学，正像关于人的科学包括自然科学一样：这将是一门科学。……自然界的社会的现实和人的自然科学或关于人的自然科学，是同一个说法。”①

真正的社会共同体是人的生活合乎人的需要的社会，也是人的自然存在合乎人的本性的社会。人的自然存在的本性是人的自然需要，人对自然的需要既包括对自然物的需要，也包括对整个生态环境的需要。人的自然存在合乎人的需要，是合乎人的物质产品的需要和生态需要的统一。在这里，是人的自然需要决定了人的自然存在，而不是资本决定人的自然需要。

真正的社会共同体是破除资本的全面控制的社会，也是人与自然的统一的社会。真正的社会共同体是破除资本的全面控制的社会，世界是由合乎人的本性的实践方式来生成的，而不是以遵循逐利原则的资本来控制的。人与自然的关系获得新的统一，是合乎人的生存、体现人的本质、遵循自然规律、维护生态平衡的辩证统一。

真正的社会共同体是人的自由而全面发展的社会，也是人的自然存在的自由社会。在真正的社会共同体中，人的自由既是在社会生活中的自由，也是在自然生活中的自由，是社会和谐与生态和谐的统一体。在真正的社会共同体中，人的发展是全面的发展，既包括社会发展与人的发展的统一，也包括生态关系与人的发展的统一。真正的社会是自由人的联合体，其中每个人的发展是一切人的发展的条件，这意味着人类的发展与单个人的发展是一致的。每个人的发展是每个人的全面发展，包括单个人的自然存在的发展，每个人都能够获得良好的自然环境。

真正的社会共同体是人类史与自然史的真正统一的社会。人的历史是人的真正的自然史，是人的发展史。人类社会发展具有客观规律性，生产力与生产关系、经济基础与上层建筑的矛盾运动规律这一历史的基本规律是真正的社会共同体的基本规律，也是人与自然关系的基本规律。在这里，人对自然的改变既要遵循自然规律，也要遵循历史规律，是自然规律和历史规律的统一，也是自然史和人类史的统一。

马克思自然生产力的生态逻辑包含了自然力与劳动力的辩证统一。从社会历史的宏大视野来看，社会生产力是人类历史进程中的自然生产

---

① 《马克思恩格斯文集》第1卷，人民出版社2009年版，第194页。

力和劳动生产力的“合题”。当人类的劳动水平低下，人们主要依靠自然物直接为人的生存和生活提供物质来源时，自然生产力就居于主导地位。这时，人的生产水平、生产能力低下，人的劳动能力尚未得到充分发展，劳动对自然的改造和利用程度已经超越了动物对自然的作用，但是停留在直接获取生存资料的程度。随着人的实践经验的积累，人的认识能力在逐步提高，人们的智力状况缓慢改进，劳动力因素在生产过程中的作用开始彰显。在现代劳动生产力主导形态中，劳动生产力把外在的自然转化为属人的自然，把自然人化。在生产实践中，人塑造了自己的劳动能力，人的体力和智力及其成果在人——自然的物质变换关系中形成稳定的、累积式发展的劳动生产力，并且，劳动生产力在人类的历史中呈现历史遗传形式的积淀。真正的社会生产力应该是生态整体性制约下的人类社会的生产力系统，不是单纯的自然力，也不是片面性的劳动力，而是二者在生产过程中的辩证统一。

第二章　哲学革命与马克思生态思想的超越性质

马克思的生态思想与马克思对近代形而上学的哲学革命密切相关。近代形而上学以实体性路向和意识性路向所建构的存在者哲学作为近代世界观的基本理念，这是对中世纪神学世界观的进步。然而，对存在的遗忘、把认识归结为纯粹内在性的领域、对历史的精神性解释是近代形而上学的根本缺陷。以科学实践观为理论基石，马克思发动了对近代形而上学的存在论革命、认识论的实践革命以及社会历史领域中的唯物史观革命等，形成了独具特色的哲学革命路径。作为马克思的基本理论前提和一般的方法论原则，哲学革命必然会带来马克思对现实问题的全新的理解视野。在马克思生态思想中，生存论性质的存在论基础使得马克思从人的生存方式中理解感性的自然世界；实践论的理论基石意味着人与自然世界之间的实践性关联取代直观受动式关联和抽象能动式关联；唯物史观把人与自然的关联置于人类史与自然史的统一这一整体性的社会历史架构之内，从而，超越了实体性形而上学和意识性形而上学、片面的自然主义和片面的人本主义在人与自然关系上各执一端的根本缺陷。

一、近代形而上学的基本路向

海德格尔通过追问来揭示形而上学是什么。他说，“‘形而上学’这个名称源自希腊文的 μετα ταφυσκα。这个奇特的名称后来被解说为一种追问的标志，即一种 μετα - tran——‘超出’存在者之为存在者的追问”，作为一种哲学的追问，形而上学所追问的是存在，“形而上学就是一种超出存在者之外的追问，以求回过头来获得对存在者之为存在者以及存在者整体的理解”[①]，海德格尔说，“作为形而上学的哲学之事情乃是存在者之存在，乃是以实体性和主体性为形态的存在者之在场状态”[②]。然而在近代形而上学那里，形而上学所追问的存在却被实体性的存在者所遮蔽了，近代实体性形而上学主要表现为物质性形而上学和意识性形而上学两种基本形态。

“实体”一词的希腊语原文是 ousia，与 to on 一样源出于 einai。ousia 的一个意义是指那能力，另一个意义就是那在场者、那存在者。除有“实体”（substance）之意义外，还有“本质”（essence）的意思。“实体”（substance）作为古希腊哲学家亚里士多德首创的一个重要哲学概念，也是后来西方哲学史上许多哲学家使用的重要哲学范畴，又译为本体，其含义一般是指能够独立存在的、作为一切属性的基础和万物本原的东西。本原即某种独立存在的东西，一切存在物都由它构成，最初都从其中产生，最后又复归于它。它包含着实体范畴的萌芽，从泰勒斯到巴门尼德，人们对本原的认识经历了从感性的具体上升到抽象的过程，开始是把水当作万物的本原，最后得出一个最一般最抽象的概念“存在”。亚里士多德总结前人的成就，在《范畴篇》中，将“存在”分成作为“这个”的存在，以及作为数量、性质、关系、状况、时间、地点等的存在，共 10 类。作为“这个”的存在名之为“实体”。它是其他几类存在的基础，其他几类都只是它的“属性”。这样，从亚里士多德起，“实体”开始作为哲学范畴被使用。这个实体，就是海德格尔所指的存在者，建立在存在者基础之上是近代形而上学的基本特征。

（一）近代实体性形而上学的基本形态之一：物性形而上学

实体性形而上学在近代欧洲哲学史中有着悠久的历史和丰富的思想。近代经济社会的发展、生产方式的革新、科学技术的进步推动着人们对整个世界的唯物主义洞察，以物质性实体为世界的物质统一性根据成为近代唯物主义的基本立场，这形成了近代物性形而上学的理论传统。

霍布斯认为世界是物质实体的总和。他说，“世界（我说的不止是地球……而是说宇宙，即一切存在的东西的整体）是有形体，也即物体，……宇宙的每一部分都是物体，不是物体的就不是宇宙的一部分。而因为宇

① ［德］马丁·海德格尔著：《路标》，孙周兴译，商务印书馆 2001 年版，第 137 页。
② ［德］马丁·海德格尔著：《面向思的事情》，陈小文、孙周兴译，商务印书馆 1996 年版，第 76 页。

宙是全体，如果不属于宇宙的一部分，那就是无，也就什么地方都不存在”[①]。而哲学的任务是寻求关于物体的特性和产生的知识，“哲学的任务乃是从物体的产生求知物体的特性，或从物体的特性求知物体的产生”[②]。

斯宾诺莎认为实体的本质包含着存在，或者说，存在是实体的本质形态之一。他说，“实体不能为任何别的东西所产生，所以它必定是自因，换言之，它的本质必然包含存在，或者存在属于它的本性”[③]。

莱布尼茨的单子是不可再分的单纯实体。他说，“我们在这里所要讲的单子，不是别的东西，只是一种组成复合物的单纯实体，单纯，就是没有部分的意思”，单子是万事万物的最基本要素，“在没有部分的地方，是不可能有广延、形状、可分性的。这些单子就是自然的真正原子，总之，就是事物的原素”；单子是自在的，不生不灭，“根本不用害怕它们会分解，根本就不能设想一个单纯的实体可以用什么方式自然地消灭”，“根据同样理由，也根本不能设想一个单纯的实体可以用什么方式自然地产生，因为它是不能通过组合形成的”；单子具有某种性质，借以彼此区别，“单子一定具有某种性质，否则它们就根本不是存在的东西了。单纯的实体之间如果没有性质上的差别，那就没有办法察知事物中的任何变化，因为复合物中的东西只能来自单纯的组成部分，而单子没有性质就会彼此区别不开来，因为它们之间本来没有量的差别。因此，既然假定了‘充实’，每个地点在运动中就只会接受与它原有的东西等价的东西，事物的一个状态就无法与另一状态分清了”，“而且，每一个单子必须与任何一个别的单子不同。因为自然界决没有两个东西完全一样，不可能在其中找出一种内在的、基于固有本质的差别来”[④]。

梅叶鲜明地指出，作为哲学的本原的是物质。在梅叶看来，“物质是始因，是永恒而独立的存在物”，物质是各种具体实体的哲学概括，“物质的存在是存在于万物之中的，万物是由物质的存在物而来的，而万物

---

① ［英］霍布斯著：《论物体》，参见《16—18世纪西欧各国哲学》，商务印书馆1975年版，第82—83页。

② ［英］霍布斯著：《论物体》，参见《16—18世纪西欧各国哲学》，商务印书馆1975年版，第64页。

③ ［荷］斯宾诺莎著：《伦理学》，参见《16—18世纪西欧各国哲学》，商务印书馆1975年版，第247页。

④ ［德］莱布尼茨著：《单子论》，参见《16—18世纪西欧各国哲学》，商务印书馆1975年版，第483—484页。

最后可以归结为物质，也就是物质的存在物的。”①

在《达朗贝和狄德罗的谈话》中，狄德罗明确地提出物质是唯一的实体的论断。狄德罗指出，“在宇宙中，在人身上，在动物身上，只有一个实体。”② 这一实体是物质性的存在者，是作为哲学本体的“物质”。由于本体的始源性，在《关于物质和运动的哲学原理》中，狄德罗认为一切源于物质，“要假定任何一个处在物质宇宙之外的实体，都是不可能的。”③

拉·梅特里（或译拉美特利）认为实体是不变的，变化的只是实体的存在形式。他认为，“在整个宇宙里只存在着一个实体，只是它的形式有各种变化。”④

霍尔巴赫把自然认作是物质实体的整体。物质存在者在人的意识中形成反映，人也是一种自然存在物，“自然，从它最广泛的意义来讲，就是由不同的物质、不同的配合以及我们在宇宙中所看到的不同的运动的集合而产生的一个大的整体。自然，狭义地讲，或是在每个存在物内部加以观察的自然，乃是由于本质，就是说，由于有别于其他存在物的一些特性、配合、运动或活动方式所产生的整体”，“对于我们来说，物质一般地就是以任何一种方式刺激我们感官的东西；我们归之于各种不同物质的那些特性，是以物质在我们内部造成的不同印象或变化为基础的”，“像其他一切存在物一样，人乃是自然的一种产物”⑤。

在物性实体性形而上学里，物质、实体、存在者一体化。哲学的对象是客观存在的物质和实体，物体是不依赖于人们思想的东西，它是世界上一切变化的基础。在实体性形而上学那里，“无形体的实体和无形体的形体，是一个同样的矛盾。形体、存在、实体是同一种实在的观念。不能把思想同思维着的物质分开。物质是一切变化的主体。”⑥ 概而言之，实体即主体。贺来教授在谈到马克思所面对的“知性化的实体本体论”

---

① ［法］让·梅叶著：《遗书》第2卷，陈太先、睦茂译，商务印书馆1959年版，第168、第177页。

② ［法］狄德罗著：《狄德罗哲学选集》，陈修斋、王太庆、江天骥译，三联书店1957年版，第129页。

③ ［法］狄德罗著：《狄德罗哲学选集》，陈修斋、王太庆、江天骥译，三联书店1957年版，第116页。

④ ［法］拉·梅特里著：《人是机器》，顾寿观译，商务印书馆1959年版，第73页。

⑤ ［英］霍尔巴赫著：《自然的体系》（上），管士滨译，商务印书馆1964年版，第17、第35、第75页。

⑥ 《马克思恩格斯文集》第1卷，人民出版社2009年版，第332页。

的理论传统时指出了实体的超感性性质，他认为，“所谓知性化的实体本体论，是‘存在论’问题上的这样一种观念：我们感官观察到的现象并非存在本身，隐藏在它后面作为其基础的那个超感性‘实体’，才是真正的‘存在’，构成了‘存在者’之所以‘存在’的最终根据。‘存在论’的任务就是运用逻辑理性，深入到‘事物后面’，进行‘纵向的超越’，去把握这超感性的、本真的‘实体’。”① 实体性形而上学的理论内核就是实体本体论，以实体性的物质存在者为本原。从抽象的认识来看，这种实体性本体是对具体物体的概括、抽象和提升，而就其功能来看，它是世界一切具体存在者的来源、本质和动力。

正是物质实体的这种基石性功能，实体本体论在近代唯物主义那里最为重要。实体性形而上学以实体作为存在的揭示通道，或者以实体的研究为存在论奠基。对此，贝克莱的批评一针见血，“一旦把这块基石去掉，整个建筑物就不能不垮台”②，贝克莱的否定恰好证实了实体对于唯物主义的本体论价值，以物质性实体为哲学的基本立场。

以物性实体为本体的实体性形而上学形成了实体性的思维方式。实体性思维方式认为复杂多样的现象是同一实体变化不居的结果，可以为人的经验所达到，但是，由于经验本身的不确定、个体化，因此，只有稳定自在的实体才具有普遍的存在性质，“实体”成为一无所凭的赤裸裸的纯粹存在者，成为存在的标志。这正是把人生存的世界抽象化——纯化同时也是简化——的思维方式。哲学的实体性物质观与现实生活中的商品化的唯物质主义都是实体性形而上学的存在样态。这种实体性形而上学造成了世界的物化理解，把物化的存在者理解为世界的存在本身，遮蔽了人的生存的本真意义，导致了物化世界对人的统治，形成了人的片面化的生存方式。

物性形而上学的认识论是直观的反映论。只是从客体本身来直观对象、感性和现实是实体性形而上学的认识方式，相对于人的意识而言，世界被客体化，客体化成为对象化的主导形态。其中蕴涵了主客二元分离的认识态度，并且规定了实体的外在性和外部世界的客体性。外在客体的自在运动是有规律的，人的认识就是这种规律的主观反映，物质实体的存在决定了人的认识的真理性。培根明确地以自然界作为认识的唯

① 贺来：《马克思哲学与“存在论”范式的转换》，《中国社会科学》2002年第5期。

② ［英］贝克莱著：《人类知识原理》，参见《16—18世纪西欧各国哲学》，商务印书馆1975年版，第576页。

一对象，他说，“人是自然的仆役和解释者，因此他所能作的和所能了解的，就是他在事实上或在思想上对于自然过程所见到的那么多，也就只是那么多。过此，他既不知道什么，也不能做什么”①。

（二）近代实体性形而上学的基本形态之二：意识性形而上学

与物性形而上学相对应的，是近代意识性形而上学。意识性形而上学把意识性的实体当作形而上学的根基，由这个意识实体的演变而推论出相应的哲学体系。

意识性形而上学的基本形态是理性主义。理性是近代意识性形而上学的基本范畴，理性主义规定了近代意识性形而上学的基本理路。理性主义表达一种人类行为应该由理性所支配的观点，理性支配了人的本质、解答了自然之谜、规范了道德实践。在康德那里，理性为自然界和道德立法。在黑格尔那里，理性是世界的灵魂。理性的最高形式是理念，理性主义的绝对化所达到的哲学顶点是绝对理念，黑格尔在柏林大学开讲辞中明确宣称了其绝对理念哲学的伟大使命，“凡生活中真实的伟大的神圣的事物，其所以真实、伟大、神圣，均由于理念。哲学的目的就在于掌握理念的普遍性和真形相。”② 绝对的理念是理性的绝对化，本体化的存在形式，绝对存在的理性是一种实体。在这段话中，黑格尔的态度非常明确，就是理性的实体性存在以及理性实体是物质实体的存在论基础。在《神圣家族》中，马克思总结说，“在黑格尔的体系中有三个要素：斯宾诺莎的实体，费希特的自我意识以及前两个要素在黑格尔那里的必然充满矛盾的统一，即绝对精神。第一个要素是形而上学地改了装的、同人分离的自然。第二个要素是形而上学地改了装的、同自然分离的精神。第三个要素是形而上学地改了装的以上两个要素的统一，即现实的人和现实的人类。”③

意识性形而上学的主体主义是意识性的人学形而上学。“主体”（subject）这个词，从词源学的角度看，来自拉丁文的“subjectum ”，意即“在前面的东西”，作为基础的东西。只是到了笛卡尔，才把“主体”（自我）作为专属于人的哲学范畴从一般实体范围中突出出来。在笛卡尔

---

① ［英］培根著：《新工具》，参见《16—18 世纪西欧各国哲学》，商务印书馆 1975 年版，第 8—9 页。

② ［德］黑格尔著：《小逻辑》，贺麟译，商务印书馆 2004 年版，第 35 页。

③ 《马克思恩格斯文集》第 1 卷，人民出版社 2009 年版，第 341 页。

看来，所谓“主体”就是指自我、灵魂或心灵。自我、灵魂或心灵虽然与物体同为实体，但却与后者有本质的不同。物体的本质是广延，而自我、灵魂或心灵的本质则是思想。自我不仅与物质实体有本质的区别，而且也不来源于物质实体。它是一种独立自在的精神实体。笛卡尔以普遍怀疑的方法提出了著名的论题“我思，故我在”，即是谓此。这就把人的主体性问题鲜明地提了出来。可以说笛卡尔开启了对于主体的真正意义上的探讨。当笛卡尔宣布“我思故我在”时，也就宣告了西方主体性时代的来临，宣告了人的时代的来临。在笛卡尔那里，“主体”就是指自我、灵魂或心灵。在《沉思集》中他说道，“我只是一个在思维的东西，也就是说，一个精神，一个理智，或者一个理性”，“一个在怀疑，在肯定，在领会，在否定，在愿意，在不愿意，也在想象，在感觉的东西。”[①]

意识性形而上学具有知识论性质。在意识性形而上学那里，“意识的存在方式，以及对意识来说某个东西的存在方式，就是知识。知识是意识的唯一的行动。因此，只要意识知道某个东西，那么这个东西对意识来说就生成了。知识是意识的唯一的对象性的关系。——意识所以知道对象的虚无性，就是说，意识所以知道对象同它之间的差别的非存在”[②]。培根强调了认识的知识论性质，说“知识是存在底影象”[③]，真理性的知识不过是对事实性的存在的反映，这种反映意味着“存在的真理同知识的真理是一个东西，两者的差异亦不过如同实在的光线同发射的光线的差异罢了。”[④] 霍布斯认为，“‘哲学’是关于结果或现象的知识，我们获得这种知识，是根据我们首先具有的对于结果或现象的原因或产生的知识，加以真实的推理”[⑤]。黑格尔更是把绝对知识作为科学的归宿，他说，“这部《精神现象学》所描述的，就是一般的科学或知识的整个形成过程。最初的知识或直接的精神，是没有精神的东西，是感性的意识。为了成为真正的知识，或者说，为了产生科学的因素，产生科学的纯粹概念，最初的知识必须经历一段艰苦而漫长的道路。”[⑥]

意识性形而上学主要表现为范畴论性质的逻辑演绎，把概念作为认

---

① ［法］笛卡尔著：《第一哲学沉思集》，庞景仁译，商务印书馆1998年版，第26、第27页。

② 《马克思恩格斯文集》第1卷，人民出版社2009年版，第212页。

③ ［英］培根著：《新工具》，关文运译，商务印书馆1936年版，第106页。

④ ［英］培根著：《崇学论》，关文运译，商务印书馆1938年版，第26页。

⑤ ［英］霍布斯著：《论物体》，参见《16—18世纪西欧各国哲学》，商务印书馆1975年版，第60—61页。

⑥ ［德］黑格尔著：《精神现象学》，贺麟、王玖兴译，商务印书馆1979年版，第17页。

识的组结和存在的标示。黑格尔认为概念的抽象形式是理性精神的直接存在形式，“如果说真理只存在于有时称之为直观有时称之为关于绝对、宗教、存在（不是居于神圣的爱的中心的存在，而就是这爱的中心自身的存在）的直接知识的那种东西中，或者甚至于说真理就是作为直观或直接知识这样的东西而存在着的，那么按照这种观念就等于说，为了给哲学做系统的陈述我们所要求的就不是概念的形式而毋宁是它的反面。按照这种说法，绝对不是应该用概念去把握，而是应该予以感受和直观；应该用语言表达和应该得到表述的不是绝对的概念，而是对绝对的感觉和直观。”① 黑格尔把哲学当作一种特殊的“概念式”的思维方式，说“哲学乃是一种特殊的思维方式，——在这种方式中，思维成为认识，成为把握对象的概念式的认识。”② 概念成为黑格尔最关心的哲学纽结，范畴论的思维方式也就成为了泛逻辑主义认识论赖以产生的前提。概念把握的对象是“定在”或“限在”，对精神的定在形态的把握形成知识，“在自己的精神形态中认识着自身的精神，以概念形式把握的知识。”③ 概念的组织形式是逻辑，“一般来说，逻辑必然性就在于事物的存在即是它的概念这一性质里。”④ 概念的逻辑结论则是绝对知识。马克思对由抽象的思维方法所造成的范畴论性质的批判指出，“一切事物都成为逻辑范畴，这用得着奇怪吗？如果我们逐步抽掉构成某座房屋个性的一切，抽掉构成这座房屋的材料和这座房屋特有的形式，结果只剩下一个物体；如果把这一物体的界限也抽去，结果就只有空间了；如果再把这个空间的向度抽去，最后我们就只有纯粹的量这个逻辑范畴了，这用得着奇怪吗？如果我们继续用这种方法抽去每一个主体的一切有生命的或无生命的所谓偶性，人或物，我们就有理由说，在最后的抽象中，作为实体的将只是一些逻辑范畴。所以形而上学者也就有理由说，世界上的事物是逻辑范畴这块底布上绣成的花卉；他们在进行这些抽象时，自以为在进行分析，他们越来越远离物体，而自以为越来越接近，以至于深入物体。哲学家和基督徒不同之处正是在于：基督徒只有一个逻各斯的化身，不管什么逻辑不逻辑；而哲学家则有无数化身。既然如此，那么一切存在物，一切生活在地上和水中的东西经过抽象都可以归结为逻辑范畴，因

---

① ［德］黑格尔著：《精神现象学》，贺麟、王玖兴译，商务印书馆 1979 年版，第 4 页。

② ［德］黑格尔著：《小逻辑》，贺麟译，商务印书馆 2004 年版，第 38 页。

③ 《马克思恩格斯全集》第 3 卷，人民出版社 2002 年版，第 372 页。

④ ［德］黑格尔著：《精神现象学》，贺麟、王玖兴译，商务印书馆 1979 年版，第 38 页。

而整个现实世界都淹没在抽象世界之中，即淹没在逻辑范畴的世界之中，这又有什么奇怪呢?”①

意识性形而上学以泛逻辑主义为基本方法。黑格尔的存在论具有神秘的泛逻辑主义特征，“存在自身以及从存在推出来的各个规定或范畴，不仅是属于存在的范畴，而且是一般逻辑上的范畴。”② 逻辑学是思维科学，研究“思维、思维的规定和规律”，思维活动产生普遍概念和普遍原则，而思想的客观化就会产生逻辑学与形而上学的合流。由此，在黑格尔的逻辑学中，“逻辑思想是一切事物的自在自为地存在着的根据”。抽象的逻辑范畴造成了抽象的逻辑公式，“正如我们通过抽象把一切事物变成逻辑范畴一样，我们只要抽去各种各样的运动的一切特征，就可得到抽象形态的运动，纯粹形式上的运动，运动的纯粹逻辑公式。如果我们把逻辑范畴看做一切事物的实体，那么我们也就可以设想把运动的逻辑公式看做是一种绝对方法，它不仅说明每一个事物，而且本身就包含每个事物的运动。”③ 意识性形而上学把一般性的观念、思想置于思想的统治地位。马克思认为，“把占统治地位的思想同进行统治的个人分割开来，主要是同生产方式的一定阶段所产生的各种关系分割开来，并由此得出结论说，历史上始终是思想占统治地位，这样一来，就很容易从这些不同的思想中抽象出‘思想’、观念等等，并把它们当作历史上占统治地位的东西，从而把所有这些个别的思想和概念说成是历史上发展着的概念的‘自我规定’。”④ 对此，马克思以批判的态度揭示了“精神在历史上的最高统治的全部戏法”，把进行统治的个人思想与进行统治的个人分割开来；以概念的自我规定来形成思想统治的内在秩序，使得思想之间存在某种神秘的联系；把思想变成代表概念的人物的思想。如果把事物及其运动抽象地归结为逻辑范畴和方法，那么“产品和生产、事物和运动的任何总和都可以归结为应用的形而上学。”⑤

意识性形而上学把世界的存在当作内在意识的外化形态。在黑格尔的哲学中，物性是自我意识的外化，“自我意识的外化设定物性。因为人=自我意识，所以人的外化的、对象性的本质即物性（对他来说是对象的那个东西，而且只有对他来说是本质的对象并因而是他的对象性的

① 《马克思恩格斯文集》第1卷，人民出版社2009年版，第599页。
② ［德］黑格尔著：《小逻辑》，贺麟译，商务印书馆2004年版，第187页。
③ 《马克思恩格斯文集》第1卷，人民出版社2009年版，第600页。
④ 《马克思恩格斯文集》第1卷，人民出版社2009年版，第553页。
⑤ 《马克思恩格斯文集》第1卷，人民出版社2009年版，第600页。

本质的那个东西，才是他的真正的对象。既然被当做主体的不是现实的人本身，因而也不是自然——人是人的自然——而只是人的抽象，即自我意识，所以物性只能是外化的自我意识）=外化的自我意识，而物性是由这种外化设定的。"① 对此，马克思评论说，"自我意识通过自己的外化所能设定的只是物性，即只是抽象物、抽象的物，而不是现实的物。此外还很明显的是：物性因此对自我意识来说决不是什么独立的、实质的东西，而只是纯粹的创造物，是自我意识所设定的东西，这个被设定的东西并不证实自己，而只是证实设定这一行动，这一行动在一瞬间把自己的能力作为产物固定下来，使它表面上具有独立的、现实的本质的作用——但仍然只是一瞬间。"② 设定的行动来源于设定主体的本质规定中有对象性的东西，"因为物性的这种设定本身不过是一种外观，一种与纯粹活动的本质相矛盾的行为，所以这种设定也必然重新被扬弃，物性必然被否定。"③

（三）现代西方哲学的存在论革命：海德格尔

海德格尔提出了以"生存论性质"的存在论取代"范畴论性质"的存在论作为哲学的基础存在论。存在论是研究存在（to be）的思想理论，以揭示存在的意义为研究目的，对存在的研究是哲学存在论的基本任务，海德格尔说，"任何存在论，如果它未首先充分地澄清存在的意义并把澄清存在的意义理解为自己的基本任务，那么，无论它具有多么丰富多么紧凑的范畴体系，归根到底它仍然是盲目的，并背离了它最本己的意图。"④ 西方近代形而上学的存在论以实体性的存在者（being）为研究对象，对事物、实体、存在者的研究导致近代形而上学忽视和遗忘了对存在的追问。尽管西方哲学形而上学构建起了丰富而紧凑的存在论体系，但是，这一存在论体系以存在者指代存在，把对存在的追问引导到对实体性存在者的理性解谜道路，尽管积累了关于存在者的大量知识、发展了现代科学技术、构建起了丰富的商品世界，但是，前理性、前概念、前逻辑的生存世界却没有进入真正的存在论领域，从而遮蔽了存在、并没有把存在的本真意义澄清在我们面前。传统的存在论把"存在"理解

① 《马克思恩格斯文集》第1卷，人民出版社2009年版，第208页。

② 《马克思恩格斯文集》第1卷，人民出版社2009年版，第208页。

③ 《马克思恩格斯文集》第1卷，人民出版社2009年版，第211页。

④ ［德］马丁·海德格尔著：《存在与时间》，陈嘉映、王庆节合译，三联书店2006年版，第13页。

成存在者的“物性”，或者叫做最本质的属性，这是一种经验性、对象性思维方式的产物。这种思维方式，在海德格尔看来，使西方人忘掉了“存在”的真正“意义”、存在是世界向人显示出来的本源性、本然性的意义，人与世界的关联具有一种本源性、本然性的性质。作为研究存在的切入点，同是“Dasein”，在黑格尔哲学中是“定在”，是受时间空间限制的特定的存在，而在海德格尔那里则是与“我”、“我们”相一致的“此在”，从这一出发点开始，就形成了两种迥异的存在论路向。

在海德格尔看来，整个西方哲学史是一部范畴论性质的形而上学史。整个形而上学史沿着范畴论性质、以存在者阐释存在的方向行进，最终导致了哲学的简单终止和取消，海德格尔指出，“整个现代形而上学，包括尼采的形而上学，始终保持在由笛卡尔所开创的存在者阐释和真理阐释的道路上，而对于现代之本质具有决定性意义的是世界成为图像和人成为主体。随着科学技术的突飞猛进，人对作为被征服的世界的支配越是广泛和深入，客观之显现越是客观，则主体也就越主观地，亦即越迫切地凸显出来，形而上学便开始过渡到那种对所有哲学的简单终止和取消的过程中。”① 在范畴论性质的存在者哲学中，世界被图像化、人被主体化，主客二元分离，主体以掠夺、征服、占有的态度对待世界，这导致了人与世界的分离和世界的现代性颠覆，形而上学对哲学的终结则是这种分离与毁灭的象征。

海德格尔力图从生存论存在论来重建哲学的基础存在论。在海德格尔看来，生存论在存在者层次上具有优先地位，世界的存在、存在者的存在只能由此在的存在，即生存获得本真的澄清。生存论性质的着眼点是“作为此在的我们”，由此，“对此在的生存论分析”是寻找那派生各种具体存在论的基础存在论的基本路径，而作为存在论的理解通道，生存论是对组建人的生存结构的解析和解构，海德格尔强调指出，“追问生存的存在论结构，目的是要解析什么东西组件生存。我们把这些结构的联系叫做生存论建构（Existanzialität）。”② 海德格尔区分了存在性质的两种基本可能性，即“此在的存在特性”为标志的“生存论性质（Existanzialien）”和以“非此在式的存在者的存在规定”为标志的“范畴”性

---

① ［德］马丁·海德格尔著：《世界图像的时代》，参见《海德格尔选集》（下），三联书店1996年版，第910页。

② ［德］马丁·海德格尔著：《存在与时间》，陈嘉映、王庆节合译，三联书店2006年版，第15页。

质，这种生存论性质的存在论所要区别的是知识论性质或者范畴论性质的存在论。

遗忘存在的存在者哲学把人与世界二元化，设定了主客体的哲学认识论前提，以主客模式呈现出来的存在者被固执地当作理解存在的主导样式，这使得存在论长期处于晦暗之中。在海德格尔看来，主客体关系是一个不祥的哲学前提，"认识世界——或谈起和谈论世界——于是就充当了在世的主要模式，即使在世并不是如此这般被设想的。但是因为这种存在的结构在存在论上一直无由通达，又被人们在存在者状态上经验为一个存在物（世界）和另一个存在物（灵魂）之间的'关系'，又因为人们为了找到存在论的立足点，总是固执地把存在物当做世内存在者，以此理解存在，所以，人们试图把世界和灵魂之间的关系设想成这两个存在物本身以及它们的存在意义的根基——也就是说，把它设想成现成在手边的在……这样一来，（这种理解）就成为认识论或'知识形而上学'问题的出发点，因为还有什么比一个'主体'关系到一个'客体'或者一个'客体'关系到一个'主体'更加显而易见呢？所以非要把这种'主客体关系'设为前提不可。可是，尽管这个前提就其事实性而言是不容指摘的，它还是而且恰恰因此是个不祥的前提，假如人们听凭它的存在论上的必要性尤其是它的存在论意义留在晦暗之中的话。"① 传统形而上学的认识论通过设定"主体"与"客体"的关系把人与世界关系的认识变得简单了，人与世界的关联变成了主客体之间以主体为中心的关系。

海德格尔批判了传统的主体性形而上学，认为主体并不代表人，也与"我"无关。通过词源学的考察，海德格尔说，"我们应该搞清楚，subjectum 一词是希腊文 hypokeimenon 的迻译。这个词的意思是'呈现者'，它是根基性的东西，可以把万事万物聚集在它上面。主体概念的这种形而上学含义和'人'并无必然的联系，和'我'更是不搭界。"② 主体的本意是"呈现者"，把存在呈现出来，是存在论中展现存在的某种存在者，而不是作为特定存在者的人。传统的主体性形而上学之所以不可能拯救无蔽的真理，在于主体性本身的存在者性质。海德格尔探讨了主

① ［德］马丁·海德格尔著：《人，诗意地安居》，郜元宝译，广西师范大学出版社 2000 年版，第 7—8 页。

② ［德］马丁·海德格尔著：《人，诗意地安居》，郜元宝译，广西师范大学出版社 2000 年版，第 8 页。

体性的本质，认为主体是意识性的实体存在者，“黑格尔说，有了笛卡尔的我思故我在（ego cogito），哲学才首次找到了坚固的基地，在那里哲学才能有家园之感。如果说随着作为突出的基底（subjectum）的我思自我，绝对基础（fundamentum absolutum）就被达到了，那么这就是说：主体乃是被转移到意识中的根据，即真实在场者，就是在传统语言中十分含糊地被叫做‘实体’的那个东西。”① 主体的存在者性质根基于传统的存在论以存在者代替和遮蔽存在。在海德格尔看来，以（无论是意识性的、还是实体性的）存在者为对象的形而上学是对存在的遗忘和遮蔽，把存在及其意义弄得晦暗不明。

可以说，现代西方哲学经历了一次根本的存在论变革，这一变革使得当代的哲学以新的存在论奠基，也意味着当代的哲学思考有着独立的存在论平台。对马克思哲学存在论的研究是在西方哲学存在论的重新奠基上来考察的，这一方面提供了考察马克思存在论变革的时代语境，另一方面也为考察马克思哲学存在论提供了参照系。

二、马克思对近代形而上学的革命

马克思的哲学是西方哲学史上的一次新的壮丽日出，这一轮红日以哲学革命的形态跃出近代形而上学的地平线。马克思的哲学革命以感性的对象性实践为主线贯穿全部领域，尤其是历史观、认识论和存在论的三大革命，意义最为重大。

（一）马克思的历史观革命

唯物史观是关于社会历史的发展规律和“人的发展”的现实的“历史科学”，历史规律的揭示使得历史观从“意识”转变为科学。由于历史学成为科学，历史视野中的人、社会、自然获得了本真的洞察。

马克思批判了旧的历史观。旧的历史观以历史之外或者历史之上的尺度来评论历史进程，马克思批评说，“迄今为止的一切历史观不是完全忽视了历史的这一现实基础，就是把它仅仅看成与历史进程没有任何联系的附带因素。因此，历史总是遵照在它之外的某种尺度来编写的；现

① ［德］马丁·海德格尔著：《面向思的事情》，陈小文、孙周兴译，商务印书馆 1996 年版，第 75 页。

实的生活生产被看成是某种非历史的东西，而历史的东西则被看成是某种脱离日常生活的东西，某种处于世界之外和超乎世界之上的东西。这样，就把人对自然界的关系从历史中排除出去了，因而造成了自然界和历史之间的对立。”① 历史的外在尺度、超乎历史的尺度或者是把历史归结为上帝，或者是归结为某种历史意识的结果，脱离了现实的人、人的现实的生产和生活来谈论历史的本质，得出唯心主义的历史结论。这就像马克思批评黑格尔的历史观时所指出的那样，“黑格尔的历史观以抽象的或绝对的精神为前提，这种精神是这样发展的：人类只是这种精神的无意识或有意识的承担者，即群众。可见，黑格尔是在经验的、公开的历史内部让思辨的、隐秘的历史发生的。人类的历史变成了抽象精神的历史，因而也就变成了同现实的人相脱离的人类彼岸精神的历史。”② 这种唯心史观不能真正地揭示历史进程的实质，从而也不能真正地指导现实的人的社会实践，并且对当时的无产阶级运动造成消极的影响。

人的实践，尤其是生产实践不仅生产了社会的物质财富，也生产了社会关系和纵贯整个人类历史进程的社会基本矛盾。马克思对唯物史观作出了简短的概括，他说，“一经得到就用于指导我的研究工作的总的结果，可以简要地表述如下：人们在自己生活的社会生产中发生一定的、必然的、不以他们的意志为转移的关系，即同他们的物质生产力的一定发展阶段相适合的生产关系。这些生产关系的总和构成社会的经济结构，即有法律的和政治的上层建筑竖立其上并有一定的社会意识形式与之相适应的现实基础。”③ 社会基本矛盾就是历史的基本规律，这一规律并不是深藏于社会现象之下，而就是历史的现象和现实。旧的历史观不能理解历史现象与历史规律之间的实践关系，而是离开历史现象、离开历史中的人的实践来寻找历史的动因，最终把历史现象归结为非历史的解释，走向了唯心主义历史观的泥淖。

唯物史观是以历史发展规律为对象的一般理论。唯物史观是对历史发展的基本规律的科学认识，而历史的规律就是人的实践活动。恩格斯对马克思发现唯物史观作出了高度的评价，“正像达尔文发现有机界的发展规律一样，马克思发现了人类历史的发展规律，即历来为繁芜丛杂的意识形态所掩盖着的一个简单事实：人们首先必须吃、喝、住、穿，然

① 《马克思恩格斯文集》第1卷，人民出版社2009年版，第545页。
② 《马克思恩格斯文集》第1卷，人民出版社2009年版，第291页。
③ 《马克思恩格斯文集》第2卷，人民出版社2009年版，第591页。

后才能从事政治、科学、艺术、宗教等等；所以，直接的物质的生活资料的生产，从而一个民族或一个时代的一定的经济发展阶段，便构成基础，人们的国家设施、法的观点、艺术以至宗教观念，就是从这个基础上发展起来的，因而，也必须由这个基础来解释，而不是像过去那样做得相反。"[①] 通过人的生产活动、经济活动来解释社会的政治结构和人们的思想观念，才能提供观念的合理解释。但是，值得注意的是，马克思的历史决定论并不是简单地把思想的东西还原为物质的东西，而是将之置于历史的语境中实事求是地解释思想。

唯物史观是历史观的革命。马克思在《德意志意识形态》中概括了唯物史观的基本方面，"这种历史观就在于：从直接生活的物质生产出发阐述现实的生产过程，把同这种生产方式相联系的、它所产生的交往形式即各个不同阶段上的市民社会理解为整个历史的基础，从市民社会作为国家的活动描述市民社会，同时从市民社会出发阐明意识的所有各种不同的理论产物和形式，如宗教、哲学、道德等等，而且追溯它们产生的过程。这样做当然就能够完整地描述事物了（因而也能够描述事物的这些不同方面之间的相互作用）。这种历史观和唯心主义历史观不同，它不是在每个时代中寻找某种范畴，而是始终站在现实历史的基础上，不是从观念出发来解释实践，而是从物质实践出发来解释各种观念形态，由此也就得出下述结论：意识的一切形式和产物不是可以通过精神的批判来消灭的，不是可以通过把它们消融在'自我意识'中或化为'怪影'、'幽灵'、'怪想'等等来消灭的，而只有通过实际地推翻这一切唯心主义谬论所由产生的现实的社会关系，才能把它们消灭；历史的动力以及宗教、哲学和任何其他理论的动力是革命，而不是批判。"[②] 马克思之前的历史观总是以观念来解释实践，把人的活动归结为某种精神性的原因和动力，而马克思却相反，从人的实践活动出发来考察历史。这不是简单的颠倒，而是历史观的根本革命，甚至这不是简单的观念性革命，而是对历史发展规律的真正把握。

唯物史观提出了历史的本质是人的实践活动。马克思指出，"并不是'历史'把人当做手段来达到自己——仿佛历史是一个独具魅力的人——的目的。历史不过是追求着自己目的的人的活动而已。"[③] 人在追求自己

---

① 《马克思恩格斯文集》第3卷，人民出版社2009年版，第601页。

② 《马克思恩格斯文集》第1卷，人民出版社2009年版，第544页。

③ 《马克思恩格斯文集》第1卷，人民出版社2009年版，第295页。

的目的、满足自己的需要的实践活动中形成了人类的历史，这种历史不是在人之外，不受人之外的力量所支配，而恰恰就是人自身的活动。历史是人的实践活动，既是对历史的唯物主义理解，也为人的存在提供了科学的历史关怀维度。这意味着，人的存在、人的活动具有历史性，历史性是人的存在和活动的基本特征。

唯物史观是历史之谜的科学解答。历史之谜是历史发展中的“是”与“应当”的“休谟难题”。“是”是实然的现存秩序，“应当”是应然的价值指向。每一个现存的社会状况都是生产力和历史的产物，是实然的事实状况。随着生产力的不断发展，已经形成的生产关系、社会状况变得滞后、反动，因此社会的发展总是会超越这一社会状况，进入应然的社会状况。应然的社会状况的产生符合历史发展的基本规律，符合生产力发展的基本要求。唯物史观对生产力与生产关系、经济基础与上层建筑的矛盾关系的发现为解答历史发展的“休谟难题”提供了科学的理论依据。唯物史观的现实价值是关于资本主义的“是”与“应当”的科学解答。马克思对实然的资本主义社会秩序的历史性考察回答了资本主义产生的历史必然性以及资本主义存在的合法性。同时，马克思依据历史发展的基本规律批判了资本主义在其发展过程中必然而且已经丧失其合法性，指出了应然的社会发展方向。以唯物史观为理论依据，资本主义必然灭亡和社会主义必然胜利就不只是应然的价值判断，而且是实然的历史规律。马克思希望无产阶级能够把握这一历史规律，在历史进程中有所作为，为历史发展承担自己的责任，从而实现全人类的解放。因此，唯物史观一经创立就应用于马克思对现实资本主义的历史合法性批判。唯物史观既是马克思的历史理论的创新，也是马克思研究现实、批判现实的新的理论维度，形成了马克思独具特色的历史关怀。以唯物史观为基本的理论基础和方法论原则，马克思对现实的批判由于历史规律的发现而成为科学。在唯物史观的视野内，现代资本主义的私有财产制度、异化劳动、资本、资产阶级、资本主义的生产方式、资本主义的剥削和奴役等既有其存在的合法性、是历史发展的必然产物，也有其消亡的必然性、被新的社会形态和社会关系所取代。

唯物史观是关于人的普遍规律的科学。在马克思那里，人不是抽象的存在物，而是在现实地社会实践中生存着、形成自己的本质规定。马克思基于“社会生活本质上是实践的”认识，首先确定了历史的前提，指出历史的现实“前提是人，但不是某种处在虚幻的离群索居和固定不变状态中的人，而是处在现实的、可以通过经验观察到的、一定条件下进行的发展过程中的人”，用一句话来概括：“这是一些现实的个人，是它们的活动和它们的物质生活条件”（劳动力的价值还原为生活资料的价值）。这里，首先指明了人类社会和历史的特点，即这个领域是人的领域，是人的活动形成人类世界。因此，离开人这个主体去研究历史是不可思议的。其次指明这种人不是费尔巴哈的“人自身”，而是“现实的个人”，“是从事活动的，进行物质生产的，因而是在一定的物质、不受他们任意支配的界限、前提和条件下”能动地表现自己的人，是“以一定的方式进行生产活动的一定的个人”，这里实际上阐明了实践活动是人的现实存在方式。

唯物史观的创立形成了对现实的人的生存的本真洞察。唯物史观是关于人及其发展规律的科学，以现实的人为考察对象，现实的人的生存实践、现实的生活过程实践敞开了人的社会关系本质。对人的生存洞察不是简单的感性直观，也不是能动的理性抽象，而是建基于经验的生产和生活，以及人与人之间的交往实践。马克思以唯物史观对一般人的生存本性的思考现实地指向被私有财产制度、被资本所控制的劳动者的生存方式和生存状况的忧虑，以及改变现存状态的革命道路。在资本主义条件下，劳动者失去了自己本真的生存方式，过着资本控制下的物化奴役生活，人的总体的、丰富的、全面的生存本性被片面化、牲畜化、机器化。要改变这种生存状况，使人成为人，不是依靠理论的批判，而要依靠革命的实践；不是自发的破坏生产设备，而是自觉的阶级联合。随着现代交往的世界历史性扩展，社会化的劳动者必须彼此联合——就像《共产党宣言》所号召的“全世界劳动者联合起来”那样，突破地域和民族国家的限制，这样，工人阶级的解放与人类解放才能真正结成一体。

实践活动形成了现实的人，规定了人的本质。无论是把人的本质认为是“社会特质”、“自由自觉的活动”，还是“社会关系的总和”，其中都贯穿着实践的主线。物质性的实践表现为人为满足需要的物质生产和世俗生活，生产方式和生活方式构成了人的基本存在方式，规定了人的存在状况。生产方式和生活方式是什么样的，人就是什么样的。历史规律是通过历史主体的活动而不断前进的，然而，作为历史主体的人既不能任意创造，也不能任意改变一种历史规律。只有认识并利用这种客观规律，才能更有效地发挥自己的创造作用，并达到自己的目的。人类社会的根本规律是基于生产力发展之上的生产方式的运动规律，在这一规律的支配下，人类社会的进化呈现为一个“社会形态发展的自然历史过程”，人的活动就体现为这个“自然历史过程”之中。

马克思创立科学的历史唯物主义并不是要给我们提供关于历史的科学知识，而是考察现代社会的历史性批判方法。揭示出历史的规律性能够论证资本主义的灭亡就像其产生一样是历史的必然，这是历史唯物主义的批判方法所得出的必然结论。既然历史的规律如此，那么资本主义被社会主义所代替也是历史的必然，无产阶级应该自觉承担这一历史使命。

海德格尔充分意识到马克思的历史观革命的重大价值，并且对马克思的历史观给予了充分的肯定。在《关于人道主义的书信》中，海德格尔说，“无家可归状态变成一种世界命运。因此就有必要从存在历史上来思这种天命。马克思在某种根本的而且重要的意义上从黑格尔出发当作人的异化来认识到的东西，与其根源一起又复归为现代人的无家可归状态了。这种无家可归状态尤其是从存在之天命而来在形而上学之形态中引起的，通过形而上学得到巩固，同时又被形而上学作为无家可归状态掩盖起来。因为马克思在经验异化之际深入到历史的一个本质性维度中，所以，马克思主义的历史观就比其他历史学优越。但由于无论胡塞尔还是萨特尔——至少就我目前看来——都没有认识到在存在中的历史性因素的本质性，故无论是现象学还是实存主义，都没有达到有可能与马克思主义进行一种创造性对话的那个维度。”① 现代社会中的人处于无家可归的异化状态，近代形而上学为人的这种存在状态辩护，而马克思则深入到人的历史性存在的深处，寻获了历史的真义，从而为人的存在状态的解蔽提供理据和引领方向。以唯物史观为依据，马克思分析了历史发展的宏观走向，得出了现代资本主义社会被共产主义社会所取代的结论。

（二）马克思的认识论革命

近代西方哲学经历认识论转向之后，认识问题成为首要的问题。近代认识论哲学包含两个基本问题：一个是认识的合法性来源；另一个是知识的可靠性检验，对认识的反思深入哲学的一切领域，人与世界之间的认识关系成为近代哲学主要的研究对象，也是近代哲学所理解的人类基本生存方式。

马克思批判了近代认识论形而上学离开现实的抽象思维方式，指出“理论的对立本身的解决，只有通过实践方式，只有借助于人的实践力量，才是可能的；因此，这种对立的解决绝对不只是认识的任务，而是现实生活的任务，而哲学未能解决这个任务，正是因为哲学把这仅仅看

---

① ［德］马丁·海德格尔著：《路标》，孙周兴译，商务印书馆2000年版，第400—401页。

做理论的任务。"[1] 把现实生活的任务仅仅看作是理论的任务，仅仅用认识论的方式、从范畴出发制定公式来规定现实，而不是在现实的人的实践性生存方式中来看待和解决现实产生的理论问题，是近代形而上学不能真正解决现实生活的实际问题的根本原因。马克思认识论革命所要反对的是"只是从客体的或者直观的形式"去理解世界的"以前的一切唯物主义"认识论和"抽象地发展了""能动的方面"的唯心主义认识论，二者共同的问题在于不能从现实的、感性的人的活动出发进行认识。因此，马克思提出认识论上的实践原则，马克思说，"人的思维是否具有客观的真理性，这不是一个理论的问题，而是一个实践的问题。人应该在实践中证明自己思维的真理性，即自己思维的现实性和力量，自己思维的此岸性。"[2] 由实践所产生的认识是人的生存方式，是人对此岸生活的真实反映和能动反拨。

认识是在实践基础上的主观与客观的辩证统一。在马克思那里，实践地"改变世界"是认识地"解释世界"和理解世界的目的，认识和理解不过是改变世界的主观条件。意识对客观存在的反映不是抽象地能动，也不是简单地直观，而是在实践基础上的主观与客观的统一。意识是现实生活的主观反映，现实生活则是意识的客观来源，"意识在任何时候都只能是被意识到了的存在，而人们的存在就是他们的现实生活过程。"[3] 不是意识决定生活，而是生活决定意识，体现了马克思对唯心主义认识论的革命与超越，人们的意识随着人们的生活实践、人们的社会关系、人们的社会存在的改变而改变，同时，意识对于人们的现实生活也具有反作用，甚至在特定条件下，人的意识是什么样的，人的实践方式、生活方式就会是什么样的。生活决定意识、而不是纯粹的物质决定意识，体现了马克思对旧唯物主义的实体性形而上学认识论的革命与超越，物质决定意识导致了对人的认识的简单而机械的还原，而生活则是动态的展开过程，生活决定意识则指向认识的根源性质。

人的思维的真理性不仅是对客观的符合，也是人的生存方式的实践性展开的主观样态。实践是人的根本存在方式，建立在实践基础上的意识也是人的存在方式，这是人的观念性的、意识性的存在方式。认识论哲学的抽象理论原则把思辨的理性作为哲学的基本存在方式，进而认为

---

① 《马克思恩格斯文集》第1卷，人民出版社2009年版，第192页。
② 《马克思恩格斯文集》第1卷，人民出版社2009年版，第503页。
③ 《马克思恩格斯文集》第1卷，人民出版社2009年版，第525页。

人的存在的理性主导性。而实践论哲学则走到理性之下或者之前，从前理性的人的生存实践来理解人与世界的关联。对于人的意识对生存过程的影响，马克思批评道，“关系当然只能表现在观念中，因此哲学家们认为新时代的特征就是新时代受观念统治，从而把推翻这种观念统治同创造自由个性看成一回事。”①

人的认识具有历史性。理性认识总是一种认识过程中的抽象和概括，认识的抽象要避免成为空话，就必须立足于现实生活，而现实生活、人本身处于历史性的发展过程之中，因此，人的认识必将随着历史的发展而具有历史性。马克思说，“在思辨终止的地方，在现实生活面前，正是描述人们实践活动和实际发展过程的真正的实证科学开始的地方。关于意识的空话将终止，它们一定会被真正的知识所代替。对现实的描述会使独立的哲学失去生存环境，能够取而代之的充其量不过是从对人类历史发展的考察中抽象出来的最一般的结果的概括。这些抽象本身离开了现实的历史就没有任何价值。”② 离开了现实的历史，抽象的意识就是空话，这说明了马克思的认识论是现实性的、历史性的，是关于人的现实生存过程的认识辩证法。

哲学的实践论转向开始把抽象的前提当作自己真实的对象。近代哲学从现实中进行抽象，把现实当作抽象的前提，一旦完成哲学的抽象，在哲学的抽象过程中所形成的理论原则便反过来统治现实，现实便被遗弃。然而，现实性则是马克思哲学根本不可遗忘的对象性，马克思对抽象范畴的分析与批评，“哪怕是最抽象的范畴，虽然正是由于它们的抽象而适用于一切时代，但是就这个抽象的规定性本身来说，同样是历史条件的产物，而且只有对于这些条件并在这些条件之内才具有充分的适用性。”③ 认识的发展有着内在的逻辑，具有相对独立性。同时，也必须要在现实的发展中来考察，而不可脱离现实的境遇把相对的独立性绝对化。思想的解放意味着认识的进步，马克思在批判抽象的思想解放时指出，“‘解放’是一种历史活动，不是思想活动，‘解放’是由历史的关系，是由工业状况、商业状况、农业状况、交往状况促成的［……］其次，还要根据它们的不同发展阶段，清除实体、主体、自我意识和纯批判等无稽之谈，正如同清除宗教的和神学的无稽之谈一样，而且在它们有了

---

① 《马克思恩格斯文集》第8卷，人民出版社2009年版，第59页。
② 《马克思恩格斯文集》第1卷，人民出版社2009年版，第526页。
③ 《马克思恩格斯文集》第8卷，人民出版社2009年版，第29页。

更充分的发展以后再次清除这些无稽之谈。”①

由于认识论问题是近代哲学的主要问题，马克思的认识论革命的实质是对整个近代哲学的根本变革。实践是认识的前提和归宿，这不仅意味着实践哲学包含着认识论的范式革命，更意味着对近代哲学的实践论革命。“然而，要决定性地超出知识论路向，在哲学上当有两个步骤：第一，最坚决地消除知识论本身的独立性外观，而令其整个问题域归并到存在论的基础上去；第二，在黑格尔哲学这种知识论路向之存在论基础的完成形式中，展露并揭示全部形而上学之根本性的对立与限度，从而全面地改造和重铸这一基础本身。这种改造和重铸的路向便是生存论的，它意味着并且要求着深入于前概念、前逻辑、前反思的世界中。”② 近代形而上学的认识论哲学统领了近代哲学的意识形态，把探讨认识机制作为主要任务，形成了抽象的意识批判逻辑；而实践的唯物主义却把自己的理论视野深入到前理性的生产方式和生活世界之中，以人的生存为主要研究任务，形成了现实性的社会革命逻辑。在实践的唯物主义中，认识问题是哲学中的一个重要论题，比认识问题更具现实性的是人在现实中的生存问题，关注人的现实的生存，从人的生存出发考量哲学的出发点，形成了马克思对近代认识论哲学的路向革命和语境转换。

进一步来看，马克思的认识论革命的现实意义是什么呢？就如1957年7月赫伯特·马尔库塞给杜娜叶夫斯卡娅写的序言那样：在马克思的理论中，“意识”一词有特殊的内涵，它是指对社会的某些潜在可能性及其受到的扭曲和压制的觉悟，或者说，对直接利益与真正利益之间的区别的觉悟。因此，意识就是革命的意识。哲学认识论革命的目的是确立关于革命的认识，即唤起无产阶级的革命意识，自觉而不是自发地进行反对资产阶级的社会革命。只有这革命意识以及革命的团结、阶级意识才能把无产阶级连接为一体，既洗去无产阶级的缺点和不足，又凝聚起全部阶级的力量来改变现存社会秩序。因此，如果说一般的认识论革命是满足“真理的要求”，而马克思的认识论革命则是满足“真实的要求”——现实的无产阶级革命的要求。

（三）马克思的存在论革命

根据现代西方哲学的基本路向来看，追问存在及其意义，必须要从

① 《马克思恩格斯文集》第1卷，人民出版社2009年版，第527页。

② 吴晓明：《试论马克思哲学的存在论基础》，《学术月刊》2001年第9期。

人的生存（existence）出发，通过揭示人的生存来揭示存在。海德格尔甚至从存在的本真领会和基础标识上把人视为此在（Dasein），此在在存在论层次上先于其他存在者而存在。从人的生存出发考察存在是存在论的全新路向，其所破除的是西方哲学的实体性的或者范畴论的形而上学传统，促发了当代哲学的整体性转向。近代哲学的抽象存在论所指向的或者是超验的存在，或者是实体性的存在，近代哲学的当代转向就是从抽象存在论向着生存论存在论转变，“与当代哲学的整体性转型相关联的哲学存在论的当代转换，这就是从传统的超验性的、实体性的抽象存在论向感性的、历史性的生存论存在论的转换，这一转换即生存论转向。”① 在存在论的根基上，生存论转向为当代哲学存在论提供了新的生机，为当代哲学提供了新的源头活水。

马克思的哲学革命在其根基之处开辟出生存论存在论的新路向，彻底终结近代形而上学的实体性存在论。作为西方哲学史上一次新的壮丽日出，马克思哲学革命的最重要的环节是对近代西方哲学存在论的根本变革，这一革命为马克思的全部理论奠定了存在论的根基。卢卡奇说，“任何一个马克思著作的公正读者都必然会察觉到，如果对马克思所有具体的论述都给予正确的理解，而不带通常那种偏见的话，他的这些论述在最终意义上都是直接关于存在的论述，即它们都纯粹是本体论的。”② 与近代实体性形而上学根本不同的是，马克思的本体论、存在论不是从实体来考察存在，而是通过人的生存实践所形成的社会关系来领悟存在，把物质世界与主观意识建立在人的生存实践的基础之上，获得了存在论的真谛，形成了生存论路向的存在论革命。

马克思哲学革命的前提是对近代形而上学的基本建制的彻底批判和完全脱离。按照吴晓明教授的看法，“如果说马克思的哲学革命首先意味着同整个近代哲学立足其上之基础——近代形而上学的根本前提、出发点与路径等等，一句话，它的基本建制——的批判的脱离，那么很显然，只有在近代形而上学的基本建制能够在实质上趋于瓦解或崩溃的地方，马克思的哲学革命及其意义才有可能‘出场’并同我们真正照面。”③ 那马克思所批判的近代形而上学的基本建制是怎样的呢？在《关于费尔巴

---

① 邹诗鹏：《当代哲学的生存论转向与马克思哲学的当代性》，《学习与探索》2003 年第 2 期。

② ［南］卢卡奇著：《关于社会存在的本体论》（上），白锡塑、张西平等译，重庆出版社 1993 年版，第 637 页。

③ 吴晓明著：《形而上学的没落》，人民出版社 2006 年版，第 528 页。

哈的提纲》第一条中，马克思指出，“从前的一切唯物主义（包括费尔巴哈的唯物主义）的主要缺点是：对对象、现实、感性，只是从客体的或者直观的形式去理解，而不是把它们当做感性的人的活动，当做实践去理解，不是从主体方面去理解。因此，和唯物主义相反，唯心主义却把能动的方面抽象地发展了，当然，唯心主义是不知道现实的、感性的活动本身的。”[①] 在这里，马克思批判了近代形而上学的两种基本建制，一个是旧唯物主义的直观受动原则，另一个是全部唯心主义的抽象能动原则。

在马克思看来，旧唯物主义或者物性形而上学的存在论路向是把对存在的研究建立在对对象的直观的基础之上。以“对象、现实、感性”所呈现出来的是人的认识的对象，也是唯物主义哲学的世界图景，承认“对象、现实、感性”的客观存在不仅是旧唯物主义的基本立场，也是马克思的新唯物主义的基本立场。然而，“从前的一切唯物主义”考察世界图景的通道却“只是从客体的或者直观的形式去理解”，客体的或者直观的理解形式具有唯物主义的认识态度，但同时，这也反映了旧唯物主义的存在论路向是把对存在的理解建立在存在者基础之上。可以说，马克思对旧唯物主义的变革，不是简单地把旧唯物主义的客体性原则直接转变为主体性原则，主体性原则，并不是马克思的新哲学原则，尽管马克思仍然沿用了现代主体性哲学的语词。

在马克思看来，唯心主义哲学都是抽象地发展了人的主体性、能动性，走出了一种抽象主体性的存在论路径。意识性形而上学的抽象存在论把精神的运动视为存在论的逻辑，在黑格尔那里，抽象的思辨思维“把实在理解为自我综合、自我深化和自我运动的思维的结果”，然而，马克思则认为，“从抽象上升到具体的方法，只是思维用来掌握具体，把它当做一个精神上的具体再现出来的方式。但决不是具体本身的产生过程。”[②]

马克思的存在论革命是把人的生存实践作为理解存在的基石。传统哲学的存在论把物质的或者精神的实体作为研究存在的思想通道，而在马克思看来，“对任何一个人来说，最近的存在物就是他自己”[③]。人的存在是人透视存在的最便捷、最切近的思想通道，人的存在是人的生存实践，因此，离开人的生存另外地寻找存在的显现方式，或者从抽象的人那里寻找存在的显现方式都不过是抽象的理论思维的产物。

---

① 《马克思恩格斯文集》第 1 卷，人民出版社 2009 年版，第 499 页。
② 《马克思恩格斯文集》第 8 卷，人民出版社 2009 年版，第 25 页。
③ 《马克思恩格斯全集》第 2 卷，人民出版社 1957 年版，第 127 页。

在马克思那里，对人的生存的考量不是以抽象的人或人性为对象，而是以现实的人、现实的无产阶级为研究对象的。由于社会结构以资本和雇佣劳动的二元对立为主要矛盾，马克思从历史唯物主义的辩证规律出发，统一了对人的异化生存的资本批判与形而上学批判，既批判了现代资本的形而上学，也批判了现代形而上学的资本核心。在现代社会中，资本是形而上学的应用，形而上学带着资本的微笑。资本与形而上学的共谋把人的生存的感性现实性变成异化生存的虚假性质。近代形而上学对实体物的高度重视，适应了近代经济发展基本要求，就好像商品构造起了人们的感性世界，商品就是人们重视乃至崇拜的对象。商品拜物教、货币拜物教、资本拜物教都社会化地表现了近代形而上学的实体性关注。马克思在揭示资本的本质时认为资本是现代以来的社会关系，掀开物的神秘面纱而把资本清晰地展现在人们面前，揭示了资本的存在论实质。同样的，马克思对人的本质的揭示，认为人的本质不是单个人所固有的抽象物，在其现实性上，它是一切社会关系的总和。把人的本质规定为社会关系的总和根本地超越了把人的本质认为是精神和理性的近代哲学，祛除了对人的实体性的规定，而从社会关系的创造与变革的历史变化中析出人的社会化生存。

马克思把存在论革命建立在两个基本维度之上，一个是实践论的维度，一个是社会历史性的维度。西方哲学的存在论革命以意识来规范生活，而马克思则是以生活来规范意识。相对于其他的哲学家们在存在论的论域中来探讨存在问题，马克思则是从现代社会人的异化生存、资本批判中来探讨人的生存方式与世界的存在方式之间的内在关联，这一探讨以科学实践观为理论基石。在马克思那里，实践是人的基本存在方式。人的活动方式是什么样的，人就是什么样的。当存在者、现实的世界纷纷把存在涌现出来的时候，实践把世界向着人打开，从而把存在敞开在人的面前。人的存在方式是整体性的生存展开，是人与世界有机的联系，生产实践则把这种有机性体现出来，生产作为人的最根本的生存方式必然要对现代社会的生产主义进行批判。生产实践造就了人的生活世界，生活实践本身则是人的本真的生存实践方式，生活包含了生产的意义所在，生活世界的颠覆与回归指向世界的人的存在的价值原则。随着生产和分工的发展，现代社会业已通过世界历史性的交往实践把区域一体化，最遥远的交往实践把人类的生存空间扩展到极致，人类日益成为一个整体为存在。此外，马克思的生存论存在论强调了人的生存方式的社会性维度，形成了存在论的社会历史性生存的理解维度。存在论的生存论解谜以人的生存实践为基本通道，而离开现实中的社会，人的生存实践的理解就不会具有现实性。在现代资本主义社会中，物对人的遮蔽，拜物教对凝聚在物上的人与人的关系的掩盖、现代社会制度都遮蔽了人的本真生存方式，对生存方式的遮蔽会遮蔽对世界的存在。

存在论的革命是马克思哲学革命的根基。马克思对近代哲学所发动的哲学革命体现在马克思哲学的全部领域，是一场全面的革命，牵涉到马克思哲学的实践观、存在论、认识论、社会历史观、价值论、人学等。在马克思的哲学革命中，以存在论革命为根基，可以说，“马克思的哲学革命，从而经由这一革命并依‘实践’纲领而在思想事业上（亦可称为哲学上）的重新奠基，从根本上来说，纯全发端于存在论根基处的原则变动——若取消或遮蔽这样的原则变动，则马克思的哲学革命就是不涉及根基的或者本身是完全缺失根基的，从而也就谈不上什么真正意义的‘哲学革命’。”[①] 存在论革命是马克思哲学的新奠基，为马克思的全部思想提供了根本的理论支撑，如果离开了马克思的存在论革命来理解马克思的思想，就可能导致某种偏见或者近代式的误解。马克思的存在论革命既是马克思哲学革命的根基，又引发和带动马克思对资本的经济学批判，并且为马克思的共产主义思想提供合理的理论基础。

以存在论革命为根基，马克思的哲学革命是对整个西方形而上学的讨伐和颠覆。“马克思自 1845 年春开始的对费尔巴哈的批判本质上是对一切形而上学的重新宣战，是以‘唯物主义’（‘新唯物主义’或‘实践的唯物主义’）的名义讨伐全部哲学或哲学本身。”[②] 全部哲学的形而上学本质即是柏拉图主义，尽管西方哲学史呈现为枝繁叶茂，有如四季轮回，但其根基久而不变。马克思哲学的革命不是枝叶之变，而是把旧的形而上学连根拔起，重置根基。这就是从实体性关注到关系性关注，把社会关系作为哲学的关注对象和理论起点。要真正把握马克思哲学革命的划时代的前进性，就必须本质地领会马克思哲学的当代性意义，要做到这一点，就必须超越现代性意识形态的“现代哲学—形而上学的理解框架和解释框架”对马克思哲学革命的遮蔽，释放出马克思哲学的当代能量。

从人的生存出发所实现的存在论革命，马克思颠覆了近代形而上学，是否意味着又重建了新的形而上学呢？我们从马克思的文本可以看出，马克思并不是要重建形而上学，而是把视野投向现实的人的生活，关注现实

① 吴晓明著：《形而上学的没落》，人民出版社 2006 年版，第 537 页。

② 吴晓明著：《形而上学的没落》，人民出版社 2006 年版，第 525 页。

的人自身和人的现实存在，从而全部终结近代形而上学。把哲学的视野投向现实的世界和现实的人。同时马克思没有失去其哲学的存在论根基，而是在哲学存在论的根基处重新置换了存在论的理论原则，即用生存论性质的存在论路向来取代和超越直至近代知识论性质的西方形而上学传统。

马克思的存在论革命引发的是西方全部形而上学的终结。海德格尔对马克思颠覆形而上学给予了高度的评价，他说，“纵观整个哲学史，柏拉图的思想以有所变化的形态始终起着决定性作用。形而上学就是柏拉图主义。尼采把他自己的哲学标示为颠倒了的柏拉图主义。随着这一已经由卡尔·马克思完成了的对形而上学的颠倒，哲学达到了最极端的可能性。哲学进入其终结阶段了。”① 吴晓明教授指认出了马克思哲学的革命性和革命的彻底性，“马克思哲学革命的核心内容，是在本体论（ontology，或存在论、存有论）基础方面发动和展开的，其否定性的结果，便是从根本上终结了全部理性形而上学。”② 马克思的存在论革命不仅特殊地超越了黑格尔哲学和费尔巴哈哲学，而且一般地颠覆了柏拉图主义，换言之，终结了全部形而上学。

总体来看，马克思的哲学革命是以实践为主轴，牵涉历史领域、认识领域、存在领域的三位一体的整体性范式转换，新的哲学范式提供了研究现实问题的基本视阈和方法，形成了考察马克思生态思想的原生态语境，规制了马克思的生态思想对近代形而上学自然观的超越性质。

三、哲学革命带动了马克思生态思想对近代自然观的超越

知识论的哲学在以黑格尔为巅峰的理性主义那里达到顶点。黑格尔回答“自然界是什么”时，说“我们觉得自然界在我们面前是一个迷和问题，一方面我们感到自己需要解决这个迷和问题，另一方面我们又为它所排斥。之所以说我们为自然界所吸引，是因为其中预示着精神；之所以说我们为这一异己的东西所排斥，是因为精神在其中找不到自己”③。

① ［德］马丁·海德格尔著：《面向思的事情》，陈小文、孙周兴译，商务印书馆1999年版，第70页。

② 吴晓明：《马克思的哲学革命与全部形而上学的终结》，《江苏社会科学》2000年第6期。

③ ［德］黑格尔著：《自然哲学》，梁志学等译，商务印书馆1980年版，第4页。

自然在精神的主导和控制下，在我们面前显现自身和说明自身。这种起着主导和控制作用的精神，就是外在于自身的理念，是理念的他在。黑格尔说，“现在称为物理学的东西，以前叫做自然哲学，并且同样也是对自然界的理论考察，而且正是思维考察。……既然自然哲学是概念的考察，所以它就以同一普遍的东西为对象，但它是自为地这样做的，并依照概念的自我规定，在普遍的东西固有的必然性中来考察这种东西”①。知识论的自然是纯粹的对象性的自然。在旧唯物主义哲学那里，对象性的自然是客观的，自在的存在。而在唯心主义哲学那里，对象性的自然是精神的自在转化，这种转化表现为对象化、感性化和现实化。

正如当代哲学家海德格尔对范畴论性质的存在论的批评，“从存在论的范畴的意义来了解，自然是可能处在世界之内的存在者的存在之极限状况。此在只有在它的在世的一定样式中才能揭示这种意义上的作为自然的存在者。这一认识具有某种使世界异世界化的性质。自然作为在世界之内照面的某些特定存在者的诸此在结构在范畴上的总和，绝不能使世界之为世界得到理解”②。从范畴论性质的存在论来看待自然，自然成为人类的知识来源，但是，这一认识的性质是“使世界异世界化的”，自然的真正的人的存在却被遗忘，“人们尽可以无视自然作为上手事物所具有的那种存在方式，而仅仅就它纯粹的现成状态来揭示它、规定它，然而在这种自然揭示面前，那个‘澎湃争涌’的自然，那个向我们袭来、又作为景象摄获我们的自然，却始终深藏不露”③。为我们所熟知的自然却“深藏不露”，我们获得了解释自然谜魅的自然科学和客观真理，自然却远离我们而去，我们描画了自然，同时也遮蔽了自然。自然知识所遮蔽的自然，就是一种生存论性质的自然，是作为人的生存世界的自然。

从人类生态学的角度来看，人、自然、社会的统一就是人类生态的基本结构。人与其生存世界是一个有机的整体，人的对象性存在不能由于对象性的形而上学、主客二分的思维方式而被二元化。感性的自然世界和社会世界共同构成了人的生活世界，它们既是人化的创造物，也是人所寓居的生存环境。作为人化创造物，自然世界和社会世界带有人的印记，体现人的历史性存在；作为人所寓居的世界，人依赖于环境并且作为生态系统

① ［德］黑格尔著：《自然哲学》，梁志学等译，商务印书馆1980年版，第8页。

② ［德］马丁·海德格尔著：《存在与时间》，陈嘉映、王庆节译，三联书店2006年版，第77页。

③ ［德］马丁·海德格尔著：《存在与时间》，陈嘉映、王庆节译，三联书店2006年版，第83页。

的成员之一而生存，人的生存活动不能破坏自己的生存世界。

以人与自然关系为对象的生态思想总有其存在论基础。传统的存在论哲学把所有的实体、自然存在物当作哲学的对象，其生态思想是物的关系的堆集或者集合，物与物之间的关系是机械的。而马克思的生态思想不是把物的集合当作存在论意义上的生态现象，而是把人的生存实践作为理解人类生态系统的基本介质和意义归宿，这是由马克思生态思想的生存论存在论性质所决定的。

（一）从自在的实体性存在到对象性的实践生存论的变革

马克思的实践生存论的生态思想与近代形而上学自然观的区别是，近代唯物主义自然观是实体性的自然观；近代唯心主义自然观把自然界当作精神运动的实现环节。马克思的生态思想是把自然看作人的实践的生存世界。

近代唯物主义自然观从物质实体的本体性存在出发，把自然解释为物质实体之和，并且自然对于人而言具有先在性，人是自然的产物。就自然本身的存在而言，人是缺席的，这形成了近代唯物主义形而上学自然观中的人学空场。近代唯物主义自然观以物质性的实体作为自然的本体。他们看到了自然物的客观存在性质，指出了人的存在、因此人的主观认识来源于客观的自然。但是，他们离开人的实践、只是从直观的、受动的方面来看待“感性、对象、现实”的世界，因此，他们不能真正地理解世界的存在。

实体性的唯物主义自然观把自然认作自在、自因和自明的存在物。自然是自我创造的自在的世界，是物质的代名词，而物质则成了存在的代名词。斯宾诺莎把“统一的、无所不包的整个‘自然界’”概括为“实体”，“肯定实体是自身存在的，并且只能通过自身而被认识的。实体也是‘自因’的，即是自身是原因，而无其他东西作它存在的原因。整体的自然实体，表现为特殊的‘样式’。”① 斯宾诺莎的实体自然观仍然带有神的痕迹，而梅叶则坚定地批判了自然观中的神学取向，梅叶在他的《遗书》中写道，“物质本身是整个的存在物，它只能由本身取得自己的存在和运动。一旦这样假定，你就有了明显的原则，不仅马上可以消除由创造世界的理论体系中产生的一切困难、矛盾和荒谬，而且可以开辟一条便利的道路，来认识并从物质上和精神上解释自然界的万物。因为

---

① 陈修斋、杨祖陶编：《欧洲哲学史稿》，湖北人民出版社1986年版，第304—305页。

物质是向不同的方向运动的，通过物质各部分不同的配合，可以每天变为千千万万种不同的形式，只有关于世界物质的观念，才清楚地向我们表明，自然界中的一切存在物，可以由运动的自然规律，并通过物质各部分的配合、组合和变异而创造出来”①。

确认自然的物质实体性存在是对世界的神创论的沉重打击，配合了近代自然科学的独立和发展，也从自然科学那里获得了实验的依据。近代形而上学的唯物主义静观自然的本体论基础是实体性的自然存在。自然是由最微小的、不可再分的物质实体，如原子、单子等所组成的实体，世界上的万事万物都是物质的产物和表现，世界统一于物质。19 世纪以前的自然科学揭示，自然界各种物质都是由不同的元素组成的，元素是组成化合物的基本单位，而各种元素的分子又可以进一步分解为原子。原子是当时科学认识已经达到的关于物质结构的最深层次，原子就是最小的物质单位，各种元素的原子既不能分割，也不能相互转化，原子的属性，如质量不变、广延性、不可分性，被看成是一切物质形态的不变的属性。形而上学唯物主义以此为根据，把当时自然科学对物质的认识照搬到哲学中来，认为原子是世界的本原，物质就是原子，原子的特性就是物质的特性。自然的实体性存在决定了人对自然的意识是一种“白板”式的反映，是物质映射到人的头脑的主观产物。

近代唯物主义的自然观打击了神创论，也导向了自然观的人学空场。所谓自然观上的人学空场，就是那种“形而上学地改了装的，脱离人的自然”的观念，脱离人就是脱离现实的人的生存实践。离开人的生存实践、生存方式的自然观把人对自然的认识变成了对自然知识的保存。在对自然规律的探索中，近代唯物主义自然观强调了自然界有其固有的法则，就是由万物的本性所派生出来的必然关系。人可以认识和利用自然规律，改变自然实体的存在方式，为人所用。

近代唯心主义自然观从精神的逻辑先在性出发，把自然界视为精神的实现过程，以精神来支配自然。作为近代意识性形而上学的集大成者，黑格尔把理念视为世界的本体性存在，而客观的自然界不过是理念的他在形式，是自我异化的精神，自然界的存在产生于理念的运动。在黑格尔看来，精神是自然概念的本质，自然界的事物不过是自然概念的“复本”，自然哲学的任务和目的就是把自然中的精神本质发现出来；而自然的解放则是“精神在自然内的解放”，相对于自然界来说，精神是自在

① ［法］梅叶：《遗书》第 2 卷，陈太先、睦茂译，商务印书馆 1959 年版，第 171 页。

的、独立的、自我生成的，是本体性的存在实体。

在黑格尔看来，自然界不过是绝对精神的外在存在形态。黑格尔认为，“由于哲学科学是一个圆圈，其中每一个环节都有自己的先行者和后继者，而自然哲学在这部百科全书里仅仅表现为整体的一个圆圈，所以自然界之产生于永恒理念、自然界之创造，以至自然界之必然存在的证明，就包含在前面讲的东西里了”[①]。自然界是由自由的精神所产生和创造出来的，先在的精神所设定的自然界是一种自我否定，并且能够扬弃外在的自然，获得丰富而充实的内涵，复归自身、自我解放。绝对精神是自然的本体，自然作为绝对精神的创造物是绝对精神的对象化、外在化，黑格尔认为，“自然是作为他在形式中的理念产生出来的。既然理念现在是作为它自身的否定东西而存在的，或者说，它对自身是外在的，那么自然就并非仅仅相对于这种理念（和这种理念的主观存在，即精神）才是外在的，相反的，外在性就构成自然的规定，在这种规定中自然才作为自然而存在。”[②] 可以说，外在性是自然的本体性的存在形态，是自然的存在标志。

自然的外在性与意识的内在性相对应，外在化的自然观是内在性的意识性形而上学的对象性存在，这种意识性形而上学既表现于自然界的产生，也表现于自然界的毁灭。绝对精神、永恒理念在自然界的运动形成了自然界的发展和进化，然而，这种进化却是自然界的自我毁灭，进而达到精神的自由。黑格尔认为，各种自然形态仅仅是概念的物化形态，这些物化的自然形态彼此有机联系，形成了精神在自然界的辩证发展过程。自然界的发展过程是精神的外在性的扬弃，精神扬弃其外在性而自我涌现出来，“自然界的目标就是自己毁灭自己，并打破自己的直接的东西与感性的东西的外壳，像芬尼克斯那样焚毁自己，以便作为精神从这种得到更新的外在性中涌现出来。”[③] 精神的涌现是绝对精神的自我运动，自我丰富、自我发展，外在的自然被离弃。

从实践生存论的存在论基础出发，马克思不是把自然视为物质实体的堆积，也不是把自然视为精神实体的外化形态，而是把自然视为人的感性的对象性世界，视为实践展开的人的生存世界。尽管马克思也承认存在着在人之外的自然、先于人的自然，但是这种自然对于人来说是无意义的，人化自然更强调自然是作为人的生存世界，是人生存于其中的

① ［德］黑格尔著：《自然哲学》，梁志学译，商务印书馆1980年版，第3页。
② ［德］黑格尔著：《自然哲学》，梁志学译，商务印书馆1980年版，第19—20页。
③ ［德］黑格尔著：《自然哲学》，梁志学译，商务印书馆1980年版，第617页。

感性世界，这一感性世界，不是就人的有机的身体而言，是人的无机的身体，因此，不能离开人的存在来讨论自然的存在。外在于人的自然对人来说是无，自然是什么样的，是由人的生存实践所造就的。如此来看，自然界的外在性与先在性都不过是静观自然的、以知识论存在论为根基的近代形而上学的本体论设定。人的本质在自然界的确证是自然界对于人的生存敞开，敞开在人的生存实践中、进入生产和生活过程的自然是前理性、前知识的，这是真实的自然界，是人的现实的生存世界。

在马克思的生态思想中，自然的生存论存在离不开两个基本维度：实践的维度和社会的维度。从实践的维度来看，人与自然的实践性关联是在人的生存实践中历史性地展开的。实践是人的基本存在方式，也是自然的人化方式或者人化自然的存在方式，由此，实践是马克思生态思想的基本理论视角。实践作为人的基本存在方式，是人的生存世界的展开，具有生存论性质，实践的生存论性质决定了自然的生存论存在。从社会的维度来看。人的生存始终具有社会的属性，社会性是马克思全部思想（包括生态）的根本维度，只有具有社会性的人才能是现实的人，只有具有社会性的自然才是人的自然现实。由于现代社会中的实体性形而上学受到资本的控制，现代的自然现实在于自然物的商品化通过人的生存世界的改变而体现人的主体性力量。

自然的生存论存在是在人的社会生活中展开的。在资本控制下的实体性形而上学那里，哲学视野中的物、物质、自然物、实体、存在者与经济学视野中的商品和使用价值一体化。使用价值是自然实体由自在的形式转变为适用的形式，是商品的物质性存在。在资本的逐利原则驱动下，物性规定人性而不是人性规定物性，即物性的商品规定了人的存在方式，而不是活劳动的人规定劳动产品的性质。而马克思则立足于生存论的存在论基础，对实体性的商品拜物教提出了深刻的批判。在近代以来的社会生活中，资本和商品的实体性存在规约了人的生存方式。马克思对实体性形而上学的商品拜物教批判揭示了实体性形而上学的社会化实现，商品的形而上学的微妙和神圣的微笑则以感性的实体性存在来掩盖超感觉的社会存在。马克思说，商品是“一个可感觉而又超感觉的物。”[①] 作为可以感觉的物，商品是实实在在的、用来消费的物质实体；而作为超感觉的物或社会的物，商品的实质是凝聚在物上的社会关系。仔细分析商品，商品却具有神秘的性质。商品神秘性质的来源就是商品形式本身，商品形式的奥秘不过

① 《马克思恩格斯文集》第5卷，人民出版社2009年版，第88页。

在于“商品形式在人们面前把人们本身劳动的社会性质反映成劳动产品本身的物的性质，反映成这些物的天然的社会属性，从而把生产者同总劳动的社会关系反映成存在于生产者之外的物与物之间的社会关系。”①劳动的社会性质变成了劳动的物的性质、劳动者的社会关系变成了非劳动者的物与物的关系，商品的神秘性质就是物的外壳对人与人的关系的遮蔽性质，是人从属于物的性质。

马克思把商品的神秘性质称为“拜物教性质”，指出商品拜物教“来源于生产商品的劳动所特有的社会性质。”② 商品拜物教是“商品形式和它借以得到表现的劳动产品的价值关系，是同劳动产品的物理性质以及由此产生的物的关系完全无关的。这只是人们自己的一定的社会关系，但它在人们面前采取了物与物的关系的虚幻形式。”③ 物与物的关系只是虚幻的表现形式，商品形式本身并不是物的关系，而是人与人的社会关系，物的关系掩盖了社会关系。这种物的关系所具有的“形而上学的微妙”，就是现代社会的实体性形而上学。与其他哲学家对现代实体性形而上学的批判不同，他们从抽象的理论原则出发，批判了现代社会中人的物化的生存方式，而马克思则从现实的社会关系作为人的根本存在方式出发，对资本主导下的物化形式作出历史性批判。

现代社会中的实体性形而上学的表现形式是商品这一物的形式。商品不仅是人与人的关系的中介，更是劳动的交换关系，是在交换过程中形成的人与人的社会关系，马克思说，“在商品生产者的社会里，一般的社会生产关系是这样的：生产者把他们的产品当做商品，从而当做价值来对待，而且通过这种物的形式，把他们的私人劳动当做等同的人类劳动来互相发生关系。”④ 物的形式表现了生产过程中的劳动关系，或者说劳动的社会性质，这种劳动的社会性质决定了人与自然关系的社会存在。

（二）历史维度的缺失与开创

近代形而上学自然观由于不能准确地理解历史，因而缺乏科学的历史维度以关怀自然。而马克思则开创了历史唯物主义这一新的理论视角，

① 《马克思恩格斯文集》第5卷，人民出版社2009年版，第89页。
② 《马克思恩格斯文集》第5卷，人民出版社2009年版，第90页。
③ 《马克思恩格斯文集》第5卷，人民出版社2009年版，第89页。
④ 《马克思恩格斯文集》第5卷，人民出版社2009年版，第97页。

把人类史与自然史相结合来关注自然。

由于缺乏历史的眼光，近代形而上学抽象而机械地把自然排除在历史之外。马克思批判旧的历史观时指出，“迄今为止的一切历史观不是完全忽视了历史的这一现实基础，就是把它仅仅看成与历史进程没有任何联系的附带因素。因此，历史总是遵照在它之外的某种尺度来编写的；现实的生活生产被看成是某种非历史的东西，而历史的东西则被看成是某种脱离日常生活的东西，某种处于世界之外和超乎世界之上的东西。这样，就把人对自然界的关系从历史中排除出去了，因而造成了自然界和历史之间的对立。”[①] 这也包含对近代形而上学历史观不能准确认识历史的批判。正是把人与自然的关系从历史中排除了，历史与自然就变成了彼此对立的两个世界，自然观与历史观就变成彼此外在的两个领域。把自然排除在历史之外的历史观同样会把历史排除在自然之外，历史与自然处于机械地分离状态，离开人类历史的自然观只能是抽象地静观自然，把自然界当成与人无关的自在世界。

近代形而上学的唯物主义由于缺乏科学的历史观，因此，他们不能从社会历史的发展角度来辩证地理解自然的存在和变化。近代形而上学的唯物主义仅仅把自在的自然作为人的认识对象，力图获得自然的自在运行规律，而忽视了人的生存实践、社会历史的进步与自然环境的改变之间的互动与反拨。他们甚至把自然状态作为人的本真存在状态，用自然界的事物运行机理来解释人类社会以及意识的运动过程，走向了历史唯心主义，而一旦这种解释缺乏合理的解释力，他们便求助于自然，求助于感性的外部世界。缺乏科学的历史观，近代唯物主义形而上学不能真正地了解自然界的历史性存在及其对于人的意义。

近代形而上学离开历史的进步抽象地看待自然，不是看不到人类实践对自然界的影响，而是为了满足现代资本主义生产方式的需要。资本主义生产方式的需要是资本的世俗需要，而不是现代社会的人的需要，同时，人的需要不是抽象的物性需要，而是实践性的生存需要。劳动者的生存需要被忽视，或者被依附于资本的逐利扩展，那么，自然的存在就不会是人的生存世界，而是资本的世界，人、劳动者只不过是资本与自然之间的联系工具。在资本与自然的联系中，人的主体性不外是资本的主体性的实现方式，人不是目的，而是手段。在被工具化的人那里，自然不是人的生存世界，自然失去了人的历史性存在性质，从而也不会

① 《马克思恩格斯文集》第1卷，人民出版社2009年版，第545页。

具有历史性存在。

在唯物史观的视野中，自然随着人的实践和生存的历史性展开而具有历史性。人化自然作为“历史的产物”，是不能离开历史而存在的，马克思反对费尔巴哈以直观的方式谈论抽象的自然，抽象的自然可以先于人的存在和人类历史而存在，不是现实和历史当中的自然界，因而对于费尔巴哈来说，这种自然是不存在的，它对于人类历史来说也不存在，“先于人类历史而存在的那个自然界，不是费尔巴哈生活于其中的自然界；这是除去在澳洲新出现的一些珊瑚岛以外今天在任何地方都不再存在的、因而对于费尔巴哈来说也是不存在的自然界。”①

进入人类历史视野中的自然，随着人的生存的历史性展开而呈现为历史性形态。人全面依赖于自然界、物的生存状态决定了自然界在人类历史中的存在状态，人最初意识到“直接的可感知的环境”时，“自然界起初是作为一种完全异己的、有无限威力的和不可制服的力量与人们对立的，人们同自然界的关系完全像动物同自然界的关系一样，人们就像牲畜一样慑服于自然界”②。随着人的实践能力和认识能力的提高，人逐渐获得了独立性而愈益脱离对自然界的全面依赖，直到现代工业化的资本主义生产方式生成了人的新的生存方式，这种生产方式和生活方式把自然纳入人的统治之下，自然的现代性存在呈现为被奴役的非对象性状态。随着资本对人的本真生存方式的奴役所造成的人的全面反抗以及这种反抗导致现代社会的全面解体和新的社会的结构和建设，人的生存方式必然会走向自由自觉、全面丰富的状态，自然的存在形态也必然会走向真正的复活，成为人的真正的生存世界，人与自然的有机统一。

在科学的唯物史观的引导下，人与自然呈现为历史性统一。马克思谈到人类史与自然史的统一时，既说人的历史就是人的自然史，也把自然引入人类历史的总体进程之中，体现了人类社会的历史总是离不开人与自然关系的历史，以及人化自然的历史总是在人类的社会历史之中的辩证态度。人与自然的历史性统一呈现为人与自然的初始性统一，人产生于自然，是自然进化的产物，在生产力低下的历史阶段人与自然浑然一体；人与自然的现代性分离，人开始走向自然界的对立面，奴役自然；人与自然的重新统一，在人的本性的复归中自然界真正复活。人与自然关系的历史辩证法既是人的历史生存的自然之境，也是自然的历史性存

① 《马克思恩格斯文集》第1卷，人民出版社2009年版，第530页。
② 《马克思恩格斯文集》第1卷，人民出版社2009年版，第534页。

在的人化根源。人与自然的历史辩证法为生态问题的当代解决提供了科学的原则和导向，即解决人与人的矛盾关系与解决人与自然的矛盾关系是一个一体化的历史进程。

把自然置于人类历史中，坚持自然与人类的历史性统一，才能真实地揭示自然的存在。作为与人类相对应的存在物，自然的存在与人的生存紧密关联，而且，这种关联不是外在性的机械关系，而是整体性的有机联系。人类的生存离不开自然环境，自然就是人类的生存家园，人类的发展史包含了人与自然之间的物质变换史，在物质变换的实践过程中，人类走向成熟与发展，自然随着人类的发展而成为历史地发展着的自然环境。在人类的发展过程中，自然不是静止不变的，而是不断加入和持续积淀了人的本质力量的因素，又不断融入新的人类实践活动之中，形成了自然的历史。概括起来说，人化自然随着人的历史性存在而形成自然史。

自然有其历史，因此就必须从科学的历史维度来揭示出自然的历史性存在。黑格尔把自然仅仅看作精神的物理实现，强调了自然的过程，忽视了自然也有其历史，而马克思把历史看作是人的活动的展开，自然在人的生存活动中涌现在人的面前，指认出了自然的人化史。唯物史观是根据人的实践活动所展开的科学的历史观，是马克思考察人与世界关系的历史视野，其中，人的实践性存在是唯物史观的根源。科学的唯物史观不仅是考察社会的必要维度，也是关怀自然的必要维度，自然的历史性存在不是指向自然的自在存在史，而是人化自然的历史，是人在自然中展开自己的生存的历史。在人的生存展开中，世界的存在得以显现，相应地，人化自然的历史是人的在世史，是自然世界的此在显现史，因而也是存在的世界史。

把自然置于人类历史中，马克思依据人类实践的历史性发展，指出了人与自然的现代分离的历史必然性。马克思通过唯物史观对社会基本矛盾的科学揭示，揭示了资本的现代合法性。资本的本性是逐利，资本本性的自我实现必须要通过劳动掠夺自然才能体现出来，资本的这种自我实现带动了人类的现代发展，带动了社会形态的历史性转换。资本的合法性体现在资产阶级的形成和上升阶段所具有的非常革命的进步作用，体现在资本主义生产方式对生产力的极大解放、社会物质财富的极大增加，人的物质需要得到满足。只要资本具有合法性的历史存在，人与自然的现代分离就是不可避免的，是历史的必然。资本的历史合法性决定了资本的掠夺的历史必然性，在资本的掠夺过程中，人与自然被资本二重化，就这一方面来说，人与自然的现代分离对资本主义的历史性发展具有重要的推动作用，它解除了现代资本奔腾于自然的封建主义束缚。

人与自然的现代二分是对人与自然的有机统一的辩证否定。在历史的辩证法中，人与自然的初始统一在于人对物的全面依赖，人类实践能力和意识能力低下，只能服从于自然的威力。现代科学技术革命和工业生产方式极大地提高了人的实践能力，人能够摆脱自然的控制，并且反过来控制自然，这成为新的历史条件下的人对物的依赖形式。现代社会和古代社会都依赖物，这是因为人的实践能力仍然需要提高，而依赖的方式却截然不同，从服从自然的威力到控制自然，体现了自然存在的历史辩证法。自然的历史辩证法意味着人与自然的现代分离是新的有机统一的实现环节，在消解资本的现代霸权的社会革命和新的社会形态的建设中，这一环节将会得以实现。

把自然置于人类历史中，人与自然的现代性分离随着资本的生成和扩展而产生，也会随着资本的合法性的丧失而重新走向新的统一。资本的合法性把整个世界带入现代，但是，随着历史的不断发展，这种合法性在丧失。资本通过对劳动者和自然界的掠夺与破坏使得人与世界的存在被异化，这种异化必然会被扬弃，而这种扬弃正是资本的历史合法性的丧失。资本的历史合法性的丧失一定会终结人与自然的现代分离的历史必然性，人与自然的现实关系必然会走向新的有机统一。因此，人与自然的分离与统一只能是在人类历史的实践中才是现实的，实践的历史关怀——对人与自然的现代分离的历史性批判——和抽象的意识性批判是马克思与近代形而上学考察自然界时的极为重要的差别。

人与自然的矛盾关系的历史性解决，必然要在世界历史性的发展框架内才能实现。历史的世界历史性存在，只能奠基于生产力和生产方式的现代发展才有可能。历史不可能从世界历史倒退，人与自然的矛盾关系的解决也只能在现有的生产力和生产方式的基础上获得新的解决。生产力的不断解放、生产关系的根本变革都只能建立在世界性的交往和联合的前提上，生态问题的解决不是单个民族和国家的事业，而是世界历史进程中所有人的责任。生产力的历史积累是解决当代生态问题的物质性基础，只有调整经济发展方式、物质生产方式、生活消费方式等，才能实际地解决生态问题，离开生产力的发展、浪漫地回归田园诗歌般的状态，这能是缺乏历史理性的抽象迷梦。

（三）从“解释世界”的自然观到“改变世界”的自然观的变革

近代形而上学自然观由于遵循了主客二分的机械的思维方式，而把自然当作人的统治的对象，为近代以来资本主义生产方式的发展提供了理论的解释和论证，是“解释世界”的自然观。马克思把人与自然看作有机的统一体，则批判了资本主义生产方式所导致的人与自然的对立，是“改变世界”自然观。

作为人的生存世界，人与自然有机统一。近代形而上学的二元分立的思维方式把人与自然理性地分离开来，主观地造成了人与自然的矛盾和对立。近代形而上学的主客二分的思维方式视野中的客体化存在的自然，是人像“统治异族”那样充分发挥人的主体性的被动的自然。近代形而上学的思维方式是主客二分，自然的对象性存在被客体化，客体化的自然成为主体性的舞台和无保护的属地，作为客体的自然是消极无为的，任由人的掠夺和使用。这种主客二分的思维方式把人与自然看成机械的关系，为人类的现代实践方式提供了形而上学的思想依据。

近代形而上学的唯物主义静观自然的认识论基础是机械论的思维方式。机械力学是近代物理学的主要内容，是近代自然科学的学科基础。机械力学所提供给人们的认识世界的思维方式是拉普拉斯机械决定论，认为事物之间具有线性的因果必然联系，忽视自然界的运动、变化和发展。近代形而上学唯物主义把整个物质世界都看作是机械运动，霍布斯认为人就像一架机器，心脏就像上足的发条，神经是游丝，关节是齿轮等等，拉美特利直言“人是机器”。

近代形而上学论证和解释了现代世界中的人与自然的关系，这就是人类中心主义的态度。现代社会中的人与自然的关系是人如何最大限度地改造和褫夺自然以满足社会财富的增加，随着资本的扩展、工业化进程的深入、科学技术的迅速发展极大地提高了生产效率，人类的现代实践方式最大限度地拓展了自然的领域，实现了自在自然的社会化和财富化存在形态。实践的进展需要思想和理论提供方法、信心、理念等的支撑，近代形而上学对人与世界的理论解释就为这种实践方式提供了理论论证。近代形而上学通过人的主体性的发掘，把人从神那里解放出来，又把人变成了自然界的神，形成了人类中心主义的态度。可以说，人类中心主义是近代主体主义在人与自然关系方面的存在形态，人不仅获得了脱离自然的理性本质，而且人还在理性、知识的支配下形成自己的本质力量来统治自然。

近代形而上学的主体主义在人与自然关系领域体现为人类中心主义。相对于自然界而言，人类的主体性存在把人与自然分裂为两个独立的存在者，尽管人类的存在源自自然，但是，自然不会主动地满足人，因此，人类需要按照自己的本性改造自然。在改造自然的活动中，自然被客体化，作为客体的自然消极无为，任由人类所宰制。人类对自然的改造是人的主体性力量的显现，对自然的改造越深入、掠夺自然越甚，说明人的主体性力量越强大。人类越是发展现代科学技术和改进生产方式，拓展自己的工具手段和实践方法，对自然的改造就越显成效。在近代形而上学的人类中心主义引导下，人类日益增强，自然日益沉沦。

现代世界处于人类增强的时代。工业革命极大地提高了劳动的社会生产力，仿佛像魔法一样地呼唤出大量的人口，社会财富空前增加，超越了以前一切世代的总和。工业化的生产方式实现了人类的主体性力量，并且要求近代形而上学为这种生产方式提供理论论证，证明人类对自然的掠夺和改造具有合理性。正是在这样的时代要求的条件下，人类中心主义具有合乎历史性的存在合法性。这种人类中心主义是近代以来的人类的力量的增强所产生的基本态度，而不是泛历史性的自古以来就有的态度。由于小生产方式下的人彼此隔绝，前现代社会中的人是彼此孤立的，人类仅仅是物种学意义上的不同于其他动物的种类，人的力量的增强是现实的，而人类却是抽象的。只有依靠以普遍的交往为基础的实践方式，人类才能在现代形成，随着人对自然的改造，人类作为整体成为自然界的中心，人类才能把自身当作自然界的目的。

近代形而上学的人类中心主义为人类改造自然所作的论证和解释，实质上是为资本的历史合法性提供理论依据。由于现代的工业化生产方式是资本主宰下的物质生产方式，资本主义生产方式与工业化进程内在一致，因此，现代的人类中心主义的实质是资本中心主义。近代形而上学以人类中心主义作为理论假相来掩盖资本对现代人类的宰制，把资本对自然的掠夺和控制解释为人类对自然的掠夺和控制，为资本的掠夺性质做了很好的掩护，并且希望把资本掠夺自然所造成的生态后果要全人类来承担，从而转嫁资本的生态责任。

资本主导下的现代生产的形而上学与近代形而上学的世俗化应用在认识和实践的勾连中完成了人类对自然的实践控制。资本主义生产方式是近代形而上学的世俗化实践，而近代形而上学则是资本主义生产方式的精神要求。在现实中，资本对自然的统治主要通过物质生产得以实现，资本主义生产方式把近代形而上学的主体性发挥到了极致。

在马克思那里，资本主义生产方式是资本的实现和扩展方式，是人失去本真的存在方式的异化劳动。资本实现价值增值，以资本主义生产方式为首要的领域。物质生产实践是人的存在的首要实践，离开物质生产，人的生存就难以为继；物质生产也是剩余价值的实现过程，离开物质生产，资本就无从增值。资本主义生产方式不是以物质财富的增加为主要目的，而是要满足资本的价值增值需要，人的生存、人的生活、自然世界的存在统统要服从资本的这一需要。在资本主义生产方式中，作为人的本质的自由自觉的劳动被异化了，人失去了自己的本真存在方式，人的自然存在、自然的人的存在全部变成资本的对象性存在。马克思把人的本质规定为“一切社会关系的总和”，瓦解了抽象的人类中心主义，揭示了人类整体中的差异、矛盾和对立，而造成这一对立的现代根源是资本。

并不是人统治自然，而是资本统治人和自然。马克思所看到的是人与自然关系中的资本中心主义，而不是抽象的人类中心主义。抽象的人类中心主义囊括了所有的人，人类中心主义或人类中心论是“一种以人为中心的观点，它的实质是一切以人为中心，或一切以人为尺度，为人的利益服务，一切从人的利益出发”①。在抽象的人类中心主义中，人被抽象化，成为无差别的同一存在，人与人所组成的社会成为平静的湖。然而，马克思通过对现代社会的分析，指认出人类的世界历史性形成，资本是在这一世界历史性的行动中的内在驱动力。在资本的现代驱动下，人对自然的统治不过是资本对世界的统治的虚假形态，资本是人与自然关系的中心和尺度。

救治自然不是抽象地来批判人类中心主义，而是根据历史唯物主义所发现的历史规律，指出资本主义生产方式以及资本的存在合法性的丧失，从而让自然获得真正的复活。抽象的人类中心主义把反对的矛头直指人本身，认为人的利己态度、把自我作为世界的中心是生态问题的人学根源，他们还依据思想史追溯到人类初始文明的反抗自然的态度。甚至反人类的极端立场提出人是地球的癌细胞，人的本性是反生态的。尽管这些认识看到了生态问题的人为因素，但他们都是抽象地理解人类中心主义所出现的误解。资本的出现本身是现代的事件，是随着现代工业革命，在资本的扩展行动中，以资本主义生产和交换为主，伴随着相应的武力方式而把各民族国家联结为一体。随着资本的全球性扩展，现代

---

① 余谋昌著：《自然价值论》，陕西人民教育出版社2003年版，第34页。

的人类也被二元化为资本的代言人和资本的掠夺对象，资本掠夺劳动者及其生存世界，资本也掠夺落后的前现代民族和国家，资本对自然界的掠夺所造成的生态问题却由转嫁给被统治阶级和落后国家。人类内部的这种不均衡性使得抽象的人类中心主义是不可能的，而可能的只是马克思所批判的资本中心主义。现代社会就是一切现代文明国度中的资本主义社会，资本的全球化扩展已经把一切民族和国家纳入自己的运行轨迹，资本是现代世界的形成之源。正如资本的产生具有历史的合法性一样，资本的现代霸权的消解也必然具有历史的合法性。既然资本的现代出现及其扩展具有历史的合法性，资本对自然资源、生态环境的掠夺和破坏也是必然的。不掠夺自然和劳动力，资本就会饥肠辘辘，甚至饿死。然而，人的生存需要具有无比的威力，资本霸权的膨胀必然会在人的生存需要面前走向自己的反面，资本霸权的消解源自人的生存需要，人对良好的生态环境的需要。在人对良好的生态环境的需要面前，资本对自然的掠夺合法性不复存在，就如同资本对劳动者的掠夺的历史合法性不复存在一样。

自然界的真正的复活只有在人的本真存在中才是可能的。资本不会自行消亡，而只有把握了历史规律、自觉地站在资本的对立面的劳动者——现代无产阶级——才能推翻资本的现代统治。资本的消亡需要由劳动者阶级的革命实践来改变资本化的世界，推翻了资本对劳动者的现代控制，劳动者才能复归自己的本真存在，成为真正的人，获得自由自觉的发展。只有人的真正存在被解救出来，人的世界才能真正成为人的世界，世界的存在才能在人的存在那里获得本真的敞现。本真存在的自然世界是从人的本真存在那里显现自身的世界，唯有推翻资本的现代统治，人才能让自然界真正复活。自然的真正复活一定不是人之外的实体性世界，而是以物为介质所实现的人与自然、人与世界的和谐相处。

第三章　生存眷注与马克思生态思想的价值关怀

马克思深切地关注现实的人的生存状况，并且把人的生存作为哲学的最终关怀。这种深层的理论关怀支配了马克思的整个思想体系，也渗透在马克思的生态思想之中。对社会关系中的人的社会生存状况的眷注促使马克思深刻批判了现代社会中的资本逻辑所导致的人的异化，力图在对非人性的社会批判中复归人的本真存在方式。

一、“生存眷注”题解

古往今来，哲学思想家们对哲学的理解异彩纷呈，各不相同。黑格尔认为“哲学可以定义为对于事物的思维着的考察。”[①] 哲学思维考察事物的方式是“一种连续不断的觉醒”。传统马克思主义认为哲学是“一种系统化、理论化的世界观和方法论。”[②] 在对哲学的不同理解中，体现了哲学的价值关怀序列。哲学关怀了人与世界，这种关怀循着什么样的序列来排序，就会形成怎样的理论结构，各种理论要素、范畴就会具有什么样的理论定位。以世界图景的知识化揭示为最终价值，人、自然、社会、历史都会成为这一知识化的组成要素；以人的生存为最终价值，自然、社会、世界都会成为人的存在方式；以社会发展为最终价值，人、自然都会成为社会发展的理论要素。无论哪种哲学，都会涉及人的生存，关键的不同在于对人的生存的理论定位。

---

① ［德］黑格尔著：《小逻辑》，贺麟译，商务印书馆2004年版，第38页。
② 肖前等主编：《辩证唯物主义原理》，人民出版社1991年版，第2页。

（一）生存眷注是哲学的核心价值关怀

哲学本身是爱智慧之学，哲学的这一智慧之爱以关于对象的知识为中介，却又不滞留于关于对象的知识总结，追求智慧所追求的是谁的智慧、是关于什么的智慧。在我看来，哲学所真切追求的是关于人如何生存于世的智慧。从这个意义上来说，生存眷注是哲学的必然要求。什么是生存眷注？生存眷注就是对人的生存方式和生存状况的关注，并且这种关注成为整个哲学理论体系的最深层的价值关怀，是哲学的价值关怀中的核心价值。

哲学的价值关怀是哲学家研究人与世界的关系时所蕴涵的价值取向和取舍态度，其中包含了研究对象的价值排序，是哲学家的价值观的理论表达。价值作为一种关系概念，指向的是对象与人的需要的一致性，是物对于人的意义。人的需要、人的存在本身不是抽象的、静止的，而是处于生存展开的动态过程之中，因此，物、世界对人的意义，实质上是世界的存在对人的生存的意义。世界的存在对于人的意义则是人如何“安身立命”的需要的实现。人在哪里安身，自我如何立命，换言之，人的生存和发展要求如何得以实现。

人们通常认为哲学是世界观的理论，是对世界图景的系统解释，但是，这种解释何以必要？对此问题的回答则推动哲学走向更为深层的立场，即哲学是人的生存关怀的理论。尽管哲学理论是由多重要素组成的整体，但是，哲学最为本质的内涵在于眷注人的生存状况和生存方式。世界如何存在、人如何生存都是哲学所要关注的研究对象，但是，真正的哲学是不能够离开人的生存来理解世界的存在的，而必须把世界与人、世界的存在与人的生存紧密联结为一体。在这一整体中，人如何在世界中生存？世界的存在与人的生存究竟是什么关系？人的生存方式如何才能满足人的需要、合乎人的本性？人的生存方式的结构是什么样的？这些问题比关于世界的纯粹知识更是哲学问题。关于世界的知识揭秘是科学的职能，而不是哲学的本分，科学是关于对象的事实知识，而哲学则关注这一事实对人的生存意义。

哲学的生存眷注构成了哲学对于现实的价值批判和价值重建。哲学以生存眷注为核心价值，然而，现实的生活中，人的生存经常受到压制、变得扭曲，哲学的生存眷注就显化为价值批判。对现存价值排序的解构是哲学的批判功能，同时，哲学还有另外一种功能，就是提供尝试性的理论建构，在哲学的价值关怀的视阈中，哲学的价值重建就是哲学家重新排定价值要素，形成新的价值观。哲学的价值批判和价值重建立足于对人的生存的关注立场，体现了哲学家的立场转换所形成的对人的生存方式的理解和体认。

哲学的价值批判和价值重建得以可能，一方面是利益立场的原因，体现了价值批判与价值重建的主观性；另一方面，由于人的生存方式的历史性转变，生存眷注的价值批判和价值重建具有而具有历史性。由于人的生存的历史性转变，价值批判转而成为历史批判，价值重建转而成为历史性重建。

哲学的生存眷注的历史性视野建基于人的生存的历史性转变。人的生存状况、生存方式具有历史性，在不同的历史时期，人的生存方式会发生历史性转变。一定时期的生存方式是否符合人的需要，就形成了哲学的生存眷注的价值认同或价值批判，生存方式的合理性决定了生存眷注的合法性，生存方式的历史性也决定了生存眷注的历史性。如果只是从不合理的生存方式造成的对人的本真生存方式的遮蔽来进行价值批判，这只是生存眷注的道德批判，而历史批判则把这一类现象的客观性、必然性及其被转换的必然性科学地揭示出来①。

（二）价值关怀的多元样态与核心价值

哲学的价值关怀通常包括多元样态。这意味着，哲学的价值关怀不是单一价值，而是复合价值、多元价值，如果说“价值意味着客体的存在、作用及其变化对于一定主体需要及其发展的某种适合、接近和一致”②。那么哲学所体现的人的需要通常都是多元、多样的，需要的多样性决定了价值形态的多元化，多元化的价值形态则决定了哲学的价值关怀的多元样式。

人对事物的需要是附载在人那里的对生存和发展的物质性条件的依赖关系，具有客观性、社会性和具体性，并且表现为主观形式的“欲

---

① 这里借鉴了俞吾金教授关于马克思异化理论分析的视角转换维度所提供的道德批判与历史批判的辩证方法。道德批判突出了异化造成人的生存状况的不合理，指出了异化的恶性，而历史批判则从历史必然性考察异化的发生何以可能，以及异化的消除何以必然。在马克思那里，自然的异化即是人类的自然生活的生态困境，既要从道德维度进行批判，也要从历史的发展进行全面的分析。参见俞吾金：《从“道德评价优先”到“历史评价优先”——马克思异化理论发展中的视角转换》，《中国社会科学》2003 年第 2 期。

② 李德顺著：《价值论》中国人民大学出版社 1991 年版，第 13 页。

望”。需要是人的本质特性，对人来说，“他们的需要即他们的本性”①。人的这种本质特性直接地就是人的物质依赖性，即人的生存和发展必须通过满足需要的形式表现出来，物质性的生存需要是人的生存得以实现的必然的内在前提。A. H. 列昂节夫认为，“需要本身作为主体活动的内在条件，只是一种否定的，即贫困和匮乏的状态；只有与客体会合……并使自身‘对象化’，它才能获得自己肯定的特征。”② 在这里，“否定”的需要即是人的物质性依赖性，而“肯定”状态的获得在于需要的满足。人的需要不是单一的，而是历史性地变化着，作为社会性实践的生成产物，“已经得到满足的第一个需要本身、满足需要的活动和已经获得的为满足需要而用的工具又引起新的需要。”③ 从获得最基本的生存资料到人们的社会生活和精神文化生活领域，需要的涵盖面不断丰富，并形成复杂的需要体系。

不同的需要形成了不同的价值要求，或者说，有怎样的需要，就会有怎样的价值要求。对物质、能量的需要推动人们改变自然物的存在样态，并且转化为对物质产品的需要，对物质产品的需要则形成了物的使用价值或自然价值（维塞尔）；对人与人之间保障个人利益的需要形成了对社会规范的需要，社会规则的制定则形成了满足人们的社会生活需要的社会价值；在人们的精神生活中，对精神产品的需要和追求决定了精神创造物的文化价值；对良好的自然环境的需要，促使人们认同自然物所具有的独立的生态价值。

不同的价值要求的哲学反映会形成不同的价值关怀。在同一哲学系统内，总是存在着多重维度的价值关怀，这些不同的价值关怀彼此共生、有机统一。哲学体系内的每一个价值关怀都是对现实的某一层面的反映，现实总是复杂的、多维度的，则哲学的价值关怀维度也是多层面、多维度的。哲学的存在论关怀、方法论关怀、价值论关怀、对自然的关怀、对社会的关怀、对人的关怀等等都是现实关怀的哲学形态。

哲学的价值关怀中总是以某种价值为核心价值。核心价值是哲学的价值关怀的核心，是多样形态中起着主导作用、具有支配性质的一种价值，是哲学的价值关怀的主题。生存哲学关怀了人的生存展开，以及世

① 《马克思恩格斯全集》第3卷，人民出版社1960年版，第514页。

② ［保］尼科洛夫著：《人的活动结构》，张凡琪译，北京国际文化出版公司1988版，第46页。

③ 《马克思恩格斯文集》第1卷，人民出版社2009年版，第531页。

界的生存价值；非理性主义哲学关怀了人的非理性存在，包括人的情感、意志、激情；生命哲学关怀了一般意义的生命，尤其是人的生命；文化哲学关怀了人的文化存在；宗教哲学关怀了人在信仰世界中的生存展开。科学哲学关怀了科学的价值和意义。方法论哲学所关怀的则是人们应该如何来关注自己的生活世界，如何来展开自己在世界中的存在。

哲学的核心价值决定了哲学的主题。哲学的理论纲领有其理论内核，核心价值关怀就处于理论内核之中，非核心价值形成了对核心价值的保护、诠释和证实。如果说，有什么样的理论内核就会有什么样的理论主题，那么，有什么样的核心价值，就会有什么样的价值关怀。核心价值对哲学主题的决定作用始源于哲学家的现实聚焦和深层忧思，它推动着哲学家通过理论的逻辑演进展开对现实的分析、批判，形成自己全面的价值主张。

哲学的核心价值决定了哲学的逻辑过程的价值目标。核心价值的始源性功能通常体现为它为整个哲学体系提供价值指向和价值目标。这一价值指向、价值目标带有方向性的功能，引领着哲学家进行理论筹划，规范着哲学理论的逻辑自洽，从而，到达这一核心价值的全面、充实和丰富的发展状态。

哲学的价值关怀是多元样态与核心价值的辩证统一。在完整的理论系统中，价值关怀的多元样态与核心价值总是逻辑一致、辩证统一的，这构成了整个哲学价值的整体性。在哲学的价值关怀的有机整体中，核心价值是灵魂，具有始源性，多元样态展开核心价值的内在品质和精神实质，具有丰富性。

以生存眷注为核心价值的哲学，就是把人的生存追求作为理论的始源和最终目标。眷注人的生存，来自于对人的存在现实的忧虑、反思、批判、分析和提供重建生存方式的理论方案。雅斯贝斯把追问存在，把存在称为无所不包的“大全”，“大全”的存在样态有“世界、一般意识、[人的] 实存、精神、生存、超越存在”[①] 等等。雅斯贝斯的生存哲学指出了自己的哲学任务，就是通过对现实的本原观察和内心把握，从人的生存来把握现实。以人的生存把握现实得以可能，就是意味着人的生存对于现实具有始源性意义，这如同海德格尔的对世界的存在的此在把握方式。而以人的生存阐释存在和世界存在为始源的哲学体系必然会把揭示人的生存作为最终目标，始源和目标具有内在的一致性。

---

① ［德］卡尔·雅斯贝斯著：《生存哲学》，王玖兴译，上海译文出版社 2005 年版，第 6 页。

（三）核心价值与哲学的理论立场

哲学的最终价值关怀之所以可能，在于哲学家的利益立场，即哲学家从根本上和总体上代表谁的利益。哲学的理论立场总表现为哲学家的利益立场，哲学与哲学家是一体的，哲学家是什么样的，哲学就是什么样的；哲学家的利益立场是什么样的，哲学家就会创造出什么样的理论体系。哲学家的利益立场代表了社会群体的共同利益，反映了特殊群体的根本利益。社会群体由各自独立的社会成员组成，群体中的每个成员都有着各自独立的个人利益，这些个人利益可能会彼此差异，甚至会有着利益冲突，但是，它们有着共同的根本利益，从而，才能成为一个社会群体。哲学家的利益立场就是尽可能地忽视和包容群体内部的利益分野，紧紧抓住群体成员的共同利益和根本利益，并用自己的理论把这种利益表达出来，形成共同利益的诉求通道。

哲学的核心价值以哲学家的利益立场为基础，从而，蕴涵了哲学家的一般理论背后的物质动因。例如，马克思强调新哲学的利益立场时指出，“旧唯物主义的立脚点是市民社会，新唯物主义的立脚点是人类社会或社会化的人类”，这就是突出理论的利益立场与理论的物质力量的一致性。诸如此类的还有：国民经济学以现代工业资产阶级为利益立场；重农主义学派以地产所有者为利益立场；重商主义学派以贸易保护主义为利益立场，等等。值得注意的是，在阶级分析法的理论结构中，哲学的党性与阶级性是一致的，然而，今天的利益呈现多元化形态，并且形成了不同利益立场的多元理论生态，这就把利益立场与理论的物质力量关系变得更为复杂。

以利益立场为立脚点的理论才具有现实性。以人类利益为代表的一般理论是抽象的，同时，由于它忽视利益差别、不代表任何具体的利益立场，而成为无利益立场的抽象理论。由于缺乏现实的物质力量的支持，这种抽象必将迅速瓦解和湮没。马克思、恩格斯对现代资产阶级启蒙思想家的批判，认为他们尽管打着代表人类利益的旗号，实质上，他们所代表的是近代资产阶级的根本利益。这一利益代言，比封建主义的意识形态更具现实性，体现了一定的时代要求。然而，对于新兴的无产阶级而言，则具有极大的虚假性和欺骗性。正是来自于无产阶级的根本利益，马克思的哲学才能以无产阶级为物质武器，才能在无产阶级、劳动者中得以广泛传播。

具有现实的利益立场，从而获得社会力量支持的理论才具有生命力。

一种理论是否具有生命力，既要看这一理论对现实的解释力，看这一理论对现实的行动所具有的指南作用，也要看这一理论是否能够获得社会力量的支持。支持一种理论的社会力量，可能是共时态的存在者，也可能是历时态的存在者，理论的生命力越强，它的利益代言就越宽泛，就越主宰着人们的历史意识。支持一种理论，关键在于这一理论能够为自己做利益代言。

满足现实的需要就是哲学理论的现实价值。尽管由于理论的相对独立性而具有自在的理论价值，但就其根源意义而言，满足现实的需要就是哲学理论最终的价值目标。哲学家在其思想的逻辑进展中，一方面以建构某种整体性的理论系统为理论目标，另一方面以指向现实、分析现实、解释现实或改变现实为理论的现实目标。理论的理论目标体现了指向理论的逻辑自洽性，理论的现实目标则体现了理论的现实价值，即理论对现实需要的解释价值或改变价值。理论的现实价值来自于现实的需要，理论的现实价值的实现来自于现实需要的满足。

以生存眷注为核心价值的哲学始源于人的生存需要。人的生存需要不是简单的衣食住行的物的需要，而是人的生存过程中的全部需要，是多层次需要的整体。多层次需要的满足展开了人的全面的生存结构，形成了多种生存方式的复合体。关注人的生存需要的哲学可以抽象地探讨生存方式，然而，只要我们立足于现实，我们不难发现，由于人的存在的物质性与精神性的二重性特征，人的生存需要的实践满足既是感性的，也是精神性的。感性意味着受动性，是对象性的存在的受对象制约性。人的生存展开所受到的对象性制约是多维的，既受自然世界、自然规律的制约，也受社会环境、历史规律的制约。人的生存展开的精神性凝聚了意识方式的主体性和非理性方式的内在性。如何处理这二重化的存在方式，构成了生存眷注的不同理论样式。

人的生存需要形成了生存过程中的利益立场和利益诉求，哲学的生存眷注就是生存需要的理论诉求机制。人的需要的现实化表现为利益立场和利益诉求，哲学的生存眷注通过关注利益立场和利益诉求展开对生存需要的理论表达。哲学如何表达利益立场，就会形成哲学的利益诉求机制，形成哲学对现实利益的关注。从特定的利益立场出发的哲学就可能对现实中的利益实现机制提出批评，或者提出利益的重建机制。

二、“人的方式”的复归：马克思的生存关怀

马克思哲学中的生存眷注就是马克思对现实的人的生存关怀。对人的关怀，不是对抽象的一般人、抽象的人性的逻辑思辨，而是对现实的人、对人的现实的生存、生活的深深眷注。现实的人，在马克思那里如果有特定所指的话，就是承担人类解放的无产阶级，对无产阶级的生存状况及其革命的关怀，是马克思哲学中的最深关怀。

青年马克思曾经从黑格尔主义的理论立场出发，关注过人的政治自由和精神自由。从一般的意义上探讨人的自由时，马克思曾明确宣称，“自由确实是人的本质，因此就连自由的反对者在反对自由的现实的同时也实现着自由”[①]。在莱茵报时期，马克思关于新闻出版的争论时表示，“新闻出版是个人表达其精神存在的最普遍的方式。”[②] 而政治的不自由则导致人的精神存在和精神诉求无法得到有效的表达。

自由有其本质，即自由具有“刚毅的、理性的、道德的本质”，精神的自由对肉体的生存自由具有重大的意义，“正是由于头脑的解放，手脚的解放对人才具有重大的意义”[③]。马克思关注到人的精神的自由对生命体的功效的积极意义。随着“对黑格尔的辩证法和整个哲学原则的批判”，马克思开始跃出黑格尔主义的理论范式，不再从抽象的范畴衍生出现实的公式，而是把现实的人的物质生活、社会生存作为自己关注的对象和自己哲学的价值指向，用“实践的人道主义”批判性地指出了现实的人复归其本真存在方式的道路。

（一）马克思对“非人的方式”的批判

以“人的方式”作为人的生存方式；对现实的人及现实的劳动者的眷注；对单个人的眷注。马克思的生存论所指向的是以劳动实践为基础的现实的人，包括1. 是指一般的人的生存，即整个人类生存；2. 特指工人的生存，工人的自由生存则是人类生存自由的实现者；3. 个体人的生存、生活。

---

① 《马克思恩格斯全集》第1卷，人民出版社1995年版，第167页。
② 《马克思恩格斯全集》第1卷，人民出版社1995年版，第196页。
③ 《马克思恩格斯全集》第1卷，人民出版社1995年版，第188页。

在马克思看来，现代资本主义社会中“人的方式”失去了现实性，而“非人的方式”则是现实的。“人的方式”的缺失表征了人的本真生存状况远离人自身，也意味着劳动和雇佣劳动者为资本和资本家所宰制。资本的逻辑是劳动者的非存在逻辑，非逻辑的异化劳动把人的真正存在遮蔽了，因此，需要从资本的逻辑和原则中拯救人，拯救人的真正的存在。这种理论的努力是雇佣劳动者的意识形态和革命指南。劳动是人的本质，劳动的异化导致了人的本真存在方式的异化。在非自愿分工的历史条件下，异化劳动使得劳动者专业化，专业化的劳动带来了人的片面化生存。马克思通过对始源性的异化劳动批判，力图唤起工人阶级的革命自觉，把人的真正的存在方式还归工人。

在古典政治经济学中，劳动者仅仅“作为工人”而存在。马克思批评道，“不言而喻，国民经济学把无产者即既无资本又无地租，全靠劳动而且是靠片面的、抽象的劳动为生的人，仅仅当做工人来考察。……工人完全像每一匹马一样，只应得到维持劳动所必需的东西。国民经济学不考察不劳动时的工人，不把工人作为人来考察，却把这种考察交给刑事司法、医生、宗教、统计表、政治和乞丐管理人去做。”① 国民经济学把作为人的工人，即在抽象的、片面的劳动之外的现实生存着的劳动者淡出了自己的研究视线。它不考察作为人的工人，并且把这种考察交给了经济学以外的法律和政治去管理，它只是考察作为工人的人。作为工人的人失去了人的本质性规定，或者说，它只把异化劳动所产生的人的异化作为人的根本存在方式。国民经济学不知道劳动关系之外的人除了具有生物学的需要，还有更为本质的需要，毋宁说它把只是肉体生存的生物学需要作为“作为工人”的人的全部规定，这是由于国民经济学的阶级立场而对无产阶级、劳动者的贬低，在这种情况下，劳动者的“人的方式”仅仅是“作为工人”的生存方式。因此，劳动者“完全像一匹马一样，只应得到维持劳动所必需的东西”，工人以非人的方式生存。

在现代资本主义社会中，非人的方式是人的“现存”存在方式。人的生存方式表现为工人的生存方式，工人的生存方式则是人的生存方式的异化，是非人的生存方式。在这里，马克思所揭示的人不是一般的抽象存在的人，而是现实的劳动者，是作为历史主体而实践地展开自己生存方式的现实的工人，而只被“作为工人”的人不过被“当做劳动的动

① 《马克思恩格斯文集》第1卷，人民出版社2009年版，第124页。

物，当做仅仅有最必要的肉体需要的牲畜"①。正如马克思所揭露的，非人的生存方式表现为"处于牲畜般的存在状态"、"工人的存在被归结为其他任何商品的存在条件"、"工人在精神上和肉体上被贬低为机器，人变成抽象的活动和胃"、"工人的结局也必然是劳动过度和早死，沦为机器，沦为资本的奴隶，发生新的竞争以及一部分工人饿死或行乞"等方式。工人的这种存在方式不是偶然的存在状态，而是国民经济学视野中人的根本存在方式，是人的真正存在方式的异化形态。由于工人、劳动者的生存方式被"劳动"所遮蔽，工人依赖于并且不得不依赖于"劳动"而得以生存。而劳动的实现依赖于资本，人的存在依赖于异己的资本的存在，因此，"人只不过是工人，对作为工人的人，他的人的特性只有在这些特性对异己的资本来说是存在的时候才存在"，当人的存在被异己化的时候，劳动者的"人的特性"、人的生存权利和生存状况就会"作为工人"而受到资本的根本制约，甚至"并且因为他不是作为人，而是作为工人才得以存在，所以他就会被埋葬，会饿死，等等"②。没有了异己的资本，工人就会丧失自己的存在。在国民经济学那里，资本的逻辑规定了人的存在方式是具体的"作为工人"的生存方式，这种具体存在方式掩盖和遮蔽了人的本真存在方式，即作为"人的方式"的人。而在德国古典哲学，尤其是在黑格尔和费尔巴哈那里，"人的方式"恰恰不是以具体的，而是以抽象的方式理论地存在着的。

黑格尔把人视为自我意识，人与人的社会关系是一种精神关系，是绝对精神在人那里的实现。黑格尔以神秘的思辨方式表述的人与人的社会关系，不过是思辨的神秘精神显现在人那里的运动环节，"人的方式"在根本上受绝对精神的内在规定，精神才是人的本质。马克思说，在黑格尔那里，"只有精神才是人的真正的本质，而精神的真正的形式则是思维着的精神，逻辑的、思辨的精神。自然界的人性和历史所创造的自然界——人的产品——的人性，就表现在它们是抽象精神的产品，因此，在这个限度内，它们是精神的环节即思想本质。"③"人的方式"不外是抽象的精神运动的环节和产品，是精神的外在显现，精神提供了人以本质规定，并且规约了人的活动方式。

费尔巴哈把哲学的基地复归自然，提出了人本主义的唯物主义，以

① 《马克思恩格斯文集》第1卷，人民出版社2009年版，第125页。
② 《马克思恩格斯文集》第1卷，人民出版社2009年版，第170页。
③ 《马克思恩格斯文集》第1卷，人民出版社2009年版，第204页。

抽象的类作为人的本质。抽象的类存在把人的方式的生物学前提作为人的存在方式的直接规定，它肯定了人的物质性存在的本体性基础，但同时也把人的自然存在方式确立为人的必然方式。由于费尔巴哈的唯物主义哲学是自然主义的，人的本质就是人的类本质、人的存在就是人的类存在，是人的自然存在，因此，人的方式就是自然主义的方式。自然主义的“人的方式”把人与人的关系归结于人与自然的关系，人的方式具有感性确定性，但也是机械的、片面的物质性。这一点为马克思所扬弃，即马克思把自己的人的方式研究置放在唯物主义的基地上，但又不同于费尔巴哈的机械的自然主义的人道主义，而是在实践观的理论立场上实现了自然史和人类史的真正的统一。

“非人的方式”之所以成为人的存在方式，其根源在于劳动的异化。在劳动者那里，人的生存方式依赖于劳动，由于劳动依赖于资本，“劳动在国民经济学中仅仅以谋生活动的形式出现。”[①] 劳动 = 谋生活动，劳动者 = 肉体需要的承担者。劳动者作为人只是肉体性需要的满足，由于劳动者缺乏满足肉体需要的其他来源，因此，劳动就是劳动者的全部生存方式。然而，这种劳动不是自由自觉的劳动，而是被迫的劳动，是劳动的异化和异化劳动。把劳动的异化作为人的方式的非人化的本质，一方面是马克思用德国古典哲学的“异化”范畴对古典政治经济学的哲学归结，另一方面则意味着马克思的人的本质的劳动实践论的哲学根基的批判性形成。劳动的异化导致劳动产品转归“同劳动和工人生疏的人对工人、劳动和劳动对象的关系”。这同时也意味着工人不是作为人而出现的。

无论是“作为工人的”人的方式、还是作为抽象的人的方式，都为马克思形成自己的“人的方式”的思想提供了批判性的理论资源。在马克思看来，人以总体性方式来把握自己的全面本质和社会历史的内在规律，“人以一种全面的方式，就是说，作为一个完整的人，占有自己的全面的本质。”[②] 以全面的方式占有自己的全面的本质，这是对人的异化生存的扬弃和对人的本真的存在方式的复归，在这里，作为“总体的人”的生存方式，“全面的方式”不是抽象的人的存在方式，而是具体的人的本质规定和人的本真生存方式。

---

① 《马克思恩格斯文集》第 1 卷，人民出版社 2009 年版，第 124 页。
② 《马克思恩格斯文集》第 1 卷，人民出版社 2009 年版，第 189 页。

（二）“人的方式”的实践论阐释

在《德意志意识形态》中，马克思对费尔巴哈进行了全面批判，指出费尔巴哈“把人只看做是‘感性对象’，而不是‘感性活动’，因为他在这里也仍然停留在理论领域，没有从人们现有的社会联系，从那些使人们成为现在这种样子的周围生活条件来观察人们——这一点且不说，他还从来没有看到现实存在着的、活动的人，而是停留于抽象的‘人’，并且仅仅限于在感情范围内承认‘现实的、单个的、肉体的人’，也就是说，除了爱与友情，而且是理想化了的爱与友情以外，他不知道‘人与人之间’还有什么其他的‘人的关系’。”[①] 在对费尔巴哈抽象人本主义的批判性考察的基础上，马克思谈到“关于人的科学本身是人在实践上的自我实现的产物”[②]，从而确立了劳动实践作为“人的方式”的立论根基，从劳动实践观来考察人的本质和人的生存方式。

实践是人能动地改造对象世界的自由自觉的活动。在马克思那里，自由的有意识的活动是人的类特性，不是自由的意识，而是自由自觉的活动，即本来意义上的劳动，是人的本质的真正来源。自由自觉的实践是人与对象世界关系的本质，马克思把实践规定为自由自觉的活动，揭示了实践的一般本质，而实践的本质规定的真正的现实形态则是生产劳动，生产劳动是具体的实践方式。自由自觉的实践现实化为生产劳动实践，因此，人的现实的实践性存在方式体现为劳动，劳动实践形成了对象世界的人化。自由自觉的生产实践是人的类生活，在生产劳动过程中，人既现实地改变对象世界，又实际地自我改变，生产劳动是马克思所发现的人的现实本质，也是人的根本的存在方式。在这里，马克思强调实践活动作为人的类本质的确证时，一方面沿袭了费尔巴哈的基本哲学范畴，另一方面则对这些基本范畴赋予新意。

实践论立场的人的对象性规定就是把实践作为考察人的对象性存在的根本方式。在马克思看来，“人的方式”首先是建立在唯物主义基地上的对象性方式。人的对象性存在不仅是人的自然性、物质性的存在，人也通过和他人的“实际交往”，通过不是作为“生活的手段”的对象性生活展开自己的对象性存在。人与他人的对象性关系作为异化劳动的结果导致人以作为工人的尺度和关系来观察他人，并且通过人对他人的关系

① 《马克思恩格斯文集》第1卷，人民出版社2009年版，第530页。
② 《马克思恩格斯文集》第1卷，人民出版社2009年版，第242页。

来观察人对自身的关系，来认识人自己。对象性的存在是一种感性的、受动的存在，人作为一种受动的存在必然受对象所制约，即“一个存在物如果在自身之外没有对象，就不是对象性的存在物。”[①] 人的对象性存在就是说人的自然的、肉体的、感性的、对象性的存在，人的现实的存在。马克思是从实践论的立场来看待人的对象性存在的，这样，人在实践活动中展开人与对象的关系，通过这种活动，人实现着自己的对象性存在。人的自然对象性存在由于人的肉体生活和精神生活不外是自然界的一部分，或者说“人是自然界的一部分”，而规定了人的对象性存在方式。然而，在异化劳动的条件下，人的对象化活动导致了对象性的丧失。人与对象的直接关系既是对对象的占有和“人的方式”的对象性实现，又是人以“人的方式”占有人的本质，对对象的占有和对人的本质的占有在人的对象性存在和对象性方式中是一致的。在人对物的感性的和客观占有的关系中，作为对象的“物本身是对自身和对人的一种对象性的、人的关系，反过来也是这样”[②]。对象性的方式就是人的方式，是人的唯物主义的存在方式，蕴涵了马克思哲学的唯物主义原则；同时，在唯物主义哲学基地上，人的存在方式必然也是物质性的对象性方式。

实践论立场的人的社会性存在就是把实践作为考察人的社会本质的现实来源。人的社会本质既是在实践中形成的人的本质规定，又规约了人的认识和实践方式，即不断地“创造、生产人的社会联系、社会本质”，“因为人的本质是人的真正的社会联系，所以人在积极实现自己本质的过程中创造、生产人的社会联系、社会本质，而社会本质不是一种同单个人相对立的抽象的一般的力量，而是每一个单个人的本质，是他自己的活动，他自己的生活，他自己的享受，他自己的财富”[③]。在这里，人的本质不是一般人的抽象物，而是个体独立的人的社会性活动和社会性存在。后来，马克思进一步把人理解为“不是单个人所固有的抽象物，在其现实性上，它是一切社会关系的总和”[④]。人化自然的实践性形成、人与他人的实际交往，甚至人的精神活动都是一种社会性的人的活动方式。在人与自然的关系领域，自然界的人的本质只有对社会的人来说才是存在的。在人与人的关系领域，人与人的“实际交往”是社会共同体

---

① 《马克思恩格斯文集》第1卷，人民出版社2009年版，第210页。

② 《马克思恩格斯文集》第1卷，人民出版社2009年版，第190页。

③ 《马克思恩格斯全集》第42卷，人民出版社1979年版，第24页。

④ 《马克思恩格斯文集》第1卷，人民出版社2009年版，第501页。

中人的基本实践方式，这种交往实践以生产劳动实践为基础，是社会化的人、人本社会学（历史观）的内在规定。在人的思维活动领域，人的社会性存在方式也是人的精神和思维运动的本质规定，马克思指出，“甚至当我从事科学之类的活动，即从事一种我只在很少情况下才能同别人进行直接联系的活动的时候，我也是社会的，因为我是作为人活动的。”①“作为人”活动就是以人的方式从事认识和实践、以人的方式生存，在这里，马克思凸显了人与自然、人与人、人的精神活动所共同具有的本质规定，即社会性。尽管人的生活领域由于实践对象不同，但社会性是所有实践方式，也是实践展开的人的内在本质。

实践论基础上人的对象性和社会性是人的现实性。1844 年的人本导向与随后 1845—1846 年《德意志意识形态》所揭示的唯物史观的人本学前提具有逻辑的承续关系。马克思和恩格斯基于“社会生活本质上是实践的”的认识，确定了历史的人本学前提，指出历史的现实“前提是人，但不是某种处在虚幻的离群索居和固定不变状态中的人，而是处在现实的、可以通过经验观察到的、一定条件下进行的发展过程中的人”，用一句话来概括，“这是一些现实的个人，是它们的活动和它们的物质生活条件”。这里，首先揭明了人类社会和历史的特点，即这个领域是人的领域，是人的活动形成人类世界。因此，离开人这个主体去研究历史是不可思议的。其次指明这种人不是费尔巴哈的“人自身”，而是“现实的个人”，“是从事活动的，进行物质生产的，因而是在一定的物质、不受他们任意支配的界限、前提和条件下”能动地表现自己的人，是“以一定的方式进行生产活动的一定的个人”。现实的人是社会发展境域中从事认识和实践活动的人，是对象性活动的社会性展开的人。因此，马克思通过对实践人本学的哲学考察又必然走向现实的社会发展境域并致力于为工人阶级改变自己的生存状况提供理论准备。

如果说马克思对人的生存关怀的实践论揭示是一种真理性的认识，那么这种认识不是束之高阁的，而是具有明确的现实性价值指向，并且正是在现实的价值指向的基础上，实践人本学的理论逻辑获得了科学性的证明。劳动的异化、私有财产规定了人的现实的存在状况，国民经济把现存的工人的存在状况当作工人的本质的存在方式，异化人本学把人的异化当作人的本质，其中内含了国民经济学的资产阶级的物质利益和根本立场。而马克思的实践人本学则立足于工人阶级的物质利益和阶级

① 《马克思恩格斯文集》第 1 卷，人民出版社 2009 年版，第 188 页。

立场，提出要把异化的生存方式予以扬弃，要复归到人的本真的存在状况，恢复人的普遍的、自由的存在。工人向着真正人的复归体现了马克思的实践人本学的价值指向，即为着工人阶级这一社会化的人类和人类社会的实际解放提供理论导向。工人的解放必然要是实际的、现实的，而不能仅仅停留于理论的口号，共产主义运动必然要通过私有财产的现实扬弃才能真正使得工人占有自己的全面本质，人的解放必然要是现实的解放。现实的人的解放离不开科学的理论指导，正如马克思的实践人本学理论把自己的价值指向规定在自己的物质武器的实际依赖一样。

人的现实的解放依赖于异化劳动的自我异化，但是这种扬弃是辩证的否定。人的生存状况的现实否定的辩证法是人与人的现实的关系的历史转变，历史性维度是现实性价值指向的宏观视野。私有财产的扬弃是现实的、实践的，借用黑格尔哲学那种抽象的、思辨的、逻辑的现实批判和历史批判不能解决这种现实的人的问题，人的现实历史是人的形成的历史过程，是人的形成的历史。人也有自己的形成过程即历史，但历史对人来说是被认识到的历史，因而它作为形成过程是一种有意识地扬弃自身的形成过程。人的自我扬弃也是人的本质的自我确认和证明，人的自我确证在于人本学的实践论根基，因此马克思反对了对私有财产的思想扬弃，强调了人的现实的解放在于现实的共产主义行动，“要扬弃私有财产的思想，有思想上的共产主义就完全够了。而要扬弃现实的私有财产，则必须有现实的共产主义行动。”① 现实的共产主义运动是私有财产的、也是异化劳动的积极扬弃，是人以实践的复归实现人的自由。

由于马克思实践的人道主义中的人不是抽象的人，而是现实的人，人的现实的解放则是有所指向的，即工人阶级的自我解放，工人阶级的共产主义运动是马克思实践人本学的现实性价值指向。马克思实践人本学的文本语境在于古典政治经济学和德国古典哲学以及空想社会主义，对社会中的人的生存状况的理论考察的文本语境则是现实的社会发展境域的理论形态，现实性是《1844 年经济学—哲学手稿》的基本维度。对现实的考察，在实践人本学这里就是对工人阶级生存状况的清醒认识，也是对扭曲工人阶级的人的本质的观点的理论批判。现实的人的异化就是现实的工人阶级的异化，人性的现实扭曲就是工人阶级的非人化现实，非人化的生存状况是在现实的异化劳动中形成的，也只能通过对异化劳动、私有财产的现实的扬弃来扬弃非人化的现实。

---

① 《马克思恩格斯文集》第 1 卷，人民出版社 2009 年版，第 231 页。

对非人化的现实生存状况的现实的扬弃一方面导向的是人的真正的自我实现，另一方面在于对所有制的变革。新的生产方式和生产对象、工人阶级自身的需要的多样化及其满足体现了人的实践性的自我实现，即工人阶级不是“作为工人”，而是作为人证明和充实了自觉的人的本质。同时，马克思也指明了工人阶级的自我实现的实践路径，即共产主义运动和私有制的废除，在这里，马克思的实践人本学的科学性和革命性实现了真正的内在结合。

（三）“人的方式”的复归与“真正的共同体”的建构

事物的存在总是蕴涵着其反面。人的异化生存总是蕴涵着本真生存状况的反抗，这种反抗是通过异化的扬弃而向着本真生存状况的复归，从异化向着本真生存方式的复归路径循着人的本真生存方式的内在张力而展开，其中可以彰示马克思对人的生存关怀。

1. 人的本真生存方式的复归路径。人的对象性存在方式决定了人的认识和实践的方式、人的生存方式必然在唯物主义哲学基地上才能得到科学的揭示。对象的存在是人的根本需要，也是人的本质力量的确证，人只有凭借现实的、感性的对象存在表现自己的生命活动。因此，人的生存活动、人的认识和实践必然符合唯物主义的客观性原则，而不是以绝对精神、夸大的理性思维作为人的生存、认识和实践的主导原则，可以说，这里包含了对近代以来西方哲学中的绝对理性主义、片面主体主义的深刻批判。人的对象性存在方式逻辑地要求人具有对物质性对象的合理需要。对物质产品、劳动产品的需要作为人的需要是每个人的合理需要，因此，也是“作为工人”的人的合理需要和根本存在方式。国民经济学由于把人作为工人而忽略了人的合理的物质需要，把这种物质需要仅仅等同于动物式的需要，从而把人的对象性存在方式狭隘地归结为动物式的存在方式，这种人的对象性生产方式的归结必定由于人的需要的内在张力而被扬弃。

如果说生产劳动实践作为一般的自由自觉的实践的具体化、现实化，那么，马克思则看到了私有财产制度下劳动实践的异化。劳动的异化是劳动的工具化，即“异化劳动把自主活动、自由活动贬低为手段，也就把人的类生活变成维持人的肉体生存的手段。”[①] 在这里，劳动不再是人的本质的存在方式，不是人的方式的本质，而是人赖以生存的工具和手

① 《马克思恩格斯文集》第1卷，人民出版社2009年版，第163页。

段，劳动的实现、现实化、对象性导致了劳动的非现实化和非对象化。从马克思的实践论的哲学根本立场来看，异化劳动理论在马克思关于“人的方式”考察中居于主导性地位。劳动的异化，意味着人的认识和实践方式、人的生存方式的异化。人的生存方式的异化也是异化劳动的人学前提，劳动的异化和“人的方式”的异化处于共同的异化路线之中，正如阿尔都塞所认为的，“必须考察异化劳动这个关键概念的理论地位和理论作用；研究这一概念的范围；承认这一概念确实起到了马克思当时赋予它的作用，即原始基础的作用；但是，它要起到这个作用就应该具备一个条件，即必须从马克思关于人的观点出发去接受这项使命，并且从人的本质中得出我们熟悉的经济概念的必然性和内容。”① 由此来看，人的方式的异化也是揭示异化劳动理论的重要维度。

人向着自身的复归、人的方式的本质实现在于共产主义运动。马克思认为，“共产主义是对私有财产即人的自我异化的积极的扬弃，因而是通过人并且为了人而对人的本质的真正占有”②，真正占有人的本质的共产主义是私有财产的积极的扬弃，是人的感觉和特性的彻底解放，因此，也是人的认识方式、实践方式以及人的生存方式的彻底解放。积极扬弃异化劳动的共产主义运动必然要弃离费尔巴哈的唯心史观的哲学基地，也不是如施蒂纳无政府主义的共产主义和所谓“真正的社会主义”那样的粗陋的共产主义，私有财产的积极的扬弃、共产主义运动是自由自觉的实践的异化的扬弃，因此也是异化劳动的扬弃。人的解放之所以可能，关键在于共产主义运动所解放的感觉和特性本身就是人的，是人的本质方式的感性体现。

共产主义运动的扬弃绝不是人的采取对象形式的本质力量的消逝、舍弃和丧失，也不是返回到自然的、不发达的简单状态去的贫困，而是人的本质对人来说的真正的实现。贫困、片面化生存状态、人的沉沦、非人化都是共产主义运动所要消除的人的生存状态，实践人本学对人的全面发展和解放的要求只能在对现实社会发展境域的物质性批判中成为现实。

人的社会性存在方式的实现在于实践、即对私有财产的积极的扬弃。私有财产和异化劳动扭曲了人的本质性存在，要真正揭示出人的社会性

---

① ［法］路易·阿尔都塞著：《保卫马克思》，顾良译，商务印书馆 2006 年版，第 149—150 页。

② 《马克思恩格斯文集》第 1 卷，人民出版社 2009 年版，第 185 页。

存在就必须扬弃私有财产和异化劳动，“对私有财产的积极的扬弃，作为对人的生命的占有，是对一切异化的积极的扬弃，从而是人从宗教、家庭、国家等等向自己的合乎人性的存在即社会的存在的复归。”[1] 马克思对人的社会性存在的本质的揭示批判了国民经济学把人“作为工人”的异化性质，恢复了人的“自由自觉”的本真的存在方式，体现为劳动者的真正理论代表的哲学品格。把人的社会性存在作为人的根本存在方式，是世界历史理论的逻辑前提和必然环节。

世界历史的运动不是精神的支配产物，而是社会性的物质实践的结果。一方面世界历史形成了人，另一方面则是人的社会性存在形成了世界历史。正是考察了人的社会性存在方式的历史性维度，异化劳动和私有财产才会在共产主义运动中被积极地扬弃，人的本真的存在方式才能获得真正的复归，“非人的”的人的方式才能在社会性实践中复归到人的真正的存在，人的存在方式、人的认识和实践方式才能除弊。因此，历史性维度是马克思关于人的社会性存在的宏观视阈，其中，由于异化劳动和私有财产导致的人的非人化存在必然会成为历史发展的中间环节和过渡阶段，可以说，历史的社会性人学前提与人的社会性存在的宏观历史维度是同一过程的两个侧度。总体来看，马克思关于“人的方式”的思想凸显了马克思对于人的异化生存状况的深刻批判和复归本真生存方式的深切关怀，也意味着人的本质的科学揭示和人本导向的价值维度的确立才是社会发展的根本准则。

2.“真正的共同体”：社会架构的合理性与人的合理的生存方式。在马克思看来，社会本质上是人类实践生成的共同体，它必须是能够体现人的本质、并且有利于人以全面的方式展开自己的全部生活世界。1844年7月，针对卢格的“所谓的共同体应该理解为政治共同体，即国家制度”的关于非政治的老调重弹，马克思在《评一个普鲁士人的〈普鲁士国王和社会改革〉一文》中指出，“工人自己的劳动使工人离开的那个共同体是生活本身，是物质生活和精神生活、人的道德、人的活动、人的享受、人的本质。人的本质是人的真正的共同体。”[2] 把“真正的共同体”作为人的本质，马克思强调了人的全部社会生活的属人性，而不是仅仅以政治生活来遮蔽整体性的“人的生活”。社会架构的合理性、真正性与人性是内在一致的，在整体性的生活实践中，真正的社会共同体通过生

---

① 《马克思恩格斯文集》第1卷，人民出版社2009年版，第186页。
② 《马克思恩格斯全集》第3卷，人民出版社2002年版，第394页。

活实践合理地敞现出来，这蕴涵了社会建设、社会组织的合乎人性的要求，社会必须保障人以全面的方式占有自己全部本质。

凸显社会的人性前提，“首先必须承认现实的、完全的人都有权利。”① 现实的、完全的人具有现实的、完全的权利，对这一生存方式做抽象的、片面的理解会导致对社会发展方向和历史的本质的误解。马克思用“真正的共同体”来批判导致人的生存状况的非人化的社会制度，其基本用意正如稍后格奥尔格·韦伯所评论的，“这里包含着重新组织社会的基本思想，而且我们只得在迄今为止人的非社会性中去寻找当前社会的非人性。”② 在资本主导下的社会发展实际以及国民经济学的理论逻辑里，工人这一新哲学的物质武器以非人的方式或者“牲畜般的生存状态”艰难地谋生和生活着，人的社会性的丧失意味着社会中人的生活远离了人自身，以及人性和人的权利的被贬低，即使存在着人性，也只是被资本化的人性。资本主义市场经济的资源配置方式主导了社会组织原则和意识形态，社会的市场化在资本的逻辑主导下突出地表现为“对人的需求必然调节人的生产，正如其他任何商品生产的情况一样。”③ 人的基本生存权、发展权由资本和市场来决定，国家制度资本化，然而由于缺乏科学的历史观，马克思之前的思想家们对人的非社会性理解或者避开了社会的非人性现实；或者指认了不合理的社会的非人性，但缺乏深刻的批判；或者提出深刻的批判，但缺乏科学的全面剖析。

作为成熟思想的标志，马克思在《关于费尔巴哈的提纲》和随后的《德意志意识形态》中深入探讨了社会共同体的人性。在科学实践观的基础上，马克思对人的本质做“社会关系”的理解与“真正的共同体”的理解是逻辑一致的，把社会性维度作为解读人的本质的核心界面和理论原则。值得注意的是，此时马克思的共同体思想以科学的唯物史观为把握宏观历史背景的思想语境，蕴涵了社会历史的经济、政治与意识形态的辩证统一。社会的政治制度、政治机构体现了社会作为共同体而存在。作为共同体而存在的社会未必是真正的社会，在真正的社会共同体中，人的发展与社会发展是辩证统一的，这规约了社会制度建设的基本理路，社会共同体的真正性在于人的全面而自由的发展，马克思认为，“只有在共同体中，个人才能获得全面发展其才能的手段，也就是说，只有在共

---

① 《马克思恩格斯全集》第3卷，人民出版社2002年版，第642页。
② 《马克思恩格斯全集》第3卷，人民出版社2002年版，第643页。
③ 《马克思恩格斯文集》第1卷，人民出版社2009年版，第115页。

同体中才可能有个人自由。……在真正的共同体的条件下，各个人在自己的联合中并通过这种联合获得自己的自由。”① 在这里，社会的科学性、合理性与社会的人性、社会发展中人的解放和全面而自由的充分发展是一体的，这是评价社会发展状况的基本原则。当社会中不同生活世界的主体相互敌对、社会共同体的普遍性则是虚假的，真正的自由是真正的共同体的核心价值。“真正的共同体”的真正性与个人的自由个性、全面发展是内在一致的，个人能够自由地在社会共同体中展开自己的多样的生活实践。“真正的”、从而是科学的社会共同体必须提供个人全面发展以物质的、政治的、文化的以及社会的合理条件，个人在其中展开其生活实践，并在实践中形成自己的本质力量，建构和谐的社会关系和社会环境。

专制制度不把人当作人，而在资本主导下的社会发展实际以及国民经济学的理论论证里，工人这一新哲学的物质武器以非人的方式或者“牲畜般的生存状态”艰难地谋生和生活着，人的社会性的丧失意味着社会中人的生活远离了人自身。人的权利的被贬低，人本身不是社会的发展旨归而是相反，人变成了实现物的价值的工具，这是虚假的共同体社会中的价值向度的缺失或者偏离，资本主导下的人的价值也只是被资本化的劳动力价值。马克思“真正的共同体”中，凸显人性的价值原则是对“虚假的共同体”的非真正性或者虚假性——即以人的物质依赖为基础的“独立”存在——的超越。现代社会中，虚假的共同体是建立在资本主义生产方式基础之上的，其中，人的独立是指劳动者有着出卖劳动力的自由，而由于劳动者缺乏必要的生产资料和只有通过出卖劳动力才能换取生活资料，因而，这种自由是建立在对资本的依赖之上的，是虚假的自由。

每个人的自由、全面、成分的发展是社会共同体的基本指向。在《共产党宣言》中，马克思和恩格斯明确指出，“代替那存在着阶级和阶级对立的资产阶级旧社会的，将是这样一个联合体，在那里，每个人的自由发展是一切人的自由发展的条件。”② 真正的个体性指向既包括物质生活领域中每个人都能够获得社会财富，也包括人的政治自由。每个人都能够自由发展的联合体意味着在这个共同体中每个人都能够控制自己的生存条件，尤其是这个共同体以生产力的高度发展为物质基础，“在控

① 《马克思恩格斯文集》第1卷，人民出版社2009年版，第571页。
② 《马克思恩格斯文集》第2卷，人民出版社2009年版，第53页。

制了自己的生存条件和社会全体成员的生存条件的革命无产者的共同体中，情况就完全不同了。在这个共同体中各个人都是作为个人参加的。它是各个人的这样一种联合（自然是以当时发达的生产力为前提的），这种联合把个人的自由发展和运动的条件置于他们的控制之下。”① 物质生活基础是社会发展的基础性方面，社会国家要还须要保障人的政治自由。真正的国家是要保障人的政治自由的，马克思在《论犹太人问题》中谈到“政治解放与人的解放的关系问题”时指出，“国家是人和人的自由之间的中介者。”② 资产阶级国家是不能保障人民的全部政治自由的，它由于世俗的物质利益关系而使得人是不自由的。

“真正的共同体”是人的真正存在的社会、是人的真正的社会存在，它既包含了现代的自由、民主、平等等观念，又突出强调了在新的物质生活的基础上“现代社会”的价值。“真正的共同体”以人的物质生活为基础，而人们的物质生产和生活构成了社会实践的基本样式，构成了社会生产方式的物质性基础，主导着社会发展的动力和目标。社会的自由、平等、民主即是现代社会的主要价值，建立在现代的资本主义生产方式的基础之上。真正的自由、平等、民主只有在真正的社会共同体之中才能真正地存在，其时，资本的社会控制权已经被全面消解，资本重新为人所控制而不是像现代社会那样人为资本所控制。摆脱对资本的依赖，人才能真正实现全面的发展和真正的独立，这意味着，只有在真正的社会共同体（共产主义）中，人的社会存在才是真实的。

在马克思看来，资本控制权的消解即共产主义行动。资本逻辑对劳动的控制导致了劳动者（人）的异化生存，人的本性的复归，即以合理的交往方式来建构人的生活世界，合理的交往实践须祛除资本对人的全面控制。现代社会中，资本的狂欢从建立于其上的私有财产制度中获得保障，对现代资本的主导权的颠覆需要扬弃资本主义的私有财产制度，这是一种现实的社会运动，无产阶级是这一场历史运动的主人。无产阶级对现代资本主义的革命具有人类性，无产阶级不解放人类就不能解放自身，而推翻资本主义制度则是要形成社会化的个人的全面而充分的发展。

---

① 《马克思恩格斯文集》第1卷，人民出版社2009年版，第573页。

② 《马克思恩格斯文集》第1卷，人民出版社2009年版，第29页。

三、马克思生态思想中的生存眷注

马克思的生态思想不是自然图景的知识性描绘，而是以人化自然为对象、以劳动实践为切入点，来揭示出人的自然生存。人化自然中凝聚了人的本质力量，人用什么样的主体性力量作用于自然界、人应用自己主体性力量作用于自然界的方式都会造成自然界的独特存在方式。自然界的存在方式则体现和折射出人的生存方式。在马克思那里，对自然的关注，既是对人的生存眷注的体现，也是生存眷注的结果。

（一）自然是人的感性生存世界

感性的自然世界是人的生存世界。感性的自然世界是人的对象世界，由于人的对象性存在，离开了感性的对象世界人就不能存在、无法生存，因此自然世界是人的生存世界。作为人的生存世界的自然界是一个有机的生态系统，由于生态系统是“所有生物和环境相互作用的，具有能量转换、物质循环代谢和信息传递功能的统一体”[①]。人这一生命体也必须与环境保持物质、能量和信息的循环转换和动态统一。其中，自然的物质和能量满足人的热量消耗、维持人的肉体代谢，整体的环境则是人所摄取的物能来源。物能是环境的部分，环境是生命体的家园，因此，感性的自然界既是人的生命之源，也是人的生存家园，是人的生存世界。这意味着，没有世界就没有人和人的生存；没有人，世界、环境就没有意义，人与自然世界是有机统一的。

人的生存世界通过实践展开。自然界不会主动地满足人，人需要通过自己的生存实践实现与自然界的物能交换，生存实践创造了满足人的生存价值的自然世界，感性的自然世界就是人的实践的产物、现代工业的产物、历史的产物，是人的生存活动的产物。在生存实践中，人与自然变成新的整体，原初的自然生态系统获得了人类生态学的意义，人通过生产工具、生产实践、消费行为改变了自然的存在样式，打造出了人化的自然。实践是人化自然、感性世界的存在方式，这意味着自然在人的实践中向人敞开自身，把自然的谜魅、丰富的物藏、美感与浪漫、奇妙与伟大展现在人的面前。

---

① 金以圣主编：《生态学基础》，中国人民大学出版社1987年版，第10页。

生存实践满足人的生存需要。需要是人的本性，是人的生命存在的内在要求，人的需要是丰富而复杂的，其中最基本的需要就是人对自然物的需要，物质需要得不到满足，生命体就不能持续存在。需要是人的实践创造的前提和动力，促使人改变自然物的存在样式，使之能够满足人的需要，这就形成了需要—实践的第一个环节。实践满足基本需要之后，又不断创造出新的物质需要、精神需要、制度需要、文化需要等等，从而形成了实践—需要的第二个环节。新的需要是以基本需要为基础的衍生需要，是人的生存方式和生活方式的丰富和发展，是社会性的和历史性的。在需要的满足和产生的实践过程中，人的生存方式获得了从基本生存需要及其满足向着丰富、多样、全面的需要及其满足的转变，与此同时，人的生存方式获得了丰富、多样、全面的性质。由于生存（existence）成为人的全部存在方式的总和，生存需要便成为人的全面需要。人的全面需要对着全体的对象世界、自然世界。

人的需要形成人的价值眷注。人的基本需要形成了人的基本价值眷注，即自然如何能够满足人的基本需要。人的全面需要形成了人的全面的价值眷注，即自然如何能够满足人的多样需要。自然对人的意义不仅要满足人的基本生存需要，而且是包括基本生存需要的丰富的需要，如满足人对良好的生态环境的需要、从自然中获得审美的需要，等等。在满足人的基本物质需要的过程中，自然被使用价值化，使用价值成为自然的价值存在形态，标示了人对自然的价值判断。使用价值是经济学的基本范畴，体现了物的有用性和满足人的需要的尺度，是实在性的价值尺度。

自然满足人的生存需要并不能导致人类成为自然的中心。人为自然立法的理性独断把人推上了自然的神坛，人类中心主义形成了无根的傲慢价值观。自然被使用价值化不是人对自然的统治，而是人与自然之间的物质变换。物质变换也是物质循环，是自然物从生态系统进入人的社会生活在回归生态系统的过程，人类中心主义态度只强调物质循环的社会经济效益，而忽视了物质循环中的生态效益，把人的利益凌驾于生态系统的稳定、协调与平衡之上，从而导致自然的失衡。这发端于狭隘的生存眷注，即把人的生存需要片面化、物质化、商品化、财富化，而忽视了对良好的生态环境的需要也是人的生存需要的重要部分。同时，人也不能完全脱离人的立场而走向荒野，就好像人不能拽着自己的头发离开地球一样。

马克思对自然的关注就是在人的生存中形成的价值眷注。马克思生态思想中的价值眷注是自然事实中的“是”与“应当”的历史性解答。在马克思那里，自然事实的“是”是自然的异化与被统治，自然事实的“应当”则是指向“自然界的真正的复活”。纯粹的自然主义不能科学解答自然之谜，正如纯粹的人道主义不能解答人类历史之谜一样，人与自然有机统一的世界历史之谜唯有自然主义与人道主义的辩证统一才能解答。自然之谜的生存解答与人的生存之谜的自然解答只能在生存实践中获悉，生存实践的解谜才是哲学的爱智本质，才是爱智的哲学的价值关怀。

自然是人的无机的身体。其中所蕴涵的价值判断指向了，只有在人与自然的有机统一中，人对自然的关注才是自然在人这里的存活；只有在人与自然的有机统一中，人对自然的关注才是人对自身存在的关注。人的本质是社会关系的总和，人对自然的价值眷注是自然的社会性价值，是自然在社会中的存在方式。社会本质上是人与人的共同存在，是人与自然的有机统一方式。一种社会系统能够保持人与自然的有机统一，才是合理的社会。合理的社会是人所控制的社会，而不是人被控制的社会，是人能够享受充分而全面的自由和发展，而不是以人的自由和发展为代价。

自然满足人的生存需要是在人的生存实践中展开的人与世界的存在性关联。自然是自然实体的存在之域，自然的存在不是实体的堆积，而是存在的世界性，自然物作为存在者是存在的世界性显现。对存在的理解只能从人这一存在者的生存出发，因而自然的世界性存在也只能从人的生存出发才能获悉。就人与自然的有机统一而言，人与自然有着存在性的一致，统一于存在。

人与自然的现代分离则是这种存在性关联的断裂。人与自然的现代分离是人以自然物的实体性价值遮蔽了自然的本真存在，存在被遮蔽了，实体性的存在者弥漫在整个世界。实体性的存在者满足了商品化的历史进程的需要，满足了资本对商品的需要，因为资本只有借助商品才能横行霸道。商品化的物、实体化的自然连同人的工具化，整个世界都被资本所遮蔽，世界的存在和人的存在都被异化。存在被遮蔽，人与自然之间本真的存在性关联发生断裂。

人与自然的存在性断裂的关键在于人的生存实践被资本所异化。马克思关注到现代工人的生态生存状况，在资本的全面控制下人对良好生态环境的需要也被异化。自然的异化不仅是自然物的商品化、资本化，也是生态环境的异化。劳动的异化导致了劳动者的需要被异化，现代工业生产出了满足需要的精致化的资料，同时也生产着“需要的牲畜般的野蛮化和最彻底的、粗陋的、抽象的简单化”，在这里，“甚至对新鲜空气的需要也不再成其为需要了。”① 资本生产的工业文明的污浊毒气污染了人的生存居所，人的生存环境遭到根本性的破坏，“光、空气等等，甚至动物的最简单的爱清洁习性，都不再是人的需要了。肮脏，人的这种堕落、腐化，文明的阴沟（就这个词的本义而言），成了工人的生活要素。完全违反自然的荒芜，日益腐败的自然界，成了他的生活要素。”② 由于劳动的异化，劳动者的需要被简单化为满足生存需要的物，被颠覆的生态环境成为工人的生活世界，资本压制和遮蔽了工人对良好生态环境的生态需要。

劳动的异化导致了现实的人的异化生存。自然的异化导致了动物般的需要成为人的全部需要，人的动物般需要使得商品充斥人的日常生活的全部空间。自然的异化是私有财产制度下的劳动的异化造成的，劳动实践是人的本质存在方式，劳动的异化是人的生存方式的异化。

（二）自然的统治即人的自然生存方式被资本所统治

马克思从被异化的生态事实来关注自然和人的自然生存。在资本的统治下，现实的人不能参与到自然界的生活，人与自然处于异化的分离状态，劳动者的自然生存被资本所褫夺。马克思深入批判了资本对人的自然生存方式的褫夺，掀开了笼罩在自然上空的资本之城，表达了对劳动者丧失其自然生存的价值忧虑。

现代资本对自然的社会统治是掠夺人的自然生存世界。资本对自然的掠夺与资本掠夺劳动力一样，是对人的生存世界的掠夺。资本把自然变成掠夺的对象、财富的来源，自然丧失了其本真的存在，人与自然的有机统一被断裂开来。连同远离其劳动的本质，人远离了本真的自然，人获得了实体性的物态自然。在被掠夺的状态中，自然的存在性质被商品化所遮蔽而失去了其原始性的存在。自然获得了现代性的存在，资本主义的工业生产方式是现代自然的造就者，资本是自然的存在论向度，自然的价值被资本化。

资本以商品生产统治自然。资本对自然世界的褫夺是在商品生产中实现的，现代社会的商品生产是资本主义生产方式的主要内容。生产的无限扩大满足了资本的增值需求，自然物的工具化和商品化遮蔽了自然

① 《马克思恩格斯文集》第1卷，人民出版社2009年版，第225页。

② 《马克思恩格斯文集》第1卷，人民出版社2009年版，第225页。

的系统性和整体性，人的自然生存被掩盖为商品化生存，商品化、物化的需要成为人的全部物质需要。资本的本质不是物，而是以物的形态所呈现的社会关系。资本所呈现的是资本所有者与雇佣劳动者之间的社会关系，是现代社会人对人的统治关系，是阶级矛盾关系。人对人的统治以物为介质，社会的物源自自然，自然被中介化成为社会统治的对象和介质。人的被统治、被统治的人以出卖劳动力为生存依据，资本对劳动的掠夺是人与人的社会关系的中心。围绕这一中心的是资本对自然的掠夺，即资本通过收买劳动来掠夺自然。资本掠夺自然是资本对劳动者的生存世界的掠夺，是资本以自然为中介对劳动的掠夺。在资本的掠夺中，现实的人失去本真的生存世界，或者说，在资本的掠夺中，劳动过程中的自然失去了其本真的存在方式。

生产是占有自然。马克思指出了生产的自然前提，“对劳动的自然条件的占有，即对土地这种最初的劳动工具、实验场和原料贮藏所的占有，不是通过劳动进行的，而是劳动的前提。个人把劳动的客观条件简单地看做是自己的东西，看做是使自己的主体性得到自我实现的无机自然。劳动的主要客观条件本身并不是劳动的产物，而是已经存在的自然。”①现代的生产过程中，劳动能力、劳动手段得到极大的发展，自然为生产提供了空前的便利。现代的生产不同于古代的生产，对于古老的社会生产有机体，“它们存在的条件是：劳动生产力处于低级发展阶段，与此相应，人们在物质生活生产过程内部的关系，即他们彼此之间以及他们同自然之间的关系是很狭隘的。”②

小生产的生产方式决定了农业文明时期人对自然的依赖性统一。摩尔根谈到人类的生存技术时指出，“人类能不能征服地球，完全取决于他们生存技术之巧拙。在所有的生物中，只有人类才能说对食物的生产取得了绝对控制权；但在最早的时候，人类在这方面也并不比其他动物高明。”③ 而马克思则进一步把人与自然的交换和社会交往结合起来，马克思说，“小农人数众多，他们的生活条件相同，但是彼此间并没有发生多种多样的关系。他们的生产方式不是使他们互相交往，而是使他们互相隔离。这种隔离状态由于法国的交通不便和农民的贫困而更为加强了。

---

① 《马克思恩格斯文集》第8卷，人民出版社2009年版，第134页。

② 《马克思恩格斯文集》第5卷，人民出版社2009年版，第97页。

③ ［美］路易斯·亨利·摩尔根著：《古代社会》，杨东莼等译，商务印书馆1977年版，第18页。

他们进行生产的地盘，即小块土地，不容许在耕作时进行分工，应用科学，因而也就没有多种多样的发展，没有各种不同的才能，没有丰富的社会关系。每一个农户差不多都是自给自足的，都是直接生产自己的大部分消费品，因而他们取得生活资料多半是靠与自然交换，而不是靠与社会交往。”[①] 然而，随着现代工业的革命式发展，“资产阶级在它的不到一百年的阶级统治中所创造的生产力，比过去一切世代创造的全部生产力还要多，还要大。自然力的征服，机器的采用，化学在工业和农业中的应用，轮船的行驶，铁路的通行，电报的使用，整个整个大陆的开垦，河川的通航，仿佛用法术从地下呼唤出来的大量人口——过去哪一个世纪料想到在社会劳动里蕴藏有这样的生产力呢?”[②]

在1857—1858年手稿中，马克思指出了生产在人类生态中的生存性质。“一切生产都是个人在一定社会形式中并借这种社会形式而进行的对自然的占有。”[③] 占有自然物不仅仅是一种人与自然的关系，还是一种社会关系，所谓的借助一定的社会形式就是指生产的社会性。生产凝结了人、自然、社会三方，浓缩了人与自然关系和人与人的社会关系。在所有的人与人的关系和人与人的社会关系中，生产的这种凝结与浓缩具有首要的地位，在这个意义上，生产是马克思生态思想的首要端点。在生产中，人与对象、人与生态环境互相创造，正如马克思所认为的，“生产不仅为需要提供材料，而且它也为材料提供需要。一旦消费脱离了它最初的自然粗野状态和直接状态——如果消费停留在这种状态，那也是生产停滞在自然粗野状态的结果——，那么消费本身作为动力就靠对象来做中介。消费对于对象所感到的需要，是对于对象的知觉所创造的。艺术对象创造出懂得艺术和具有审美能力的大众，——任何其他产品也都是这样。因此，生产不仅为主体生产对象，而且也为对象生产主体。”[④]

资本的超越性扩展能力通过资本主义生产方式控制自然。资本主义生产方式是一场掠夺的战争，首先是对劳动力的控制和掠夺，其次是通过劳动掠夺自然。在资本对自然的统治中，自然的价值形态具体化为“使用价值”、“劳动对象”、“生产工具”、“财富源泉”。自然的价值形态是从人的价值视阈所形成的自然的存在方式，是自然对于人的价值。然

---

① 《马克思恩格斯文集》第2卷，人民出版社2009年版，第566页。
② 《马克思恩格斯文集》第2卷，人民出版社2009年版，第36页。
③ 《马克思恩格斯文集》第8卷，人民出版社2009年版，第11页。
④ 《马克思恩格斯文集》第8卷，人民出版社2009年版，第16页。

而在资本的统治中，自然被工具化，它不是为了满足人的生存，而是为了满足资本的增值。与其说是人把自己的主体性力量赋予自然，不如说是资本把自己的主体性力量赋予自然。在资本的逐利活动中，劳动与自然一道被客体化和工具化，只有资本是独居的主体。

资本的超越性扩展能力通过社会秩序控制自然。资本主义生产方式需要社会秩序保障生产的持续，因此，资本主义经济制度、政治制度、意识形态制度等等所形成的资本的保护壳便构成了整体的社会力量保障资本对自然的掠夺。自然资源被财富化、财产化，私有财产制度构成了自然的占有制度，财产的私有权构成了自然的私人占有权利。现代的经济制度以及保障这种经济制度的各种社会制度构成了控制和掠夺自然的瓜分体系，自然被私有权肢解。在资本的积累和竞争中，自然的碎片化加剧了，自然世界的舞台频繁地上演公有地的悲剧。

资本的超越性扩展能力通过控制人来控制自然。人与自然本身是有机统一的，资本对人的控制必然会与对自然的控制联成一体。自然是人的生存世界，满足人的生存需要，生产实践所形成的人与自然之间的物质交换以人的生存为旨向。然而，资本控制了人，控制了人的需要和人的生存方式，把人的全面的、总体的生存方式变成动物般的、单一的物质存在。资本之所以要控制人、控制劳动，就是需要劳动创造剩余价值，实现自然物的财富化和财产化形态，并且独自拥有财富。人、劳动被工具化，成为资本与自然之间掠夺式的关联通道。在资本的控制下，劳动者生存于其中的生态状况令人担忧，马克思批评麦克库洛赫时说，“多么好的新鲜的空气，那是英国地下室住所充满瘟疫菌的空气！多么壮丽的大自然的美景，那是英国贫民穿的破烂不堪的衣衫；是妇女们饱受劳动和贫困折磨的憔悴面容和干瘪肌肤；是在垃圾堆里打滚的孩子们；是工厂里单调的机器的过度劳动造成的畸形人！”[①] 在这里，马克思对“英国的国民经济学，即英国国民经济状态在科学上的反映”的批评体现了马克思对英国劳动者的赤贫状况的政治批判，也体现了马克思对现实的劳动者的生存状况的深切忧思。

对自然世界的掠夺是对人的生存方式的遮蔽。人化的自然世界不是物的集合，而是人的生存世界。人在其生存实践中，改变自然和自身，人——社会——自然所构成的世界整体在人的生存实践中呈现在人的面前，人的实践必须是坚持规律原则与价值原则的统一。邹诗鹏认为，“自

① 《马克思恩格斯全集》第3卷，人民出版社2002年版，第380页。

然不是作为认知世界领域的无限的对象，而是作为生存领域的有限的环境，这是人类置身于其间并依靠于斯的自然世界"，"自然环境无疑是我们生存的内在要素，而绝不是外在于人的生存的。"① 自然是人的生存世界，也是人的生存方式的展开，资本对自然的统治即资本对人的生存方式的遮蔽。

在资本的超越性扩展能力和活动中，人和自然都被工具化，人的自然存在和自然的人的存在一起被颠覆。资本夺取了人的自然存在，人与自然的生产性结合则处于工具化的分离状态。在生产过程中，人与自然相结合成为虚假的现象，生产越发达，结合越表象化，分离越深入，因此，生产的繁荣蕴育了可怕的危机。这是人的无根的危机，是丧失家园的风险。生态家园的存在是人的存在性的世界性表达，世界不在了，人的存在就难以为继，人也不在了。

在资本的褫夺中，自然的碎片化导致人的对象性生存的碎片化。整体性的自然世界是全部人的生存世界，对自然整体的肢解导致人只能生活在日益被狭隘化的生活世界之中。生活世界被压缩、被割离，人的生存就会被固定化。被固定在碎片化的生活世界中，这就是马克思所探讨的"人的方式"的异化。人失去了全面的、总体的生存方式和生存境遇，人在资本面前无力拓展自己的生存世界，人处于资本统治下的异化生存状态。

（三）自然的解放是人的自然生存方式的解放

对现代社会中自然的异化、人与自然的分离的价值性批判直指现代资本的合法性批判，以复归人的本真生存方式为目的的解放旨趣离开自然的人的解放、人的自然的解放则是难以实现。自然的异化是人的异化、劳动的异化的存在形态，自然界的真正的复活需要通过异化的扬弃、人的本真存在的复归来实现。简言之，自然的解放是人的解放的方式和路径，只有实现人的解放自然的复活才是可能的。马克思生态思想中的解放旨趣既是对资本控制下的反生态社会的脱离，也是新的生态社会的重建，其中，自然界真正复活，人与自然又重新有机统一。在新的历史条件下的人与自然的有机统一是人与自然的协调发展，不是简单回归到人与自然的原始统一状态，而是随着生产的发展、以新的社会秩序为保障，建设适合人的生存的自然世界。

人的解放是社会的解体与重建。新的社会是合乎人的本性，有利于

---

① 邹诗鹏著：《生存论研究》，上海人民出版社2005年版，第440—441页。

人自觉地开展其生存活动的社会。现代资本主义社会不是以人的合乎本性的生存为目的，而是以资本的价值增值为目的，资本的逐利原则成为现代社会的主导原则，并且从中产生了商品拜物教，商品以及消费为标志的物化迷雾掩盖了人的真实存在。在资本、商品、经济理性、利己主义、拜金主义所构筑的整体性社会中，现实的人、劳动者失去了对自己的本质，人的存在和发展表现为物的存在和发展的工具，社会与人在无机的统一中渐行分离，人本身成为了无根的存在。重建社会共同体，就是要重建合乎人的本性的社会，其中人的生活就是人的本质存在；重建社会共同体，就是要建设以人为本的社会，商品化的物的存在为现实的人服务，发挥劳动者在历史进程中的创造性；重建社会共同体，就是要限制和超越资本，利用国家来约束资本的超越性扩展，以人的自由自觉、全面而充分的发展作为资本的存在和扩展的目的，而不是相反。

自然的解放是社会中的人的解放。社会中的人的解放是人成为社会发展的目的，人的自由自觉的、全面而充分的发展是社会发展的价值旨归。人的解放是把资本对人的控制下解救出来，自然的解放是把自然从资本的控制下解救出来，不是以资本的价值增值为人改变自然的目的，而是以人的合乎本性的生存为人改变自然的目的。自然不会主动地满足人，人对自然的改变合乎人的本性，满足人的需要。资本对自然的控制不是以人的需要的满足为价值目标，而是把自然当作手段和环节，资本从中获得自我显现和充分的发展。资本越是发展，自然越是沉沦；经历了对自然界的掠夺之后，资本充实了，而自然却消瘦了。自然的沉沦和消瘦是人的生活世界的萎缩，是人的自然生存的单一化，是现实的人、被资本所掠夺的劳动者失去了自己的世界性存在。自然的解放是现实的人以社会革命的方式拨云见日，掀开笼罩在自然上空的资本之城，还人以清澈的自然。

自然的解放是消解自然的物化存在，建设合乎人的存在的自然。在资本的控制下，自然的存在变成物化的存在，物性的自然表现为商品、财富、生产对象、生产工具的来源，自然变成了实体的无机堆积，人与自然之间的实践关系只是简单的物质实体变换关系，自然的整体性存在、自然的有机性存在、自然对于人的存在意义被物化实体所遮蔽，物化存在的片面性成为自然的全部存在性质。自然的解放要消解这种片面性，在人的合理的实践中实现人与自然之间的全面的、总体的、有机的关联，以解放人和复归合理的实践方式实现自然的解放。

自然的解放是人的解放和人的对象性存在的本真复归。人是对象性的存在物，如果没有了对象，人的存在也是不可能的。同样，如果对象被异化和被掠夺，对象性的人的存在也会被异化和被掠夺。自然的解放是解放人的对象世界，是对象性的人的解放。对象性的人的解放是人的本真存在的复归，自然对象的解放则是自然存在的本真复归，是自然界的真正的复活，这种复活只有在人的解放中才成为可能。人的解放是人的自然解放和人的社会解放的总和，自然的解放则只能在人的解放中得以实现。人的解放的承担者是现代无产阶级，自然的解放也只能是现代的劳动者，而不是资本的代言人。人的解放与自然的解放处于同一个历史进程，由同一个历史承担者来实现，向着同一个方向发展。

自然的解放的世界是一个生态和谐的世界。生态和谐的世界只有在和谐的生态社会中才能实现。和谐的生态社会是超越资本的控制的新的社会，既有人与人之间的和谐的社会秩序，也有着人与自然之间良好的生态关系。随着生态问题的凸显，这一点将日益被认识到。人与自然和谐须要由人来实现，须要以实现人与人之间的和谐为前提。每个人的需要和利益可能各不相同，在一个有限的生态世界中，只有顾及到、协调好所有人的利益，社会发展成果为全体人民共享，每个人都能够获得自由自觉、全面充分的发展，生态和谐的社会才有切实的利益前提和自由配置的正义前提。

从资本的控制下解放自然，建设合乎人的生存的生态和谐世界，才能真正实现人的自由自觉、全面充分的发展。人的自由自觉、全面充分的发展是在自然和社会两个世界中的发展，社会秩序的改变能够为人的发展提供社会环境，社会本身是人的实践产物，因此社会的发展须以人的本质为依据，而自然世界的改变则须要符合自然界的客观规律，是人的发展与自然规律的有机统一。和谐的生态世界是人的自由自觉、全面充分的生存和发展的必要前提，在一个破碎的自然世界中，人是不可能获得自由自觉、全面充分的发展的。建设人与自然和谐的生态世界离不开人与人和谐的社会秩序，只有人、自然、社会有机统一的世界才是人的自由自觉、全面充分发展的世界，其中每个人的自由是一切人的自由的前提和目的。

建设和谐的生态世界并不意味着人不再获取自然资源，而是以人与自然的协调发展为原则实现人与自然的物质变换。在马克思看来，新的社会是“物质财富充分涌流”的社会，物质财富的充分涌流必然要获取更多的自然资源，自然的人化程度更为充分。人对自然的改变更为深入，只是在为人的本真生存为价值目标的时候，人与自然的有机统一才能被人切实地意识到。在资本控制下、为资本服务的改变自然尽管深入地改变了自然的存在方式，创造了大量涌流的物质财富，但这是对自然的掠夺。以人的合乎本性的生存为目的的改变自然不能掠夺自然，而是建设生态世界，是改变自然和保护、建设自然的有机统一。

自然的解放是世界历史性的解放。随着世界历史的现代形成，自然的解放与人的解放一样，成为一项世界历史性的事业。人类历史不外是各个世代的依次交替，“各个相互影响的活动范围在这个发展进程中越是扩大，各民族的原始封闭状态由于日益完善的生产方式、交往以及因交往而自然形成的不同民族之间的分工消灭得越是彻底，历史也就越是成为世界历史。”① 世界历史的形成始源于交往的全球性扩展，资产阶级奔走于全球各地，打破了民族、国家之间的原始封闭，把世界联成一体。世界历史的衍生不是抽象的意识逻辑，而是现实的交往实践，“历史向世界历史的转变，不是‘自我意识’、世界精神或者某个形而上学幽灵的某种纯粹的抽象行动，而是完全物质的、可以通过经验证明的行动，每一个过着实际生活的，需要吃、喝、穿的个人都可以证明这种行动。”② 世界历史的形成中工业文明传播到全部民族，把资本带到全球各地，也把对人和自然的掠夺变成全球性的行为。因此，自然只能在世界历史性的实践中、在社会化的人类那里得到切实的解放。

四、以生存指向的价值原则来构建生态和谐社会

马克思生态思想中的生存旨向规约了理论的价值原则。价值原则是对象满足人的需要的原则，生存旨向的价值原则以人的生存需要为最高价值。人的生存需要是人的全部生命活动的需要，既是人的基本需要，又是人的全部需要。作为人的基本需要，生存需要是人的衣食住行条件的不可或缺性需要；作为人的全部需要，生存需要是人的生存活动的全部需要，包括物质需要、精神需要、政治需要、文化需要、生态需要等等，只要生存是人的全部存在方式，人的生存需要就是人的全部需要。根据生存指向的价值原则来考察生态问题，应该构建符合所有人的生态利益的生态环境保护体系，以人的生态需要为根本动力，建立和健全合

① 《马克思恩格斯文集》第1卷，人民出版社2009年版，第540页。
② 《马克思恩格斯文集》第1卷，人民出版社2009年版，第541页。

理的生态利益保障机制，推动人本导向的环境友好型社会建设，让每个人都能够享受充分的生态自由。

（一）生态需要：构建生态和谐社会的价值动力

人的自然存在源于人的物质性需要。人的需要是人的本性，对物质产品的需要是人的基本需要，是人的自然存在的内在根源。马克思在谈到历史观的前提时认为，一切历史的第一个前提是“人们为了能够‘创造历史’，必须能够生活。但是为了生活，首先就需要吃喝住穿以及其他一些东西。”[①] 吃喝住穿等对自然产品的物质需要是人的根本需要，这种需要是人的生命体的存在和延续的基础，是人的自然存在的内在根源。正是由于对自然物的需要，人们才会发生与自然之间的物质变换，才会实现自然界的人化。

对生态需要的忽视在于人们用物质性需要、即对物质产品的需要遮蔽了对良好的生态环境的需要。一个不容忽视的事实就是，干净的空气、洁净的水、大面积的森林等都是人类的最基本的需要，这种需要与人类的生理学的物质性生存需要一样在人（的生存和发展）那里具有前提性。人类的物质性需要的满足是通过生产实践和消费实践两种基本实践方式实现的，自然的属人化则必须要满足人类的生产性需要和（生活）消费性需要。在小生产时期，人类的这两种需要还不足以对生态环境造成颠覆性的破坏，但是，在资本和现代生产方式的驱动下，人类的生产性需要和生活消费性需要发生了根本性的质变，需要成为了逐利性和物欲横流，也成为掠夺、控制、改造自然的实践活动的内在动力。生产性需要最终满足的是人的（生活）消费性需要，尽管形成的原因较为复杂，但消费社会作为现代社会的主导性形态之一对于生态系统的负面效果一如生产性实践对自然的破坏那样，影响相当深远。在这里，生态需要作为人类的生存和发展的最基本的物质性需要之一完全被忽视了，对自然界的需要成了对直接用作生产原料和能源的自然物的需要。因此，把被遮蔽的生态需要澄清出来，必然会导致人的需要体系和实践方式的根本性变革。

生态需要——从人们的依赖性对象即作为一种对象性规定而言——是对良好的生态环境的需要。自然界是人的生存之所，它只能是人的“无机的身体”，而不是人类实践的“水龙头”和“污水池”，正如在对生产性需要和生活消费性需要的无限满足的努力中所表现出来的那样。

---

① 《马克思恩格斯文集》第1卷，人民出版社2009年版，第531页。

自然的属人化并不是自然在人类实践体系中成为自然资源的“水龙头”和堆积废弃物的“污水池”，自然资源相对于一定时期的人类物质性需要来说具有有效性，自然资源并非取之不尽、用之不竭，自然资源形成的地质周期比人类的发展要久远得多，同时，一定时期自然界的环境承载力也是有限的，废弃物的降解需要足够的时间。在自然中生存，一方面需要自然提供足够的资源，另一方面也需要自然界的环境良好和适宜生存，这种物质性需要就是人类的生态需要。

生态需要在人类需要体系中的基础性地位的确立将会导致人类的物质性需要的根本变革。现在的生态环境已经由于人类自身的实践对人类的可持续生存造成了深刻的负面影响，其根源在于人类对物质性需要的放纵，这种放纵是以忽视和遮蔽人类基本的生态需要为代价的，因此，必须突出人类的生态需要，并且用这种最基本的对良好的生态环境的需要来限制人类对自然物和自然资源的物质性需要。物质性需要的生态制约即是以生态系统的整体性存在和运行规律来规定人们的物质性需要，形成物质性需要的生态制约性、自律性、适度性。在人与自然的实践关系中，对良好的生态环境的需要是直接的生态需要，反映了生态需要的现实主导性。这种直接现实的生态需要并不与人的其他物质性需要毫无关联，而是提供自然资源消费、实践方式选择紧密结合在一起，导致需要内涵的根本性变革，形成人类自觉地进行自我约束的适度需要。只有对物质性需要做出自律性规约，对良好的生态环境的需要才能真正实现。在这一方面，物质性需要的内在规定性的当代重塑是人类实践方式，从而也是人与自然之间的实践关系的根本性转变的深层原因，通过对需要内涵的重新规定实现实践方式的选择，是人与自然和谐发展的根本基点。正是在这个意义上，生态需要既是对良好的生态环境的需要，又是人们的自我约束的物质性需要，二者是辩证统一的，并且，这种统一性也是物质性需要的生态合理性。生态需要和生态利益构成了环境保护的价值动力系统，生态需要是人的生态利益的基础，利益是需要的表达机制，由于人有着多重需要，利益的表现形态也是多元样式的，其中生态需要通过生态利益表达出来。

什么是利益？就其词义而言，利益包括：1．好处[①]；2．源自佛教

---

① 如《后汉书·循吏传·卫飒》中说“教民种殖桑柘麻纻之属，劝令养蚕织屦，民得利益焉”；宋时的吴曾在《能改斋漫录·沿袭》中提到“汉与突厥……不如和好，国家必有重赉，币帛皆人可汗，坐受利益。”

语，指利生益世的功德[①]。从需要作为人的本性出发，利益是需要的社会实现形式。在这里，本文赞成王伟光先生的观点，即利益“是需要主体以一定的社会关系为中介，以社会实践为手段，以社会实践成果为基本内容，以主观欲求为形式，以自然生理需要为前提，使需要主体和需要客体之间的矛盾得到克服，使需要主体之间对需要客体获得某种程度的分配，从而使需要主体得到满意。换句话说，利益是对客观需求对象的更高的理性上的意向、追求和认识，是需要在经济关系上的体现，它反映了人与人之间对需求对象的一种经济分配关系。利益在本质上是一种社会关系。”[②] 利益以需要为基础，是需要的经济表现，反映了需要对象在人与人之间的经济分配关系。

从利益的需要始源性出发，生态利益是人的生态需要的现实形态，是人与人之间对于生态环境资源的配置关系。每个人都有其生态需要，从而每个人都有自己的生态利益。根据生态利益的所有者的不同，可以把生态利益划分为人类的整体性生态利益、特殊人群的生态利益和每个人的生态利益。人类的生态利益是人类整体与整个自然界之间的生态关系，事关人类的生存与毁灭。特殊人群的生态利益是不同的社会群体（如国家、民族、区域、社区等）在共同的自然界中如何分享生态环境资源的关系。单个人的生态利益是社会中的个人如何获得生态环境资源，满足自己的生态需要。自然界只有一个，是公共的生存领域和公共资源，是所有人的生态利益的需要对象。生态利益是人的生态需要的实现机制，是合理地配置生态资源的依据。以人的生存关注为价值指向，人的生态生存的实现即生态需要的满足，生态需要的满足表现为生态利益的实现与获取。

生态利益是以生态环境资源为对象在人与人之间的社会配置方式。自然界的生态资源是有限的，个人的生态需要是持续生成的、具有自主性，因此生态利益不仅是个人的事情，也是一个社会的范畴。社会如何配置生态资源意味着个人的生态利益受保障的程度与方式，社会共同体的性质、社会的生产方式决定着社会资源的配置。在资本统治的社会里，人的生态利益服从于资本的逐利原则，而在真正合乎人的本性的社会里，

---

① 唐朝湛然在《法华文句记》卷六之二中有，“功德利益者，只功德一而无异。若分别者，自益名功德，益他名利益”。唐朝白居易在《答孟简萧俛等〈贺御制新译大乘本生心地观经序状〉》中有“大仙经典，最上法乘；来自西方，闷于中禁。将期利益，必在阐扬。”

② 王伟光著：《利益论》，人民出版社2001年版，第74页。

人的生态利益即人的生态生存。如何配置自然界的生态资源、满足不同的人的生态利益需要体现生态正义的道德原则，以及在这一道德原则下的法律制定和制度设计。

（二）生态正义：构建生态和谐社会的道德原则

生态利益规定着人的生态权利。权利是人的所能与所求的自主性和正当性。作为自主性，权利属于人自身，是人的生存要求的自主展开。作为正当性，权利发生于社会关系之中，是不同生存要求之间的契合与协调。权利包含了人的所能（即实践能力的实现要求）和所求（即生存需要的实现要求），体现了个人占有生存资源的基础合法性。权利是合法的利益，是利益的合理性与正当性的保护方式，是配置生存资源的法律和制度依据。人的生态利益规定了人的生态权利。李惠斌认为，“公民或个人要求其生存环境得到保护和不断优化的权利，就是我们所说的生态权利。”① 这是保护和优化生态环境的权利。从保护环境的价值指向来看，生态权利是人们在良好的生态环境中生存和生活的权利。良好的生态环境是人的生态利益之所在，保护生态环境就是保护人的生态利益和满足人的生态需要。

生态权利需要由生态正义得到保障。能够利于人类生存的自然是有限的，为了实现生态利益，就存在着资源的博弈，为了协调生态资源的社会配置，就必须有生态正义作为规约。生态正义是社会配置生态资源时的道德原则和基本价值。彼得·S. 温茨把正义论与生态学结合起来，关注了环境资源配置方式的正义主题。温茨说，“社会正义和环境保护的议题必须同时受到关注。缺少环境保护，我们的自然环境可能变得不适宜居住。缺少正义，我们的社会环境可能同时变得充满敌意。因此，生态学关注并不能主宰或总是凌驾于对正义的关切之上，而且追求正义也必定不能忽视其对环境的影响。”② 温茨的这种理解实质上是对生态环境的社会正义，突出了社会配置环境资源时的正义问题。李惠斌从人类或社会学意义上的生态学出发来分析生态正义，认为“在某种意义上说，正确或恰当地解决生态权利的保护、生态权利的购买和生态补偿等问题，

---

① 李惠斌等编：《生态文明与马克思主义》，中央编译出版社2008年版，第67页。

② ［美］彼得·S. 温茨著：《环境正义论》，朱丹琼、宋玉波译，上海人民出版社2007年版，第2页。

就是生态正义。"[1] 作为道德原则，生态正义要求社会配置生态资源时遵循公平、公正、平等、对生态负责任、自律等，既包括人与人之间分配生态资源的人伦责任，也包括人保护、修复、治理生态环境的生态责任。作为价值目标，生态正义指向的是建设良好的、适于生存的生态环境。

生态正义或者"环境正义"是环境资源配置中的社会正义，是制定环境政策的伦理支撑。作为环境领域中的社会正义，温茨认为，"正义的情况时常涉及环境领域。因此，必须经常作出安排，以便对进行某种活动和生产某种商品的权利进行分配，从而确保人们在对环境资源的诸种利用间保持协调一致，并与环境的可持久居住性和睦共存。"[2] 作为环境政策的正义基础，温茨提出，"虽然目的都是为了减轻空气污染，但每个方案，或者不同方案的结合，都有益于不同的人群并且/或者使不同的群体承受不同的负担。因为这些利益与负担可能不是微不足道的，所以有必要使人们确信，他们获得了他们公正的利益份额，并且没有被不公正地要求承担更多的责任。社会结构将不会被任何一个被认为不公正的环境政策所破坏。但是环境政策的数量和限度已经增多增强并将在相当大程度上继续下去。如果人们感受到，这些政策一贯偏袒一些集团而不利于其他一些人的话，这种感受就会削弱为维护社会秩序所必需的自愿合作。如果要在一个相对开放的社会中维持社会秩序，自愿合作会显得格外重要，因为社会中的独裁手段不是准则而是个例外。那么，在一个相对自由的社会中，由于社会团结和秩序的维持要求人们认识到，与他人合作的牺牲相比较，他们所作出的牺牲是正当合理的，因此，环境公共政策将不得不蕴涵绝大多数人认为是合情合理的环境正义原理。"[3]

在正义的基本原理的探讨中，通过对多元正义理论的修正与调和，温茨提出了一种"同心圆理论（Concentric Circle Theory）"作为思考正义问题的框架。在温茨看来，这个"同心圆仅仅是一幅图画或一种隐喻"，标示了以亲密性为间距的正义的发散结构。温茨列出并且解释了同心圆理论的 10 个主题[4]：

---

① 李惠斌等编：《生态文明与马克思主义》，中央编译出版社 2008 年版，第 70 页。

② ［美］彼得 · S. 温茨著：《环境正义论》，朱丹琼、宋玉波译，上海人民出版社 2007 年版，第 24 页。

③ ［美］彼得 · S. 温茨著：《环境正义论》，朱丹琼、宋玉波译，上海人民出版社 2007 年版，第 25—26 页。

④ ［美］彼得 · S. 温茨著：《环境正义论》，朱丹琼、宋玉波译，上海人民出版社 2007 年版，第 402—403 页。

1．亲密性的界定依据于个人对他者所负有义务的数量与程度而定。

2．义务在现实的或潜在的互动背景下出现。处于普受尊敬的理由，这些互动关系与上述义务结合在一起。因此，我所论述的亲密性并非真的与亲情或者主观感受有联系。

3．义务普受尊重的理由包括如下所列，但并不限于此：我已从他人的仁慈或帮助中受益；我尤其具有有利的条件去帮助他者；另一人与我已经着手承担了一项计划；他者与我正在为实现同样的目标、保有同样的理想或是保存同样的传统而工作；我已经单方面担负了对他者的承诺；我的行为对他者具有特别强烈的影响；我已经因对他者或者对他者造成不利影响的某次不正义而作恶或从中获益。这些关系及其他关系引发出一系列复杂的道德思考，同心圆观点在不强加一种僵硬的等级制度的同时，给予其某种秩序。

4．仅仅生物相关性证明不了义务的存在，因此，同心圆方法并不认同种族中心主义或人类至上主义。

5．在其他各点都相同的情况下，对于更靠近同心圆里层的他者而言，我有更强烈以及/或更多的义务满足他们的偏好。

6．在其他各点都相同的情况下，对于更靠近同心圆里层的他者的积极人权而言，我有更强烈以及/或更多的义务。

7．在其他各点都相同的情况下，即使那些其积极权利已成问题者与那些其偏好有待解决者相比离我更疏远，我也有更多的义务对积极权利而不是对偏好满足作出响应。

8．人类以外的动物不具有积极权利，除非是家养动物或者农场动物。

9．消极权利适用于所有生活主体，不管其处于同心圆的什么位置，但这些权利并非绝对的，它们有时会让位于其他一些考虑因素。

10．环境中的无情部分不具有权利，但我们有义务减轻我们的工业文明对环境的破坏性影响。对有助于提高生物多样性的进化过程保存而言，我们承担为之作些什么的义务。这包括致力于保存濒危物种以及对荒野的保留。

根据这一理解正义原理的基本框架，温茨应用式地推论出自己的环境正义论。一方面是对于非人类的生命体而言，“从同心圆观点看来，非人类生活主体在很大程度上‘生存于’人类‘居住的’同心圆外围的一个或更多同心圆中。扩展我们道德关怀之圆从而将这些动物包含在内，等于是承认它们在这些同心圆中的‘存在’……非人类动物所处之圆形区相对疏远的事实，通常并不足以使我们对其生存、自由和追求幸福的权利加以尊重这一义务有所减轻。”① 另一方面是对于“无知无觉”的环境而言，“通过将进化过程设想成‘居住在’一个道德关怀相对疏远的圆中，生态中心主义的整体论所具有的这些意涵就能够在同心圆理论之内得以整合”，生态进化的过程不能够轻易被人类伤害，“我们的义务仅仅在于避免损害生态系统的整体健康。”②

接着，温茨提出了环境正义的应用问题。例如，“对于传统农业的政府补贴可能是必需的。无论采用什么样的金融手段，它们将形成政府对自由市场的介入，以增加当前一代在粮食生产上的支出总额，以便未来人口将不再因喂养我们而付出代价。”③

由于温茨对正义的探讨建立在一般层面上，因而其环境正义论具有相当大的是抽象性质，其抽象性在于忽视了人与人、人群与人群之间的正义要求的差异。这倒成了温茨的生态正义理论的根本问题，因为，1. 每个人的生态需要都是合理的，由于生态环境的稀缺性，生态利益之间的分野也是不可避免的；2. 当代生态利益的分野处于什么样的社会结构之中呢？是那种阶级色彩的“二元对立”还是阶层色彩的“多元对抗”呢？这召唤着我们对当代社会关系和时代主题的前提性追问。随着当代承认理论的社会批判理论的复兴，身份差异、文化认同构成了我们探讨社会正义的社会关系平台，并且，其方法论意义对于生态正义而言具有同样重要的价值。

生态正义的实现需要具有环境保护性质的生态法律、制度和意识形态的保障。道德是柔性的社会规则系统，需要有一定的社会力量作为保障。生态正义的实现首先在于个人能在的道德信念，生态意识的当代觉醒、生态问题的当代反思为推动生态道德建设提供认识的前提。生态正义还必须通过社会的刚性规则体系得以保障，作为道德原则，生态正义的实现必须以生态法律、制度和意识形态为刚性保障。生态法律是保护生态环境或者体系环保意识的法律法规体系，如《环境保护法》、《清洁生产法》、《循环经济法》等。生态制度既有保护环境的专门制度，也有体系环保意识的社会制度和机制体制。生态的意识形态是国家意志层面

① ［美］彼得·S. 温茨著：《环境正义论》，朱丹琼、宋玉波译，上海人民出版社 2007 年版，第 414 页。

② ［美］彼得·S. 温茨著：《环境正义论》，朱丹琼、宋玉波译，上海人民出版社 2007 年版，第 419 页。

③ ［美］彼得·S. 温茨著：《环境正义论》，朱丹琼、宋玉波译，上海人民出版社 2007 年版，第 424 页。

上的生态意识，为生态保护提供方向性的观念指引。

就社会状态而言，能够实现人的生态需要、体现生态正义的社会是环境友好的生态和谐社会。生态和谐社会是以人与自然的和谐为社会发展目标，以环境承载能力为实践基础，以遵循生态规律为实践依据，以绿色科技为发展，倡导环境文化和生态文明，追求经济社会环境协调全面可持续发展的社会体系。生态和谐社会的建设是一项系统工程，包括发展环境友好型技术、增加环境友好型产品的生产比例、推进环境友好型产业、建设环境友好型社区等，其中最重要的制定环境友好型的社会制度体系。生态和谐社会以生态正义为基本的社会道德原则，人与自然之间的生态正义规约着人与人之间的社会道德。渗透到全部社会发展方式、经济增长方式、产品生产方式、生活消费方式、科技应用方式中的环境保护体系，是生态和谐社会的全面实现方式，只有在环境友好型的生态社会中，生态环境才能得到全面的保护和建设。

进一步来看，对生态环境资源的社会配置关涉到社会正义，生态正义的风险及其防范有其现实的时代境遇。生态正义在哪些人之间发生？如果说马克思提供了资本与雇佣劳动的二元对立是立足于利益关系而蕴涵着阶级对立意味上的生态正义观，那么，当代社会阶级的退隐则需要新的理论支持。社会批判理论的第三代之一、美国批判理论的领军人物南茜·弗雷泽（Nancy Fraser）提出的承认正义理论对于我们关注生态提供了独立的方法论视角，对于中国的生态文明建设具有重大的现实价值。

弗雷泽和霍耐特（Axel Honneth）一致认为，"'承认'已经成为我们时代的关键词。作为黑格尔哲学的一个古老范畴，这一概念最近被政治理论家所复兴，以证明努力将今天为身份和差异的斗争概念化的重要性。无论这个主题是本土的领土要求，还是妇女的家务劳动（carework）；是同性恋婚姻，还是穆斯林的女性面纱；道德哲学家们逐渐使用'承认'这一术语去揭示政治诉求的规范基础。他们发现，一个以主体间充分尊重的主体自治为条件的概念，概括许多当代冲突的道德利害关系。而且不足为奇，当迅速的全球化资本主义加速文化接触，使解释方案破碎化，价值视野多元化，以及身份和差异政治化之时，黑格尔（Hegel）的'为承认而斗争'的旧形象有了新市场。"①

在弗雷泽看来，"'再分配'和'承认'的术语具有哲学的和政治的

---

① ［美］N. 弗雷泽、［德］A. 霍耐特著：《再分配，还是承认》，周穗明译，上海人民出版社 2009 年版，第 1 页。

关联。在哲学上，它们涉及由政治理论家和道德哲学家揭示的规范化的范式。在政治上，它们涉及由公共领域的政治参与者和社会运动提出诉求的家族（families）。"[①] 同时，二者也有哲学上的分歧。"'再分配'来自于自由主义传统，尤其是20世纪后期的英美分支。在20世纪70年代和80年代，当例如约翰·罗尔斯（John Rawls）和罗纳德·德沃金（Ronald Dworkin）那样的'分析的'哲学家发展出一种分配正义的复杂深奥的理论时，这一传统得到丰富发展。他们寻求将传统的自由主义对个人自由的强调与社会民主主义的平等主义加以综合，提出了可以证明社会经济再分配正当性的新的正义概念。"[②] 然而，"'承认'术语来自黑格尔哲学，特别是精神现象学。在这一传统中，承认指明主体之间的一种理想的相互关系，其中每一主体视另一主体为他的平等者，同时也视为与他的分离。这一关系被认为对主体性是建构性的；一个人只有凭借另一主体的承认和被承认才成为一个独立的主体。因此，'承认'……通常被认为与自由主义的个人主义不一致，社会关系优于个体，并且主体间性优于主体性。而且，不同于再分配，承认通常被视为属于为'道德'对立的'伦理学'，就是说，被视为与程序正义的'公正（rightness）'相反的，促进自我实现和好生活的实质性目标。"[③] 正是这种分歧，导致"许多分配正义的自由主义理论家认为，承认理论携带了不可接受的共同体的行李，而一些承认哲学家评价分配理论是个人主义和消费主义的。"[④]

然而对于二者各执一端，弗雷泽力图"避开它们各自的批判缺陷的方式"，暂时搁置哲学的争论，从它们的政治背景来思考"再分配"和"承认"。弗雷泽认为，在当今世界，无论是再分配还是承认都不能单独用来纠正非正义，建议采用一种承认的批判理论来支持那些能够与社会平等政治结合起来的身份政治形式。从"当前在公共领域抗争的理想范型的诉求群体"这一视野来看，"'再分配'和'承认'的术语不涉及哲学范式，而是涉及正义的民间范式（folk paradigms of justice），它通告公

① ［美］N. 弗雷泽、［德］A. 霍耐特著：《再分配，还是承认》，周穗明译，上海人民出版社2009年版，第7页。

② ［美］N. 弗雷泽、［德］A. 霍耐特著：《再分配，还是承认》，周穗明译，上海人民出版社2009年版，第7页。

③ ［美］N. 弗雷泽、［德］A. 霍耐特著：《再分配，还是承认》，周穗明译，上海人民出版社2009年版，第7—8页。

④ ［美］N. 弗雷泽、［德］A. 霍耐特著：《再分配，还是承认》，周穗明译，上海人民出版社2009年版，第8页。

民社会当今的斗争。"[①] 他们提出二维性质的社会正义方法。弗雷泽说,"为了实际的目的,事实上所有现实世界服从关系的轴心都可以看做是二维的。……在实际上每一状况中,有待讨论的伤害在形式上由分配不公正和错误承认组成,那两种不公正在那里皆无法一概被间接地矫正,而且那里每一种不公正都以求某些独立的实际关注。因此,作为一个实际问题,每一种情况下克服事实上的不公正都需要再分配和承认两个方面。"[②] 这样,弗雷泽提出了"一种能包容并协调社会正义的两方面的整合方式"。弗雷泽认为,由于分配和承认是两个相互独立的正义方面和衡量正义的平行标准,因此,她发展出"'二维的'正义概念"。"二维概念把分配和承认看作关于正义及其搁置维度的独特观点。没有将任一维度简化到另一维度,二维概念把它们包含在一个更广泛的覆盖性结构内。"[③]

随着弗雷泽的认识的深化,在构成正义的专有维度分配和承认的基础上,正义的"政治性的"第三个维度逐渐清晰起来。弗雷泽指出,"在受到争议与负载权利的意义上,分配与承认本身并不是政治性的;同时,它们经常被视为需要由国家加以裁决的。但是,我是在更加明确的、构成性的意义上意指这种政治性的,这涉及构成争论的国家权限与决策规则的本质。……由于建立了社会归属标准,也由此决定了谁作为成员算作在内,所以,正义的政治维度规定了其他维度的范围:它告诉我们谁被算作在有资格参加公正分配与相互承认的成员圈子内,谁被排斥在外。由于建立了决策规则,政治维度也为提供舞台和解决经济与文化维度上所展开的讨论,设立了程序:它不仅告诉我们谁能够提出再分配与承认的诉求,而且也告诉我们这些诉求是如何被争论与被裁决的。"[④]

以成员资格和决策程序为语境,正义的政治维度"主要是与代表权相联的"。"就政治的边界设置这个层面而言,代表权是社会归属问题",而"就另一个决策—规则这个层面而言,代表权涉及构成争论的公共过

① [美] N. 弗雷泽、[德] A. 霍耐特著:《再分配,还是承认》,周穗明译,上海人民出版社 2009 年版,第 8 页。

② [美] N. 弗雷泽、[德] A. 霍耐特著:《再分配,还是承认》,周穗明译,上海人民出版社 2009 年版,第 19—20 页。

③ [美] N. 弗雷泽、[德] A. 霍耐特著:《再分配,还是承认》,周穗明译,上海人民出版社 2009 年版,第 28 页。

④ [美] 南茜・弗雷泽著:《正义的尺度》,欧阳英译,上海人民出版社 2009 年版,第 17 页。

程的程序问题。”[①] 代表权与经济、文化之间不能相互简化，“是作为正义的三个基本维度中的一个而存在的。”[②] 正义的三个维度构成了弗雷泽理解全球化进程中的正义的实现的方法论原则，并且以参与平等为根本准则构成了正义的规范基础。

承认正义所建基的社会承认切合了时代主题的转换。任何一个时代都会有多个问题为人们所关注，其中，处于主要地位的问题就是时代主题，它体现了时代中的主要矛盾、规约了时代发展的潮流和趋势。时代主题事关时代发展的大局和整体，使得这个时代与别的时代截然不同，并且，这种差异显现在具体的事物中，对具体的事物和人们日常生活具有根本的影响。发展是当代的时代主题，这与马克思所处的革命的时代主题已然不同。革命的时代主题要求“全部的问题都在于使现存世界革命化，实际地反对并改变现存的事物。”[③] 承担革命的历史使命的是现代无产阶级，在资本与雇佣劳动的二元对立的社会关系中，阶级斗争、社会革命是两个基本阶级之间根本利益对立的最终解决方式。当代的发展主题则建立在各种社会阶层之间非根本利益斗争的利益差异基础之上，解决利益差异的方式只能是社会协调和共同发展，而不能是阶级斗争和社会革命。

以多元主体的可协调利益差异为基础，承认正义强调的再分配与身份认同的整体价值具有极大的现实指向性质。当代社会发展中，主体间利益博弈不再是二元化的存在形态，人的社会性也不能再是可以“日益简单化”的阶级性，而是多元形态的阶层、族群式的社会群体（集团）之间的利益分野。由于科技革命和时代变迁使现代社会变成了一个利益日益多元化的社会，一个充满了多样性、差异性，并由各个社会阶层的不同利益所构成的社会。因此，作为革命主体的工人阶级肯定会发生分裂，而作为阶级构成特异性的基础必然发生断裂和破碎，取而代之的是一个多元主体，不同利益所构成的现代资本主义社会。与之相伴随的逻辑结果自然就是多元主体的出现，这一多元主体构成了他们所提出的“新”社会主义的主体。所以，“新”社会主义不再是工人阶级为主体的解放运动，而是以多元主体“认同”为基础的“新”社会[④]。因此，必

① ［美］南茜·弗雷泽著：《正义的尺度》，欧阳英译，上海人民出版社2009年版，第17页。

② ［美］南茜·弗雷泽著：《正义的尺度》，欧阳英译，上海人民出版社2009年版，第18页。

③ 《马克思恩格斯文集》第1卷，人民出版社2009年版，第527页。

④ ［英］恩斯特·拉克劳著：《我们时代革命的新反思》，孔明安、刘振怡译，黑龙江人民出版社2006年版，中译者序言。

须立足于当下社会发展中的多元化利益主体之间如何实现资源环境的再分配的现实。

作为对社会正义的多元主体间考量，弗雷泽的承认正义理论为我们理解生态正义提供了极为重要的方法论价值。诚如温茨把正义论与生态学结合起来推进了生态正义，而生态正义的社会性实现则需要立足于当代社会关系结构，因此，把生态正义与承认正义结合起来才能推进生态正义的真正实现。

第一，弗雷泽提出把承认设想为一个正义问题。在弗雷泽看来，“把承认视为正义问题，将把它看做社会身份的一项议题。这意味着因为这一文化价值模式对社会参与者相关立场的影响而检验制度化的文化价值模式。”[①] 这是“承认的身份模式”。与承认的自我实现模式相比，承认的身份模式有四个主要的优点，一是身份模式准许人们把承认诉求证明为现代价值多元主义条件下的道德凝聚剂；二是将错误承认构想为身份服从关系，身份模式把这一错误定位于社会关系，而不是定位于个人或人与人之间的心理学（避免了心理学化）；三是该身份模式避免了每个人都对社会尊敬拥有平等权利的观点；四是通过把错误承认解释为正义的侵害，身份模式推动承认诉求和对资源和财富的再分配诉求的整合。根据承认的正义，生态正义存在于非根本利益对抗的不同人群之间，这种对抗的产生来自于文化与政治，而不是来自于根本利益对立式的经济结构。

源自文化与政治的身份差异形成了社会中的多元价值，这种多元价值观念对生态环境有着各自的理解。人类中心主义论者以人的生存和发展为由，强调自然的使用价值，否认自然的内在价值。动物权利论者希望保护非人动物的生存权利，人类不应该滥捕滥杀和虐待动物，生物中心主义的论者则强调尊重一切生命。持生态价值观的文化主体强调生态系统的整体性，认为人是生态系统的一员，人类的实践应该保持自然之魅与自然之美，而不应该破坏这一整体家园。

第二，承认与再分配是两种相关而又互异的规范化正义模式，根据再分配和承认的二维正义原则，经济利益的再分配与文化认同构成了人的多元复合的主体性社会存在。就建构生态正义而言，其中既有满足生态利益需要的自然资源、环境资源的再分配正义，也有与资源环境的再

---

① ［美］N. 弗雷泽、［德］A. 霍耐特著：《再分配，还是承认》，周穗明译，上海人民出版社2009年版，第23页。

分配正义同样重要的、不同身份主体之间以政治承认为结构关联的生态正义。

根据再分配规范，生态正义的实现需要满足多元利益主体之间的平等的生态利益。我们提出的和谐社会是以多元认同为主的利益分野社会，而不是阶级分化为主的根本利益对立的社会。根本对立的利益差异是不可调和的，而非根本对立的利益差异则需要协调解决。根据承认规范，生态正义需要满足差异性的承认主体之间的生态需要。尽管文化和政治认同是一种社会的正义适用区域，但是，由于人的需要和存在的整体性，这会影响到生态正义的社会实现。因此，把经济的、政治的、文化的维度理解为整体，才能形成矫正生态非正义的多元系统结构。

第三，承认与再分配的二维正义概念以参与平等的规范为前提，在“参与平等”的规范化概念体系中，为了参与平等成为可能，弗雷泽主张两个基本条件。“第一，物质资源的分配必须是比如确保参与者的独立性和‘发言权’”，这一客观条件排除了阻碍参与平等的经济依赖和不平等的各种层次和形式；“第二个条件要求制度化的文化价值模式对所有参与者表达同等尊重，并确保取得社会尊敬的同等机会”，这一参与平等的主体间条件排除了系统地贬低一些人种和与他们相关的品质的那些制度化的观念[①]。根据参与平等，每个人都能够在社会的环境治理中保障自己的生态利益和生态权利。

公众参与环境治理是个人或者民间团体自发或者自觉地保护生态环境，从而维护自己的生态权益以获得社会的生态正义。仅凭借单个人的力量，个人的生态利益诉求往往难以实现，而民间组织则能够把个人的力量凝聚起来，保障社会公民平等地参与生态环境的保护，获得自己的生态利益。公众参与环境治理是使相互冲突的或不同的生态利益得以调和并且采取联合行动的持续的过程，能够唤起公民的生态自觉；它既包括有权迫使人们服从正式的生态保护的制度和规则，也包括各种人们同意或以为符合其利益的非正式的制度安排。这体现了统一的民主国家内部的生态正义。

第四，根据承认正义的三维复合原则，生态正义是一种全球性的资源环境配置正义。当代生态正义既是存在于一个国家内部，也牵涉到生态资源的全球配置。当前，资源环境的全球性配置主要在于发展中国家

---

① ［美］N. 弗雷泽、［德］A. 霍耐特著：《再分配，还是承认》，周穗明译，上海人民出版社 2009 年版，第 28 页。

与发达国家之间的矛盾，在不同发展程度的国家之间，到底是执行共同的环境标准呢，还是坚持“共同但有区别的责任”原则，这涉及生态正义的全球性实现。可以说，每一次全球环境类大会都体现了生态正义的全球性实现。自然资源的全球性流动、污染物的全球性伤害不仅是纯粹的人类与环境的问题，其中包含了先发的现代化国家利用掠夺式发展已经获得的发展代价限制后发现代化国家发展的现代霸权，以及后发现代化国家的发展要求。以资源环境为标的，不同发展程度的国家之间的发展要求及其资源博弈需要全球性的生态正义，同时也应该对生态环境承担共同的生态责任。但是，由于各自的发展程度和发展代价不同，这种生态责任应该彼此区别。

从承认正义来理解生态正义的实现，我们可以看到的不再是红色革命与绿色革命的结合，而是不同阶层、不同族群、不同种族等群体共同承担的群众性的生态运动。就其非革命色彩而言，这种生态运动应该是“非暴力”的，当然，这种非暴力的生态运动的存在前提在于社会为每个人提供合理合法的生态利益诉求机制。同时，由于当代生态危机业已是世界性的，保护生态环境的社会运动也必然会具有世界性，环境治理将变成全球性质的环境治理。

（三）生态自由：构建生态和谐社会的人本导向

生态和谐社会建设的最终指向就是以人的可持续生存和发展为目的和归宿，这里提出了生态和谐社会建设的人本导向问题。人本导向就是要以实现人的全面发展为目标，从人民群众的根本利益出发谋发展、促发展，不断满足人民群众日益增长的物质文化需要，切实保障人民群众的经济、政治和文化权益，使得发展的成果惠及全体人民。人本导向是社会发展以人的合理的生存方式为价值目的和最终归宿，或者说以人的需要的满足以及自身的发展是社会发展的最深层价值指向。人本导向包括两个具体的层面，一方面，是社会发展提供给人以丰富的物质、精神、环境产品以满足人的需要，这是从客观层面实现的社会发展服务于人的价值导向；另一方面是社会发展根本地促动人的观念变革、思维方式转变等构成人自身发展的内在要素的变化，从而从人的内在素质和观念变革方面推动人的全面发展。生态和谐社会的主导性价值指向就在于人本导向，生态和谐社会建设的各种具体规定和实践都成为这一根本导向的实践环节。在宏观社会发展层面上，生态和谐社会建设的人本导向特别强调的是人民群众的发展受益权和环境收益权的统一，通过对各种实践主体的生产方式和生活方式的制度规约以及由此形成的对发展方式的生态可持续性的突出，以生产发展、生活富裕和生态良好的文明发展道路来确保人的可持续生存和发展。

生态和谐社会通过社会发展整体转型来实现社会的可持续发展和人的可持续生存。人在解决人与自然、社会的矛盾以满足自己多样性的需要时，须把自己当作手段才能创造自己的对象世界，并把自在的自然改造成为人化自然，然而，人自己的生存状况的改善是人从事实践的根本目的，对人的可持续生存和发展的终极关怀是生态和谐社会的最终动力和根本导向。在人的发展与环境友好型社会发展的关系中，社会发展方式的当代转向深深地打上了人的烙印，体现着人的发展，外化着人的本质力量，并成为人的本质力量增长的内化对象。由于人本身就是一个生态存在者，实践中的社会发展不外是人的本质力量的显现和向着人的本质力量的复归，因此，生态和谐社会建设就是人的生态可持续性生存的现实化，是生态制约性、生态理性和生态伦理学的整体性规约的社会发展方式，人的生态可持续性生存是生态和谐社会的最终目的。

生态和谐社会的人本导向指向社会成员的整体，也指向了全体主体、群体主体和个体主体的各种不同的发展要求。以全体主体为导向的生态和谐社会建设指的是社会发展的架构要符合最大多数人的生态利益、满足对大多数人的生态需要，社会发展以整体性的生态系统的保护和建设为己任。以群体主体为导向的生态和谐社会建设指向了区域性的经济——社会——生态发展中人的环境发展权和受益权。全体主体和群体主体的生态权益的实现是通过个体主体的生态权益来实现的。现实的个人是社会发展的实践性主体，也是生态和谐社会建设的具体指向。由于每个人都是一个生态存在者，个体主体的生态受益权是生态和谐社会建设的最终的人本导向。

生态和谐社会建设导向人的全面发展。人的发展不能是片面化的发展，而是以全面的方式占有自己的本质。以往的社会发展方式由于受到物质主义、经济主义、消费主义等等的影响，导致了物欲的无度填塞对人的全面发展的遮蔽，相应地，人的生态需要被物质性产品所掩盖，人的发展出现为机械论的、单向度的发展，人与自然的和谐关系、人的生态生存被片面化的发展方式所污染。生态和谐社会建立在社会生产力的现代水平的基础之上，因此，它占有现代社会的物质财富，同时，它又把人置放在整体性的生态系统之中来考察，突出了社会与自然、人与自然的协调发展，以现实化的方式实现了人的全面发展。生态和谐社会建设中人的全面发展既包括人的物质性需要的满足、社会性本质的实现，也包括生态性需要的满足，通过凸显经济——社会——生态的复合效益以实现人的全面发展和对人的全面需要的全面实现。

在生态和谐社会建设中，充分实现人的全面的生态自由。在生态和谐的社会中，人获得的是生态自由，生态自由是人在自然界的自由自觉的生存展开，人作为人而享受生态自然，而不是受到非人的力量的主宰。

五、在马克思主义大众化进程中坚持和发展马克思的生态思想

在当下中国，坚持和发展马克思的生态思想离不开马克思主义大众化。2007 年，中国共产党第十七次全国代表大会首次明确提出了“马克思主义大众化”，马克思主义大众化是中国马克思主义的切实要求。在改革开放的过程中，新的机遇与挑战、战略机遇期、发展新问题冲击了人民群众对马克思主义的信念，批评、指责，甚至背离的声形不断。为了坚定对马克思主义的信念，必须开发合理的渠道让马克思主义大众化。中国共产党领导革命和建设 90 年历史的成功经验和挫折教训充分显示了马克思主义大众化所承载的巨大力量。

（一）马克思主义大众化的历史与现实

在中国革命时期，中国马克思主义所取得的最重大成果，就是形成了毛泽东思想、指导了中国革命取得成功。十七大报告指出，新民主主义革命的胜利，社会主义基本制度的建立，为当代中国一切发展进步奠定了根本政治前提和制度基础。而以毛泽东同志为核心的党的第一代中央领导集体创立毛泽东思想，带领全党全国各族人民建立新中国、取得社会主义革命伟大成就，形成了中国革命时期的中国化马克思主义理论成果。在革命时期，没有大众化，马克思主义就缺乏现实的“物质武器”，就不能解决中国革命问题。随着俄国革命的成功，先进的中国知识分子开始接受马克思主义。共产主义小组的成立扩大了马克思主义在中国的传播范围。1921 年中国共产党成立，从此，中国革命焕然一新。在艰难曲折的斗争中，中国共产党的发展和壮大是在大众化的过程中实现的，在中国共产党的领导下，中国革命逐步转变成了人民革命和人民战争，从而取得革命的胜利，建立了社会主义新中国。

革命时期的马克思主义是怎样实现大众化的呢？整体来看，革命时期马克思主义大众化的路径循着社会革命的时代主题展开的。革命，就是推翻压在中国人民头上的封建主义、帝国主义和官僚资本主义。革命，就是赶走一切外来侵略，保持民族独立；革命，就是推翻不合理的政治、经济、文化等社会组织形式，解放和发展生产力，确保人民当家作主；革命，就是阶级斗争。在中国革命时期，中国共产党召开了七次全国代表大会，马克思主义大众化贯穿于整个革命的历史阶段，体现在若干重要文献中。

1921年，在中国共产党第一次全国代表大会中，马克思主义的群众化问题是最重要的现实问题。陈独秀在给中共一大代表的信中提出，中国共产党的主要工作包括四个方面，"一曰培植党员；二曰民主主义之指导；三曰纪律；四曰慎重进行发动群众。"① 这一时期的马克思主义大众化，主要是从先进的知识分子向着无产阶级劳动者进行的。拥护马克思主义的教师建立了马克思主义研究会，聚集了研究马克思主义的大学生，进而影响到其他地方的大学生，通过紧密结合工人罢工把马克思主义传递给工人，开始成立共产主义小组。工人的加入，使得研究会被改组为有权威、有纪律的党组织，1920年3月12日，重庆的共产主义小组就这样正式成立了。重庆共产主义小组"通过同大学生和工人谈话，以及向他们散发各种小册子，经常秘密地传播共产主义思想。"②

中国共产党第四次全国代表大会明确提出要引导先进的工人、小手工业者、知识分子和农民参加革命，以革命理论为中心，推进马克思主义的大众化。在四大关于组织问题的决议案中，中国共产党提出要把党的意志从"宣传小团体"变成"鼓动广大的工农阶级和一般的革命群众"，"因此，引导工业无产阶级中的先进分子、革命的小手工业者和知识分子，以至于乡村经济中有政治觉悟的农民参加革命，实为吾党目前之最重要的责任。"③ 马克思主义大众化的最直接作用，就是扩大马克思主义的信仰者的范围和数量，形成革命的历史洪流，"吾党欲达此目的，则有扩大党的数量，实行民主的集权主义，巩固党的纪律。"④ 传播印刷品是当时宣传马克思主义、让革命的人们了解马克思主义、实现马克思

① http://cpc. people. com. cn/GB/64162/64168/64553/4427956. html#.

② www. people. com. cn/GB/shizheng/252/5089/50 2004 -6-30.

③ 《中共中央文件选集（1）》，中共中央党校出版社1989年版，第379—380页。

④ 《中共中央文件选集（1）》，中共中央党校出版社1989年版，第380页。

主义大众化的最基本方法，因此，“必须借着传布印刷品的方法，使我们与已加入职工会、互助会、俱乐部……的工人之关系密切。我们的印刷品，应当经常到各农会、各学校、教职员的组织、工商业办事人的组织里去。在各地、各省传布印刷品机关之设立，无论该地有我们的组织与否，这的确是供吾党深入群众的一个好方法。我们借此可以与党的组织和群众树立继续更为接近的基础。”①

在中国共产党第五次全国代表大会中，党提出要积极发展组织，加强做群众工作，把马克思主义传播到广大人民群众当中。五大提出，党的领导工作必须以扩大群众队伍为前提，“积极在广大工人群众中做政治工作，这才是真正领导工人群众。”② 而要加强政治领导，就必须加强组织工作，“积极发展组织”③，就是加强主义与政策的教育，提高政治兴趣，培养新的干部人才。因此，五大得出了目前的结论，就是“应该尽可能迅速实行党的教育，训练新党员，用通俗的书报方法和实际党的工作方法。全党的积极工作，乃是党真确的发展和增长之最好之方法。”④

可以说，正是由于马克思主义的大众化的积极开展，中国共产党才保持了前仆后继的生命力。正如周恩来在中国共产党第六次全国代表大会的报告中所指出的那样，“自从国民党右派蒋介石、汪精卫背叛革命至今，共产党员和革命群众被害约31万至34万人，工会、农会和其他群众团体遭受严重摧残。但中国革命并没有屈服于白色恐怖，中国共产党进行了英勇的反抗，并把力量重新集合起来。”⑤ 力量的重新聚集，是党的新的生命，是马克思主义的新活力。在革命力量的重新聚集中，马克思主义获得了更加广泛而深入的发展，对马克思主义的信念成为越来越多的革命群众的内在需要。

正是由于马克思主义大众化，中国革命才能在血雨腥风中迅速发展。在中国共产党第七次全国代表大会上，毛泽东提出，“中国的长期战争，使中国人民付出了并且还将再付出重大的牺牲；但是同时，正是这个战争，锻炼了中国人民。这个战争促进中国人民的觉悟和团结的程度，是近百年来中国人民的一切伟大的斗争没有一次比得上的。”⑥ 战争锻炼了

---

① 《中共中央文件选集（1）》，中共中央党校出版社1989年版，第382页。

② 《中国共产党第二次至第六次全国代表大会文件汇编》，人民出版社1981年版，第154页。

③ 《中国共产党第二次至第六次全国代表大会文件汇编》，人民出版社1981年版，第177页。

④ 《中国共产党第二次至第六次全国代表大会文件汇编》，人民出版社1981年版，第154页。

⑤ http://cpc.people.com.cn/GB/64162/64168/64558/4428363.html.

⑥ 《毛泽东选集》第三卷，人民出版社1991年版，第1032页。

人民，人民在战争中觉悟，在人民的觉悟中，马克思主义的力量变成了人民的力量，针对人民群众对马克思主义的需要，毛泽东提出“放手发动群众，壮大人民力量”①。

应答中国社会的革命需要，中国共产党从其诞生伊始就一直注重马克思主义的大众化。马克思主义大众化的范围从先进的知识分子向着广大人民群众逐步扩展，革命的力量才能逐步壮大，最终形成人民革命和人民战争的历史局面。正是大众化，推动了中国的革命成功。在革命时期，马克思主义大众化的基本经验就是根据中国社会需要、代表人民群众根本利益、坚定信念、不断学习、增强组织纪律性。这些经验在后来中国社会主义建设中也得到了充分的体现，成为指导社会主义建设时期马克思主义大众化和建设取得成就的根本指导。

新中国成立以后，马克思主义的大众化就是要把马克思主义与中国经济社会发展结合起来，把马克思主义的社会主义建设理论传达给人民群众，凝聚人民群众的力量进行全方位的社会主义国家建设。从建设社会主义基本规律的艰辛探索，到中国特色社会主义理论体系的形成和完善，马克思主义大众化经历了曲折甚至挫折。尽管建设中出现了各种新问题、各种非马克思主义的挑战和冲击持续存在，但是，马克思主义仍然是中国发展的指导思想，中国共产党与时俱进地坚持和发展了马克思主义。坚持中国特色社会主义，就是真正坚持马克思主义。坚持中国特色社会主义、坚持和发展马克思主义的过程，也是马克思主义大众化的过程，是中国共产党带领广大人民群众持续学习和实践马克思主义以推动中国社会主义建设的过程。这是根据中国特色社会主义建设过程中的事实得出的经验总结。

到20世纪90年代，中国的社会主义建设已经取得了显著的成就，并且正处于建设和转型的关键时期，发展中的新情况、新问题层出不穷，如何让最广大人民群众切身感受到社会主义的优越性是马克思主义大众化的基本前提。中国共产党第十五次全国代表大会中，江泽民指出，“使社会主义在中国真正活跃和兴旺起来，广大人民从切身感受中更加拥护社会主义。”② 进入21世纪后，如何做到“用时代发展的要求审视自己、以改革的精神加强和完善自己”是马克思主义政党保持与人民群众的紧密联系、新的时代条件下马克思主义大众化的基本要求。中国共产党的

---

① 《建国以来重要文献选编》第20卷，中央文献出版社1998年版，第452页。

② 《十五大以来重要文献选编》(上)，人民出版社2000年版，第14页。

十六大报告指出，“坚持用时代发展的要求审视自己，以改革的精神加强和完善自己，这是我们党始终保持马克思主义政党本色、永不脱离群众和具有蓬勃活力的根本保证。”[①] 正确的理论路线才能指导社会发展，正确理论路线的大众化，才能带领群众前进，因此，中国共产党“必须既善于总结成功的经验，又善于记取失误的教训；既善于通过提出和贯彻正确的理论路线带领群众前进，又善于从群众的实践创造和发展要求中获得前进动力；既善于认识和改造客观世界，又善于组织引导干部和党员在实践中加强主观世界的改造”[②]，这是推进马克思主义大众化的基本要求。正是在这一总的要求下，中国共产党通过开展保持共产党员的先进性教育实践活动，推进了马克思主义大众化。保持共产党员先进性教育实践活动以“三个代表”为主要内容，重点做好在工人、农民、知识分子、军人和干部中发展党员的工作，壮大党的队伍最基本的组成部分和骨干力量，注意在生产、工作第一线和高级知识群体、青年中发展党员。可以说，保持共产党员的先进性、加强党的执政能力建设和基层组织的建设，是马克思主义大众化的思想教育和组织建设的重要内容和主要过程。

在十七大报告中明确提出马克思主义必须“与人民群众共命运”，胡锦涛指出，“《共产党宣言》发表以来近一百六十年的实践证明，马克思主义只有与本国国情相结合、与时代发展同进步、与人民群众共命运，才能焕发出强大的生命力、创造力、感召力。”[③] 在中国共产党第十八次全国代表大会上，强调要“推进马克思主义中国化时代化大众化。”[④] 马克思主义的人民性的展开，必须要让人民群众了解和信服马克思主义，因此，必须“开展中国特色社会主义理论体系宣传普及活动，推动当代中国马克思主义大众化。”[⑤] 推进马克思主义大众化，必须加强社会主义和共产主义的信念教育、加强学习马克思主义基本理论，紧密联系中国经济社会发展的实际。这正如十七大报告所指出的，“加强党员、干部理想信念教育和思想道德建设，使广大党员、干部成为实践社会主义核心

---

① 《十六大以来党和国家重要文献选编》（上），人民出版社2005年版，第15页。

② 《十六大以来党和国家重要文献选编》（上），人民出版社2005年版，第15页。

③ 胡锦涛：《高举中国特色社会主义伟大旗帜　为夺取全面建设小康社会新胜利而奋斗——在中国共产党第十七次全国代表大会上的报告》，人民出版社2007年版，第12页。

④ 胡锦涛：《坚定不移沿着中国特色社会主义道路前进　为全面建成小康社会而奋斗——在中国共产党第十八次全国代表大会上的报告》，人民出版社2012年版，第31页。

⑤ 胡锦涛：《高举中国特色社会主义伟大旗帜　为夺取全面建设小康社会新胜利而奋斗——在中国共产党第十七次全国代表大会上的报告》，人民出版社2007年版，第34页。

价值体系的模范，做共产主义远大理想和中国特色社会主义共同理想的坚定信仰者、科学发展观的忠实执行者、社会主义荣辱观的自觉实践者、社会和谐的积极促进者。”①

推进马克思主义大众化必须坚持中国共产党的思想路线，加强思想理论建设是根本。2010年的十七届四中全会中，中共中央提出“以思想理论建设为根本建设，坚持党的思想路线，解放思想、实事求是、与时俱进，坚持真理、修正错误，不断推进马克思主义中国化、时代化、大众化”②，只有这样，才能对不适应新形势新任务要求、不符合党的性质和宗旨的问题，以及对“忽视理论学习、学用脱节，理想信念动摇，对马克思主义信仰不坚定，对中国特色社会主义缺乏信心”③ 的情况进行根本改变。

（二）马克思主义大众化的主体接受与长效机制

在中国的革命与发展中，马克思主义大众化是一个持续的过程。成为社会主义中国指导思想的马克思主义怎么大众化呢？在当前多元阶层彼此协调的和谐社会的构建中，马克思主义怎么能够为不同的阶层和群体所共同认可呢？并且，在个人的发展日益凸显时期，马克思主义怎么成为个人日常生活的组成部分？问题的提出本身从三维主体的复合架构来看待马克思主义的大众化，即马克思主义大众化的三条路径分别是国家主体性的大众化、群体主体性的大众化和个体主体性的大众化。

在国家层面上的大众化。就是在国家性质层面来确定马克思主义的指导地位，并且把这种指导思想传达到每个国民。坚持马克思主义的指导地位是中国经济社会发展和改革开放的基本原则，是中国共产党取得革命和建设成就的理论基础。在当前，坚持中国特色社会主义发展道路和理论体系，就是真正坚持马克思主义。中国特色社会主义是在中国发展的具体实际中所形成的马克思主义新成果，以中国国情为基础、以马克思主义和科学社会主义为指导原则，是指导中国经济社会发展的整体性理论。在国家层面的马克思主义大众化就是中国特色社会主义理论体

---

① 胡锦涛：《高举中国特色社会主义伟大旗帜　为夺取全面建设小康社会新胜利而奋斗——在中国共产党第十七次全国代表大会上的报告》，人民出版社2007年版，第50页。

② 《中共中央关于加强和改进新形势下党的建设若干重大问题的决定》，人民出版社2009年版，第7页。

③ 《中共中央关于加强和改进新形势下党的建设若干重大问题的决定》，人民出版社2009年版，第4页。

系的大众化。中国特色社会主义大众化就是通过宣传、教育、学习等手段自上而下地把中国特色社会主义基本理论传递给广大人民群众。

在国家层面的大众化过程中，国家成为马克思主义大众化的主体。社会主义的国家是人民的国家，是人民群众的利益和意志的集中反映，国家利益就是人民利益、国家意志就是人民意志。因此，马克思主义大众化中，国家主体性的实质就是人民群众主体性、是中华民族主体性。人民主体性是人民需要马克思主义理论、马克思主义需要服务于广大人民群众的国家建设。中华民族主体性就是中华民族的复兴和发展，是中华民族崛起于世界民族之林。

国家层面的大众化所形成的是国家话语。国家话语是国家性质的话语形态，也是人民群众意志的话语表达。国家话语指向社会主义国家的建设和发展。人民对社会主义国家发展的认可和信心，既表达了爱国主义的民族精神，又体现了对马克思主义和科学社会主义的信念。

在当代中国，随着经济社会的发展出现了社会的群体化存在，社会表现为具体的社会共同体。不同社会群体构成了群体性的社会主体，其内部有共同的或者近似的利益需要和身份认同。这些多元化的群体主体，构成了理解马克思主义大众化的特殊群体的主体接受维度。

在社会群体层面的大众化，需要协调马克思主义与群体利益需要之间的关系。群体的利益需要及其实现体现了群体的共同价值观，这种价值观深入影响到群体的观念和行动，群体的行动所产生的社会力量不仅影响到聚集社会发展能否持续进行，甚至会影响到社会稳定。在社会群体层面的大众化，还必须要协调马克思主义与不同群体利益差异之间的关系。

当代社会结构中，社会主体的多元化包括各式各样的阶层和族群，如少数族群、弱势群体、农民工、民间组织、青年学生等。多元化的社会群体能形成稳定的社会系统，协调统筹不同社会群体利益是构建和谐社会的基本前提。马克思主义在不同社会群体的大众化是社会各个群体对马克思主义的共同接受——而不是彼此分歧。因此，要根据不同社会条件实现马克思主义教育形式多样化，通过多样化的教育形式来传递统一的马克思主义。在这里，多样化的是教育形式，而不是马克思主义。马克思主义的多样化教育必须根据不同社会群体的自身特点来进行。可以在共同的学习方式的基础上，结合行业、部门、领域的工作特点和生活方式来理解马克思主义。

在社会群体层面的大众化，必须协调马克思主义与身份认同之间的关系。不同利益群体之间的价值观差别，也会形成身份认同的差异。这种文化认同，构成了非利益的群体区别，并且对人们的思维方式和行为方式产生重要作用。这需要根据具体的认同诉求，开展多样化的马克思主义大众化教育形式。

在个体生活层面上的大众化。每个人的个体生存和生活是社会存在的组成要素，也是人们最关心的内容。个人的日常生活对于个人而言是最主要的，那么，马克思主义如何能够成为个人日常生活的组成部分呢？即是说，对马克思主义的真心喜欢、终身受益不仅是每个大学生的权益，也是每个公民的内在要求。

在个体性层面，大众化不是指向少数精通马克思主义的知识分子和理论专家，而是指向日常生活中的普通个体，指向广大的人民群众，这是马克思主义的物质力量。马克思主义不与自己的物质力量紧密结合，则会丧失自身的理论生命力，这就是达人心才能集民智。大众化所指向的人民群众，是现实生活中的每个个人，每一个普通的个体总是“我”的特殊存在，恰恰是个体存在的特殊性使得马克思主义大众化、普世化、世俗化、广获认同成为必要。马克思主义大众化的主体方案由于主体存在方式的特殊性，而使得它对于整个社会发展的指导显得更为具体，并具有多元样态。这种多样性的大众化实现路径并不是由于个体存在的特殊性和多元化而取消马克思主义对于我们的中国特色社会主义事业的根本指导地位，而是立足于当下中国发展境遇来坚持和发展马克思主义。

在个体性层面，生活方式和价值观的个体性决定了马克思主义个体化的多样性和差异性。每个人都有其独立的生活方式、生活环境、价值观念，只有把马克思主义教育和个人的日常生活相结合，让马克思主义能够满足日常生活的需要、解决日常生活中的问题，个人才能更愿意接受马克思主义，马克思主义才能在个人信念中扎根。马克思主义的个人化，不仅包括马克思主义的基本原理、基本方法能够满足个人认知世界和改造世界的需要，也包括个人精神世界、内在品质的构建和塑造。

马克思主义大众化的三维主体之间并不是彼此分离的，而是辩证互动的。不同主体维度的马克思主义大众化之间能否建立彼此沟通的渠道，使得马克思主义能够从国家话语转化为民众话语、进入普遍民众的日常生活？如何避免三条路径之间可能发生的错位和分离，并且形成有机的连接？在这一连接中，应该制定什么样的制度体系使得不同的主体之间形成良性互动？这也需要我们建立畅通的渠道来实现三个层面马克思主义大众化的互动，即与时俱进地建立马克思主义大众化的长效机制。

在大众化的历史过程中，马克思主义经常会遇到各种挑战和冲击。面对各种新的机遇与挑战、经济社会发展中的各种新问题给人们的思想观念带来的巨大冲击，如何坚持马克思主义大众化呢？这需要与时俱进地建立马克思主义大众化的长效机制。长效机制是能够保证实践活动长期有效的制度体系。尽管长效机制面对的经常变化的具体条件，但是，这一机制本身具有稳定性。当然，这一机制的稳定性也仍然要随着具体条件而不断丰富、充实和完善。

马克思主义大众化的长效机制就是保证马克思主义大众化长期有效的制度体系。这种制度体系，是巩固马克思主义指导地位、坚持马克思主义信念、保证马克思主义切实可行的大众化的基本要求。建立马克思主义大众化的长效机制必须与时俱进，即随着时代条件和社会需要来持续推进马克思主义大众化。在中国共产党的90年发展历史中，只有坚持建立马克思主义大众化的长效机制，才能保证马克思主义与人民群众的紧密联系，保证中国共产党全心全意为人民服务，永葆生机活力。

与时俱进地建立马克思主义大众化的长效机制，必须建立密切联系群众的工作机制。密切联系群众，是马克思主义政党与人民群众的互动机制，也是马克思主义大众化的首要机制。中国共产党的根本宗旨就是密切联系群众，全心全意为人民服务，这要求我们必须始终做到“权为民所用、情为民所系、利为民所谋”的群众工作机制。紧密联系群众，就是深入群众、深入基层调查研究，了解人民群众的社会需要，解民忧、办实事。紧密联系群众，就是加强以改善民生为重点的社会建设，牢固马克思主义的群众基础。

与时俱进地建立马克思主义大众化的长效机制，必须建立保持党的利益与人民群众利益一致、反腐防腐的机制。个别的腐败是会给党带来严重的后果，也会造成社会大众对马克思主义的负面认识。因此，要积极探索建立“教育、制度、监督”三者并重的反腐防腐机制，促使党员干部特别是党的领导干部正确运用手中的权力，始终坚持立党为公、执政为民，始终保持清正、廉洁、高效。防止党员领导干部堕落的反腐机制包括：建立使领导干部“不愿腐败”的自律机制；建立使领导干部“不能腐败”的防范机制；建立使领导干部“不敢腐败”的惩治机制；建立使领导干部“不需腐败”的保障机制。

与时俱进地建立马克思主义大众化的长效机制，必须建立持续学习、教育、培训、管理机制。建立持续的学习机制，就是不断坚定共产主义理想和建设中国特色社会主义的信念，不断提高政治、理论、思想素质，不断增强为人民服务本领的学习机制，不仅包括学习马克思主义和中国特色社会主义理论的机制，还要包括学习市场经济知识、政治法律知识、科学文化知识和业务知识的机制，以及建立学习和正确执行党的方针政策的机制等。建立持续学习机制还包括建立教育培训机制，丰富党员教育培训内容、创新教育培训的方式、制定长远培训规划与年度计划、短期计划相结合的教育培训系统等。

与时俱进地建立马克思主义大众化的长效机制，必须积极探索与时俱进的理论宣传通道和宣传机制。理论宣传通道的建设包括理论宣传体制、机制、环境、工作者等要求，它们和马克思主义理论研究和建设工程构成了中国化马克思主义的两种彼此关联的发展路径。充分利用现代科学技术和传播手段，通过媒体、网络等便捷而有广泛影响的大众化传播工具，进行马克思主义的理论宣传。理论宣传体制的改革和建设要求政府制定畅通的理论传播渠道和保障机制；社会环境的要求是应对各种社会思潮，建立开发的马克思主义大众化的社会氛围；对理论传播工作者的要求则是发挥他们的积极性，通过传播方式的创新，用群众喜闻乐见的形式让群众掌握马克思主义的基本原理和基本立场。探索建立与时俱进的宣传机制要以人民群众为本，即顺应人民群众的日常生活要求、体现人的全面自觉发展诉求，结合不同群体的特殊利益需要和文化传统。与时俱进地建立宣传机制，需要把感性的宣传方式和理性的宣传目标辩证结合，大力开发感性的充满艺术之美的宣传方式，善于捕捉有效的宣传题材，推进宣传马克思主义。

（三）在马克思主义大众化进程中坚持和发展马克思的生态思想

马克思主义大众化进程中坚持和发展马克思的生态思想，必须坚持生态文明建设以人为本的总体性理念。马克思主义大众化强调的是马克思主义必须以人为本，为人民群众所接受，在马克思主义大众化进程中，坚持和发展马克思生态思想就必须把以人为本的理念与社会主义生态文明建设相结合。就是说，在马克思主义大众化进程中坚持和发展马克思的生态思想，必须坚持生态文明建设依靠人民、生态文明建设成果人民共享。人民群众是历史的主体，在当代中国，广大人民群众是建设生态文明的主体性力量，也是建设生态文明的价值旨归。人的全面发展是马克思主义的基本价值，人的全面发展包括人的物质生活的发展，也包括人在生态环境中自由自觉的发展，这种发展是人与自然协调发展。

人民群众是历史的主体，也是生态文明建设的主体，大力建设社会主义生态文明，必须紧密联系人民群众、紧紧依靠人民群众。在历史唯物主义的视域中，人民群众是历史的创造者，历史进步和社会发展归根到底是由人民群众创造的。根据这一原理，人民群众也是生态文明建设的主导力量，生态文明归根到底也是由人民群众创造的。依靠人民群众建设社会主义生态文明，就是要扩大生态文明建设的社会参与，组织和协调更多的社会力量广泛参与生态治理过程。扩大生态文明建设的社会参与，需要设计参与目标、提出参与机制、开发参与方式，构建网络化的全息参与，来推进公众参与环境治理。参与目标是参与程度最大化设计，希望最广泛的群众最大限度地参与到生态文明建设过程。提出参与机制是通过制度和体制设计，在宏观、中观和微观层面对全部公众、不同群体以及个人参与生态文明建设设计出有效的制度安排。开发参与方式是在现有的公众参与社会治理的方法基础上，开发更多的方式方法，如社区参与、工作单位参与、学校参与等民间组织参与，以及各种个人参与方式。

进一步提高公众参与生态文明建设，不仅要扩大参与范围、提供政策建议、影响政府决策，还需要提高参与质量，以合理的方式表达参与意愿，扩展参与效应等。目前，我国生态文明建设中公众的社会参与程度不高，自觉参与生态文明建设的意识不强，只有激发公众参与意识、拓宽公众参与渠道、完善公众参与机制，才能真正做生态文明建设依靠人民、生态文明建设成果人民共享。进一步提高公众参与程度，需要加强公众的生态意识教育、社会参与意识教育、拓宽利益诉求的表达机制等。通过生态教育，让节约资源、保护环境的绿色发展、生态消费、生态低碳理念只有成为每个人的内在观念，这样，提高生态文明水平才能建立在更加可靠的群众基础上。现阶段推进公众参与生态文明建设的可能性，是随着生态文明建设水平的提高，在生产方式和发展方式的转变方面已经取得了重大的进展，而人的日常生活方式和消费方式的转变更加显得迫切。

生态文明建设水平的提高需要最广大人民群众的社会参与，这种参与不仅是自身的节能减排，更是组织起来从事环境治理。环境治理既是公众参与到环境保护、生态建设的过程，又是建设生态文明的社会参与过程。开发多元多样的方式组织社会公众积极参与到生态文明建设中，需要增加社会协调和利益表达渠道，合理调节各方利益的基础上协调不同利益之间的差异和冲突，建立合理渠道表达公众对生态环境的利益需要；构建多元化的参与治理平台，建立丰富多元的平台让公众能够表达出建设生态文明的期望，如网络平台、新闻媒体、活动中心等；制定公众参与的法律和制度依据，引入对资源型和污染型企业以及区域发展的公众论证机制。

人的发展是社会发展的终极价值，也是生态文明建设的价值旨归。在马克思主义中，人的全面自由的发展是社会发展的终极价值目标，自由自觉的劳动是人的本质。生态建设是建设良好的生态环境以满足人的持续生存和发展的需要。为了满足自身的生存需要和生活需要、为了获得自由和实现人的全面而充分的发展、为了追求世界存在的终极意义，人带着目的和为了实现目的的理性冲动，以实践为手段不断地改造世界和人自身。合目的性是社会发展的价值主导。社会发展的结果和过程都是以人的发展为终极价值目标，人是实践中推动社会和人的发展的主体，也是社会和人的发展的价值主体。社会发展符合人的目的——需要及需要的满足——才能呈现前进性和上升性态势，如果社会发展偏离了人的价值主体性，社会发展毫无意义，也就谈不上发展。

在马克思主义大众化进程中坚持和发展马克思的生态思想，要坚持生态文明建设成果人民共享。建设良好的生态环境，不是为了少数人独享清新、优美的生态环境，而是为了最广大人民群众拥有良好的生态环境，从而保持健康、持续生存、享受自然。生态文明成果人民共享，就是整治区域污染、设计绿色发展、保障食品安全；生态文明成果人民共享，就是维护每个人对良好的生态环境的合法权益，矫正掠夺资源和破坏环境的发展方式，从生产和生活的源头处进行环境治理；生态文明成果人民共享，就是坚持和发展社会正义、建立健全法制制度保障每个人的生态权益得到实现。

生态文明建设成果人民共享与生态文明建设依靠人民构成了马克思主义生态理论大众化的基本原则，也是在马克思主义大众化进程坚持和发展马克思的基本理论原则和实践原则。坚持和发展马克思的生态思想，既要依靠人民群众才能全面实现，又要紧紧把握住人民群众共享生态文明成果的价值原则。

以人的持续生存和发展为价值关怀，在马克思主义大众化进程中坚持和发展马克思的生态思想，必须以大众接受的方式凸显出马克思生态思想中的人本关怀。大众化不是指向少数精通马克思主义的知识分子和理论专家，而是指向了日常生活中的普通个体，指向了广大的人民群众，这是还马克思主义给其物质力量。马克思主义不与自己的物质力量紧密结合，则会丧失自身的理论生命力，这就是达人心才能集民智。大众化所指向的人民群众，是现实生活中的每个个人，每一个普通的个体总是“我”的特殊存在，恰恰是个体存在的特殊性使得马克思主义大众化、普世化、世俗化、广获认同成为必要。社会大众对良好生态环境的需要决定着马克思生态思想的大众接受，也决定着生态文明建设的社会参与程度，这要求马克思主义者深入了解人民群众生态遭遇和对生态环境政策的接受程度，以人民群众的生态利益为环境政策的评价标准。

在马克思主义大众化进程中坚持和发展马克思的生态思想，必须注意到不同群体对生态环境的需要满足程度。这就是说，在马克思主义大众化进程中坚持和发展马克思的生态思想，必须坚持把大力发展马克思主义的生态理论与人民群众的生态需要的实现程度相结合。这种结合，既有社会发展的宏观进程中的绿色发展以人为本，也有日常生活层面上生活方式的生态化转变。社会发展的宏大叙事要求我们从可持续发展的角度来考量社会的发展与生态承载能力之间的辩证关系。个人的日常生活则是微观的、具体的，这要求我们自我约束，从日常生活中的衣食住行等方面厉行节约和保护环境。从社会发展和个人生活的双重维度来开展生态文明建设的社会参与，才能真正坚持和发展马克思的生态思想。

在马克思主义大众化进程中坚持和发展马克思的生态思想，要求把马克思的生态思想通俗化。马克思生态思想的理论研究不能仅仅停留在学术化的层面，还需要通过通俗化的方式、通过宣传和教育转变为人们的生态意识。这种生态意识，离不开广大人民群众的生态需要和生态实践。生态需要是生态实践的根本动力，生态实践则是生态需要的满足方式，二者构成了大众生态意识的动力和来源。把马克思的生态思想通俗化，就是以人民群众喜闻乐见的方式、以多样化的中介和手段把马克思主义生态文明理论传递到人民群众的社会发展观念和日常生活方式中去。

在马克思主义大众化进程中坚持和发展马克思的生态思想，必须要坚持生态文明建设的群众路线。推进马克思主义大众化，必须要坚持党的群众路线。群众路线是保障党的各项政策方针得以顺利实施的基本路线，也是保障社会主义生态文明建设、坚持马克思主义生态文明理论的基本路线。

第四章　时代主题的转换与马克思生态思想的当代境遇

时代主题是每个时代中最主要的社会任务。随着时代主题由社会革命向着社会发展的当代转换，历史唯物主义的主导形态也由革命辩证法转变为发展辩证法。在发展的时代主题中，生态环境问题是发展方式造成的，是发展的问题。立足于当代社会发展的时代境遇和发展辩证法的历史唯物主义原则，马克思生态思想对解决当代生态问题具有当代适应性。

一、时代主题的转换：从社会革命到社会发展

之所以要提出时代主题理论，就是要避免关于马克思哲学的两种泛化的定位。一种观点认为，马克思的思想是关于人类解放的理论；另一种观点则认为，马克思的理论是关于人类发展的理论。就马克思的思想体系本身来看，既包括发展，也包括解放。但问题是，不能把马克思的“解放”和“发展”泛历史化而变得毫无边际、囊括一切，而应该根据时代的根本要求来分析马克思的思想，这样既能坚持马克思主义的基本原理、基本方法和基本立场，又能切实推进马克思主义与时俱进、不断发展。

（一）时代主题与思想的时代性

“时”是形声字，从日，寺声，与时间有关，本义是指季度、季节。“代”也是形声字，小篆字形，从人，弋（yì）声，本义是更迭、代替。二者合成为时代，指历史上的或人类发展的一个阶段或时期。

从词源的追溯来看，《说文》中说，“时，四时也”，这是指春夏秋冬

四季。《释名》中也说，“四时，四方各一时，时，期也”，表达了时间的季节性区划。《淮南子·天文》中以为“四时者，天之吏也”，《尔雅·释天》中有“四时和谓之宝烛”，说明四季是自然界运动变化的表现方式。此外，“时”还直接指时间，《庄子·养生主》中说，“始臣之解牛之时，所见无非全牛者”。《说文》中说“代，更也。凡以此易彼，以后续前，皆曰代”。“代”作为更替、代替的含义，《左传·昭公十二年》中有“与君代兴”，《国语·晋语》中“使子父代处”，《荀子·天论》中有“日月迭炤，四时代御”。作为一个时间性的名词，父子相继为“代”、“世代”，《后汉书·窦何传》中有“代，世也”，王维《李陵咏》中说，“汉家李将军，三代将门子”。（这个意义唐以前写作“世”，唐人为避唐太宗李世民之讳，将“世”写成“代”，后人一直沿用）在这一家族延续的文化基础上，“代”转化为一种社会性的时间划界，如《后汉书·王符传》中“五代，谓唐虞夏殷周也”。

就其语义来看，时代是能影响人的意识的所有客观环境。时代的内涵是指历史上以经济、政治、文化等状况为依据而划分的某个时期，如原始时代、社会主义时代等。

语用学是语言在使用中所呈现出来的含义，语言的使用在于不同的语境和社会发展境遇会使得语言呈现为不同的含义。就个人生命而言，世代（a period in one's life）是指一生中的某个时期，如儿童时代，青年时代。就具体的时间段划分而言，10 年为一时代，又叫年代，如 70 年代。就社会历史的发展而言，时代在人类科技发展的历史中分为以下几种：1. 石器时代；2. 红铜时代；3. 青铜时代；4. 铁器时代；5. 黑暗时代；6. 启蒙时代；7. 蒸汽时代；8. 电气时代；9. 原子时代；10. 信息时代。

由词源学解释、语义学解释和语用学解释所形成的视阈融合构成了对时代范畴的语言学的复合式诠释。人对世界的层递式追问历史地诉诸语言介质，语言本身蕴涵了人类思维和文化的内涵及其对于人的意义，以语言学为介质，体现了时代的人学化诠释。时代的人学化解释可以借助多重维度，而其始源之处发端于人的生存。根据海德格尔，语言是存在的家，对存在的领会只有通过此在的生存才能切实抵达，因此，生存论的解释维度对于理解时代具有最终的方法论前提性质。

“时代”（times）作为时间（time）的一种存在形态，标志着一种时间性的分期。时代的时间性是生存论性质的时间领会样式。作为时代本源和依据的时间，不是物理意义上的物质运动的延续性质，而是如海德格尔所认为的那样，“我们必须把时间摆明为对存在的一切领会及解释的视野。”① 作为此在领悟和解释存在的视野的时间，是一种本真的时间领会，其原始性和本真性就在于“时间性之为领会着存在的此在的存在”。海德格尔所要批判的是纯粹的物理时间，而力图建构起生存论性质的时间观，离开人的时间对人来说是无。这一生存论性质的时间观可以为我们的时代理论提供阿基米德点，我们的时代理论不是物理时间的线性流逝，而是透视人的生存方式的基本视野。随着社会历史的发展和人的生存方式的变化，存在的时间性领会方式也会发生变化，就会形成时代的依次更替。

历史的分期有其形而上学基础，规定时代及其本质。形而上学以对存在事物特殊的领悟和解释为时代奠基，在海德格尔看来，“形而上学为一个时代奠定基础，这个时代本质上只能立足在形而上学为它提供的根基上面。形而上学这么做的依据，就是它对存在事物特殊的解释以及它对真理特殊的领悟。形而上学为一个时代如此这般奠定的基础，完全制约着标画这个时代的特征的种种现象。反过来，要想确切地理解这些时代现象本身，我们必须首先认清所有这些现象得以产生的形而上学的基础。”② 时代中的种种现象、现实问题、时代的本质是以存在的特殊显现为基础，形而上学对存在者的本质的沉思、对存在的显现方式和社会现象的考察指向时代的存在之领悟，因此，形而上学通过某种存在者的阐释和某种真理观点赋予这个时代以其本质形态的基础，这个基础完全支配着构成这个时代的特色的所有现象。

时代是历史发展进程中社会时间的断代，具有社会历史性。人在社会中生存，社会是人的生存空间和在世方式，透视人的生存展开的时代视野也就是一种社会时间。由于人的社会本性，没有离开人的时间，就必然是没有离开社会的时间。这意味着，我们所要关注的不是时间的物理性质，而是时间的社会性质、人的社会化生存性质。只是在时间的社会性质那里，时间的断代划分从属于历史的整体，而其得以划分则依赖于不同时间段的主题。历史的分期有划分的标准，总体来看，有两类标准以划分时代，一类是以人类历史的社会形态划分时代，一类是以标志

---

① ［德］马丁·海德格尔著：《存在与时间》，陈嘉映、王庆节译，三联书店2006年版，第21页。

② ［德］马丁·海德格尔著：《人，诗意地安居》，郜元宝译，广西师范大学出版社2000年版，第35页。

性的重大事件和具有重大意义的用具的出现标示时代。

传统的马克思主义以社会形态作为划分历史时代的标准，每一个社会形态就会对应着一个时代，人类社会发展的五种社会形态标示了五个历史时代——原始时代、奴隶制时代、封建时代、资本主义时代和共产主义时代。传统马克思主义的“历史时代”理论所依据的是社会形态理论，认为“历史时代是以当时社会形态的主导趋势来区分世界历史不同阶段的一个综合概念，它体现了社会形态的世界性格局及其发展的统一性和多元性的具体统一”①。由于马克思主义关于社会形态的划分是五形态说，因此，“我们现在所处的世界历史时代，从总体上看，仍然是从资本主义向社会主义转变的时代。”② 从历史发展的社会形态转化层面来看，关于当代时代的这一说法是合理的，但是，它难以有效地体现这一历史时代的鲜明特点和多元样态。

以标志性的重大事件和对社会发展和人的生活具有重大意义的用具为标准，时代的形态就丰富得多，人们经常可以看到诸如旧石器时代、新石器时代、青铜时代、铁器时代、网络时代、革命时代、和平时代、发展时代、启蒙时代、摩登时代（现代时代）、后工业时代、生态文明时代，等等。当今时代，全球化、信息化、网络化、新的科技革命、国家利益、多元化、生态化等新特征、新趋势需要新的时代理论来总结和概括时代发展。

对时代根本特征的概括，需要把握住时代中的最具主导地位的东西就是时代主题。什么是时代主题？任何一个时代都会有多个问题为人们所关注，其中，处于主要地位的问题就是时代主题，它体现了时代中的主要矛盾、规约了时代发展的潮流和趋势。时代主题事关时代发展的大局和整体，使得这个时代与别的时代截然不同，并且，这种差异显现在具体的事物中，对具体的事物和人们日常生活具有根本的影响。

时代主题体现了一个时代的根本需要。时代的需要是人的需要的集合。作为人的本性，需要是实践的动力学，有什么样的需要就会产生什么样的实践方式和实践结果。按照“力的平行四边形法则”，每个人的需要及其满足构成了推动历史发展的合力，历史的这一合力，就源自每个时代中人们的根本需要。生存和发展需要具有泛历史性，不同的时代，人们的根本需要被造就为不同的形态，并且体现为不同的时代主题。人

① 肖前等主编：《历史唯物主义原理》，人民出版社 1991 年版，第 185 页。
② 肖前等主编：《历史唯物主义原理》，人民出版社 1991 年版，第 186 页。

们的需要在自己的生活中得以展开，并且根源式地引导生活世界的形成，日常生活中隐现着时代主题。

时代主题包含着社会基本矛盾，集中反映了时代的主要矛盾。在唯物史观的理论体系中，社会基本矛盾是整个人类社会历史发展的基本规律，纵观人类社会的全部过程，具有泛历史性。而社会的主要矛盾则是特定的历史阶段中社会系统的存在形态，社会主要矛盾意味着社会发展的主要问题，规定特定时代的主要任务。社会矛盾、社会问题的出现是对时代主题的表达，是时代主题的公开宣言，马克思曾经说过，“问题就是公开的、无畏的、左右一切个人的时代声音。问题就是时代的口号，是它表现自己精神状态的最实际的呼声。”① 问题，尤其是重大的现实问题就是社会主要矛盾的集中体现，社会主要矛盾现实地存在着，它必然会把时代主题表达出来。

时代主题规约了一个时代的核心话语。每个时代都有一些具有时代特色、体现时代特征的常用话语，如：“狠斗私字一闪念”、“高、大、全”、“人有多大胆，地有多大产”、“宁要社会主义的草，不要资本主义的苗”、“大鸣大放大字报”、“赶英超美”、“跑步进入共产主义”、“以阶级斗争为纲”；“发展是硬道理”、“贫穷不是社会主义”、“解放思想、改革开放”、“社会主义市场经济体制”、“一个中心、两个基本点”、“下海”；“可持续发展”、“全面、协调、可持续”、“小康社会”、“与时俱进”、“三个代表”、“公民道德建设”；“科学发展”、“和谐发展”、“PPI、CPI”、“自主创新”、“社会建设”、“以人为本”、“社会主义核心价值体系”、“生态文明”、“循环经济”等。

时代主题凝聚了一个时代的向心张力。各种不同的社会力量处于什么样的张力之中，始终受制于时代主题，时代主题为多元社会张力牵引方向，多维张力以适应时代主题为内核构成具有向心力的张力网络。只要有需要就会有张力，一个时代中的多元需要就会形成一定社会阶段的利益冲突。设定资源具有稀缺性，则个体需要之间的博弈就会形成复杂的张力网络，这一网络并非仅具平面化形态，而是以时代主题为核心具有旋涡态。时代主题凝聚了向心力，把各种彼此冲突的社会力量凝聚旗下。

时代主题反映了一个时代的根本特色。时代特色是时代的基本特征，不同的时代有着不同的时代主题，不同的时代主题形成了不同的时代特

---

① 《马克思恩格斯全集》第40卷，人民出版社1982年版，第289页。

色，不同的时代特征总是以不同的发展机遇和回应发展挑战的重大现实而出现。时代在更替也在发展，与时俱进则是人们适应时代发展的基本要求。与时俱进就是要把握时代主题、领悟时代精神、吹响时代号角，今天的时代号角就是“走自己的路、建设中国特色社会主义”。

时代主题是时代精神的集中体现。时代精神是一个时代的主导意识，反映了时代的要求，体现了时代的趋势，符合大多数人的利益和意愿。当代的时代精神是一种“全面、协调、可持续的”发展精神，这一发展精神符合时代的要求、趋势和意愿。时代主题把时代精神集中地彰显在我们面前，同时，时代主题决定了时代的精神状况以及思想的时代性。在雅斯贝斯看来，当代的精神状况是由于理性主义、个体自我的主体性、世界是在时间中的有形实在这三大原则所形成的精神发展，它已经导向虚无，由此，“我们时代的精神状况包含着巨大的危险，也包含着巨大的可能性。如果我们不能胜任我们所面临的任务，那末，这种精神状况就预示着人类的失败。”① 时代主题决定了思想的时代性。思想是时代的声音，思想的时代性取决于时代主题。尽管社会思想具有多元化的样态，然而时代主题是社会思想的主要内容和核心话题。

时代主题的分析不仅能够揭示某一历史时期的重大的现实问题和历史使命，也能够具有重大的方法论意义，为划分时代、剖析理论、检验实践提供分析视阈。人类历史的世代交替并不是直线式的平铺直叙，而是充满变化，并且在变化中实现进步。每个时代的时代主题的确认对于我们分析这个时代的一系列重大的社会现实问题以及理论问题都提供了客观的社会历史根据，这帮助我们更为清晰地理解每个具体时代，以及这个时代所发生的重大的社会事件和人们的社会生活状况。

时代主题是时代划分的标准。尽管不同的历史时代呈现出多元样态的历史现象相互交杂，然而不同时代的划分需要以时代主题为根本标准。这种划分，既可能包括历史进程的一阶之别，也可能包括特定历史时期的二阶，甚至三阶差异。

时代主题是理论立足于时代的依据，因此是理论的时代性的来源。理论总是时代的理论，每一哲学都是它的时代的哲学②（黑格尔）。时代为理论提供素材和源头活水，也规制了理论的特色和性质，即理论的时

---

① ［德］卡尔·雅斯贝斯著：《时代的精神状况》，王德峰译，上海译文出版社 1997 年版，第 19 页。

② ［德］黑格尔著：《哲学史讲演录》第 1 卷，商务印书馆 1959 年版，第 48 页。

代性。通常而言，理论的时代性包括研究某一时代主题的具体理论，也包括研究一般理论问题时所呈现出来的时代特征、时代风格、时代烙印等。

时代主题是检验实践合理性的重要标杆。人们的社会实践是否合理，或者具有什么样的合理性，对此，存在着多样检验准则。时代主题则是其中历史合法性的现实性原则，是检验实践的现实性、发展性的主要标尺。脱离时代发展、无视时代主题的社会实践或者会停滞，或者是倒退。

（二）马克思所处时代的时代主题：以社会革命来解决生存和发展问题

马克思生活的时代，是无产阶级反对资产阶级的社会革命时代，社会革命就是此时的时代主题，这一社会境遇决定了马克思思想文本的整个语境以及这一语境中的基本思路和主导话语。尽管生存和发展是人类的永恒主题，马克思力图恢复人的本真生存和合理社会的发展，但是阶级斗争是实现这一意图的主要的任务，阶级斗争标志着当时的时代主题。

资产阶级推翻了封建制度。资产阶级赖以形成的生产资料和交换手段是在封建社会里造成的，随着这些生产资料和交换手段的发展，封建的所有制关系已经不能适应生产力的发展，它阻碍生产而不是促进生产。资产阶级斩断了种种的封建羁绊，以利益关系和金钱关系作为人和人之间的联系；对生产工具、生产关系以及全部社会关系进行不断革命；奔走于全球各地、开拓世界市场，把各民族卷入到现代文明；创立城市，使农村屈服于城市，使东方从属于西方；消灭了生产资料、财产和人口的分散状态，使得现代社会走向集中和统一；创造了巨大的生产力和物质财富，并且建立了以自由竞争和与自由竞争相适应的社会制度和政治制度对整个社会进行经济统治和专制统治。马克思以赞扬的态度指出，推翻封建制度是资产阶级非常革命的历史作用。

资产阶级的社会统治建立在资本与雇佣劳动的二元对立的基础之上。资本本是劳动的凝结，却异化为劳动的控制者和统治者，劳动者被工具化，从属于资本增值。资产阶级曾经推动了社会生产力的发展，资本主义私有制却造成了新的社会危机，资本与雇佣劳动的矛盾成为社会的主要矛盾和社会矛盾的中心。资产阶级的统治、资本的社会统治使得劳动者失去了人的生产方式，而只剩下牲畜般的生活，工人像逃避瘟疫般地逃避劳动，不劳动时的工人成为现代国家、监狱、乞丐收容所的管理对象。工人要生存，就必须反抗资本的社会统治。随着资产阶级即资本掌握主导权，无产阶级反对资产阶级的社会革命成为新的时代主题。资产阶级社会并没有消灭阶级对立，而是以新的阶级、新的压迫条件、新的斗争形式代替了旧的。近代资产阶级社会形成了近代的资产阶级统治时代，这是马克思所生活于其中的“我们的时代”，这一时代的阶级对立愈益简化为两个主要阶级——资产阶级和无产阶级——之间的对立，这一对立构成了当时的社会主要矛盾，也形成了现代社会的时代主题——无产阶级反对资产阶级的社会革命。

19 世纪欧洲的工人运动此起彼伏。自资本关系的产生伊始，资本家与雇佣工人之间就处于“一种无休止的战争中”，雇佣工人反对资本家的斗争经历了自发的反对劳动资料这一“资本的物质存在方式”和自觉的反对资本主义私有财产关系两个阶段。“资本的物质存在方式”是“资本主义生产方式的物质基础”，是以机器为代表的生产工具。现代科学技术的发展，是为资本服务的，科学技术参与社会生产的基本途径是机器的生产及在商品生产领域中的运用。在自发斗争时期，面对机器排挤工人的情况，工人不能区别机器与“机器的资本主义应用”，他们采取了捣毁机器的方式与资本家做斗争，此后，19 世纪三四十年代爆发了三大工人运动。但是，没有科学理论引导的工人运动走向了失败。针对这一状况，马克思提出“哲学把无产阶级当做自己的物质武器，同样，无产阶级也把哲学当做自己的精神武器”①，只有这样，马克思以德国的社会革命为对象得出结论说，“在德国，不摧毁一切奴役制，任何一种奴役制都不可能被摧毁。彻底的德国不从根本上进行革命，就不可能完成革命。德国人的解放就是人的解放。这个解放的头脑是哲学，它的心脏是无产阶级。”②

马克思哲学的立足点就是无产阶级的革命运动。马克思把自己的哲学立足点规定为“人类社会或社会化的人类”，就是希望能够制定出符合工人运动的基本规律、引导工人运动合理而有效地得到发展的基本理论和基本原则，使工人运动变成自觉的无产阶级革命。应对现实的无产阶级革命的理论需要，成为马克思制定唯物史观的实践动力，也是马克思哲学对当时时代主题的真实反映。在现实中，工人运动总要受到资产阶级社会和国家的压制，“以竞争为基础的资产阶级社会和它的资产阶级国家由于它的整个物质基础，不能容许公民之间除了竞争以外还有任何其

① 《马克思恩格斯文集》第 1 卷，人民出版社 2009 年版，第 17 页。
② 《马克思恩格斯文集》第 1 卷，人民出版社 2009 年版，第 18 页。

他的斗争，而且一旦人们要‘互相扼住脖子’，资产阶级社会和国家却不是以‘精神’的身份，而是用刺刀武装起来出现的。”[①] 因此，无产阶级要通过革命来实现共产主义，“无论为了使这种共产主义意识普遍地产生还是为了实现事业本身，使人们普遍地发生变化是必需的，这种变化只有在实际运动中，在革命中才有可能实现；因此，革命之所以必需，不仅是因为没有任何其他的办法能够推翻统治阶级，而且还因为推翻统治阶级的那个阶级，只有在革命中才能抛掉自己身上的一切陈旧的肮脏东西，才能胜任重建社会的工作。”[②] 这样才能把自发的工人运动变成自觉的阶级斗争，把工人阶级联合起来与联合起来的资产阶级做全面的斗争。

无产阶级革命要夺取政权、推翻资本主义所有制关系，建立无阶级的社会主义社会。马克思运用唯物史观，科学地揭示了自己的阶级斗争学说同资产阶级关于阶级斗争的观点之间的本质区别，指出发现阶级存在和阶级斗争的并不是自己的功劳，在自己很久以前，资产阶级的历史学家和经济学家对此就已经作过叙述和分析。马克思申明，“我所加上的新内容就是证明了下列几点：（1）阶级的存在仅仅同生产发展的一定历史阶段相联系；（2）阶级斗争必然导致无产阶级专政；（3）这个专政不过是达到消灭一切阶级和进入无阶级社会的过渡”[③]。这样，马克思就把自己的阶级斗争理论建立在唯物史观的科学基础之上，同资产阶级关于阶级斗争的一般论述划清了界限。

产生于时代的理论总是具有时代特色，马克思的资本主义批判理论就是无产阶级革命的时代主题的理论表达，遵循了革命的辩证法。马克思一经发现历史的真理，就立即用于分析现实，为现实的无产阶级革命提供理论依据，这使得马克思哲学中有着浓重的革命色彩，也使得马克思的哲学成为无产阶级解放和人类解放理论。在这里，“解放”与无产阶级的革命斗争相联系，指向旧的社会秩序的破除和颠覆。马克思的解放理论是唯物史观与现实研究的结合，唯物史观的基本原理和方法原则为“解放”奠定合法性基础，而现实则是当时的时代主题、社会境遇、历史趋势，离开了马克思的时代的现实，解放理论就会在抽象中泛历史化。以泛历史性的解放范式为理论的基本原则，则会以阶级性、斗争性、革命性为社会群体的分类原则，使得社会关系始终处于对立的境地，而忽

① 《马克思恩格斯全集》第3卷，人民出版社1960年版，第418页。
② 《马克思恩格斯文集》第1卷，人民出版社2009年版，第543页。
③ 《马克思恩格斯文集》第10卷，人民出版社2009年版，第106页。

视现实中时代主题的变化，因此，须以历史唯物主义的基本理论来关注变化着的现实，而不是把特定时代的理论结论抬高到一般理论原则的层面，否则，就会走向教条主义的理论困境。以历史发展的一般规律、社会基本矛盾为基础的唯物史观具有普遍的方法论意义，而现实则是不断变化、发展的，现实中的主要矛盾、时代主题也会发生变化。

（三）当代的时代主题：以怎样发展来解决生存和发展问题

生存和发展是人类永恒的主题，但是，在不同的时代条件下，如何解答生存和发展的要求则体现着不同的时代特色。如果说解放是通过社会革命来破除旧的社会秩序，那么发展则是通过社会建设来建立新的社会秩序。现代社会的发展，既包括资本主义的发展，也包括社会主义的发展；既包括发达国家的发展，也包括发展中国家的发展，是全球性的发展，所有的文明和国度都只能参与而不能悖逆发展的洪流，发展已经成为当代的时代主题。

就整个世界的状况而言，20 世纪 80 年代，邓小平同志认为“和平与发展是时代的主题”，这一时代主题的要求是“发展才是硬道理”。进入 21 世纪，当代的中国化马克思主义认为，“和平与发展仍然是时代主题，求和平、谋发展、促合作已经成为不可阻挡的时代潮流”①。这意味着和平成为获得发展的前提，发展的时代主题已经获得了全球化的展开，人们的热点话题是关于发展的问题，建设性的发展哲学取代批判性的斗争哲学成为显学。对发展问题的关注和反思推动了发展观的不断创新，从对“增长的极限”的担忧，到内生的、整体的、全面的“新发展观”，到“可持续发展”理念的普世化，到具体化的“全面、协调、可持续”的发展观，直至今天的“科学发展观”，怎样发展、实现什么样的发展日益成为人们关注的核心话题。

当前，发展已经是全球性的共识，全球国家都在寻求各自的发展道路和发展模式。中国的现代化发展立足于本国国情，确立了中国特色社会主义的发展道路，继续解放思想，坚持改革开放，推动科学发展，促进社会和谐，中国发展模式取得极大成效。“中国模式”（或“中国道路”、“北京共识”等），特指中国经济模式。改革开放以来，中国经济发展取得的成就引起全球的关注，“中国模式”的说法成为人们研究

---

① 胡锦涛：《高举中国特色社会主义伟大旗帜 为夺取全面建设小康社会新胜利而奋斗——在中国共产党第十七次全国代表大会上的报告》，人民出版社 2007 年版，第 46 页。

的焦点。美国模式是由美国价值观主导下，美国社会、政治和经济运行的综合模式，是美国主导全球化进程但并不承担相应国际义务的优劣并存的模式。欧盟是世界上最大的联盟国家，是一种保持各参加国主权而形成的比较紧密的共同体性质的国家联盟。而且正朝着政治、经济、军事的一体化发展。这是世界上国与国形成的联盟模式，从目前来看，而且也是成功的首创。欧盟是国与国联盟的形式，但这不是单一的政治因素的联合，而是欧盟内部各国在经济、文化、政治、军事因素的自然联合。

在网络化的全球交往中，全球国家的发展相互影响。全球化是个进程，指的是物质和精神产品的流动冲破区域和国界的束缚，影响到地球上每个角落的生活。全球化还包括人员的跨国界流动，人的流动是物质和精神产品流动最高程度的综合。在全球化进程中，世界各国相互影响，各国的发展联系更加紧密，各国的发展战略、发展实践、发展模式相互借鉴，各国的发展共性构成了全球化条件下的新时代的时代主题。尽管和平问题——当代的时代主题的另一个方面——仍然非常重要，但发展问题更具有全球性。

全球性的发展问题是全球国家发展中面临的共同问题。“全球问题”这个概念，是由欧美学术界、企业界、政界人士组成的一个未来学研究机构——罗马俱乐部于20世纪60年代末首先提出的。罗马俱乐部把全球问题的研究又称作“人类困境研究”，这也就是全球问题研究的本义，即专指那些可能导致现在和未来“人类困境”的若干重大问题的研究。关于全球问题的具体内容，罗马俱乐部的发起者和首任主席，意大利著名企业家和社会活动家A.佩切伊曾经开列了一个相当详细的单子，这就是：失去控制的人口增长，社会的沟壑和分层，社会的不公平、饥饿和营养不良，广泛的贫困和失业，对增长的狂热，通货膨胀，能源危机，现实的和潜在的资源匮乏，国际贸易和货币瓦解，保护主义，文盲和不合乎时代的教育，青年的反叛，异化，难以控制的扩张和城市衰退，犯罪和吸毒，暴行的爆发和新式的警察残酷，拷打和恐怖主义，对法律和秩序的藐视，愚蠢的核行动，制度的无效和不健全，政治腐败，官僚主义，环境恶化，道德价值的下降，信念丧失，不稳定感……——还有对这一切问题和它们之间的相互联系认识不足，等等。

全球问题的实质既是为谁发展，又是怎样发展的时代主题。全球范围内的为谁发展、怎样发展分别涉及发展的价值指向和发展方式问题。为谁发展是发展的价值指向，在全球化进程中，随着交往突破民族、区域和国家的边际，人类日益真实[①]。怎样发展指的是发展方式问题，即如何把各种资源的整合进行有效地排序，从而获得经济效益、社会效益和生态效益等多重效益。

社会发展的实质是人的发展。人的发展包括物质生活的充裕、政治生活的民主和自由、精神生活的满足与幸福等构建起来的整体发展。在全球化的进程中，人的发展既包括人类的福祉，也包括个体生活质量的提高。人类的发展主要是关于经济社会发展与地球的承载能力之间的关系，“环境与发展的统一是对所有国家的要求，不管是富国还是穷国”[②]，人类的发展必须坚持可持续发展的理念和原则。正是以人类价值为指向，人们制定了一些全球性的措施，并且开展了新的环境治理实践，这些文献和行动构成了人类“新文明的路标”。尽管在承担责任的多少等方面仍然存在分歧，但全人类的价值指向是发展共识的内在动力。人的发展还包括特殊的人群和个体的发展，个人的发展是个人需要和利益、民主和自由、充实与幸福等的总和，即个人实践能力和增强生活质量的提高。人的发展是社会发展的根本要求和价值旨归，是社会发展最终的评价原则，因此，发展必须要以人为本。在中国，科学发展观的价值指向就是其“以人为本”的核心。以人为本的发展核心涉及中国现代化发展的方方面面，在经济发展方面，就是从突出强调物质生产和消费、GDP增长、粗放型增长方式转变为综合平衡的协调发展，把发展的物质化追求转变为物质财富的更好地服务于人；在政治方面，就是明确为人民服务的基本理念，强调政治实践中做到“权为民所用，利为民所谋”，坚持中国特色社会主义道路，解放思想，改革开放，从新的历史起点出发，抓住和用好重要战略机遇期，求真务实，锐意进取，继续全面建设小康社会、加快推进社会主义现代化，完成时代赋予的崇高使命，等等。

---

① 此处的“人类”不是人种学意义上与动物相区别的人“类”，而是随着历史进入世界历史，随着资产阶级奔走于全球各地而把世界联成一体所形成的历史学的人类。只有最遥远的交往在社会化、社会分工、社会联合的全球化进程中得以实现，世界历史才得以可能，而不是民族史和国家史的加和，只有在彼此的历史性联系中，人类才真正出现在地球之上。从这个意义上来说，费尔巴哈的“类”以生物学为依据，而马克思则借鉴了黑格尔的世界历史理论、立足于世界历史性的交往实践来看待人类，是对费尔巴哈的自然主义人“类”学的社会性、历史性超越，是历史关怀中的人类学，是真正的人类历史学。当今世界，全球化把所有的人流和物流纳入全球一体化的轨道，民族、区域和国家的发展日益成为人类发展的特殊形态，民族史、区域史和国家史成为人类史的分支，人类真实地出场。

② 世界环境与发展委员会著：《我们共同的未来》，王之佳等译，吉林人民出版社1997年版，第48页。

发展价值的实现途径就是发展方式，即怎样发展。怎样发展是发展中的要素排序，要求处理好区域之间、行业之间、部门之间、人与人之间、人与自然之间、国家之间、民族之间、文化之间的协调与平衡。可持续发展是当代全球性的发展理念。1987 年，布伦特兰委员会提出“可持续发展是既满足当代人的需要，又不对后代人满足其需要的能力构成危害的发展”[①]。其中强调了“需要”和“限制”两个基本概念，以人类需要的满足为主要目标，重视具有长期的可持续性的消费，提升全面的发展潜力，反对掠夺资源和过度开发，减少发展对支撑地球生命的自然系统的干扰和危害，保护环境，减少不可再生资源的使用并寻求替代物，以共同利益为基础、强调社会正义。可持续发展理念的提出对全球性的发展关注具有重要的启发性价值，并且迅速传播到世界各地，成为新的发展观的依据和前提。

科学发展观的基本要求是全面协调可持续，基本方法是统筹兼顾。自从“可持续发展”理念进入中国之后，自 20 世纪 90 年代以来，中国一直强调全面协调可持续的发展方式，即“要按照中国特色社会主义事业总体布局，全面推进经济建设、政治建设、文化建设、社会建设，促进现代化建设各个环节、各个方面相协调，促进生产关系与生产力、上层建筑与经济基础相协调。坚持生产发展、生活富裕、生态良好的文明发展道路，建设资源节约型、环境友好型社会，实现速度和结构质量效益相统一、经济发展与人口资源环境相协调，使人民在良好生态环境中生产生活，实现经济社会永续发展”[②]。实现全面协调可持续的发展需要具体的方式方法，这就是统筹兼顾。统筹兼顾就是“要正确认识和妥善处理中国特色社会主义事业中的重大关系，统筹城乡发展、区域发展、经济社会发展、人与自然和谐发展、国内发展和对外开放，统筹中央和地方关系，统筹个人利益和集体利益、局部利益和整体利益、当前利益和长远利益，充分调动各方面积极性。统筹国内国际两个大局，树立世界眼光，加强战略思维，善于从国际形势发展变化中把握发展机遇、应对风险挑战，营造良好国际环境。既要总览全局、统筹规划，又要抓住牵动全局的主要工作、事关群众利益的突出问题，着力推进、重点突破”[③]。

---

① 世界环境与发展委员会著：《我们共同的未来》，王之佳等译，吉林人民出版社 1997 年版，第 52 页。

② 胡锦涛：《高举中国特色社会主义伟大旗帜　为夺取全面建设小康社会新胜利而奋斗——在中国共产党第十七次全国代表大会上的报告》，人民出版社 2007 年版，第 15 页。

③ 胡锦涛：《高举中国特色社会主义伟大旗帜　为夺取全面建设小康社会新胜利而奋斗——在中国共产党第十七次全国代表大会上的报告》，人民出版社 2007 年版，第 16 页。

时代主题的转换要求马克思主义者立足于时代发展来坚持和发展马克思主义。时代主题的转换已经成为事实，今天的马克思主义者需要用马克思主义的基本原理、基本方法和基本立场来关注当代现实，也要根据现实的重大转变来发展马克思主义。在社会革命（消解一个社会的基本结构）的时代，马克思以科学的唯物史观为理论依据，提出了人类解放和阶级斗争理论，并且在革命的实践中取得明显成效；在社会发展（建设一个社会的基本结构）的时代，我们就必须根据当代的时代主题，把马克思主义的基本原理和当代实践、具体情况相结合，提出符合时代主题、时代现实的指导思想，提出发展的辩证法。

二、从革命到发展：历史辩证法的形态更替

社会发展的整体性进程可以分为革命和发展两个具体形态，革命是破除旧的社会形态和社会秩序，而发展则是建设新的社会形态和社会结构。社会结构、社会秩序的破除与建设是前后相继、辩证统一的，构成了整体性的人类历史发展过程。然而，革命时期与建设发展[①]时期显然有着诸多的不同，革命时期的时代主题对应着阶级斗争、武装斗争、革命的暴力，甚至革命时期的人的本质属性也对应着阶级性的解释，而发展的时代主题则对应着经济增长、利益协调、社会建设、人的阶层化，等等。不同历史时代，历史唯物主义也体现为不同的具体形态，在革命时期的“实践的唯物主义”具体化为革命的辩证法，而在发展时期则是发展的辩证法。

（一）革命的时代主题与历史唯物主义的革命辩证法

卢卡奇把马克思的历史唯物主义遵循的辩证法是革命的辩证法。以理论与实践的革命性统一的历史过程为基础，卢卡奇认为，“唯物主义的辩证法是一种革命的辩证法。”[②] 革命性质是唯物辩证法的本质。强调辩证法的革命性的基本要旨是指认出无产阶级革命的科学性，张一兵教授

① 从一般的意义上来看，发展是事物的前进的、上升的运动，是新事物取代旧事物的过程。从社会发展的特殊层面来看，发展是社会状态和社会形态从低级到高级的运动，是新社会取代旧社会的过程；在具体地来看，发展是已经形成的新的社会秩序和社会结构如何丰富、成熟和全面展开的过程。

② ［匈］乔治·卢卡奇著：《历史和阶级意识》，张西平译，重庆出版社1989年版，第2页。

认为，这正是体现了“革命，是青年卢卡奇要从理论上认证的东西”①。从这一立场出发，卢卡奇把历史唯物主义方法与现实的无产阶级的“实践的和批判的”革命斗争结合起来了，而这都是现实社会发展的方面，理论的方面和现实的方面。卢卡奇对于“什么是历史唯物主义”的回答，在一般科学的层面确认“历史唯物主义是一种认识历史的事件，并能掌握住其真正性质的科学方法”，而通过与资产阶级历史方法的对比，卢卡奇则认为，“对于无产阶级来说，历史唯物主义有着比历史研究的方法更大的价值。它是所有无产阶级的武器中最重要的武器之一”，这是因为历史唯物主义所发现的质朴真理将会在无产阶级的阶级斗争中变成发动群众的口号和最有力的武器，是无产阶级的“阶级斗争的工具”②。

马尔库塞认为“马克思的辩证法”是具有现实特征的否定的辩证法。在马尔库塞看来，辩证法不是适用于一切对象的抽象原则，而仅是一种历史的方法，是现实的历史阶段的否定的辩证法。现实的否定是马克思历史唯物主义所针对的具体化的历史条件，“马克思辩证法所涉及的整体就是阶级社会的整体，所涉及的形成其辩证的矛盾的否定性和限定其内容的否定性就是阶级关系的否定。”③ 因此，否定性的历史辩证法与阶级斗争是一致的。

的确，在马克思的生活时代，阶级斗争、社会革命是解决不合理的现存世界的根本方式。革命的时代需要革命的历史辩证法，因此，马克思的历史唯物主义一经形成，就用于指导无产阶级反对资产阶级的革命实践。恩格斯在《在马克思墓前的讲话》中把马克思明确地总结为一个革命家，他说，“因为马克思首先是一个革命家。他毕生的真正使命，就是以这种或那种方式参加推翻资本主义社会及其所建立的国家设施的事业，参加现代无产阶级的解放事业，正是他第一次使现代无产阶级意识到自身的地位和需要，意识到自身解放的条件。斗争是他的生命要素。很少有人像他那样满腔热情、坚韧不拔和卓有成效地进行斗争。”④ 革命家是革命的时代主题的实践者，更何况，斗争是马克思的“生命要素”。革命就是推翻旧的社会秩序，建立新社会，在1850年3月的《共产主义者同盟中央委员会告同盟书》中，马克思和恩格斯指出，“对我们说来，

---

① 张一兵著：《文本的深度耕犁》第1卷，中国人民大学出版社2004年版，第19页。

② ［匈］乔治·卢卡奇著：《历史和阶级意识》，张西平译，重庆出版社1989年版，第240—241页。

③ ［美］马尔库塞著：《理性和革命》，程志民译，重庆出版社1993年版，第284页。

④ 《马克思恩格斯文集》第3卷，人民出版社2009年版，第602页。

问题不在于改变私有制，而只在于消灭私有制，不在于掩盖阶级对立，而在于消灭阶级，不在于改良现存社会，而在于建立新社会。”①

在马克思看来，在革命的时代主题条件下，改良社会是一种乌托邦式的空论，体现了小资产阶级变革社会秩序的意愿。由于小资产阶级社会主义“梦想和平实现自己的社会主义”，它“把未来的历史进程想象为正在或已经由社会思想家协力或单独设计的种种体系的实现”，从而成为“折衷主义者或成为现有社会主义体系即空论的社会主义的行家”，马克思批判道，“这种乌托邦，这种空论的社会主义，想使全部运动都服从于运动的一个阶段，用个别学究的头脑活动来代替共同的社会生产，而主要是幻想借助小小的花招和巨大的感伤情怀来消除阶级的革命斗争及其必要性；这种空论的社会主义实质上只是把现代社会理想化，描绘出一幅没有阴暗面的现代社会的图画，并且不顾这个社会的现实而力求实现自己的理想”，与此相反，无产阶级的“革命的社会主义”则“宣布不断革命，就是无产阶级的阶级专政，这种专政是达到消灭一切阶级差别，达到消灭这些差别所由产生的一切生产关系，达到消灭和这些生产关系相适应的一切社会关系，达到改变由这些社会关系产生出来的一切观念的必然的过渡阶段。”② 革命，只有无产阶级的社会革命才是改变现存世界的必然途径。

因此，革命的辩证法是现存世界的革命化。马克思说，“对实践的唯物主义者即共产主义者来说，全部问题都在于使现存世界革命化，实际地反对并改变现存的事物。”③ 革命是反对和改变现存社会秩序的实际的方式，真正改变现存世界的只能是社会革命，而不是思想家们的抽象的理论批判。如果现存世界指的是现代资本主义社会，那么革命就是无产阶级反对资产阶级的斗争。对现存世界的革命在理论上和实践上是一致的，无产阶级革命是马克思哲学的物质力量，马克思哲学是无产阶级革命的头脑。马克思说，“在德国，不摧毁一切奴役制，任何一种奴役制都不可能被摧毁。彻底的德国不从根本上进行革命，就不可能完成革命。德国人的解放就是人的解放。这个解放的头脑是哲学，它的心脏是无产阶级。哲学不消灭无产阶级，就不能成为现实；无产阶级不把哲学变成现实，就不可能消灭自身。”④

① 《马克思恩格斯文集》第2卷，人民出版社2009年版，第192页。
② 《马克思恩格斯文集》第2卷，人民出版社2009年版，第166页。
③ 《马克思恩格斯文集》第1卷，人民出版社2009年版，第527页。
④ 《马克思恩格斯文集》第1卷，人民出版社2009年版，第18页。

革命的无产阶级是在反革命势力的联合中开辟革命道路的。在《1848—1850年的法兰西阶级斗争》中，马克思指出，“革命的进展不是在它获得的直接的悲喜剧式的胜利中，相反，是在产生一个联合起来的、强大的反革命势力的过程中，即在产生一个敌对势力的过程中为自己开拓道路的，只是通过和这个敌对势力的斗争，主张变革的党才走向成熟，成为一个真正革命的党。”① 革命力量与反革命势力的斗争锻炼了无产阶级的政党，使之走向成熟，具有真正的革命要求和革命性质，这意味着革命的无产阶级的自我觉醒。

只有在革命的实践者，无产阶级才能真正地觉醒。马克思说，“革命之所以必需，不仅是因为没有任何其他的办法能够推翻统治阶级，而且还因为推翻统治阶级的那个阶级，只有在革命中才能抛掉自己身上的一切陈旧的肮脏东西，才能胜任重建社会的工作。”② 革命的无产阶级只有在革命实践中抛掉自己的缺陷和不足，才能从自发走向自觉、有意识地从事革命实践以改变现存世界，实现自身的解放和人类的解放。

无产阶级革命的胜利与资产阶级的灭亡一样是历史的必然。在《共产党宣言》中，马克思和恩格斯指出，“无产阶级，现今社会的最下层，如果不炸毁构成官方社会的整个上层，就不能抬起头来，挺起胸来”，无产阶级通过革命的联合为资产阶级掘墓，从历史的辩证规律来看，“资产阶级的灭亡和无产阶级的胜利是同样不可避免的。”③ 在其现实性上，历史唯物主义要为无产阶级战胜资产阶级做历史性的说明，这一说明，正是历史唯物主义的革命辩证法。

现实的人是历史的实践者，革命的辩证法把“实践的人道主义”革命化。马克思用“实践的人道主义”批判了资本主义社会对现实的人的统治，以私有财产制度为核心的资本主义社会制度把工人仅仅当作工人，当作奴役的对象，工人失去了作为人的本真的存在方式。马克思从异化劳动的扬弃出发，提出了“实践的人道主义”。异化劳动的扬弃方式是现实的共产主义运动，共产主义运动是劳动的无产阶级反对资产阶级和私有财产制度的革命实践，革命是无产阶级复归自身的本真存在方式的必要手段，而仅仅用共产主义思想来扬弃异化劳动不能解决现实问题。

革命的辩证法把资产阶级认作一个历史性的存在者。在反对封建主

① 《马克思恩格斯文集》第2卷，人民出版社2009年版，第79页。
② 《马克思恩格斯文集》第1卷，人民出版社2009年版，第543页。
③ 《马克思恩格斯文集》第2卷，人民出版社2009年版，第43页。

义的斗争中，资产阶级曾经起过非常革命的作用。但是，随着资产阶级成为新的社会统治者，它只是用一种奴役制代替另一种奴役制。随着生产力的发展，随着工人阶级的觉醒，这种资产阶级的奴役制必然被颠覆。革命的辩证法把无产阶级专政的社会作为新的社会形态，而无产阶级专政只不过是走向无阶级专政的社会的过渡。革命的辩证法形成人类的"解放"话语。革命的辩证法的话语形态是革命、斗争、反抗和解放，无产阶级革命所要实现的就是人的解放。

革命辩证法形成了历史中的阶级分析法。阶级是私有制社会中的社会集团，它们在生产关系中处于不同地位，"其中一个集团能够占有另一个集团的劳动。"[①] 阶级社会中的人总是处于一定的阶级集团之中，人的阶级性是其社会性的主导方面。阶级分析法是基于社会基本矛盾原理，把阶级关系主要的生产关系和社会关系来考察阶级社会的基本分析方法。阶级分析法是历史唯物主义的革命辩证法的基本方法，对于理解阶级社会的发展具有重要的理论意义，它既是阶级社会的社会结构的科学分析，也为无产阶级自觉地形成自己的阶级意识、积极实践阶级斗争提供了历史唯物主义的理论依据。

（二）发展的时代主题与历史唯物主义的发展辩证法

发展的时代主题产生的是辩证的发展观。发展观是关于发展的理论，既包括一般的人类发展研究，也包括特定社会阶段的发展状况、发展方式、发展目标等的研究。发展的时代主题所规定的是具体的发展观念。特定历史时期的社会发展现实总是包含多维度、多层次、多方面的系统展开，甚至对同一个方面的研究从不同的视角也会得出不同的认识，因而一个社会总是多元发展观并存。其中，能够科学地把握发展方式的本质的是辩证的科学发展观。

中国化马克思主义提出的"科学发展观"较好地体现了发展的辩证法。科学发展观，"第一要义是发展，核心是以人为本，基本要求是全面协调可持续，根本方法是统筹兼顾"。在科学发展观中，"第一要义"、"核心"、"基本要求"和"基本方法"构成了有机联系的整体，体现了辩证的发展观。发展的"第一要义"意味着发展对于当前中国具有决定性的意义，我们的所有问题都要通过发展来解决，发展是硬道理。发展的"核心"意味着人民群众是发展的出发点和落脚点，人民群众的切身

---

① 《列宁专题文集·论社会主义》，人民出版社 2009 年版，第 145 页。

利益是社会发展工作的价值目标，只有这样，才能充分发挥人民群众建设中国特色社会主义的积极性和主动性。发展的“基本要求”意味着发展的必须遵循的基本规定。发展的“基本方法”则是采用有机耦合的方式把发展的各个要素、各个方面统筹起来，获得全面的整体性的发展。科学发展观的几个方面是一个有机的整体，体现了发展的辩证法。

从一般的层面来看，科学的发展观是社会发展中的各要素的有机统一。社会的发展可以包括经济、政治、文化、社会、生态等的发展，也包括人的发展。无论是内生的、整体的、综合的发展观，还是可持续的发展观，或科学发展观都是对发展过程中的各个要素的结构设计和价值排序，发展要素之间能否做到有机统一，决定了发展观对现实发展过程的解释力和指导作用，从而决定了发展观的现实价值和适用范围。

发展的时代主题规定着发展理论是当下的主导理论。在当代发展理论中，以“传统农业社会向现代工业社会和信息化社会的转变，即现代化”为主的发展观，“是发展理论从当代社会实践中提升出来加以总结概括形成的特有范畴。”[①] 作为当代发展主题的理论反映，社会发展理论是在现代化的意义上来看待社会发展，正如岳长龄先生在概说发展理论时所提出的，社会发展理论或发展研究的对象域不是一般意义上的适用于历史上任何一种社会的社会发展理论（区别于历史哲学、社会哲学等等），而是近代以来特别是当代的特定的社会发展即现代化问题，因此可以说是一种广义的现代化理论。广义而言，现代化作为一个世界性的历史过程，是指人类社会从工业革命以来所经历的一场急剧变革，这一变革以工业化为推动力，导致传统的农业社会向现代工业社会的全球性的大转变过程，它使工业主义渗透到经济、政治、文化、思想各个领域，引起深刻的相应变化；狭义而言，现代化又不是一个自然的社会演变过程，它是落后国家采取高效率的途径（其中包括利用传统的因素），通过有计划的经济技术改造和学习世界先进，带动广泛的社会改革，以迅速赶上先进工业国适应现代世界环境的发展过程。

20 世纪 70 年代末 80 年代初开始，中国化的马克思主义者开始探索中国特色社会主义发展道路，立足于社会主义初级阶段的基本国情，以经济建设为发展的中心，邓小平说，“现代化建设的任务是多方面的，各个方面需要综合平衡，不能单打一。但是说到最后，还是要把经济建设当作中心。离开了经济建设这个中心，就有丧失物质基础的危险。其他

① 庞元正、丁冬红等著：《发展理论论纲》，中共中央党校出版社 2000 年版，第 37 页。

一切任务都要服从这个中心，围绕这个中心，决不能干扰它，冲击它。”①改革开放以来，中国的发展获得了巨大的成就，也带来了一些不合理的发展问题，中国共产党的《十七大报告》充分考虑到发展的问题，提出转变发展方式的根本要求，把经济建设、政治建设、文化建设和社会建设合为一体，要求贯彻落实科学发展观，通过社会治理协调各阶层利益，从而做到发展成果为人民共享，推动社会主义和谐社会建设。

当代社会发展的时代主题提出了研究历史唯物主义关于社会发展的理论要求，需要以历史唯物主义的发展辩证法来指导社会发展实践。就马克思立足于现代西方社会发展的历史境遇而言，历史唯物主义与西方的现代化进程紧密结合，而就马克思关于中国、俄国的社会发展而言，马克思所考虑的是东方社会发展理论。同时，在考察西方社会发展时，马克思把社会发展与无产阶级革命紧密结合起来，这正如刘森林所认为的，“对马克思来说，‘发展’有两个限定：一是立足于西方而言的发展，这种发展将传遍全世界。二是对于无产阶级而言的发展。由于他认定无产阶级会逐渐在发展中取代资产阶级唱主角，所以，最终而言这两个限定是统一的。”②

从当代发展理论的基本语境出发来理解马克思的发展理论，发展辩证法是历史唯物主义的主要理论形态。发展辩证法是对社会发展过程的全面、动态、有机的考察方法，是共时态的发展要素的有机组成和历时态的社会发展形态更替的历史性统一，当然，这里的发展不是一般意义上的人类社会的发展，而是现代化进程中的当代社会发展。

从生产力和生产方式作为社会发展的决定性要素来看，资本主义社会的现代发展是从农业文明时期的小生产方式向着现代工业化生产方式的转变。关于小生产方式主导的农业文明社会的基本特征，马克思概括说，“小农人数众多，他们的生活条件相同，但是彼此间并没有发生多种多样的关系。他们的生产方式不是使他们互相交往，而是使他们互相隔离。这种隔离状态由于法国的交通不便和农民的贫困而更为加强了。他们进行生产的地盘，即小块土地，不容许在耕作时进行分工，应用科学，因而也就没有多种多样的发展，没有各种不同的才能，没有丰富的社会关系。每一个农户差不多都是自给自足的，都是直接生产自己的大部分

① 《邓小平文选》第二卷，人民出版社1994年版，第250页。

② 刘森林著：《重思发展——马克思发展理论的当代价值》，人民出版社2003年版，第200页。

消费品，因而他们取得生活资料多半是靠与自然交换，而不是靠与社会交往。”[①] 马克思还指出，小生产方式“以土地和其他生产资料的分散为前提”，“它既排斥生产资料的积聚，也排斥协作，排斥同一生产过程内部的分工，排斥对自然的社会统治和社会调节，排斥社会生产力的自由发展。它只同生产和社会的狭隘的自然产生的界限相容”[②]。随着生产力的发展，小生产方式转变为现代化的社会化大生产，原始性地推动了整个社会的现代化转型，马克思说，“资产阶级历史时期负有为新世界创造物质基础的使命：一方面要造成以全人类互相依赖为基础的普遍交往，以及进行这种交往的工具，另一方面要发展人的生产力，把物质生产变成对自然力的科学支配。”[③] 新世界是工业化的现代人类文明时代，是从传统的农业文明向着现代工业文明的转型社会。

现代化的社会发展是生产力的极大解放。大工业建立起了全新的生产体系，迅速改进了一切生产工具，创造出了“比过去一切世代创造的全部生产力还要多、还要大”的现代生产力。生产的扩大，建立起了新的商品世界，推动了世界市场的建立，社会交往突破了区域和民族国家的界限，趋向世界交往，世界市场的开拓，“使一切国家的生产和消费都成为世界性的了”。资产阶级“按照自己的面貌”所创造的新世界，就是现代化的社会，现代生产力的发展形成了工业化、城市化、社会结构二元化、集中化、高度的社会分工、机器化，等等，从而实现了现代国家经济的迅速发展。

随着生产方式、商品和资本的全球化扩展，资产阶级所主导下的现代化发展伴随着相应的政治上的进展，以及欧洲政治向着全世界的模式化传播。现代化不仅是经济的迅速发展，政治国家也在资产阶级革命的震动中实现转变，“政治的集中”取代了政治的分散状态，统一的民族拥有“统一的政府、统一的法律、统一的民族阶级利益和统一的关税”。政治的现代发展适应了生产力和社会经济的发展要求，传统社会中的封建所有制和社会关系被“与自由竞争相适应的社会制度和政治制度”以及新的生产关系所取代。

在现代化进程中，与经济、政治转变相适应的还有文化和社会状况的现代转变。现代的生产和交换把世界各民族紧密连在一起，“各民族的

---

① 《马克思恩格斯文集》第2卷，人民出版社2009年版，第566页。

② 《马克思恩格斯文集》第5卷，人民出版社2009年版，第872页。

③ 《马克思恩格斯文集》第2卷，人民出版社2009年版，第691页。

精神产品成了公共的财产。民族的片面性和局限性日益成为不可能，于是由许多种民族的和地方的文学形成了一种世界的文学。"① 现代的社会发展还表现为社会结构的二元化转型，即简单化为劳资对立。同时，世界秩序也出现了以欧洲为中心的东方从属于西方的格局。

整体来看，马克思从历史唯物主义的基本原理出发强调了社会发展的辩证法。社会发展是社会进步与人的发展的统一。马克思强调发展是社会的全面进步，物的发展包括生产力的发展、生产方式的更新、科学技术的发展、社会制度的建设、人与自然的协调发展。人的发展则是人的自由自觉、全面丰富的发展，是人的本质力量的充实和实现，每个人的发展是一切人的发展前提和目的。就人的发展而言，社会的全面进步是人的依赖性逐渐减弱、自主性逐渐增强的社会发展过程，人的自主性的增强，需要摆脱和解除物对于人的控制，在人从依赖性的不自由到全面摆脱对物的依赖的自由自觉的发展的过程中，每个人的发展是一切人的发展的前提。

（三）革命辩证法与发展辩证法是历史唯物主义的交织更替形态

在《德意志意识形态》中，马克思叙述了历史唯物主义的基本观点。在马克思看来，从现实的人的能动的生活过程可以看到，历史不是呈现的经验论者所谓的"僵死事实的搜集"，也不是唯心主义者所谓的"想象的主体的想象的活动"，而是在生活经验中展开的世代交替。历史的发展以改造自然的物质生产为前提，通过人与人之间的社会交往而有规律地展开。贯穿于一切历史过程中的基本规律是生产力与交往形式（经济关系）之间的冲突。

马克思批评了对历史唯物主义的教条主义态度。在《给〈祖国纪事〉杂志编辑部的信》中马克思说，一些人把他"关于西欧资本主义起源的历史概述彻底变成一般发展道路的历史哲学理论，一切民族，不管它们所处的历史环境如何，都注定要走这条道路，——以便最后都达到在保证社会劳动生产力极高度发展的同时又保证每个生产者个人最全面的发展的这样一种经济形态"，这是对马克思的理论成果的极大认同，同时，也是对马克思历史唯物主义的教条主义态度。然而，"极为相似的事变发生在不同的历史环境中就引起了完全不同的结果。如果把这些演变中的每一个都分别加以研究，然后再把它们加以比较，我们就会很容易地找

① 《马克思恩格斯文集》第2卷，人民出版社2009年版，第35页。

到理解这种现象的钥匙；但是，使用一般历史哲学理论这一把万能钥匙，那是永远达不到这种目的的，这种历史哲学理论的最大长处就在于它是超历史的。"① 马克思所要强调的是，历史唯物主义本身是从现实的历史发展中直接和概括出来的一般历史哲学，是理论的抽象，具有超历史性质，而历史唯物主义的现实化应用需要根据不同的历史环境和历史现象加以区分，而不能教条主义地拿来就用。这启示了：实事求是地对待和应用历史唯物主义才能针对现实问题，才能具体的解答现实问题，同时，立足于不同的现实问题，历史唯物主义需要获得具体的存在形态。

就马克思在《德意志意识形态》中对历史的一般描述来看，历史唯物主义考察的是一般的人类社会发展史。历史唯物主义揭示了社会发展的一般规律，即社会基本矛盾，社会基本矛盾是生产力与生产关系、经济基础与上层建筑之间的矛盾，贯穿于人类社会的全部过程。在阶级社会中，只要社会历史是"阶级斗争的历史"，那么人类社会的发展过程就始终处于发展建设与革命斗争的相互交织之中，社会革命是新的社会取代旧社会，而社会发展则是建设新社会。把辩证法的"发展"具体化，那么革命是旧事物的灭亡，而发展是新事物的产生和充实。对于社会发展而言，社会革命就是代表先进生产力的社会阶级对于代表落后生产关系的社会阶级之间的阶级斗争，而社会发展则是生产关系处于相对协调、社会处于相对稳定的条件下，以生产力的发展和经济建设为基础的社会的全面进步。在历史进程中，革命与发展的相互交织、彼此更替是总体的社会发展形态的主要表现方式，这一事实决定了历史唯物主义具体化的应用形态。

历史唯物主义是革命与发展相互交织的唯物主义辩证法。其中，革命阶段的历史辩证法是革命的历史唯物主义，是历史唯物主义的革命形态，体现了历史唯物主义的批判性质，为批判现实、变革现实提供了理论依据。发展阶段的历史辩证法是发展的历史唯物主义，是历史唯物主义的发展形态，体现了历史唯物主义的建设现实，为建设社会、推进发展提供了理论依据。革命与发展是整体性的社会发展的两个前后相继、相互交织的社会状态，历史唯物主义作为一般的历史哲学既把现实的社会革命和社会发展作为理论的前提，又指向社会革命和社会发展现实，是革命辩证法与发展辩证法的辩证统一。

革命辩证法是从历史唯物主义的基本立场和基本方法出发，对社会

① 《马克思恩格斯文集》第3卷，人民出版社2009年版，第466页。

革命的时代主题的概括。革命的时代主题要求革命的辩证法，革命辩证法是历史唯物主义的革命性质的体现。革命辩证法把社会革命当作社会发展的直接动力，认为社会革命是解放和发展生产力的必要条件，革命是生产关系以及由此形成的一切社会关系的改变方式，无产阶级革命以人的全面发展和人类解放为价值目标，这会形成人类解放理论。

发展辩证法是从历史唯物主义的基本立场和基本方法出发，对社会发展的时代主题的概括。发展的时代主题要求发展的辩证法，发展辩证法是历史唯物主义的发展性质的体现。发展辩证法把社会发展和社会建设当作人类社会进步的动力，认为社会发展是解放和发展生产力，解决一切社会问题都要靠发展，改革生产关系以及其他一切社会关系，人的发展是社会发展的最终目标，这种理论成果就表现为人类发展理论。

在这里，并没有两种不同的历史唯物主义，而是历史唯物主义的两种不同存在形态。无论是发展也是一种革命，还是革命本身就是社会发展的一种方式，革命和发展都是人类社会发展的特定方式，革命辩证法和发展辩证法是历史唯物主义的具体形态，是一般的历史唯物主义在分析社会发展现实时的特殊应用，遵循历史唯物主义的统一的理论原则。

对历史唯物主义的具体化有重大的理论意义和现实意义，这既能够避免对历史唯物主义的教条式的理解，也能够为历史唯物主义在现实的实践中的灵活应用提供帮助。当我们能够认清时代主题时，我们就能够解放思想、实事求是地从事社会革命或者社会发展，而不至于错位。在革命的时代从事社会发展实践将会四处碰壁，无果而终；在发展的时代从事社会革命，则只能是扰乱社会的稳定，阻碍社会的发展。

三、社会发展的时代境遇与马克思生态思想的当代性质

随着时代主题从革命向发展的重大转变，马克思实践的历史唯物主义的生态思想仍然具有当代性，这种当代性是既能够适应当代社会发展，也能够对解决当代社会发展中的生态问题有指导作用。

（一）马克思生态思想对当代社会发展的适应性

当代的社会发展既包括发展中国家的发展，也包括发达国家的发展。发展中国家在加速现代化、追赶发达国家的过程中，不可避免地会产生

发展的环境代价问题。而发达国家则是在经历了环境代价之后的环境治理阶段，由于片面的发展方式和发展观而忽视环境治理问题。

20世纪50年代，经济学家西蒙·库兹涅茨提出假说，认为“收入分配不平等的长期趋势可以假设为：在前工业文明向工业文明过渡的经济增长早期阶段迅速扩大，尔后是短暂的稳定，然后在增长的后期阶段逐渐缩小”。在经济发展过程中，收入差距一开始随着经济发展而加大，到达最大值之后，差距开始缩小。如果以人均收入为横坐标，表示经济增长，以收入差距变化为纵坐标，库兹涅茨假说呈现倒“U”型，这就是经济学的库兹涅茨曲线。20世纪90年代初美国经济学家提出环境库兹涅茨曲线概念，环境库兹涅茨曲线试图描述污染问题与经济发展之间的关系。它假定，如果没有一定的环境政策干预，一个国家的整体环境质量或污染水平在经济发展初期随着国民经济收入的增加而恶化或加剧；当该国经济发展到较高水平（以国民的经济收入超过一个或一段值为标志）时，环境质量的恶化或污染水平的加剧开始保持平稳进而随着国民经济收入的继续增加而逐渐好转。环境库兹涅茨曲线的转折点或拐点是经济增长到一定水平时环境状况发生变化的临界点，如果按照现行的环境库兹涅茨曲线标准来考察中国经济发展与环境状况，那么，我们就应该无所作为。因为，从人均GDP1000美元到人均GDP3000美元，中国还需要一定的时间。改变这种状况的尝试在于根本转变发展方式——以发展的形态表现出来的实践方式。实际上，发达国家以及世界上部分发展比较快的一些国家曾经采用过的发展方式就在资源与环境问题上把社会经济的发展引入了一条死胡同，那种先发展、后治理的发展方式不能从根本上解决问题。

就发展中国家来说，当代生态问题是现代化发展进程中的代价问题。所谓发展代价，从哲学价值观出发，韩庆祥教授认为，“代价指的是实践主体为实现某些主导性发展而对其他非主导性发展目标的舍弃和牺牲，或是指人类基于历史发展的内在必然性为换取社会的进一步合理性发展，而对其他社会发展目标所作出的必要的舍弃或牺牲。”① 社会发展中的各种要素不一定能够同步进行，为了追求某些要素的发展而牺牲的另外一些要素，就是发展的代价。发展中国家以经济建设为发展的主导性方面，由于未能认识到发展方式的重要性，以片面的经济增长方式、粗放式的资源利益方式、污染性的工业生产方式来实现经济发展，从而，不可避

① 韩庆祥著：《发展与代价》，人民出版社2002年版，第116页。

免地出现发展的环境代价，或者“经济增长的资源环境代价过大”[①] 问题。但是，社会发展是一个系统工程，被代价化的发展要素仍然有着发展的预期和客观要求。因此，当社会发展到达一定程度的时候，这些充当发展代价的要素就需要被重视，或者成为新的发展重点。如果这一问题处理得好，原初代价要素的发展会成为社会发展的新动力，否则就会成为社会发展的不稳定因素，导致发展的退化。

工业化是中国现代化的主要内容。中国的工业化是在马克思主义中国化指导下，为着解决我国社会的主要矛盾，以现代工业生产方式为主导的现代化过程。改革开放30多年来，工业化极大地增加了中国社会的物质财富和精神财富，满足了人民群众日益增长的物质文化需要。但是，作为发展中国家，中国工业化也以生态环境为巨大的发展代价。由于工业生产方式是中国经济社会的主要生产方式，工业化是造成生态环境恶化的主要方式。基于此，中国共产党十六大报告中就明确提出了走新型工业化道路。新型工业化是以马克思主义为指导，坚持中国特色社会主义发展道路，不仅包括信息化、城镇化等生产方式的新变化，还包括生产发展、生活富裕和生态良好的全面整体的发展理念。在承续新型工业化道路的基础上，科学发展观立足时代发展，提出了科学的发展观念。科学发展观坚持了马克思主义的指导地位、坚持以发展作为解决社会主要矛盾的基本手段、坚持了走新型工业化道路的要求，更突出发展方式的科学性、和谐性、人本性，这是合乎当代的时代主题的发展观，也是代表人民群众利益要求的发展观。

就发达国家来说，当代生态问题是片面发展方式的结果。发达国家已经取得一定的发展，完成了工业化和现代化建设，因此，它们不像发展中国家那样以环境代价获取经济的发展，而是由于片面地追求经济增长导致生态环境问题。同时，发达国家仍然需要继续发展，为了满足资本的逐利要求，它们甚至通过转移资本、转移生产、转嫁污染等方式以邻为壑，掠夺发展中国家的资源、破坏发展中国家环境，这成为传统霸权主义和殖民主义的新形态。片面的发展方式根源于资本主义制度。资本主义制度是对资本逐利的制度保护，由于资本的逐利性，生态环境问题是资本主义的必然结果。由于逐利的需要，资本主义生产和消费都呈现为物化状态，人的生存价值、发展的人本价值都服从于资本的逐利原

---

① 胡锦涛：《高举中国特色社会主义伟大旗帜 为夺取全面建设小康社会新胜利而奋斗——在中国共产党第十七次全国代表大会上的报告》，人民出版社2007年版，第5页。

则，作为人的生存环境的生态自然仅仅被当作自然资源。在自然资源的商品化过程中，使用价值是商品的物质形态，也是劳动价值的承担者，资本掠夺劳动力越多，就越要开发自然资源。这种单一的逐利性是资本主义无法解决的顽疾。

在全球化的进程中，发展中国家和发达国家出现了复杂的互动关系。全球化把全球各国联成一体，难分彼此。经济全球化是全球化的主要动力，同时污染、资源枯竭等生态危机也出现为全球化的形态，因此，正如当代发展的全球化一样，生态问题也是一个全球性的问题，当代生态危机的全球化导致了整个人类的生态危机和生存之痛。由于发展是当前的时代主题，因此全球性生态危机的实质是发展的危机。发展的危机一方面包含发展方式的片面性质，也包含发展的价值指向的片面性。片面的发展方式强调经济增长、片面追求GDP，忽视了人——自然——社会的协调发展。片面的发展价值，其实质是发展的“拜物教”。发展的拜物教以物为本，强调财富的增加和聚集，忽视人的精神追求和文化满足。由于现代化总是以现代资本为内在驱动力，西方社会的发展拜物教常常具体化为商品拜物教、货币拜物教、资本拜物教，等等。随着发展中国家改革开放的不断深化，资本愈益进入发展中国家市场，并且逐步主导发展拜物教的全球性蔓延。

这个全球性的生态危机问题就是马克思生态思想当代性的现实境遇。这一现实境遇要求马克思主义者立足于当代世界发展状况来研究马克思的生态思想、开发其现实价值。那么，马克思的生态思想能否具有当代的适应性，或者说，马克思生态思想能否解答当代发展中的生态危机？基于对“世界历史之谜”的科学解答，从历史唯物主义的基本原理和基本方法出发，限制资本的扩展、转变发展方式、调整社会秩序、把自然视为人的生存世界，马克思生态思想为当代世界发展与生态环境关系问题指出了一条历史唯物主义的道路。这一道路包括限制资本的生态扩展、转变经济社会发展方式、重建生态化的社会秩序、规避科技风险等。

（二）限制资本扩展与环境

马克思生态思想对资本掠夺自然的批判体现了限制资本的基本态度，这一批判不仅适用于资本对人的掠夺，也适用于资本对自然的掠夺；不仅适用于对近代资本的批判，也适用于对当代资本的批判。在革命的时代条件下，对资本的历史唯物主义批判需要化为用社会革命的方式消除资本对自然的控制；而在社会发展的境遇中，通过国家行为限制资本则是保护自然的首要方式。

马克思对资本控制自然导致自然之死的批判，以及复归劳动的本质，扬弃异化劳动的基本思想蕴涵了限制资本是自然界真正复活的必要方式。在马克思那里，限制资本的思想体现在对资本的批判之中。现代资本的超越性扩展造成了生态问题中的资本中心主义，资本是现代社会的中心，资本的价值增值是生产和消费的目的，劳动力和自然资源成为资本的价值增值的手段和条件，人的存在和自然的存在一道被资本的存在所遮蔽。

限制资本是复活自然的首要任务。资本的发展是靠掠夺自然实现的，作为现代化的原始动力，资本的原始积累在血雨腥风的掠夺中推动了现代化发展的形成。资本的无度掠夺是自然之死的首因，因此限制资本则是复活自然的首要任务。资本是现代经济的主体，而“只要经济的运行由资本作为主体，那么它就必然不会顾及生态环境的保护”①。然而，当代社会发展又不能完全撇开资本，甚至还要借力于资本，因此，要复活自然，不能一下子革除资本，而是限制资本，“我们虽然不能改变资本的本性，但可以采取种种限制措施，例如对资本运行进行伦理约束，使资本对自然界的伤害降到最低程度。”②

资本中心主义是一切现代灾难的根源，也是当代生态危机的根源，限制资本则是对资本中心主义的根本变革。具体来看，以下几个方面是限制资本在自然界的超越性扩展所必需的：

制定和执行有利于保护环境的法律法规体系。法律法规是保障社会正常运行的刚性规则体系，具有普适性。制定有利于环境保护的法律法规体系，利用法律手段保护环境，防止和惩治破坏环境的资本行为。保护环境的法律体系以宪法为根本，在宪法的基础上，制定环境保护法等法律法规体系，包括《环境保护法》、《污染防治法》、《环境标准管理办法》、《环境保护管理条例》、《清洁生产促进法》等。环境保护的法律法规以维护全体社会公民的合法环境权益为目的，能够对资本的生态破坏起到刚性的制约作用，是资本和经济活动不可触及的“高压线”。

通过政府的宏观调控消除资本对资源的掠夺和对环境的破坏。政府通过制定一系列政策和法律法规对环境治理的宏观调控，能够约束资本对自然资源的掠夺和对环境的破坏。政府的环境作为包括制定和执行政策、法律等，从而保护国家的环境安全。国家生态安全是指一国的生存

① 陈学明著：《生态文明论》，重庆出版社 2008 年版，第 60 页。
② 陈学明著：《生态文明论》，重庆出版社 2008 年版，第 63 页。

和发展所处的环境不受或少受因生态失衡而导致破坏或威胁的状况，它从根本上关系到国家安全和国民的长远利益。而国家生态安全体系则是指从宏观生态系统出发，以生态安全为目的，以防止和克服生态失衡为重点而建立的具有层次结构的生态网络系统，它是从国家整体利益的高度，以大范围生态平衡为出发点，而建立的一个生态网络体系。政府的环境调控所保护的是国家和国民的公共的、长远的环境利益，而资本只是追求自身经济利益的最大化，二者的矛盾只有通过政府的环境作为来解决。

通过推动公众参与环境治理来限制资本。根据全球治理委员会于1995年发表的一份题为《我们的全球伙伴关系》的研究报告，治理或治道的定义和含义如下：治理是各种公共的或私人的机构管理其共同事务的诸多方式的总和；它是使相互冲突的或不同的利益得以调和并且采取联合行动的持续的过程；它既包括有权迫使人们服从的正式制度和规则，也包括各种人们同意或以为符合其利益的非正式的制度安排。它有4个特征：治理不是一整套规则，也不是一种活动，而是一个过程；治理过程的基础不是控制，而是协调；治理既涉及公共部门，也包括私人部门；治理不是一种正式的制度，而是持续的互动。环境治理依靠公众参与，体现了公众的利益和意志。公众参与式的环境治理与政府的宏观调控相结合，是约束资本破坏环境的有效手段。《环境影响评价公众参与暂行办法》是中国公众参与环境治理的规范性文件，表达了国家鼓励公众参与环境影响评价活动的基本态度。其中公众参与实行公开、平等、广泛和便利的原则对公众如何合理、合法、有效地参与环境治理提供了根本指导。

以生态诚信为道德自律，用道德的方式限制资本在自然界的扩展。生态诚信指的是人与自然关系中的人的道德自我的生态重塑及其对象性实现。传统的诚信观念指向的是人与人之间的道德关系，其对象域是人际道德共同体；生态诚信指向的是人对自然的道德关系，其对象域是生态系统或生命物质共同体。人对自然的道德自我的生态重塑以生态自然为道德践履对象，这种对象性的道德实践涉及非主体的生态世界，在这里，生态诚信不关注道德实践对象的主体性，而是关注作为道德主体的人的道德自律；不关注无主体性的实践对象如何接受实践主体的诚信道德，而关注如何把实践主体的道德诚信传递到无主体性的实践对象那里。这种道德自律的对象性实践通过提升人的内在的道德境界和塑造道德自我，规范人自身而达到对实践对象的尊重和与其交流，对人自身的生态诚信的道德规范是物质性的生态实践的德行主体性规定，是实践的伦理理性要求。生态诚信作为人的内在德行要求在从人际向着种际的转换中执行着道德的一致性，体现了道德律令的普适性。生态诚信针对的是人类对自然的实践方式缺乏诚信伦理的道德现状。如果说人际友好与社会和谐需以人际诚信为伦理基础，构建生态和谐则需以生态诚信为伦理基础。生态环境危机和社会发展的生态困境业已成为社会发展和人类生存的不可承受之痛，究其根源，在于人类对待自然环境的态度和行为是非诚信的、不友好的。功利主义的价值论伦理学把自然工具化，无论人们如何确立自然的内在价值，一旦人们对自身内在的诚信德性缺乏逻辑一致的反思，其结果则无论如何也不能是人与自然的友好、和谐的关系。并且，如果离开了人的生态诚信，自然的内在价值本身的真实性值得怀疑，这种自然价值只是纯粹抽象的观念产物，不具有现实性。生态诚信指向的是每个人的生态道德，唤起人内在的道德意志，激发人的生态实践，反对资本的生态破坏。

（三）转变发展方式与环境

转变发展方式，就是要优化结构、提高效益、降低消耗、保护环境。转变发展方式、实现可持续发展是现代社会发展的必要前提。1972 年 3 月，米都斯领导的一个 17 人小组向罗马俱乐部提交了一篇研究报告，即《增长的极限》。他们选择了 5 个对人类命运具有决定意义的参数：人口、工业发展、粮食、不可再生的自然资源和污染。这项耗资 25 万美元的研究最后得出地球资源是有限的，人类必须自觉地抑制增长，否则随之而来的将是人类社会的崩溃这一结论。这一理论又被称为“零增长”理论。不言而喻，这种增长是工业文明的发展标志，工业文明是人的智慧和力量的爆发，也是人的认识能力和实践能力的充分实现，“总之，通过工业革命、科技革命和改造社会的实践活动，人类的智慧和力量得以体现，改造和征服自然的宿愿变成现实，他们真正成为自然的主宰。这就是人类引以自豪的工业文明。”[①] 就是这种“实利性的工业文明，不仅把人类引入唯物质主义的歧途，导致人性的扭曲和社会的变态，而且造成了危及人类及人类生存的全球性问题，使人类面临严峻的挑战。”[②] 在工业文明阶段，“工业化和现代化凯歌行进，人类充满了自信和骄傲。迅猛增长

① 蔡拓等著：《当代全球问题》，天津人民出版社 1994 版，第 4 页。
② 蔡拓等著：《当代全球问题》，天津人民出版社 1994 版，第 4 页。

的物质财富成为人类征服自然的铁证，而且不断强化着人类进一步征服自然的欲望。被限制了的物质追求，受尽自然奴役而长期被压抑的屈辱感，导致疯狂的增长和可怕的报复。人类的确主宰了自然，但又被物欲所主宰，失去了理智和节制，忘掉了人与自然存在着更深刻的相互依存性。”① 然而，对工业发展方式和工业文明社会中的生态问题的觉醒并不能完全否定工业文明的历史性成就以实现对传统的“天人合一”的复归，否则只能是文明历史的倒退。

转变发展方式，必须走科学发展道路。科学发展道路是“全面推进经济建设、政治建设、文化建设、社会建设，促进现代化建设各个环节、各个方面相协调，促进生产关系与生产力、上层建筑与经济基础相协调。坚持生产发展、生活富裕、生态良好的文明发展道路，建设资源节约型、环境友好型社会，实现速度和结构质量效益相统一、经济发展与人口资源环境相协调，使人民在良好生态环境中生产生活，实现经济社会永续发展”。转变发展方式，突出地表现为转变经济发展方式，推动产业结构优化升级；加强能源资源节约和生态环境保护，增强可持续发展能力。

科学发展道路是对现代化的自反式矫正。由于现代化进程中的经济主义、物质主义、GDP 崇拜，经济增长和物质繁荣遮蔽了一系列严峻而现实的阶段性问题，问题被遮蔽并不意味着被消解，直到现在这些现代性发展问题被显明地暴露在我们面前，“经济增长的资源环境代价过大；城乡、区域、经济社会发展仍然不平衡；农业稳定发展和农民持续增收难度加大；劳动就业、社会保障、收入分配、教育卫生、居民住房、安全生产、司法和社会治安等方面关系群众切身利益的问题仍然较多，部分低收入群众生活比较困难；思想道德建设有待加强；党的执政能力同新形势新任务不完全适应，对改革发展稳定一些重大实际问题的调查研究不够深入；一些基层党组织软弱涣散；少数党员干部作风不正，形式主义、官僚主义问题比较突出，奢侈浪费、消极腐败现象仍然比较严重。”② 不难看出，这些问题都是发展中的问题，也是现代性沉垢的发展方式带来的消极后果。我们遇到的问题和挑战是复合型的、压缩式的，也是尖锐的、深层的，不努力解决好各种具体层面的社会问题，则会影响到社会稳定和发展的可持续性。正是现代性的发展方式所带来的实际

---

① 蔡拓等著：《当代全球问题》，天津人民出版社 1994 版，第 507 页。

② 胡锦涛：《高举中国特色社会主义伟大旗帜　为夺取全面建设小康社会新胜利而奋斗——在中国共产党第十七次全国代表大会上的报告》，人民出版社 2007 年版，第 5 页。

问题提出了发展方式自我变革的时代需要，即从片面化的经济主义发展观向着以人为本导向为旨归，以经济发展为主导，以全面、协调、可持续为基本要求的科学发展方式转变。

转变发展方式必须调整产业结构，走新型工业化道路。调整和优化产业结构，就是减少资源型、环境污染性产业比例，增加服务业、高科技、知识型产业的比重。随着科学技术的突飞猛进及其迅速转化为生产力，高科技附加值、高知识含量的产业对自然的要求和对环境的污染偏低，而且社会价值偏大。新型工业化道路，就是转变由第二产业带动经济社会发展转变为第一、第二、第三产业协同发展，带动经济社会的全面发展，通过科学技术创新、管理创新、提高劳动者素质发展现代产业体系，大力推进信息化与工业化融合，淘汰落后生产方式；提升高新技术产业，发展信息、生物、新材料、航空航天、海洋等产业；发展现代服务业，提高服务业比重和水平；加强基础产业基础设施建设，加快发展现代能源产业和综合运输体系。新型工业化道路是当前世界各国的发展新要求和新趋势，也是转变发展方式、实现求量化发展向着求质性发展转变的新契机。

转变发展方式是提高发展质量，推进节约发展、清洁发展、安全发展。发展的数量、规模曾经是衡量发展的主要标准，这一以“快”为主的发展方式引导人们片面地追求粗放型的经济发展方式，发展的代价过大。而提高发展质量则强调发展以“好”为主要标准，对发展进行综合评价和整体衡量。提高发展质量要求节约发展、清洁发展和安全发展，广泛推行循环经济、清洁生产和安全生产，加强生态环境的修复、保护、治理和建设，构建资源节约型、环境友好型社会。

转变发展方式，需要加强能源资源节约和生态环境保护，建设资源节约型和环境友好型社会。资源节约型社会是立足于当代中国发展的资源瓶颈而提出的社会发展模式。传统的粗放型、资源型的发展模式由于大量地消耗自然资源而导致对资源的掠夺性开采，经济发展面临着资源匮乏的约束。建设资源节约型社会，其目的在于追求更少资源消耗、更低环境污染、更大经济和社会效益，实现可持续发展。资源节约型社会中，“节约”具有双重含义：一是相对浪费而言的节约，这是节约型社会的最基本的要求；二是在经济运行中对资源、能源需求实行减量化。在物质性生产和消费过程中，用尽可能少的资源、能源，创造更多的财富，最大限度地充分利用回收各种废弃物，增加可再生资源的利用率。这种节约要求彻底转变现行的经济增长方式，进行深刻的技术革新，真正推动经济社会的全面进步。“节约”的这两重含义是内在统一的，必须统筹兼顾，不能片面理解。资源节约型社会不是仅仅要求在社会发展中节约资源，而是资源的综合利用，其中包括，资源的节约使用、资源的高效利用、资源的循环利用等。在这里，节流与开源、节约与循环是一体性的。建设资源节约型社会是一个社会系统工程，通过制定各种法律、政策、制度等措施，利用经济、科技、行政等手段，在物质生产、社会生活、观念文化等领域形成合力，把各种要素整合到这一系统工程之中。资源节约和环境友好型社会与循环型社会具有根本一致性。从内在的精神实质来看，资源节约型社会和资源循环型社会是一致的，对“节约型”和“循环型”的字面理解只能导致认识的模糊，二者都是强调在社会发展过程中对自然资源的高效利用，以避免资源瓶颈之困，并且，通过废弃物的循环利用避免对生态环境的污染。无论以节约来节流，还是以循环来开源，在资源进入到人们的生产和生活过程之后，开源和节流都是同一过程。自然资源的节约和循环利用，其目的都是为了更好地保护环境、建设良好的生态，即真正实现人与自然的协调发展。

转变发展方式，增强可持续发展能力。可持续发展能力就是坚持和实践发展速度和结构质量效益相统一、经济发展与人口资源环境相协调，使人民在良好生态环境中生产生活，实现经济社会永续发展的实践和管理能力。增强可持续发展能力必须要科学看待经济社会发展方式的生态可持续性，不仅要设法实现自然资源的可持续利用，还要保持生态环境持续的洁净、宜居。增强可持续发展能力需要从生态的完整性来评价发展方式，选择生态化发展方式。

（四）重建社会秩序与环境

生态问题归因于政治体制，因而要实现体制的革命。阿尔·戈尔在“漫长的个人旅途”中认识到，全球环境面临的威胁的“部分原因必须归结于我们的政治体制”，不仅包括“在各种环境问题上未尽其所能”，而且“我们的政治体制本身也有严重问题”①。此外，生态学马克思主义认为，现代资本主义社会的生态危机已经超越了经济危机成为最突出的问题，生态危机在于资本主义的制度导致人的异化消费，认为异化消费是当代资本主义社会生态危机的深刻根源，正是由于人们运用所掌握的技

---

① ［美］阿尔·戈尔著：《濒临失衡的地球》，陈嘉映等译，中央编译出版社 1997 年版，第 141 页。

术力量不加节制地开掘和利用自然资源，用以高度密集生产和穷奢极侈的消费，才导致了人与自然之间正常关系的破坏，使得目前人类社会面临着资源破坏、环境污染、生态失衡的危险局面。詹姆斯·奥康纳在《自然的理由——生态学马克思主义研究》中深入地阐释了资本主义制度所导致的多方面的环境危机，认为“正是这种危机导致了为自然界而进行的各种斗争”，其背后“蕴含着的是一种结构性的原因”，即“自然界按照资本的要求被加以重构”，并以此来实现“对一种新的自然，一种特定的资本主义式的‘第二自然’的建构”，这种“结构性的原因”是“资本主义的政治和法律体系、资本的积累、社会文化生活的商品化”等的综合①。把生态问题归结为政治制度、体制等在一定程度上揭示了当代西方资本主义国家的生态环境问题的深刻政治根源，为生态问题的全面解决提供了重要的思路和方向。

从社区组织原则出发，新的社会秩序包含在经济、政治和文化的生态化结构中。乔·霍兰德认为，“经济领域：适当的技术和社区合作社”——实质上，经济领域中的适当的技术指的是小型技术，以“人道的社区工作”为基础重组社会经济的合作方式；“政治领域：社区和网络化”——政治是一种社会组织形式，通过建构参与式民主来分散官僚机构的权力，把社会的各个阶层联成整体网络，彼此平等；“文化领域：一种新的根基隐喻”②。作为对增长型的现代经济主义的反对，赫尔曼·达利则把后现代的经济规定为“使人口和人工产品的总量保持恒定”的稳态经济，这里的“恒定”意味着综合平衡不是“静止”，强调经济的“质的发展而不能有量的增长”。在达利看来，稳态经济需要限制人口；限制人工产品的数量；公平分配。可以说，稳态经济学对于社会产品总量的考量符合生态可持续性的原则，对社会产品的分配体现了社会公正原则，不过，达利的这种马尔萨斯式的原则具有理想性大于现实性的明显特点，在当代人类社会这一整体性的复杂巨系统中，任何一项原则的实现都关乎特殊的利益而难以成为现实。

新的社会秩序以新的整体性价值观和世界观为基础。查伦·斯普雷特纳克列举了后现代社会的“十种关键价值”：生态智慧、基层民主、个

---

① ［美］詹姆斯·奥康纳著：《自然的理由》，唐正东、臧佩洪译，南京大学出版社 2003 年版，第 100 页。

② ［美］大卫·格里芬编：《后现代精神》，王成兵译，中央编译出版社 2005 年版，第 85—91 页。

人责任和社会责任、非暴力、权力分散化、社区性经济、后家长制价值观、尊重多元性、全球性责任、未来焦点等。作出更为详细考察的是丹尼尔·科尔曼，他深入分析了这十种关键价值，认为这十大关键价值构成了生态社会的整体性价值观，奠定了人类从反生态的现代社会向着生态社会演进的基础。生态社会的整体性价值观中，可能存在着彼此的矛盾，但我们需要把各种具体的价值视为“统一的世界观”的各个不同侧面，即我们需要“心中装着大局”[①]，可以说，生态可持续是新的社会秩序的基本样式和基本原则，体现了人类可持续发展的整体性视野和生存论性质。

然而，社会秩序的生态化重建不仅仅受到新的价值观与世界观的指引，更深入的问题则是：如何面对资本的现代宰制。这一点，后现代主义的生态学范式没有提出有效的方案。马克思的现代资本批判理论对后现代社会秩序的重建具有重要的启示。这就是说，新的社会秩序的建构，需要奠基于客观的物质前提之上，后现代主义的生态学范式只是强调了科学的社会功能，而科学的社会化还要从属于社会的物质力量。现代社会的最基本的物质力量是资本，因此，重建社会秩序就必须限制资本的超越性扩展能力，在这一方面，我们可能要回到马克思对现代社会的批判。

在马克思看来，现代社会秩序为资本所控制，因而是虚假的社会共同体，具有虚假性。这一思想意味着如果不从根本上批判和消除资本的超越性控制活动，社会秩序的生态化转向是难以真正实现的。在社会发展的境遇中，社会秩序的重建不能采取社会革命的途径，而只能是转变发展方式，加速社会建设。在发展的时代主题规定下，转变发展方式是解决社会结构性矛盾的主导方式，也是解决人与自然的结构性矛盾的主导方式。

社会秩序的发展可看作解构——设计——重构的模式。在这儿，模式就是机制，它也是社会规则或者社会秩序。因此，社会秩序既是结构，又是机制。社会发展机制在哈贝马斯那里则对应为体制，“体制”有二重意思，“其一是作为社会的组织或制度，影响着人类的生活”，其二是“作为了解社会世界的分析架构。体制在这里意指研究者采取一个观察者的客观角度去分析和了解社会现象；但同时亦代表着一种系统分析方法，

---

① ［美］丹尼尔·A. 科尔曼著：《生态政治》，梅俊杰译，上海译文出版社 2002 年版，第 135 页。

把社会作为一个系统去了解，重视其结构和功能的层面。”① 无论法律规范、道德规定、政治制度、经济体制、宗教组织、文化模式都是结构化的社会秩序，这种结构化的社会秩序系统把各种要素定位成不同机制的部分，从而构建起各种规则、制度、准则、秩序。因此，社会的发展在一定的程度上是由对既定的社会秩序的准确理解、合理解构和科学重构实现的。当然，社会发展本身就是复杂的非线性发展过程，既定秩序的解体和新秩序的生成不一定同步，从根本上说，二者都为社会发展服务。社会秩序的重建必然是社会的结构变迁。这种结构变迁的力量及其影响是巨大的，因为“从一定意义上说，在整个社会变革时期结构转型作为一种无形的巨大力量，将以它特有的方式规定社会发展的趋势和方向，这种力量用国家干预和市场调节都是无法概括的”，无论是传统文化中的裂变还是吸收先进文明的聚变，都可能给整个社会带来阵痛，从而导致社会不稳定、混乱、失序，甚至发展代价超过发展收益。社会发展是在自身结构转型和参与全球化发展的协调中根据自身情况在不同层次、不同领域实行全面的范式转换。在这种转换中，“社会转型的主体是社会结构，它是指一种整体的和全面的结构过渡状态，具体内容是结构转换、机制转换、利益调整和观念转变”。社会发展不可能一下子实现其“整体的和全面的结构过渡”，从一种结构向另一种结构的跃迁是以量变为基础的部分性、阶段性发展质变。只有通过社会整体中具体结构变迁及其在社会整体中的协同作用，才能实现社会发展走向圆满、完善。

（五）规避科技风险与环境

科学技术不仅作为“双刃剑”深入影响到人，而且人愈益生活在一个由科学技术所搭建的世界架构之中。正如人类学的自然就是建基于人类实践的人化自然一样，科技化的世界图景也已经愈益完全地覆盖在原初的自然图景之上了，即是说，人的生活世界直接地就是一个科技化的物质性世界。科技化的世界不仅是科学技术给原生态的物质性世界外在地套加上一个枷锁，而且是科学技术所建造的世界架构与人类生活世界一体化，几乎成为同一个世界。这种科技架构与生活世界的一体化不仅形成了当下的人类生存境域，而且进一步成为人的基本生存方式，展开和刻绘了人的生存状态。

---

① 阮新邦著：《批判诠释与知识重建：哈贝马斯视野下的社会研究》，社会科学文献出版社1999年版，第64页。

科学技术改变了人的生存环境的同时，也改变了人自身和人的生存方式，作为人的存在方式，科技通过实现人与自然、社会和自我的交互作用，揭示人的存在状况。如果说“此在的‘本质’在于它的生存”[①]，那么，人的生存方式则敞开了人的本质。科技化生存对人的本质的敞开就是人与世界、自我与他我的关系及其实现途径受到科学技术的新的规定，在这里，科学技术内化为人的存在方式。当代科技革命从宏观社会发展和微观日常生活两个层面对生产方式、交往方式、思维方式和生活方式等的影响[②]实现了人与世界的物质性关系及其观念性反映的根本转变，这一转变意味着人对科技化生存方式的依赖性。生产方式的技术性、“生产的技术方式”不是把纯粹抽象的生产实践和科技化予以机械加和，而是成为现代生产方式的主导形态；交往实践也随着科技化而在当代发生了从“符号化转向数字化”的根本变革，由此导致了人们之间的社会关系发生变革；人们在实践活动中引起了自在世界的改变，而人的思维在人学会改变客观世界时发展着；人们的生活方式、消费方式也随着科技化而人们的生活活动和行为方式发生了空前的变革。这几种实践和认识方式（由于观念的形态不外是物质的形态的反映，因此，人的认识方式也不外是人的实践方式的观念性形态）构建起了人的整体实践方式的主导性的基本架构，成为人的实践方式的具体表现形式。实践方式的科技化并不是在实践中外在地借用科学技术的手段，而是把科学技术本身变成实践的内在要素。以实践为基石的人的生存方式随着实践方式（以及相应的思维方式）的科技化而使得人的生存无法离开内在于生存方式的科学技术。正是由于科学技术成为人的基本生存方式，所以“我们不能，也不应当关上技术发展的闸门。只有浪漫主义的蠢人，才喃喃自语要回到‘自然状态’。……抛弃技术不仅是愚蠢的，而且是不道德的”[③]。

在其社会化的应用中，现代科学技术的反生态特征根源于科学技术被知识化和工具化。近代以来，科学技术的主要责任就是为人类提供更多的自然之谜的解答和社会财富的源泉。工业文明伊始，人类对自然世界的认识根本不能满足物质实践的需要，人们急切地需要了解充满迷魅的自然世界。从宗教神学中解放出来的近代科学拾起了实验的方法，开

---

① ［德］马丁·海德格尔著：《存在与时间》，陈嘉映、王庆节合译，三联书店2006年版，第49页。

② 陈筠泉、殷登祥主编：《科技革命与当代社会》，人民出版社2001年版，第118—204页。

③ ［美］阿尔温·托夫勒著：《未来的冲击》，孟广均等译，新华出版社1996版，第358页。

始提供自然之谜的科学知识。自然知识的不断丰富提供给人类以极大的信心和力量去改造自然，被非人的力量所控制的自然自在地呈现在惊奇的世人面前，科学知识开始把控制自然的非人的力量驱逐出自然哲学，人开始渴望去控制和改造自然。一旦人类了解到自然的奥秘，自然便难以继续成为人类的榜样，而只会成为人类的实践对象，它提供人类物质财富的源泉。当然，仅靠观念形态的科学知识是不能实现自然的祛魅的，现代技术把科学知识转化为实践方式的内在要素。现代技术不再是农业文明条件下的传统经验型形态，而是以科学知识为前提和基础的实践形态，新技术的应用一下子扩大和延伸了人力的力量，在追逐物质财富的利益驱动下，人对自然进程的干预愈益深入。

以大卫·格里芬为代表的建设性后现代主义提出了取代“机械论范式”的“生态学范式”科学观。后现代科学的这一范式转换，意味着科学由自然祛魅向着自然返魅的“复归”，这一“复归”也意味着人的本真生存世界的回归。生态学范式的科学观认为，现代科学范式导致了科学本身的祛魅，而在后现代的有机论中，“科学和世界都开始返魅”①。自然的后现代返魅批判要求消解科学的现代片面性，把人与自然的关系建立在新的科学基础之上。如果说“自然的祛魅”意味着“否认自然具有任何主体性、经验和感觉”②，那么，“自然的返魅”并非意味着自然的神灵重现，而是以现代生态学为科学基础，对自然的整体主义考察。生态范式科学观是对现代机械论的科学观的根本变革，为当代人类的生态生存提供了新的学科基础。现代哲学的二元论和还原论、机械论的思维方式、事实与价值的分离、主体与客体的对立，深刻地影响了现代科学及其运用。而新自然主义生态学则要求确认自然的自在运行，以及人与自然的和谐相处。整体主义、有机论方法、超越人类中心、反对控制和掠夺自然，打破禁忌、多元化认同、强调非暴力、追求生态和谐成为新自然主义的认识方法和价值追求。后现代科学用生态学范式取代机械论的科学范式，力图把“人类，实际上是作为一个整体的生命，重新纳入到自然中来，同时，不仅将各种生命当成达到我们的目的的手段，而且当作它们自身的目的”③。

在建设性后现代主义看来，后现代社会是一个生态文明社会，既包

① ［美］大卫·格里芬编：《后现代科学》，马季方译，中央编译出版社2004年版，第43页。
② ［美］大卫·格里芬编：《后现代科学》，马季方译，中央编译出版社2004年版，第2页。
③ ［美］大卫·格里芬编：《后现代科学》，马季方译，中央编译出版社2004年版，第44页。

括自然的返魅，也包括科学技术的返魅。大卫·格里芬认为，“除了带来一种掠夺性的伦理学（这种伦理学首先表现在对‘自然’的关系上，其次表现在对待他人的关系上）之外，‘世界的祛魅’所产生的另一个后果是人与自然的那种亲切感的丧失，同自然的交流之中带来的意义和满足感的丧失。”① 而借助于绿色科学技术，后现代范式有助于实现“世界的返魅”，促使人们重新对待人与自然和人与他人的关系。尤其是，合理地对待人与自然的关系、让自然在社会中返魅成为新的社会文明的基础。

自然的返魅需要返魅的科学技术来实现。在生态文明的社会秩序中，自然的返魅需要以科学技术的返魅为基础和中介。自然的价值返魅源自自然的现代性祛魅。自然的祛魅是现代工业文明的理性伟业，在自然的现代性祛魅中，自然界被透明化和功利化，人们忽视了人的生态生存这一事实，这样，透明的生存居所被遮蔽了、坍塌了，祛魅的自然成为了现代主体性的无保护属地。当代的生态事实表明，自然的自在存在蕴藏了巨大的规律性的张力，它以“自然报复”的形式把人的现代性实践的自然后果反馈给人。生态学范式的科学观认同并力图揭示自然的内在价值，恢复生命和自然的主体性，通过科学的返魅而实现自然的返魅。自然与自然科学的并肩返魅是以生态学为科学基础力图造就一个新的社会秩序。在格里芬看来，“返魅的和自由的”后现代科学与“相互联系的、生态的、星球的、后父权制的”后现代精神的辩证互动是建构“超越个人主义的、民族主义、军国主义、人类中心论和男性中心论”的后现代社会的必要途径。后现代社会重建社会秩序，“不再让人类隶属于机器，不再让社会的、道德的、审美的、生态的考虑服从于经济利益，它将超越于现代的两种经济制度之上。”② 即超越现代现实的资本主义经济和社会主义经济，成为未来经济的主导形态。

马克思认为自然科学与人的科学是一门科学。人与自然的实践性统一，不仅是直接的现实，也反映在对自然科学的理解之中。在继承费尔巴哈的客观性科学观的基础上，马克思谈到，“自然科学往后将包括关于人的科学，正像关于人的科学包括自然科学一样：这将是一门科学。人是自然科学的直接对象；因为直接的感性自然界，对人来说直接是人的感性，直接是另一个对他来说感性地存在着的人；因为他自己的感性，只有通过别人，才对他本身来说是人的感性。但是，自然界是关于人的

---

① ［美］大卫·格里芬编：《后现代精神》，王成兵译，中央编译出版社2005年版，第220页。
② ［美］大卫·格里芬编：《后现代精神》，王成兵译，中央编译出版社2005年版，第3页。

科学的直接对象。人的第一个对象——人——就是自然界、感性；而那些特殊的、人的、感性的本质力量，正如它们只有在自然对象中才能得到客观的实现一样，只有在关于自然本质的科学中才能获得它们的自我认识。……自然界的社会的现实和人的自然科学或关于人的自然科学，是同一个说法。”① 自然科学与人的科学的统一，在于现代工业实践。“然而，自然科学却通过工业日益在实践上进入人的生活，改造人的生活，并为人的解放做准备，尽管它不得不直接地使非人化充分发展。工业是自然界对人，因而也是自然科学对人的现实的历史关系。因此，如果把工业看成人的本质力量的公开的展示，那么自然界的人的本质，或者人的自然的本质，也就可以理解了；因此，自然科学将抛弃它的抽象物质的方向，或者更确切地说，是抛弃唯心主义方向，从而成为人的科学的基础，正像它现在已经——尽管以异化的形式——成了真正人的生活的基础一样”②。实践是人的基本生存方式，自然科学与人的科学的实践统一不仅是世界图景的认识论展开，更是在人的实践活动中对人的自然生存的科学揭示。无论是知识形态的科学，还是工具形态的技术——或者是二者的综合——都是对人的生存方式的诠释，它们提供了世界在人跟前照面的基本途径。

在马克思看来，被工具化的科学技术是为资本服务的。马克思在1856年的演说中指出，“在我们这个时代，每一种事物好像都包含有自己的反面。我们看到，机器具有减少人类劳动和使劳动更有成效的神奇力量，然而却引起了饥饿和过度的疲劳。财富的新源泉，由于某种奇怪的、不可思议的魔力而变成贫困的源泉。技术的胜利，似乎是以道德的败坏为代价换来的。……甚至科学的纯洁光辉仿佛也只能在愚昧无知的黑暗背景上闪耀。”③ 现代科技能够把迷魅的自然世界清晰地呈现在人类面前，而这种可能性的实现则是现代资本主义生产方式。资本主义生产方式炸毁了自然的迷魅，也摧毁了农业文明条件下人对自然的依赖，从此，人类田园诗般的自然生活发生了根本的改变。由于科学技术的资本主义运用，作为“资本内在的生产力”的劳动的社会生产力服从于资本的逐利本性，“为资本服务”成为大工业时代科学技术赖以存在的根本动力。在资本逐利性的内在驱动下、在资本主义生产方式的张力结构中，科学技

---

① 《马克思恩格斯文集》第1卷，人民出版社2009年版，第194页。

② 《马克思恩格斯文集》第1卷，人民出版社2009年版，第193页。

③ 《马克思恩格斯文集》第2卷，人民出版社2009年版，第580页。

术日益被工具化。被现代生产方式工具化的科学技术从资本那里获得了极大的动力，并且在资本主义生产过程中发挥了极大的功效。在开发自然世界的科技进步历史中，工具作为人类实践能力的标志赋予了科学技术的工具化以一定的合理性，不能被工具化的科学技术则很快会失去其存在的价值。工具的标志性在于工具的科技含量的程度变化，提高实践的科技含量，就是提高人类改造自然的实践能力，科学技术的工具化应用具有人类历史性的重大意义。然而，现代社会中的科学技术的工具化则受到资本的支配。社会物质财富的增加满足了人类的物质需要，科学技术与现代大工业的结合则把人们物质需要的满足也变成资本逐利性的手段。受到资本控制的科学技术的工具化，造成了生态环境的蜕化，繁荣的物质生活蕴藏了巨大的潜在危机，人的工具性解放却把人带入新的生存风险。科学技术的工具化本然是处理和解决人与自然的物质性矛盾关系，是满足人的生存需要、实现人的物质性生存的基本方式，然而，在现代生产方式的张力下，受资本控制的科学技术对自然形成了强权控制，成为资本的恶奴之后，它的现实职责是为资本服务，是资本的增值工具，形成了科技的反生态性质。

四、在马克思主义时代化进程中坚持与发展马克思的生态思想

坚持和发展马克思的生态思想，离不开马克思主义的时代化进程。马克思主义的时代化是马克思主义与时俱进的发展过程，是马克思主义应对时代发展的新特征、时代主题的新变化、历史时代的新情况作出的自我调整和自我发展。时代主题的转变，既为我们理解马克思主义提供了时代舞台，也为我们坚持和发展马克思的生态思想提供了新的要求。

（一）马克思主义的时代化进程

在中国共产党的十七届四中全会上，中共中央把推进马克思主义时代化作为重大战略任务提到全党面前，要求广大党员和领导干部努力学习马克思主义理论，提高全党的马克思主义水平，不断推进马克思主义时代化。

当代世界和当前中国正在经历着大的时代变化。科学技术革命的影响越来越深，新兴产业如雨后春笋。经济全球化、区域一体化正在从要

素流动向着结构性融合转变，同时又有着融合中的摩擦与阵痛。经济危机、生态危机把不可持续的发展方式置放在全人类面前。世界新政治经济秩序在对话中待建，文明的冲突不是在特定区域擦枪走火。文化软实力在综合国力的竞争中发挥着越来越重要的作用。在这样的国际环境中，中国既面临挑战，又面临机遇。中国的经济建设、政治建设、文化建设、社会建设以及生态文明建设全面发展和纵深推进，工业化、信息化、城镇化、市场化、国际化程度日益提高，中国正处在进一步发展的重要战略机遇期。同时，中国的发展也产生了诸多社会问题，这体现了在改革开放和现代化建设中的中国发展的艰巨性、复杂性。因此，在推进马克思主义中国化的当代进程中，只有不断推进马克思主义时代化，积极应答时代挑战，才能开创马克思主义发展的新境界。

马克思主义的时代化就是根据时代主题的转换，应答不同时代的社会需要，不断推进马克思主义与时俱进的过程。人类社会的发展在不同的历史时期有着不同的社会需要，并且呈现出不同的时代特征，现代社会的发展也是如此。在现代社会发展的具体阶段，还有更为明显和具体的时代特征。马克思主义要获得持续的生命力，就必须贴近现实的社会发展和人民生活、紧紧把握住时代主题。只有深入洞察每个时代的时代主题，与时俱进、以时代主题为理论的策源地，我们才能持续推进马克思主义的时代化。

马克思主义的时代化，需要根据不同时代的时代主题来发展马克思主义。每个时代都有其时代主题，每个时代主题构成这个时代的主要特征和时代性标志。作为发展马克思主义的方式之一，马克思主义时代化就是依据时代主题的变迁来创新马克思主义与时代发展相结合的方式，提出合乎时代主题要求的理论成果。中国马克思主义者根据时代条件的变化和不同历史时期的时代主题，不断推进理论创新，提出了毛泽东思想、邓小平理论、“三个代表”重要思想和科学发展观等，充分体现了马克思主义与时俱进的理论品质和时代化的理论成就。

马克思主义的时代化，就是要针对不同时代的主要社会矛盾和社会问题，提高马克思主义解释力和改变力。不同时代的社会主要矛盾，主导着具体的社会问题。尽管每个时代都有各种各样的社会问题，甚至有的社会问题带有根本性的时代特征，但这些社会问题总是受到社会主要矛盾所制约的。在社会革命的时代，阶级矛盾主宰着甚至衍生出阶级社会的社会问题；在社会发展的时代，社会财富的增加方式和在不同利益群体之间协调分配方式构成了其社会问题。针对不同时代的社会主要矛盾和社会问题，只有大力推进马克思主义的时代化，才能提高马克思主义的解释力和改变力。提高马克思主义的解释力是指与时俱进地发展马克思主义，使得马克思主义理论能够解释现实及其变化。提高马克思主义的改变力是指与时俱进地发展马克思主义，使得马克思主义能够指导人们合乎时代要求和历史趋势地改变现实。

马克思主义的时代化，就是要与时俱进地发展马克思主义，使得马克思主义能够反映时代的精神精华。真正的理论是时代的精神的精华，真正的理论也是合乎时代的理论。不同的时代有各自的时代精神，时代精神体现了时代主题和时代要求，凝聚了时代中的主流意识和主导精神，涵括了时代化的主旨内涵。马克思主义只有与时俱进地时代化，才能合乎时代要求和体现时代精神，才能成为文明的活的灵魂。

马克思主义的时代化，就是要与时俱进。与时俱进就是根据时代主题和时代变化的现实来坚持和发展马克思主义，与时俱进是马克思主义重要的理论品质。任何理论的产生和发展，都来自于时代的需要，并且反映着时代主题中的重大现实问题。与时俱进地推进马克思主义的时代化，能够祛除教条主义地对待马克思主义的错误态度。在当前，与时俱进地推进马克思主义的时代化，就是切实地理解当代发展的时代主题，深入理解发展的时代要求，切实展开马克思主义发展理论的创新研究。

马克思主义时代化，就是把马克思主义立场、观点、方法同时代特征、时代主题和日新月异的国内外实践发展相结合，与时俱进地发展马克思主义。马克思主义基本立场的时代化，就是把马克思主义的基本立场与结合时代主题和当代经济社会发展规律紧密结合起来，根据时代发展来进一步论证和说明马克思主义的基本立场。马克思主义基本观点的时代化，根据时代发展进一步论证马克思主义基本观点的科学性。马克思主义基本方法的时代化，根据时代发展进一步充实和丰富马克思主义基本方法。

立足于发展的时代主题，马克思主义的时代化进程就是深化发展理论的创新过程。作为当代的时代主题，发展是时代中的主旋律。这为坚持和发展马克思主义提出了新要求，也推动着马克思主义更多地关注和探索现代化发展中的若干基础理论问题和重大的发展实践问题。这需要根据时代要求，对马克思主义返本开新，即既坚持马克思主义的基本立场，又不断创新马克思主义，提出合乎时代要求的新观点、新理论以指导当代发展实践。社会发展是一个不断深化的实践过程，既会遇到新问题、新挑战，也会产生新机遇。在发展过程中，原有的问题会逐步暴露，比如发展的代价问题、粗放型的发展方式问题、资源环境问题、人的问题，这些问题都是现代化发展进程中的诟病，需要以创新发展理论、指导发展实践去解决。发展过程中还会遇到新问题和新情况，需要通过创新发展理论予以应对。这些新情况的出现，需要马克思主义者紧紧把握时代主题，继续解放思想、推进理论创新。只有深化发展理论，才能真正应对发展中的情况；只有深化马克思主义的时代化创新，才能深化马克思主义的发展理论。

立足于时代主题、深化发展观念，马克思主义才能焕发出更大的创造力。时代发展的重大现实为马克思主义注入时代性内涵，在当代发展的时代主题的引领下，只有充分了解时代要求、吸取时代元素，才能不断地丰富和发展马克思主义。例如，在中国马克思主义的时代化进程中，诠释社会主义的本质、探索怎样建设社会主义；建设一个什么样的无产阶级政党、怎样提高党的执政能力；科学发展观与和谐社会建设等都为马克思主义的发展增添了时代性质的新内容，推动了马克思主义的时代化创新，为马克思主义增加了活力。马克思主义只有与时代共同进步，才能焕发出更大的创造力。时代的进步既体现在具体的日常生活变化之中，也会出现临界式的转折，时代主题的转换就是时代进步的临界式的转折。时代主题的转换会不断地造成新的问题态、或机遇态的重大的社会现实，马克思主义只有把握这些重大的社会现实，才能真正具有时代性；只有不断地进行时代化创新、增强创造力，马克思主义才有能力准确地把握重大的社会现实，从而，创造性地推动经济社会向前发展。

立足于时代主题、深化发展实践，我们才能确切地检验马克思主义的时代化创新成果。每个时代的实践要求、实际方式都离不开时代主题，在各种各样的实践方式和发展诉求中，时代性是一个重要的评价标准和审视维度。只有不断时代化，才能与时俱进，马克思主义只有与时俱进，才能不断具有时代性，以及获得时代价值。实践是检验真理的根本标准，马克思主义的时代化创新既是指导中国特色社会主义发展道路的理论依据，也在中国特色社会主义的发展实践中得到检验。深化发展实践，就是在时代主题的向心牵引下开展多层次、宽领域的经济社会的全面发展，离开时代主题的发展观是抽象的和片面的。深化发展实践，就是在发展实践中检验发展中的理论创新成果，能够切实促进合理的发展实践的新理论才是管用的、是科学的、是真正的时代化创新成果。

在当代中国，马克思主义的时代化创新经历了从斗争哲学向发展哲学的转变过程。可以说，在新中国成立以后相当长的一段时期内，马克思主义理论处于斗争理论和发展理论的无序而又有序的转化之中，直到20世纪70年代末。随着解放思想、改革开放、经济建设为中心的发展哲学的提出，马克思主义呈现为一种全新的发展哲学。发展哲学是一种与斗争哲学明显区别的理论架构，就如同发展与斗争明显区别一样。20世纪70年代的信息革命之后，西方发达国家的生产力急速发展，然而由于遵循着斗争思维，中国的国民经济濒临崩溃、社会发展滞缓、人民生活贫穷。改革开放30多年来，我们认识到全球性的发展潮流不可阻止，发展已经成为当代的时代主题，中国的现代化进程只能融入全球性的发展之中，而必须抛弃斗争哲学的基本纲领。事实证明，我们的理论转变是正确的、合乎时代主题的。

在当代中国，马克思主义的每次新成果都体现了对时代主题的准确认识和把握。可以说，马克思主义的理论创新史就是一部时代主题的认识和实践史，中国马克思主义是马克思主义的基本原理与中国实际相结合的理论，就其形成而言，来自于中国社会发展的需要。恰恰是这种社会需要，比十所大学更能够把马克思主义的理论创新推向前进。毛泽东思想是中国革命如何取得胜利和初步探索中国社会主义发展道路的理论。中国特色社会主义理论是关于中国发展的系统理论。无论是邓小平理论、“三个代表”重要思想还是科学发展观，主题是发展。当代中国的发展主题经历了破除禁闭、全面开放的发展阶段——全面协调可持续发展阶段——科学发展阶段，这是对怎样发展的时代主题的认识的不断深化的时代化创新过程。

当代马克思主义的时代化创新紧贴当代的时代主题。当代中国马克思主义的时代化创新需要紧贴当代世界和中国发展实际，紧贴广大人民群众的现实，才能在现实中获得具有极强解释力的指导功能。开发马克思主义基本原理的现实价值，首先要坚持马克思主义基本原理，其次要把对马克思主义基本原理的解释与当代经济社会发展紧密结合，同时，还要准确了解当代经济社会发展的主导趋势和基本特点，深刻把握重大的现实问题。当代的社会关系是当代人的本质，紧贴当代社会发展的马克思主义理论创新也紧贴当代人的社会生活，开发马克思主义基本原理的现实价值要为当代人服务，为广大人民群众的生产和生活服务，为改善人的生存状况和推动人的全面自由发展服务。马克思主义基本原理的解释力的增强立足于马克思主义基本原理的科学性，这一理论体系为广大人民群众所接受则来自于理论本身的价值性，即理论本身就是为人民服务，满足人民群众的利益诉求。

（二）在马克思主义时代化进程中坚持和发展马克思的生态思想

在马克思主义时代化进程中坚持和发展马克思的生态思想，就是要与时俱进地立足时代主题的历史性变化来创新对马克思生态思想的理解和解释，把马克思生态思想的当代解释力和作为人们改变现存生态环境状况的指导理论建立在解决当代生态环境问题的基础上，从而，对其他生态理论获得比较优势。

1．在马克思主义的时代化进程中坚持和发展马克思的生态思想，需要立足时代主题的变迁来重新理解和解释马克思的生态思想。马克思所处的时代，其时代主题是无产阶级的社会革命；当代的时代主题是发展。在无产阶级革命的时代，社会矛盾日益简单化、两极化、尖锐化，整个社会日益简单化两大对立的基本阶级——无产阶级和资产阶级。而当代社会则呈现为新的社会分层，多元社会群体取代两个基本阶级成为社会的群体主体。这意味着，在当代发展的时代主题要求下，发展中产生的生态问题需要用发展的方式来解决。在应对发展中的生态问题时，必须要坚持马克思主义的基本立场和基本原则，也要发展马克思主义，用时代化的马克思主义来应对发展中的生态问题。

发展的方式解决当代生态问题与生态问题的革命地解决是不同的。在革命的时代，人与自然的现代分离受到资本与雇佣劳动的二元对立的规定，劳动者要获得自己的本真的自然就必须通过社会革命的方式来消除资本的现代霸权，绿色革命是红色革命的内在组成部分。然而，在发展的时代，发展方式本身就是当前生态环境的原因，发展中的生态环境问题需要转变发展方式来解决。转变发展方式不同于社会革命。转变发展方式是发展的设计和实践过程中的自我调整，是在基本制度框架内通过一系列体制改革、结构调整、方式转变一起实现可持续发展，它要满足最广大人民群众的生存和发展的需求。革命则是对不合理的社会制度的根本变革，是推翻和颠覆旧制度，建立新制度的过程。革命的首要目标是夺取国家政权，而转变发展方式则是由国家政权推到高质量、高水平的发展。

在马克思主义的时代化进程中坚持和发展马克思的生态思想，需要立足当代社会发展的主要特征来应用马克思的生态思想。这是一个发展的时代，发展中出现了一些新情况新问题，这些问题的产生都来源于不合理的发展方式，即过度追求经济增长、发展中的资源环境代价过大、强调物质财富的增加而忽视生态环境资源配置中的公平正义等。这些新问题，在其根源上源自不合理的发展方式和发展观念，这就是片面的、财富崇拜式的、功利主义的发展观。因此，针对当代发展中的生态问题，就需要立足马克思主义的基本立场，根据社会发展的要求创新和应用马克思的生态思想。

在马克思主义的时代化进程中坚持和发展马克思的生态思想，需要在当代新的科学技术发展基础之上，合理看待科学技术与生态环境的关系。在马克思的生态思想中，资本的宰制把公共的自然变成资本的私有地，资本是生态环境问题的根源。而当代社会，科学技术已经成为第一生产力，科学技术既极大地解放和发展了社会生产力，又造成了发展中的生态风险。科学技术造成的很多环境污染是自然界无法自行降解的，如新的化学物质、核废料等。人们利用科学技术也能够开发更多的自然资源，这也导致生态环境的破坏。由于科学技术的生产力功能，人们对科学技术的崇拜和信赖造成了科学技术的广泛应用和普遍信任，然而，面对科学技术造成的生态风险，还需要坚持马克思的生态思想，即在人与自然关系领域，人们不仅要利用科学技术改造自然造福人类，也要用科学技术保护自然，因为自然是人的无机的身体。在这里，科学不能仅为资本服务，技术也不能仅是掠夺的技巧。人与自然的协调发展才是科学技术及其应用的价值目标。

2. 在马克思主义的时代化进程中坚持和发展马克思的生态思想，必须把坚持和发展马克思的生态思想落实在解决当代生态问题之上。正是意识到每个时代的重大现实问题，马克思主义才能不断地进行时代化创新。马克思主义是始终关注现实的理论，具有明显的现实性。每个时代的现实都有着不同的时代特征，表现了社会发展中不同的矛盾关系，社会中的主要矛盾表现为重大的现实问题。所有的现实问题——无论是重大的、还是一般的，都需要理论应答。就是这种分析现实、研究现实问题，为马克思主义提供了时代化的理论增长点。

当代生态问题，无论是资本主义条件下还是社会主义条件下，是事关当代人类持续生存和发展的重大现实问题之一。为解决当代生态问题提供思路与方案或者指导原则，这是马克思生态思想的时代化的基本要求，这就是说，坚持和发展马克思的生态思想，不仅是理论研究意义上的，更是当代现实研究意义上的。既然马克思主义的时代化创新在其现实性上已经面临着当代生态问题，那么马克思主义就要应答当代生态问题，在为解决生态问题提供思想的过程中，不断推进马克思主义的时代化创新。如此来说，应答当代生态问题，是坚持和发展马克思的生态思想的现实性依据。

应答当代生态问题，首先是理解当代生态问题的根源。马克思对现代生态关系中的资本中心主义批判指认出人与自然的现代分离以资本的掠夺性逐利为渊薮，由此产生了不同社会阶级之间的利益关系不仅是财富占有关系，更是生存条件关系，即从无产阶级与资产阶级之间的贫富分化到无产阶级的生存需要的满足。当代生态问题同样有其深刻的利益根源，需要解决资源环境配置中的利益关系，也需要合力地处理好经济发展的资本动力与资本的逐利原则的关系。当代生态问题有其工业化发展方式根源，分工造成的片面化、工业化中的劳动者的异化都需要我们走新型工业化道路，推进节能减排和生态环境保护、转变工业化发展方式，建设社会主义生态文明。

当代生态问题是具有全球性的社会问题。全球化实现了各种资源的全球性配置，也导致了生态环境问题的全球性扩展。生态环境问题不再是地区性的社会问题，而是跨区域的全球性问题。全球化进程中的生态问题需要用“世界历史”的眼光来看待，也提出马克思的生态思想中的历史唯物主义理论，即自然史与人类史在世界历史化运动的统一。

3. 在马克思主义的时代化进程中坚持和发展马克思的生态思想，需要立足当代的时代精神及其话语叙述来转述马克思的生态思想。每个时代都有其时代的意识，众多时代意识中有集中体现这一时代主题的、占主导地位的时代精神。立足当代的时代精神，就是让马克思的生态思想焕发出当代的问题意识，以及对马克思生态思想的阐述能够参与到对当代生态问题的对话中去。

当前，西方生态伦理学主导了生态意识的话语表达。但是，对人类中心主义的批判与生态整体主义的建构一方面构成了理论研究中的话语主导权，另一方面则根据人类中心主义批判而形成全球各国承担共同的和平均的生态责任这一结论。这对于发展中国家来说，是难以接受的，发展中国家提出的则是共同但有区别的生态责任。生态责任争论以人类中心主义批判还是马克思主义的资本中心主义批判为彼此分歧的理论基础。

这就要求马克思主义要参与当代生态理论的话语对话中去。当代西方生态伦理学激发起了人们的生态意识，也构成了马克思的生态思想的当代语境。马克思主义者不能自说自话，而是要与生态伦理学展开建设性的对话和交流，据此激浊扬清、明辨是非。当然，马克思的生态思想要能够参与当代生态意识的对话，首要的实现话语形态的当代化，即通过我们的努力，让马克思“说”当代话，对当代生态问题表达意见。同时，也需要立足马克思主义基本立场，不断地从当代社会发展实践中总结和归纳合乎马克思主义精神实质的生态观点，形成具有当代性质的生态理论。

第五章　生态实践与马克思生态思想的新思考

科学实践观是马克思全部哲学的理论基石，也是马克思生态思想的理论基石。现代实践方式是破坏生态环境的实践方式，随着生态意识的觉醒，现代实践方式正在实践中经历着生态化转向，新的生态实践已经成为处理人与自然协调发展的当代实践方式。生态实践既是生态文明的建设实践，也是重新理解和解释马克思生态思想的当代出发点。

一、科学实践观的生态解读

马克思之前的哲学由于不能充分理解“感性的对象性活动”的意义，旧唯物主义以直观受动的方式来理解“对象、现实、感性”，而唯心主义的立场则是抽象的意识能动性，他们都没能准确地解答世界的存在之谜以及人与世界的存在关系。马克思则转换了理解的视角，以感性的对象性实践活动作为理论的基石，科学地解答了人与世界的对象性存在关系。

（一）科学实践观的形成与内涵

经历了博士论文时期、莱茵报时期、《手稿》时期到《提纲》和《形态》时期，马克思的实践观从哲学实践观到劳动实践观直至科学实践观而臻于成熟。科学实践观是在对近代哲学的批判的基础上，继承了近代哲学的文明成果，把现实的实践作为哲学的理论立场和逻辑线索，实现了近代哲学的实践转向，从而实现了近代哲学的根本变革。

受黑格尔的影响，马克思《博士论文》中的实践观倾向于理论批判活动。针对当时黑格尔学派很大一部分人的非哲学转变，即从道德上来解释黑格尔的体系的这一或那一规定时，马克思坚持认为黑格尔哲学是一种“正在生成的东西”。黑格尔哲学的理论精神规约着青年马克思哲学的实践理解，“在自身中变得自由的理论精神成为实践力量，作为意志走出阿门塞斯冥国，面向那存在于理论精神之外的尘世的现实……不过，哲学的实践本身是理论的。正是批判根据本质来衡量个别的存在，根据观念来衡量特殊的现实。”① 在这里，实践是哲学的理论批判，是哲学与世界的精神性关联。把实践理解为理论批判活动形成了马克思的理论实践观，而实践的批判力来自哲学中自由的理论精神。

在《1844年经济学—哲学手稿》中，马克思提出了生产劳动实践观。实践是人们的“连续不断的感性劳动和创造”，是感性的人的自由自觉的活动（在这里，“感性”意味着经验的现实）。作为人的本质规定的这种实践活动与动物的“生命活动”不同，“动物只是按照它所属的那个种的尺度和需要来构造，而人却懂得按照任何一个种的尺度来进行生产，并且懂得处处都把固有的尺度运用于对象”②。生产劳动是“人的能动的类生活”，是“对象性的活动”，是人按照自己的目的，“把内在尺度运用到对象上去”的活动。在这里，马克思强调了实践（尽管以经济学的话语“生产”表达出哲学意味的实践）的两个尺度，即客观规律尺度和主观价值尺度，这两个尺度对应于实践的感性现实性品格和意识能动性品格。正是这两个尺度的辩证统一，马克思指出人们的实践是“按照美的规律来构造”。

自《提纲》、《德意志意识形态》伊始的科学实践观是马克思对实践内涵的科学认识。马克思批评了“解释世界”的哲学，力图建立“改变世界”的新唯物主义。对世界的改变，在马克思那里是“环境的改变和人的活动或自我改变的一致”③。这既是对18世纪至费尔巴哈的机械唯物主义实践观的超越，又是对唯心主义实践观的扬弃。实践改变了客观的物质世界，改变了人周围的感性世界，实现了“环境的改变”。实践还改变了实践者自身，是人的自我改变。马克思在阐述自己的历史观时强调，“人创造环境，同样，环境也创造人。”④ 人对环境的创造和改变与环境对人的创造和改变是人的实践活动的一体两面，二者不可分割。在这里，环境主要是包括生产力、资金和生活交往形式的社会环境，同时，还必然包括人们生存于其中的自然环境，是人们周围的“感性世界”或者“对象世界”，而人的自

① 《马克思恩格斯全集》第1卷，人民出版社1995年版，第75页。
② 《马克思恩格斯文集》第1卷，人民出版社2009年版，第163页。
③ 《马克思恩格斯文集》第1卷，人民出版社2009年版，第500页。
④ 《马克思恩格斯文集》第1卷，人民出版社2009年版，第545页。

我改变指的是人的自我意识、观念等主观世界的改变。

科学实践观具体表现为彼此紧密关联、有机统一的生产实践、生活实践、交往实践等形态。马克思指出，一当人自己开始生产自己的生活资料的时候，人本身就开始把自己和动物区别开来。生产实践是形成人的独特性的开始，人的独特性是人与动物的物种学的根本区别，以自然状态的“类”为标志。人们生产自己的生活资料，同时间接地生产着自己的物质生活本身，“人们用以生产自己的生活资料的方式……是他们表现自己生命的一定方式、他们的一定的生活方式。个人怎样表现自己的生命，他们自己就是怎样。”① 每个人的生活实践形成了总体性的“类”之内的“属”的差异，这一属的差异则是每个人的具体的规定性，是人与人的差别。在人际交往中、在社会化的联合中，彼此差异的人建构起了社会共同体，交往实践是人与人的联结，是社会历史的生成实践。通过交往实践，人类获得了历史性，尤其到了现代社会，随着交往的全球化、世界历史化，区域、民族和国家的疆域被打破，“人类”不仅具有物种学的独特性，更是具有了历史学的独特性和真实性，人类史成为现实。因此，科学实践观的实践具有双重指向，一种是指向人的生存状况和生存方式，是人的生存实践；另一种是指向历史发展，是历史的生成实践。科学实践观的这种双重指向在整体上是一致的，历史发展本身就是人的发展的历史形态。从具体指向出发，却蕴涵着两种不同的诠释方式：科学实践观的生存论解读把实践当作人的生存活动，提出了实践的生存论性质，实践是人的基本存在方式，是人的感性生活世界的展开方式；科学实践观的历史学解读把实践当作人类历史之谜的解答样式。

在马克思看来，实践是人的根本存在方式。在实践中，人生成了自己的社会性，实现了自然存在方式向社会存在方式的转变，马克思强调人们的社会生活在本质上是实践的，实践是人的社会生活的本质，是人的本质的社会性生成。对科学实践观的历史性解读侧重于认为马克思从科学的实践活动上出发揭开了人类社会历史发展之谜：即人的本质、人类社会的本质就存在于人的劳动实践活动之中。这样，马克思就以物质生产劳动活动这一唯物史观的实践论超越了黑格尔和费尔巴哈，掀掉了几千年来笼罩在人类社会历史领域的唯心史观，也从根本上克服了一切旧唯物主义的缺陷，实现了人类哲学史上的伟大革命，从而使人类对社会历史的认识建立在了唯物史观实践论这一科学的世界观的基础之上。

---

① 《马克思恩格斯文集》第1卷，人民出版社2009年版，第519页。

历史与实践的互动反拨形成了唯物史观的实践性立场，为发现历史发展的规律性提供理论依据。

另外，科学实践观为马克思的认识论奠定基石。在马克思看来，新唯物主义站在现实的基点上从物质实践出发来解释观念的形成，为科学的认识论奠基。实践的思维方式的确立，改变了传统认识论哲学的逻辑路向和哲学主题。现实的人以实践活动获得自己的现实生活中的真理性认识，人“自己思维的真理性，即自己思维的现实性和力量，自己思维的此岸性”的证明在于实践，“关于思维——离开实践的思维——的现实性或非现实性的争论，是一个纯粹经院哲学的问题。”① 实践是一切认识的真理性的归因。“凡是把理论引向神秘主义的神秘东西，都能在人的实践中以及对这种实践的理解中得到合理的解决。”② 至此，马克思理顺了实践和历史、实践和认识的科学关系，突出了实践是人们的认识的根本的、首要的出发点。

当前人们对马克思科学实践观的解释主要有认识论范式和生存论范式两种形态。认识论的实践观是一种传统的实践观解读范式，在强调认识到实践论基础的时候认为实践是认识的来源、动力、标准和归宿，指出了实践的系统结构。而生存论实践观③以人的生存为基本视角来考察人

---

① 《马克思恩格斯文集》第1卷，人民出版社2009年版，第500页。

② 《马克思恩格斯文集》第1卷，人民出版社2009年版，第501页。

③ 俞吾金教授从生存本体论解读马克思的实践观，认为“如果说，旧唯物主义者坚持的是抽象的物质本体论，那么，马克思坚持的则是生存论的本体论。在马克思看来，实践概念的认识论维度或理论关系是植根于生存论的本体论维度之上的。”（俞吾金：《对马克思实践观的当代反思——从抽象认识论到生存论本体论》，《哲学动态》2003年第6期）张有奎认为，“尽管实践概念的重要性被后来的马克思主义者一再强调，但是，由于视角的限制，实践的重大意义依然蔽而不明。具体来讲，传统教科书理解的主要局限性就在于总是从认识论意义上解读马克思的实践概念，这样导致的结果是，马克思通过实践所实现的重大哲学变革往往被作了近代知识论意义上的曲解。尽管这种解读模式也在强调马克思哲学和传统哲学的异质性，强调马克思对黑格尔和费尔巴哈的超越，但事实上，在对实践概念的认识论解读中，由于偷运了近代形而上学的基本思维范式，从而根本无法真正地敞开马克思的实践概念所开拓的新的理论地平。只有从存在论的角度出发，才能真正理解实践概念在马克思哲学中的重大革命性意义”，认识论意义上对实践的理解中的世界概念，“也不是与人切切相关的人化世界，而是首先强调自然科学意义上的物理世界的优先性和先在性，强调人的自然生成。实践对人作为人而言的重要意义，在对人的生物学的层面的强调中被冲淡了，弱化了，遮蔽了。”（张有奎：《马克思的实践概念及其存在论意蕴》，《江淮论坛》2005年第1期）邹诗鹏认为，“马克思的实践观本身就是指人的生存活动方式，是人生存的特质所在，人的生存活动是通过实践方式展开的，因而也需要由实践来阐释，而实践本身就蕴涵着人的生存论结构，也具有通过这一生存论结构的分析，实践活动所指涉的人的意义、价值，才能够揭示出来。”（邹诗鹏著：《生存论研究》，上海人民出版社2005年版，第399页）

的实践活动、实践的哲学内涵和哲学的实践论立场，把生存本体化，把实践作为展开人的生存结构和生存世界的主要方式，对传统的认识论实践观有着重大的理论突破。

（二）科学实践观的生态解读

作为人的感性对象性活动，实践联结了实践着的人和感性对象。在人与自然关系领域，实践的感性对象是自然界，既包括以生产资料、生产工具进入生产之域的自然物，也包括自然界的整体，即生态系统。因此，科学的实践是人以物质变换的方式与整个自然界在打交道。

物质变换是自然物在自然——人——自然……流程中的双向运动。一方面是自然物向着人的流动，是“客体的主体化”。物质生产是这一流动过程的基本形态，物质生产实践把自在的自然物作为生产实践的对象，通过生产转变其存在形式，利用其物理的、化学的、生物的属性满足人的多种需要，实现其对于人的使用价值，进入人们的社会生活领域，成为劳动产品和日常生活的消费品。自然界是整体性的生态系统，生产实践所获得的自然资源和能源是整体自然界的组成部分，生产使得这些组成部分脱离了整体，改变了生态系统。生产实践的改变如果在生态阈值之内，则不会对影响到生态系统的整体性平衡，人与自然仍然处于有机统一，而一旦人类的生产变成无限度的掠夺，整体性的生态系统被肢解，那么，生态环境就会遭到严重破坏。另一方面是消费后的废弃物向着自然界的流动。经历了生产、交换之后，物质商品进入到人们的消费领域，完成了满足人的需要的消费过程之后，被消费的商品总是会直接或间接地转化为各种各样的废弃物。这些废弃物、垃圾的排放意味着自然物从生活消费领域向着自然界的流动，这意味着在区域性的生态系统中添加了新的异样的自然物，如果这种添加能够为区域生态系统所降解、为生态系统所能够容纳或者在生态阈值之内、重新转化为生态系统的组成部分，这种排放对区域生态系统不会造成破坏性的影响，而一旦超出环境所能够承受的生态阈值，那么就会造成环境污染和生态失衡。

马克思曾经从资本的节约角度谈到排泄物的再利用，对于资源循环利用的实践有重要价值。马克思说，“生产排泄物和消费排泄物的利用，随着资本主义生产方式的发展而扩大。我们所说的生产排泄物，是指工业和农业的废料；消费排泄物则部分地指人的自然的新陈代谢所产生的排泄物，部分地指消费品消费以后残留下来的东西。因此，化学工业在小规模生产时损失掉的副产品，制造机器时废弃的但又作为原料进入铁的生产的铁屑等等，是生产排泄物。人的自然排泄物和破衣碎布等等，是消费排泄物。消费排泄物对农业来说最为重要。在利用这种排泄物方面，资本主义经济浪费很大；例如，在伦敦，450万人的粪便，就没有什么好的处理方法，只好花很多钱用来污染泰晤士河。”① 马克思认为，总的说来，废弃物重新利用的条件是，“这种排泄物必须是大量的，而这只有在大规模的劳动的条件下才有可能；机器的改良，使那些在原有形式上本来不能利用的物质，获得一种在新的生产中可以利用的形态；科学的进步，特别是化学的进步，发现了那些废物的有用性质。”②

科学的实践是环境的改变和人的改变的一致，人与自然的物质变换只有在人的物质生活的丰富和发展与自然界的保护和建设的一致中才是科学、合理的。马克思主要是从人的角度来看待物质变换，认为是社会化的人、联合起来的劳动者按照自己的本性实现与自然的物质变换，即劳动者通过交往、联合形成整体的实践力量来改变自然以满足自己的物质需要，实现社会物质文明和人的物质生活的发展。而从自然的角度来看待人类的物质变换实践，这种物质变换实践对环境的改变不一定意味着环境的发展，尤其是现代工业实践方式以自然的祛魅（disenchantment of nature）作为人类增强（enchantment of human）的代价，这使得现代人（人类）的自我改变与环境的改变并不合理地一致。而科学的感性对象性实践需要维护对象的完整存在和发展。人本身就是感性的“对象性存在物”，一旦失去实践的对象，人本身就成为非对象性的存在物，就不会存在。在科学实践观中，自然界不应该以丧失自身为介质仅仅为人类的发展提供物质资料，而更应该是人与自然的协调发展。

由于马克思的理论主题是现代资本主义社会中劳动者的生存革命，科学实践观的解释偏向于以重组社会为指向的历史性实践。尽管马克思谈到异化劳动造成自然的异化，但异化劳动本身是人的异化生存的实践表达，这是私有财产制度下的异化实践。由人的生存实践的异化出发，马克思批判了现代资本主义社会对全面的人的总体的生存方式的遮蔽和压制。在资本的现代统治中，生产实践不是以满足人的需要为目的，而是以资本的价值增值为目的。从复归人的本真的生存方式出发，马克思希望通过共产主义实践重组社会共同体，以合乎人的本性为社会目标。实践的唯物主义强调社会革命，从历史发展的基本规律出发揭示出现代

① 《马克思恩格斯文集》第7卷，人民出版社2009年版，第115页。
② 《马克思恩格斯文集》第7卷，人民出版社2009年版，第115页。

资本主义社会必然为社会主义所取代，社会革命是唯物史观的实践化路径。在以社会革命为指向的历史实践中，人——社会——人（雇佣劳动——社会制度——资本）的关系成为主要的考量对象，自然成为紧缩于其中的中介。

自然的发展不仅是自然的自在运动和物种进化，更是有人参与自然界的生活、对生态系统的环境保护和生态建设。因此，科学的实践观应该是既包括从自然界获得物质资料的生产实践，也包括生态环境的保护和建设实践。生产实践是自然的人化改变，修复和建设生态环境则是科学实践观的新的自然主义维度。因此，从人与自然的协调发展的生态维度来看，科学实践方式应该是人——自然——社会——人的考量方式。然而这一考量却被现代实践方式所忽视。

二、现代实践方式及其生态化转向

作为现代社会的主导性实践方式，现代实践方式对于人类社会的发展与进步有着重大的历史性贡献。同时，这种实践方式也产生了一系列现代性的社会问题，尤其是生态问题。生态问题要求现代实践方式发生生态化转变。

（一）现代实践方式及其主要局限

所谓现代（modern）实践方式，是指近代工业化以来以过度张扬人的实践能力、忽视生态系统的整体性制约为主要特征的实践方式。实践方式包含了实践过程中的诸多要素，如人们的实践目标、实践工具、实践手段、实践操作方法等。我们所指的实践方式的“现代”，实际上是发端于近代工业革命的实践方式，也是以工业化发展来解决人类的生存和发展问题的社会发展方式，在其现实性上，现代实践方式就是现代社会发展的主导力量。然而，现代实践方式对生态系统的消极作用通常体现为人们在实践中为了自己的实际利益需要而否定自然的自在运行及其内在价值，其结果就是实践过程中的人的力量的放大和自然的力量的萎缩。

现代实践方式的认识论哲学前提是二元分立。这种认识论哲学上的人与自然的二元分立显著地通过表述上的主体与客体把人与自然对立起来。人是主体，是最高的存在者，作为客体的自然只能为人提供满足人的需要的原料，是人的生产和生活的“水龙头”和“污水池”，自然的状况如何，在于人对自然的态度。客体是受动的，主体是能动的，人能够纵情地在自然的画卷上涂抹，客体却消极应答、毫无作为。这种二元分立的哲学在实践观上必然直接导致人为了自己的需要和欲望的满足肆意掠夺自然资源、排放废弃物、消解生物多样性、打破生态系统的动态平衡，而全然不顾自然界的“满目疮痍”对人的生存和发展的“主动”威胁。

现代实践方式遵循的是机械论规律。在牛顿力学的基础上，机械论规律观认为，宇宙中的一切现象都可以用力学原理来解释，只要给出初始条件，依据力学方程式就能够精确地、唯一地推论出事物的运动过程。机械论的规律观认为动力学规律是客观世界规律的基本的和唯一的形式，宇宙的任何事物的状态都是前一状态的结果，排斥偶然性具有严格的必然性，遵循单值对应的因果关系或线性因果关系。在机械论规律观的基础上，现代实践方式以人的实践力量遮蔽了自然的存在价值，把人的实践能力作为支配、控制自然运行状况的指挥棒，却没有看到能动的实践与环境的系统性一致才能使实践具有科学性。

现代实践方式是线性实践。线性的资源使用方式是资源——原料——产品——废弃物的实践过程，资源在人的实践过程中是单向流动的，这种资源使用方式必然会导致对资源的恣意开采、低效利用，以及对环境的严重污染。随着生产的日趋社会化和复杂化，线性实践是一种大量生产、大量消费的资源的单向流动方式，在人类可以利用能力的支配下，自然界必须要为人们的实践提供无尽的“财富的源泉”以及及时消解人类排放到环境中的废弃物的能力。事实是，这种“财富的源泉”在一定的时期内是受到有限的生态系统的自在运行的限制的，资源生成的生态成本和周期是现代的线性实践所未曾正视的实践因素。

现代实践方式强调人的主体性的同时忽视了自然生态系统的整体性，把实践置放在自然之外与自然相对立。为了满足人的需要，人们在实践中按照人的本性、以人的方式改变了自然物质的存在样态和运动方式，把自然打上了人的印记，并建构了人化的“第二自然”。现代实践方式对主体性的强调凸显了人的实践的张力，是对人的重视，对人的实践能力的充分肯定。但是自然生态系统的整体性自在运行是不以人的意志为转移的。人在获取物质资料以满足生存和发展的需要时，必须总体上要适应自然生态系统的运行，而不是破坏生态系统。

因此，现代实践方式在一定程度上实现了物质生产的极大发展，突出了人较之于自然的主体性力量，奠定了社会发展的财富之基，但是，也从根本上产生了相应的生态问题，导致发展过程中的难以克服的人与自然之间的尖锐对立。现存的生态问题就是对现代实践方式的实际否定，也是对现代实践方式的内在矛盾的披露。现代实践方式和实践观念在强调人的能动性时，忽视了环境的整体性承载容量和资源环境的基础性地位，故而对自然生态产生巨大的负面影响，并引发了人的生存危机和发展困境。

在现代实践方式极大发展的基础上，人们的发展观念和发展实践（即大量生产、大量消费的实践模式）就是创造尽可能多的物质财富，以满足人的生存和发展需要，而不顾及自然生态的自在运行，忽略了自然的内在价值。为了农业增产，人们大量使用化学药品；为了工业生产利润的提高，人们大量消耗炭化能源；为了奢侈消费，人们四处寻珍猎奇。接着，空气污染、水污染、垃圾污染、能源不够、原材料缺乏、替代品难觅等问题愈益显化。这些已经阻碍和破坏了人类社会的发展和进步。人类在追求自己的发展中已经受到了自然界的“报复”，自然界以它自己的方式把人类对它的破坏还给了人类自己。人类在追求发展的同时在破坏自身发展赖以存在的生态环境，自然界则以客观的自然法则和失衡的生态危机给人类带来灾害；人类在创造文明的同时，也在毁灭文明；人类既为自己的发展铺平了前进的道路，又给自己的发展挖掘了生态的陷阱。可以说，以现代实践方式为基础的现代发展模式在经济增长的基础上获得了合理性，而这种发展所带来的生态后果却在消解其合理性基础。

人们在物质性的实践活动中，改变了原初自然的存在状态，实现了自然的属人化，生成了人化自然。然而，随着人的实践能力的增强，尤其是现代工业化的迅速发展，那种人类学的自然在人们的实践活动中逐渐呈现两个方面的发展趋势：自然的人化与反人化。在马克思看来，在人类社会的生产过程中形成的人化自然才是真正的人类学的自然，是现实的自然。那种纯粹的、不在人的视野中的自然，是对自然的孤立的抽象，并在这种抽象的理解中“被固定为与人分离”。对世界的改变，是人的有目的的行为，但是，不合理的现代实践方式带来了人为的生态破坏，这种生态破坏的直接结果就是形成了自然的反人化。在这里，自然的反人化恰恰由于人们的不合理的现代实践方式缺乏负反馈机制导致反自然性所造成的，如果缺乏相应的负反馈机制，人们对资源的利用超过生态系统的承载容量，必将导致生态系统的崩溃。反人化的自然是自然的人化对原生态自然造成的破坏性结果，这反过来影响到人的生存和发展。自然的反人化是自然生态系统遭到人的破坏之后所形成的不适宜人的生存和居住的生态环境对人的负面影响过程。

既然生态问题由于人们的不合理的现代实践方式而产生，因此，必须批判地改变现代实践方式，并代之以新的实践方式，从而实现人类社会的可持续发展。问题的解决不是改变整体性的生态系统的自在运行，而只能改变人自己的实践方式，选择新的发展模式和生活方式。从人与自然的关系来讲，社会经济发展与资源环境的矛盾要求人类实践必须实现生态学转向。因此我们必须行动起来，从实践的根本之处改变人与生态自然之间的这种不协调的现状，而且在人类和自然的战争中，“我们必须牢记交战中只有一方——即人类——能付之于行动。”① 立即行动，改变现代实践方式，以新的实践方式来推动人类社会的可持续发展已经势在必行。

（二）现代实践方式的生态化转向

实践方式的生态学转向是针对现实的生态问题，立足于马克思主义的实践观，以生态学世界观为思维视野，通过对人与自然、社会和人的关系的整体性考察所实现的实践方式的根本转变。有观点认为，“传统的实践观习惯于用某种单纯的经济参数，如以国民生产总值（GNP）和国内生产总值（GDP）作为衡量社会发展的尺度，以物质财富增长为核心，以经济增长为唯一目标，并认为经济增长必然带来社会财富的增加和人类文明的发展”，而新的实践方式要求“在实践中，人们认识到资源是有限的，自然是有价的，环境容量是有限的”，“主张资源型经济向效益型经济转化”，“也主张污染型生产向清洁型生产转化”②。实践的生态学转向是以遵从实践的自然生态规律基础，并要求人们在实践活动中遵循整体性的生态方法的实践方式的生态化，所谓“‘生态化’是将生态学原则和原理渗透到人类的全部活动范围内，用人和自然协调发展的原则、原理去思考和认识经济、社会、文化等问题，根据社会和自然的具体情况，最优地处理人和自然的关系。”③ 现代实践方式正在多个实践了领域中经历着生态化转向，尤其是物质生产实践的生态化转向、生活消费实践的生态化转向和科技应用实践的生态化转向对现代实践方式的整体性转向意义重大。

---

① ［美］巴里·康芒纳著：《与地球和平共处》，王喜六等译，上海译文出版社2002年版，第175页。

② 钱俊生、余谋昌主编：《生态哲学》，中共中央党校出版社2004年版，导论第5—6页。

③ 钱俊生、余谋昌主编：《生态哲学》，中共中央党校出版社2004年版，第416页。

1. 物质生产实践的生态转向。随着可持续发展观念对人们实践活动的渗透，以循环经济、清洁生产、绿色GDP核算、产业的生态化、生态区域建设（生态社区、生态县、生态市、生态省）等实践发展方式在世界许多地方纷纷涌现，绿色的生态经济强调社会经济的发展与自然生态的协调，推行清洁生产，主张绿色生活方式，实行阳光型经济，以极力避免资源的过度使用和环境的严重污染。这标志着，以生态经济的崛起为标识的实践发展模式的生态学转向正在进行，其中，生产实践方式的生态化转向更是这些经济发展实践模式转变的中心。

现代物质生产实践方式是一种“高开采、高消耗、高浪费”的资源利用方式，自然的对象性的扭曲和丧失突出地表现为人们的生产实践大量开采自然资源导致资源匮乏及其所在地的生态平衡的破坏；资源的使用效率低下，不能综合利用；资源在生产环节中呈现单向流动，且使用环节短等。由于物质生产对自然物的使用价值的实现只是通过作为劳动对象的自然物的“对象性的丧失”而实现自然的人化，自然的人化以自然的被人控制和占有的形式表现出来，因此，现代生产实践方式“正在终结着自然”。

但是，“自然之魅”必然要通过对人类生存和发展的“报复”、把人类推向生态困境以驱使人们通过对自己的生产实践方式的改变来解救自己。正如马克思所说，“劳动首先是人和自然之间的过程，是人以自身的活动来中介、调整和控制人和自然之间的物质变换的过程。”① 一方面，生产劳动实现了人与自然的物质变换并形成了社会经济的迅速发展；另一方面，随着生产的社会化、科学技术对生产的渗透导致的生产能力的激增，人们已经越来越难以控制自己的劳动过程对生态环境的深刻影响。因此，正是由于现代生产实践方式把人类推向生态困境的泥淖而难以自拔，那么对这种生产方式的生态批评必然是实践的生态学转向的逻辑前提。

在现代生产方式体系内，人们的生存和发展总是会导致生态环境的破坏，因此，我们必须在提高生产力的同时，注重生产方式的改进。在现代生产实践方式中，自然界的资源、能源和环境不能够在生产过程中得到合理的保护，现代生产方式不仅具有较高的原料和能源消耗量，同时也给环境造成大量的污染。解决贫穷问题只能依靠生产力的发展，但是，现代生产方式无视生态系统的自在运行规律，或者采用先发展后治理的发展方式，把社会经济的发展与生态环境的保护时间上分开，这已

① 《马克思恩格斯文集》第5卷，人民出版社2009年版，第207页。

经不能满足人类对良好的生态环境的需要，因此，寻求可持续发展的必然要求之一就是“尊重保护发展的生态基础的义务的生产体系”①。

社会的物质生产实践是人类从自然界获取自然富源的基本实践方式，这种生产实践在社会发展的层面上往往被赋予经济增长的光环，然而，经济增长的数据却难以遮蔽传统的生产实践方式的极限化的环境代价。每一种生产方式都是和自然的一种物质变换，生产方式的不完善（生产实践的生态向度的缺失）意味着经济增长方式的实践根源随着这种物质变换的频率和速度的加快而导致生态环境的失衡。在现代生产方式中，“任何迅速强化的生产体系，又会产生一个两难的选择：由于每单位时间内生产能量投入的增加，都会打破原有生态环境的平衡，在导致资源枯竭和生态环境发生重大变化的同时，亦带来了生产效率的下降趋势。……人们对旧有生产技术的抛弃、对现存生产方式的否定以及新的经济类型的建立，正是在生态的接续与变化中展开的。”②

当代生态经济形态③所包含的主导性生产实践方式是一种生态化的物质生产实践，主要表现为清洁生产。清洁生产的概念最早大约可追溯到1976年。当年，欧共体在巴黎举行了“无废工艺和无废生产国际研讨会”，会上提出“消除造成污染的根源”的思想。1979年4月欧共体理事会宣布推行清洁生产政策，1984年、1985年、1987年欧共体环境事务委员会三次拨款支持建立清洁生产示范工程。清洁生产审计起源于20世纪80年代美国化工行业的污染预防审计，并迅速风行全球。国际公认的

---

① 世界环境与发展委员会著：《我们共同的未来》，王之佳等译，吉林人民出版社1997年版，第80页。

② 陈庆德著：《经济人类学》，人民出版社2001年版，第215—216页。

③ 当代的生态经济有着多种具体形态及理解。生态经济强调经济活动归属于生态理念，认为只有尊重生态原理所形成的经济政策才能取得成功（［美］莱斯特·布朗著：《生态经济》，林自新等译，东方出版社2002年版）。阳光经济强调只有通过利用阳光型能源，有目的地疏远生化能源消耗，经济全球化才能从生态角度被承载，面向阳光型能源和原料基础的转型，对于确保全球社会的未来安全将具有划时代的重要意义，其深度的、广度的和长远的影响可以与工业革命相匹敌。（［德］赫尔曼·舍尔著：《阳光经济 生态的现代战略》，黄凤祝等译，三联书店2000年版）。绿色经济强调充分运用现代科学技术，以实施生物资源开发创新工程为重点，大力开发具有比较优势的绿色资源，巩固提高有利于维护良好生态的少污染、无污染产业，在所有行业中加强环境保护，发展清洁生产，不断改善和优化生态环境，促使人与自然和谐发展，人口、资源和环境相互协调、相互促进，实现经济社会的可持续发展的经济模式（李向前等编：《绿色经济——21世纪经济发展新模式》，西南财经大学出版社2001年版）。循环经济强调在人、自然资源和科学技术的大系统内，在资源投入、企业生产、产品消费及其废弃的全过程中，不断提高资源利用效率，把传统的、依赖资源净消耗线性增加的发展，转变为依靠生态型资源循环来发展的经济（吴季松著：《循环经济——全面建设小康社会的必由之路》，北京出版社2003年版）。

联合国环境署对清洁生产的界定是：清洁生产是一种新的创造性思想，该思想将整体预防的环境战略持续应用于生产过程、产品和服务中，以增加生态效率和减少人类及环境的风险。对生产过程，要求节约原材料和能源，淘汰有毒原材料，削减所有废物的数量和毒性；对产品，要求减少从原材料提炼到产品最终处置的全生命周期的不利影响；对服务，要求将环境因素纳入设计和所提供的服务中。我国对清洁生产的主导观念体现在《中华人民共和国清洁生产促进法》中，“清洁生产，是指不断采取改进设计、使用清洁的能源和原料、采用先进的工艺技术与设备、改善管理、综合利用等措施，从源头削减污染，提高资源利用效率，减少或者避免生产、服务和产品使用过程中污染物的产生和排放，以减轻或者消除对人类健康和环境的危害。”

生态化的物质生产实践方式要求合理开采资源。人类的生存和发展建立在对自然资源的使用上，但是不合理的资源采用方式导致资源的匮乏，并最终导致发展的不可持续。合理开采自然资源包括两个方面的重要内容，一方面是减少自然资源的采用量；另一方面是利用先进的科学技术提高自然资源的采用质量，避免滥采乱挖。自然资源的生成需要一定的地质条件和生态成本，并且要经历漫长的地质周期，过度采用自然资源，将导致资源所在地的生态环境失去平衡，短期内难以恢复。而且，有些自然资源是不可再生的，有些自然资源的再生时间对于人们具体的活动过程而言太过漫长，由于人们的掠夺性开采，原初的资源环境已经或将要受到根本性破坏而难以恢复。当然，有些可以迅速再生的资源是我们予以利用的重要对象，这需要人们提高技术水平，尽早利用这些资源。

生态化的物质生产实践方式要求提高资源的使用效率。进入生产环节的自然资源通常转化为生产资料，如何合理地调节生产方式，实现资源综合利用的最大化，是一个重要问题。提高自然资源的使用效率是一个社会系统过程，包括提高科技水平、转变经济增长方式走集约化发展道路、建构合理的资源使用机制和完善相应的法律法规、转变人们资源使用观念等。

生态化的物质生产实践方式要求延长资源的使用环节。现代的资源使用方式往往是用后即弃、或者是资源——产品——废弃物的单向运行，这易于造成资源得不到充分、高效的使用，并造成大量的生产废弃物。延长资源的使用环节一方面是实现资源的再循环，另一方面是资源的多级利用。在现代生态工业生产过程中，企业间在资源使用上采取系统耦合的方式，这样，可以提高资源和能源的使用效率，减少废弃物对环境的污染，上游企业的生产废弃物成为下游企业的生产原料，在生产环节之间建立起封闭的资源回环使用系统，这是对资源的重复利用，也是在生产过程中减少污染生态环境的有益的办法。

物质生产实践的生态转向是以“减量化、高利用、再循环”的资源利用方式来代替现代“高开采、高消耗、高浪费”的资源利用方式，是对既有的物质生产方式的重要变革。可喜的是，新的物质生产方式已经初露端倪，并呈现强劲的发展势头。然而，这种物质生产方式亟待发展，尚没有成为整个社会的主导生产方式，尤其是在一些经济不发达的国家和地区，旧的生产方式仍然处于主导地位，资源的滥采乱挖、“竭泽而渔”、用后即弃等仍然很严重。

2. 社会生活实践的生态转向。人们生活中的消费污染是环境污染的主要原因之一。以什么样的实践方式来构建人们的社会生活，就会有什么样的社会生活。实践能力的提高，特别是科学技术、生产水平的突飞猛进为人们带来了巨大的物质财富，也提高了人们的消费能力和消费水平，在一定程度上实现了人自身的发展。然而，生产能力的迅猛发展掀起的消费巨浪所带来的消极影响却久久难以散去，它弥散在人与自然、人与人的关系中，也分裂了人与自然、自我与他人的协调共生。可以说，超过基本需要的奢侈消费与生态环境保护是一对矛盾，因此，倡导生态消费、拒绝不合理的消费是避免环境污染、建设绿色生活方式的一项重要举措。在日常生活中，人们的社会生活实践对于自然资源的使用主要表现为生活消费，绿色消费是对现代生活方式的生态化转向。

消费与人们的物质欲望相结合成为生活方式的主导实践，并以消费主义的文化方式把当今社会推向消费者社会的境地。在艾伦·杜宁看来，消费主义把“大量消费作为经济继续扩张的秘诀”，蕴涵了“奢侈”、“及时行乐”、消费者阶层的高速增长等，消费者阶层的扩张形成了消费者社会，“在消费者社会，需要被别人承认和尊重往往通过消费表现出来”，然而，人通过消费者生活方式所引起的“这个巨大转变的悲剧性嘲弄在于消费者社会的历史性兴起对于损害环境有着重大影响，却并没有给人民带来一种满意的生活。”[①] 针对当代西方发达国家在工业化过程中所导致的日益严重的环境污染、生态危机等现象的频频出现，生态学马

① ［美］艾伦·杜宁著：《多少算够：消费社会与地球的未来》，毕聿译，吉林人民出版社1997年版，第17页。

克思主义学派从社会生态观的立场批判了当代资本主义的种种危机，并首次提出了异化消费理论。该理论最初是由加拿大的威廉·莱斯在《自然的控制》和《满足的极限》等书中提出的，后来本·阿格尔在《西方马克思主义概论》一书中作了较全面的阐述和发展。本·阿格尔对人们的消费者生活方式提出了深刻的批评，他认为，"今天的工业社会，无论是资本主义社会还是社会主义社会，都具有以下特征：（1）技术规模庞大；（2）能源需求高；（3）生产和人口都很集中；（4）职能越来越专业化；（5）供人消费的商品的花色品种越来越多。……仅仅根据消费来衡量满足是现代社会所固有的混乱现象，因为商品体现了许多复杂的含义，这些复杂的含义往往难于理清而且也难以与人的需求联系起来。换句话说，一个可能并不喜爱自己职业的人，往往会为消费名牌商品而努力工作以满足自己的需要，但名牌商品是不断变化的，随着时尚带头人在市场确定的流行趋势，一会儿失去魅力，一会儿又有了魅力。"[①]"异化消费"的产生是因为高度协调和集中化的生产过程使人感到缺乏自我表现和自由劳动的意义，于是就逃避到以广告为中介的商品的消费中去寻找人生的意义，实现其创造性，人们把满足、快乐同消费等同起来。消费行为的社会性膨胀导致了人的需求和欲望的冲突，在导致人的自我异化的同时，还导致了人地矛盾的困境。

对消费社会的批判是当代生态意识的矛头所指之一。艾伦·杜宁认为，"没有消费者社会物质欲望减少、技术改变和人口的稳定就没有能力拯救地球。"[②]这还不够，要实现可持续发展，就要改变人们的消费观念，提高广大消费者的节约意识，鼓励消费者进行生态（适度）消费。生态学马克思主义认为，"人的满足最终在于生产活动而不在于消费活动。"[③]消费方式从物质型向着功能型、服务型的转变，由消费的高标准转向高质量是未来社会进步最迫切需要解决的事情。挥霍物质并不能给生活带来真正的热情和快乐，唯有精神的享受和实现才能带给人们幸福和热情。过度消费、一次性消费以及异化消费导致了人们在消费的狂欢中，生态环境的立场被湮没，当代人们的生活方式的环境代价在消费主义的影响

---

① ［加］本·阿格尔著：《西方马克思主义概论》，慎之等译，中国人民大学出版社 1991 年版，第 476 页。

② ［美］艾伦·杜宁著：《多少算够：消费社会与地球的未来》，毕聿译，吉林人民出版社 1997 年版，第 37 页。

③ ［加］本·阿格尔著：《西方马克思主义概论》，慎之等译，中国人民大学出版社 1991 年版，第 475 页。

下变得不堪重负。因此，人们必须转变生活方式和消费方式，提倡生态消费，推动社会生活实践的生态转向。

现代消费方式的生态学转向就是从不合理的消费方式转向生态消费。所谓生态消费，是指在现有的社会生产水平上，以人地协调发展的生态理念为指导，由满足人的基本需要出发，既提高生活质量，又不产生污染、破坏环境，从而促进社会经济发展的生态化的消费观念、消费方式、消费结构和消费行为。生态消费又称可持续消费、绿色消费，是适度消费。尹世杰认为，生态消费作为新型消费实践系统，以生态需要为“着眼点”、以生态环境为“立足点”、以生态产业为“支撑点”、以生态文化为“闪光点”①。在这里，生态消费方式作为人的生活实践的生态转向，推动人们的整个社会生活的生态化转向。

生态消费一方面是消费生态产品，无公害的绿色食品、节能型绿色建筑、清洁能源和可再生能源消费、绿色旅游等生态消费品已经逐步进入消费市场；另一方面，在社会生活层面的生态实践，是通过选择绿色生活方式来实现“自律”性消费的生活实践，主要表现为节约资源、垃圾分类、选择环保产品等绿色消费实践。消费是人类的日常生活中的重要环节，也是人类社会生产的开端。人生来就要消费，只要有需要，就有消费，消费是需要的实现。从自然资源的物质形态变化来看，消费行为从广义上和本质上讲就是耗掉源于大自然的物品，将废物还原给自然环境。消费与生态环境保护是一对矛盾，消费过程是消耗自然资源并向环境中排放废物的过程，这是消费对生态环境的直接影响。如果说转变现代经济增长方式、走生态化生产方式的道路是推进可持续发展战略的生产实践基础的话，那么在某种意义上说，树立生态消费意识、建立生态消费模式就是实行可持续发展战略的重要的生活实践基础。“只有当各地的消费水平重视长期的可持续性，超过基本的最低限度的生活水平才能持续……可持续发展要求促进这样的观念，即鼓励在生态可能的范围内的消费标准和所有的人可以合理地向往的标准。”②

走出人类社会发展的生态困境，就必须从现在开始认真节制自己的发展实践，这其中就包括对人类消费实践的约束，坚持实行生态消费。人们的需要随着社会生产的发展而不断发展，同样，随着社会生产的不

① 尹世杰：《关于生态消费的几个问题》，《求索》2000年第5期。

② 世界环境与发展委员会著：《我们共同的未来》，王之佳等译，吉林人民出版社1997年版，第53页。

断进步，人们的消费也由简单稳定向复杂多变转变。消费的多样化、精致、品牌化反映了经济社会的进步状态。但是消费的无限制所造成的不合理消费行为，已经给资源环境带来了越来越大的冲击和压力，使本已脆弱的生态系统不堪重负。因此，为了我们自己和子孙后代的利益，我们必须在可持续发展的时代背景下，设法使自己的消费行为向有利于环境和资源保护、有利于生态平衡、社会协调发展的方向演变。而当人们的消费行为具有了保护环境的功能时，这种消费其实就是一种生态消费。

3. 科技应用实践的生态转向。技术的运用对生态环境、对人的生存状态的影响由于人们的实践方式而产生明显的正、负效益。人类在改造世界的观念指引下，利用日益强大的科技手段使原生态的自然人化，为满足人的需要发挥了积极的作用，同时也带来了巨大的负面效应，导致了自然环境的污染和生态系统的破坏。现代科学技术由于“以狭隘的价值观作为指导思想”；“科学技术世界观的片面性”；“科学技术成果应用的机械性”① 而具有极大的局限性，因此，我们需要“科学技术模式的转变”。以生态实践为主导的实践方式强调技术的运用对社会、人的正效益最大化与对自然环境的负效应的最小化，这种科技实践反映了现代科技活动向着绿色科技的生态化转向。

现代科学技术通过延长人的手和脑而拓宽生产领域和提高生产效率、带给人更多的物质成果的同时，使得生态自然受到科学技术的强权控制，并导致社会发展和人类生存面临的生态困境。威廉·莱斯在对人类控制自然的观念做出历史的考察之后，指出“任何对控制自然的观念的考察都必须面对几个世纪来对这一观念的共同理解：人征服自然是通过科学和技术手段实现的。”② 科学和技术在人对自然的控制中扮演了导致生态破坏的反面角色。卡洛琳·麦茜特也批评了人通过科学技术对自然的控制，认为“培根的人统治自然的完整纲领通过‘揭示自然秘密’的实验而完成。17 世纪的科学家支持对自然的进攻态度，鼓吹‘掌握’和‘管理’大地。”“作为操纵自然的方法论的科学本身的发展，以及科学家对机械工艺的兴趣，在 19 世纪后半叶变成了具有重大意义的纲领”③。在这种完整的科学纲领中，自然通过科学实验被分割，从而使得对自然资源

---

① 余谋昌著：《生态哲学》，陕西人民教育出版社 2000 年版，第 126—130 页。

② ［加］威廉·莱斯著：《自然的控制》，岳长龄、李建华译，重庆出版社 1993 年版，第 91 页。

③ ［美］卡洛琳·麦茜特著：《自然之死》，吴国盛等译，吉林人民出版社 1999 年版，第 205—207 页。

的掠夺合法化。余谋昌教授在《生态哲学》中批判了“以人类中心主义为价值方向”的“狭隘的价值观为指导思想”、具有“机械主义的”“科学技术世界观的片面性”以及“科学技术成果应用的机械性”的科学主义观念[①]，对现代科学技术的批评是人们在生态问题目前对人类传统实践方式的生态反思，这种批评性反思必将推动科学技术实践的生态转向，即建构起绿色科技体系。绿色科技是科学技术的生态化，即“是用生态学整体性观点看待科学技术发展，把从世界整体分离出去的科学技术，重新放回‘人——社会——自然’有机整体中，运用生态学观点和生态学思维于科学技术的发展中，对科学技术发展提出生态保护和生态建设的目标，主要包括科学价值观的变革，科学世界观的变革，科学观的变革。”[②] 这种生态化科技观是以生态整体性的方法论对传统科技观的当代“改造”，反映了当代科技发展的时代趋势。

科学技术实践的生态化转向不仅是直接的生态修复实践，而且必然是“绿色技术”体系的建构。通过科技手段实现和提高直接的生态修复实践能力，只能是浅层生态学的思路，而深层生态学则是在人们的社会实践的每一个环节和层面进行生态控制。科学技术的生态化转向是在人们的社会生产、日常生活中，通过科技渗透形成绿色科技体系。“绿色科技实质上应当是一种可保持人类社会持续发展的科学技术体系，它强调自然资源的合理开发、综合利用和保护增值，强调发展清洁生产技术和无污染的绿色产品……绿色科技是未来科技为社会服务的基本方向，也是人类走向可持续发展道路的必然选择。”[③] 单一技术的绿化只是整个科技体系绿化的环节，正如解振华认为的，“‘绿色技术’体系包括用于消除污染物的环境工程技术、进行废弃物再利用的资源化技术，在生产过程中无废、少废和生产绿色产品的清洁生产技术。”[④] 实际上，这只是生产过程中的科技实践生态化，在人们的日常生活中，通过开发绿色产品、研制环保型的实用技术都是科技实践生态化转向的重要方面。

在人们的物质生产、社会生活以及科技实践中不断涌现的新的具体的实践形态都是把人与自然的协调发展作为总体性的主导方向，既强调生产发展、生活富裕、科技进步，又强调生态环境的保护和建设，这些

---

① 余谋昌著：《生态哲学》，陕西人民教育出版社 2000 年版，第 122—134 页。

② 余谋昌著：《生态哲学》，陕西人民教育出版社 2000 年版，第 131 页。

③ 周光召：《将绿色科技纳入我国科技发展总体规划中》，《科技日报》1995 年 3 月 14 日。

④ 解振华：《大力发展循环经济　全面建设小康社会》，载张坤主编《循环经济理论与实践》，中国环境科学出版社 2003 年版，第 3 页。

生态化的实践形态蕴涵了新的实践方式的当代性。立足于当代社会经济的发展程度、科技水平、生活水平，由当代人实现的实践方式不同于古代小生产方式和近代以来的传统实践方式，是在继承传统实践方式和生产力的历史累积基础上的实践方式的创新。这种创新与当代人的生存发展的要求密切相关，是人类社会的可持续发展与生态环境的兼容性这一总体性要求的当代反映。

三、生态实践：生态哲学的新奠基

现代实践方式的生态化转向标志着新的实践方式正在现实地形成，这种生态化实践方式就是生态实践。生态实践是建设人与自然协调发展的实践方式，是当代生态哲学的实践基础。

（一）生态实践的基本内涵

所谓生态实践，是以生态学原理为依据，以生态环境的整体性规律为内在制约、以人的协调发展为价值旨归和对良好的生态环境的需要为根本动力的物质性活动。在生态实践中，动力机制、价值取向和制约机制是内在地整合的，对良好的生态环境的需要是生态实践的动力学，人的协调发展的价值旨归是生态实践中的观念性的“内在的尺度”，生态制约是生态实践必须遵从的客观规律和生态系统的整体性的尺度。生态实践方式是联结“内在尺度”与“外在尺度”的中介，是人的内在价值尺度的实现和生态系统的外在规律尺度的映现，实际上，“内在尺度”和“外在尺度”都是实践活动的系统要素，二者呈现系统整合状态。贯穿于生态实践之中的，是以承认自然生态的价值、确认生态系统的整体性、尊重自然生态为主导的人类发展观念。在这种观念的指导下，人类的生态实践把生态系统的整体性制约内化为发展的实践原则，是以整体性的思维方式引领人的实践的新型实践形态，是实践中的价值取向、制约机制和动力机制的内在统一。这种统一不是人的实践对外在生态系统的被动依附，而是从事实践的人对生态系统的自觉协同，其中，生态系统的存在合理性得到人们的广泛认同，人与生态自然是平等“交流”的“伙伴”。

生态实践是当前人对自然实践关系的主导发展方向和必然趋势。生态实践作为对现代实践方式的扬弃，是人与自然协调发展的实践形态，具体来说，生态实践不仅产生经济繁荣、生产力提高、社会发展，还推动环境保护、生态建设、生态优化。就生态实践的发展情况（或生态实践范畴的外延）来看，生态工业、生态农业、生态服务业等走上循环经济、清洁生产的实践道路；人们正在以阳光型能源替代生化资源提供生产的动力；生态城市、生态农村的规划和建设展现了自然生态系统与人文经济系统的复合；消费是满足需要的活动，生态消费也是一种生态实践；绿色和谐管理就是贯穿了绿色和谐理念、以顺应自然的方式进行资源管理的企业管理实践。

生态实践是作为形而上学的生态学意义上的人对自然的物质性实践，意味着生态学的有机性和整体性方法论原则也是生态实践的方法论原则。在这里，有机性和整体性得到了哲学意谓的提升，成为实践的主导性特征。通过对整体的各个组成部分的有机联系的分析，我们可以认识到自然生态系统的不可分割性和不可替代性。因此，我们的实践不能使整体的自然生态系统支离破碎，而是在生态系统中不断寻求最适合人的发展需要的、对自然生态系统和社会整体破坏最小的契合点，并在其中展开活动，从而实现人与自然的协调发展。在这里，整体性思维和有机论方法是实践理性的主导方向，自然生态的制约作为人们的实践的内在制约是生态实践的重要组成要素。值得注意的是，提升了有机性和整体性的形而上学的生态实践不是对实践中的人的能动的发展性的挤占，而是与人的能动性的内在整合，是客观的生态整体性与主观的价值取向的辩证结合。这样的实践就是当代蓬勃发展的生态实践，是一切正在进行的具体实践形式的形而上学的、或者哲学意义上的实践方式基础。

生态实践所遵循的生态整体性和有机论的哲学方法，是对现代实践方式所遵循的主客二分的认识论哲学的超越。把实践系统中作为实践主体的人和作为实践客体的自然对立起来，是机械论的二元论哲学的理论出发点，其后果之一必然是人们在实践中只关注自然物对于人的效用和功能，而缺乏对生态系统的必要的关心，“因而，人类必须以生态学原则即从人与自然的整体性和人对非人自然的依赖性视角，思考我们的生存方式和经济系统，思考人类究竟在多大程度上真正需要这些能源、这些交通方法、这些工业和技术。”① 生态整体性不是在人的视野之外的自然，而是与人的实践方式紧密关联的。在生态实践的自然观里，自然是随着实践方式的深入而不断处于动态平衡的有机生态整体，这意味着，自然是有机整体性的自然，也是实践论的自然。因此，实践方式的选择对于

① 郇庆治著：《绿色乌托邦》，泰山出版社1998年版，第65页。

生态系统的动态平衡具有根本性的作用。

自然资源、能源和信息的存在和运动构成了人类的自然生态系统，在自然生态系统这个场所，自然物质的实体自在地运行。人的实践一方面改变了自然物质的运动，另一方面又受到自然物质的存在样态和生态环境的系统结构的整体性制约。人是自然进化的最高产物，作为自然生命，人的活动只不过是生命体的运动，人的实践根本不能逾越自然生态系统的范围，生态实践正是把这一方面作为人的活动系统的重要因素考虑在内。然而，人是社会的人，人的活动是一种社会实践，没有这种社会性实践就没有人周围的感性世界。正像人们现在很难区分出原初自然和人化自然一样，人们周围的感性世界已经是一种社会化的自然，是自然史和社会史的统一。人们的生态实践及其产物总是多种向度的统一，而不是单向度的分离。与生态向度相对应的是社会向度，纯粹的人与自然的实践、或者说在人与人分离的情况下的单个人对自然的生态实践几乎是不存在的，生态实践的历史背景、实践对象、实践手段、实践目标等与社会紧密关联，从这种意义上而言，生态实践仍然是人们的一种社会性实践。生态实践不是孤立的单个人对自然的实践方式，而是在社会历史的境域中形成的，处于社会性生成过程之中，此外，生态实践不是单向度的实践方式，而是实践的生态向度、社会向度和人本向度的实践辩证法。

生态实践的生态向度与社会向度的统一与实践中的人地共生、协调发展的人的价值旨归是一致的。多维向度的辩证统一意味着：实践不仅具备社会价值，也具备生态价值；实践不仅产生经济效益、社会效益，也产生生态效益。这些多重综合效益的统一与其说是人的实践的合理性程度的表现，不如说是生态实践中蕴涵的价值取向使然。人地共生的价值取向推动了实践方式的生态化转向，突出了生态实践在人与自然矛盾关系中的重要性。实践的"'生态化'是将生态学原则和原理渗透到人类的全部活动范围内，用人和自然协调发展的原则、原理去思考和认识经济、社会、文化等问题，根据社会和自然的具体情况，最优地处理人和自然的关系。"① 社会生产的生态化是人与自然在物质和能量转换中的互利共生、协调发展，是生态理念对人们的生产实践的渗透；社会生活的生态化是人们日常生活方式的生态化，是生态理念在社会生活方式中的渗透。然而，人与自然协调发展的价值取向是与生态实践的发展性紧密结合在一起的，是对生态实践的发展性的价值规约和价值导向，促使人

① 钱俊生、余谋昌主编：《生态哲学》，中共中央党校出版社2004年版，第416页。

们形成新的实践方式和实践观念。这种实践观念所着力改变的，就是那种以环境为代价的发展方式；其所着力推动的，是实现人与自然的协调发展和人类社会的持续发展。

（二）生态实践是自然、社会和人本三维立体向度的辩证统一

生态实践具有多维向度，不同向度将会导致不同的效益。其中，包括生态向度、社会向度和人本向度。

1. 生态实践的生态向度。所谓生态实践的生态向度，是指人对自然的实践方式对于生态环境的保护和建设功能。马克思主义的自然观是实践论的自然观，即对自然做出实践论的理解。生态学的自然观以有机、整体的生态系统为研究对象。然而，这两种自然观不是截然二分的，而是在生态实践的基石上获得统一，这种统一就是生态实践的生态向度。

立足于实践的理论立场考察自然界的存在及其运动变化和发展，这是马克思主义哲学的实践论自然观的基本要旨。由此，自然与人的实践、实践的人是一体的。自然作为实践的对象，摆脱了原初自然的自在性的垄断，并获得了新的规定性。这种规定性是人的实践赋予的，是社会发展境域中的人的生存和发展在自然界的自我实现，在这里，自然总是人化自然，是以物质性实践为基本立场的人的自然。正是在实践中，自然成为人的无机的身体，人与自然历史性统一。

海德格尔认为，“此在总是就它的生存领会自己，总是就它是自己或者不是自己的可能性来领会自己。此在要么自己选取了这些可能性，要么深陷于这些可能性之中，要么已在这些可能性中生长。生存总是取决于每一个此在自己可能挑选的抓紧或者延误的生存方式。生存的问题总是只能通过生存活动本身来澄清。”[①] 此在在自然界的生存是“安居”，“安居”的基本特征是保护，“凡人以拯救大地的方式安居。……拯救并不仅仅是把某物从危险中拉出来。拯救真正的含义，是把某个自由之物置入它的本质中。拯救大地远非利用大地，把大地盘剥殆尽。拯救大地不是主宰大地、征服大地。主宰和征服同贪得无厌的榨取仅仅一步之遥。”[②] 拯救而不是利用、盘剥、征服大地所蕴涵的人的活动方式，这里

---

① ［德］马丁·海德格尔著：《人，诗意地安居》，郜元宝译，广西师范大学出版社 2000 年版，第 3 页。

② ［德］马丁·海德格尔著：《人，诗意地安居》，郜元宝译，广西师范大学出版社 2000 年版，第 96 页。

已经包含了生态实践的思想。

生态实践的生态向度意味着，这是保护环境、建设生态的实践方式，这种实践方式追求的是人与自然协调发展，并且据此获得人的可持续生存和社会的可持续发展。

2. 生态实践的社会向度。生态实践的社会性生成是人与自然的实践活动的社会性发展，尽管我们所强调的生态实践是人们处理人与自然之间的矛盾关系的实践活动，但这种实践不是外在于、超然于人类社会之外的，而是与人们的社会历史密切关联，是社会历史中的人的实践活动。因此，社会性生成的生态实践必然有其社会向度，即对社会的发展的作用和影响。我们在谈到清洁生产、循环经济等的时候总要坚持生态实践的生态效益与经济效益和社会效益的统一，在这里，生态效益是生态实践的生态向度，而经济效益和社会效益就是生态实践的社会向度。社会效益是一个整体性的概念，是生态实践的社会综合效益，经济效益是生态实践的社会效益的直接形态和突出表现，除此以外，生态实践的社会效益还包括多维方向和各种层面的社会效益。

提出生态实践来切实地反对传统的实践方式不是反对人们的物质性实践本身，而是反对对自然的掠夺式利用的现代实践方式。在当代生产力的发展水平基础上，生态实践不是复归到对自然界的低层次依赖和经济的零增长，而是强调实践过程的污染物零排放。在当代发展语境中，经济的零增长企图是一种倒退。生态实践的经济效益越大，实践中人的能动性的发挥程度越高。

当代意义上的生态实践蕴涵了经济质量的提高，不是对自然资源的掠夺式开采、粗放式利用，而是通过经济发展方式的转变，充分利用现有的科学技术，走集约化的经济发展之路。不是以数量，而是以质量；不是以资源型，而是以知识型、服务型；不是以污染型，而是以循环型来衡量经济发展效益和生态环境建设之间的关系，这是生态实践的内在意蕴。减少物质生产过程中的自然资源的开采量、输入量，发展替代型、再生型、清洁型的资源和能源，从而，从根源上消除生产过程对自然环境的破坏，这是生态实践的基本要求和首要原则。在物质生产流程中，充分利用科学技术，提高资源的使用效率，尽量减少生产环节对环境的污染，通过生产过程的纵向闭合和横向耦合形成综合利用资源的环境保护型生产体系，实现对生产过程的全程生态控制，把预防和治理生产过程对环境的污染统一到生产过程之中，这是生态实践的根本要求。同样，在人们的日常生活中，建设生态消费体系，节制奢侈消费、通过对生活垃圾的有效处理来减少对环境的污染，这也是生态实践的必然要求。对生产和生活的废弃物的回收和再利用是废弃物的资源化的重要的途径，也是避免环境污染的必要手段。在整个的生态实践的运行过程中，经济效益是贯穿于始终的，尤其是在市场经济为主导的现代经济运行体制下，经济效益更是生态实践的必然话题。

经济效益是指人们在经济活动中的成本——利润的比率。对生态实践的经济效益的评价可以采用成本——效益分析方法。在这里，经济成本包括环境成本，即资源的自然形成的生态成本，其物化形式就是环境保护费用。因为资源的自然形成需要很长的生态周期，良好生态环境的恢复周期也由于其滞后性而不是短期内所为，所以，环境保护费用的研究仍然亟待深入开展。但是，根据生产者责任制的原则，谁污染、谁负责，那么，把生产过程所造成的生态影响作为生态成本纳入经济成本的总量就是必需的了。

生态实践通过社会发展与环境的优化建设所实现的是社会整体的可持续发展，是人口、资源、环境的协调发展，是生态实践的社会向度的总体效益或复合效益。正如王松霈所说的，“生态经济效益，它是经济效益和生态效益结合所形成的复合效益。它既包括人们投入一定的掠夺耗费后，所获得的有形产品，也包括同时所获得的各种对人有用的无形效应。”① 考察生态实践的社会效益不能仅仅以其经济效益为标准，而应该形成综合的效益评价体系，从社会发展的整体性维度对生态实践做出社会向度的科学评价。因此，生态实践的社会效益是以经济效益为主导的整体效益，这种整体社会效益就是生态实践对社会的可持续发展效益。

1987 年“可持续发展”概念的正式提出以来，可持续发展理念走向全球化。不同维度、不同视阈、不同层面的概括，都反映了人们赖以生存和发展的资源对整个社会实现可持续发展必要性。在自然资源和生态环境与人类发展的密切关联方面，人与自然的实践关系以及人对自然的实践方式对社会的可持续发展所造成的影响是直接的。生态实践旨在实现社会发展、人的发展与自然生态系统的优化运行的协调统一，尤其是要解决人们的实践活动与自然的自在运行之间的深层矛盾，即要在生态系统的承载容量的范围之内实现社会的可持续发展。“以后的几十年是关键时期，破除旧的模式的时期已经到来。用旧的发展和环境保护的方式来维持社会和生态的稳定的企图，只能增加不稳定性；必须通过变革才

① 王松霈著：《生态经济学》，陕西人民教育出版社 2000 年版，第 100 页。

能找到安全。”[①] 现代的实践方式、旧的发展模式导致生态的不稳定和不安全，人口、资源、环境之间处于失调状态，经济发展的代价过大，社会发展的整体性效益不高。生态实践通过对人口、资源、环境等要素的系统整合，突出了实践的受制性质。“人类有能力使发展持续下去，也能保证使之满足当前的需要，而不危及下一代满足其需要的能力。可持续发展的概念中包含着制约的因素——不是绝对的制约，而是由目前的技术状况和环境资源方面的社会组织造成的制约以及生物圈承受人类活动影响的能力造成的制约。”[②]

人的实践活动是社会历史发展的决定性力量，历史的转变在于人的实践。现实的物质性实践方式的转向推动了人们对社会历史发展路向的重新选择。生态实践对现代实践方式的超越，在社会领域会带来一系列的连锁效应。这个连锁反应将会波及社会的方方面面，从人们的生产方式到生活方式、从劳动到交往、从经济领域到政治文化领域。

3. 生态实践的人本向度。马克思认为，“生产不仅为主体生产对象，而且也为对象生产主体。”[③] 在生产过程中“为对象生产主体”，这突出地指明了人们的物质性实践对人的生成的根本性作用，也表明了实践的人本向度。马克思指出：“个人怎样表现自己的生命，他们自己就是怎样。……个人是什么样的，这取决于他们进行生产的物质条件。”[④] 在这里，实践是人的生存方式，是人的本质力量的显现方式，生活实践和生产实践对人的生存方式的展开直接表达了人的本质。在物质性生产实践和生活实践中，人对自然的实践过程不过就是人的实践方式如何把自我的内在本质显现出来达致自然界的过程，人通过对人与自然的实践关系的发展状态的揭示来揭示人的自我发展，因此，实践的人本向度指向的就是实践活动对于人的生成和发展的作用。

对以人为中心的现代实践态度的批评，强调了生态实践的生态向度，但不意味着生态实践缺失人本向度。实践是人的存在方式，无论是生产实践（生产方式）还是生活实践（消费方式），人及其需要的满足是实践的根本出发点和最终归宿。在生态实践中，人与自然的协调发展必然包

① 世界环境与发展委员会著：《我们共同的未来》，王之佳、柯金良译，吉林人民出版社1997年版，前言第27页。

② 世界环境与发展委员会著：《我们共同的未来》，王之佳、柯金良译，吉林人民出版社1997年版，前言第10页。

③ 《马克思恩格斯文集》第8卷，人民出版社2009年版，第16页。

④ 《马克思恩格斯文集》第1卷，人民出版社2009年版，第520页。

含了人的发展，人的生存状况的改善是生态实践的根本性的尺度。生态实践为解决现存的生态环境问题提供新的实践路向，通过转变人与自然的实践关系推动了人的生存环境的转变和处于生产和生活中的人的自身的转变，因此，以人地共生为旨归的生态实践必然要在人的生存和发展那里得到回应，并且，这种回应也是生态实践的实践路向所努力追求的向度，即人本向度。

生态实践强调通过环境保护、生态建设的实践活动实现人与自然的协调发展，这种协调发展既包括通过环境保护、修复、污染治理、生态建设以建成良好的生态环境，还是人的生存发展状态的优化建设。这种生存发展实践不是以现代实践方式那种控制自然、改造自然的形式出现，而是以表征人与自然的融合的生态实践的方式出现的。池田大作在谈到人类与自然关系时引用了佛教的教喻说，“人类只有和自然——即环境融合，才能共存和获益。此外，再没有创造性发挥自己的生存的途径”，“如果把主体与环境的关系分开对立起来考察，就不可能掌握双方的真谛。”[①] 生态实践的人本向度就是把人与自然置放在一个整体性的系统中来考察人的生存和发展方式。

人的生存和发展是生态实践的基本出发点。在生态实践中，人“把整个自然界——首先作为人的直接的生活资料，其次作为人的生命活动的对象（材料）和工具——变成人的无机的身体。”[②] 并且，这种自然的人化以不破坏整体性的生态环境为背景。在人的视阈中，保护环境和建设良好的生态的根本出发点在于人的生态需要。这种生态需要是在物质性生活需要得到满足的同时对良好的生态环境的需要。马克思指出，“对自然界的独立规律的理论认识本身不过表现为狡猾，其目的是使自然界（不管是作为消费品，还是作为生产资料）服从于人的需要。”[③] 满足生活需要是人的生存的第一个前提，是物质生产实践的最基本的出发点，这在每一个人那里都是必然如此的。

人类的健康生存需要拥有良好的生态环境，人的发展需要自然界提供持续的发展资源。在当代被破坏的生态环境的前提下，对良好的生态环境的要求是人们要转变现代实践方式，以生态实践的方式保护环境、

---

① ［英］A. 汤因比、［日］池田大作著：《展望二十一世纪》，荀春生等译，中国国际文化出版公司 1985 年版，第 30 页。

② 《马克思恩格斯文集》第 1 卷，人民出版社 2009 年版，第 161 页。

③ 《马克思恩格斯文集》第 8 卷，人民出版社 2009 年版，第 90 页。

建设生态。在当代人类社会发展面临日趋枯竭的资源瓶颈的发展约束下，只有通过自然资源的减量化开采、废弃物的回收再利用和循环使用、使用清洁能源、发展清洁生产、利用科技手段开发替代资源和可以迅速再生资源等。人的生存和发展离不开资源和环境，如何保持良好的生态环境和可以持续利用的自然资源，关键在于人对自己的实践方式的选择。现代传统的发展模式和实践方式已经不能实现当代社会的可持续发展，只有选择人与自然协调发展的生态实践，才能真正满足人的生存和发展的根本需要。

人的生存和发展是生态实践的最终归宿。人的发展，尤其是生态意识的生成推动了当代生态实践的发展，同时，生态实践的深化和普遍化也把人的生存发展状况的改善作为最终归宿。生态实践是实践方式的根本转变，其所指向的满足人们所需要的是人与自然的协调关系，自然是人的生存家园，对良好的生态环境的需要是人的基本需要，人们通过生态实践所实现的就是人的生存的家园建设和生态需要的满足。“为我”是实践活动的本性，也是生态实践的本质内涵，在这里，归宿与出发点是一致的。

人的本质力量的一个重要方面就是人通过对自身之外的世界的实践关系来映现自身。通过实践打上人的印记的自然界，对于人来说才是自己的感性世界，人在这样的世界中才能反观自身。在马克思看来，“在人类历史中即在人类社会的形成过程中生成的自然界，是人的现实的自然界；因此，通过工业——尽管以异化的形式——形成的自然界，是真正的、人本学的自然界。”① 人化的自然是真正人本学的自然，是自然对于人的生成，也是人在自然中的自我生成和人的本质在感性世界中的持续展开。在工业文明时期，“工业的历史和工业的已经生成的对象性的存在，是一本打开了的关于人的本质力量的书，是感性地摆在我们面前的人的心理学。”② 因此可以说，人们通过实践在改变自然、创造文明成果的过程中把人的本质力量对象化，同时，人也获得了自我改变、自我发展，“为了以一种适合他自己需要的形式占有自然的产品，人类发展了上肢和下肢、头脑和双手——他自己的自然力量。因而，通过作用于外部世界并改变它，人类同时改变了他自己的自然。”③ 人们通过生态控制性

---

① 《马克思恩格斯文集》第1卷，人民出版社2009年版，第193页。

② 《马克思恩格斯文集》第1卷，人民出版社2009年版，第192页。

③ ［英］戴维·佩珀著：《生态社会主义：从深生态学到社会正义》，刘颖译，山东大学出版社2005年版，第160页。

实践方式在改变外部自然的同时也改变着内部自然，人对“自己的自然”的改变是人的潜能的发展，这种潜能是人自身的能力的建设。

生态实践是人与自然的实践关系以人的生态控制性实践方式的展开，也是人的本质在实践方式的选择上的映现。生态实践对人们的社会关系——包括生产关系、交往关系等——具有重要的作用，人与自然的双向协调的实践关系能够推动社会环境中的人与人之间的互动协调向着良性循环的方向运动。马克思认为，人的本质在其现实性上是一切社会关系的总和。社会关系在人那里的凝结是通过人的实践形成的。实践是人的生存方式，“以一定的方式进行生产活动的一定的个人，发生一定的社会关系和政治关系。”① 实践是社会关系的生成和发展的来源，人的实践方式如何，实践中形成的生产关系和社会关系就会怎样。“随着新生产力的获得，人们改变自己的生产方式，随着生产方式即谋生的方式的改变，人们也就会改变自己的一切社会关系。”② 正是以人为中介，马克思科学地联结了实践和社会关系，并以之作为人的本质的根本标志。在当代生产力发展水平的基础上，生态实践是人与自然的实践关系中的人的“自律”性的实践，是与实践对象的协调发展的实践。这种实践活动不是纯粹单个人的活动，而必然是社会性的活动，因此，生态实践具有协调发展、良性互动的向度。

（三）生态实践的伦理辩证法

生态实践既是人对自然的物质循环实践，也是人的生态伦理实践。后现代主义生态伦理学在自然的内在价值认同方面获得了巨大的理论进展，消解了自然对于人的工具性价值。然而，对象性伦理规约转化为人的伦理要求需要生态诚信作为内在的原始性动力，自然价值与生态诚信的实践性统一构成了生态实践的伦理辩证法。

生态实践作为人对自然的实践方式，其中包含了人的实践主体性，是具有生态制约性的主体性实践。生态制约是客观的、现实的，这在人的内在的观念层面形成了实践方式的生态合理性和伦理自律性，即生态实践是包含了生态意识和生态伦理的物质性实践。生态伦理作为生态实践的内在道德要求，贯穿于生态实践的物质循环过程。把道德关怀的对象从人际伦理共同体推向种际生命共同体，生态实践蕴涵了尊重实践对

① 《马克思恩格斯文集》第1卷，人民出版社2009年版，第523页。
② 《马克思恩格斯文集》第1卷，人民出版社2009年版，第602页。

象的价值尺度，引起了人类实践方式（生产方式和生活方式）的重新选择，同时在生态伦理实践中，“将实践理性特有的合理性与合法性相统一或正确性与正当性相统一的原则，运用到当代人处理人与自然、人与社会的关系中来时，能使我们具有一种更为恰当的理论视野与实践准则。”①生态实践的伦理性质作为实践准则凸显了人类实践的生态正当性，这意味着生态自然在人的实践中应该具有正当的道德地位，生态实践对象的道德正当性即生态实践的道德正当性。

生态伦理实践指向了人如何寓居于自然世界而生存。生态伦理是对人类处理自身在自然界中的生存危机的当代背景下产生的，它不仅把自然生态系统中物质运动作为知识揭示给我们，更考察人的活动对自然的影响，以期建立对人的规范，制止人类对自然的征服和掠夺，避免人的活动对环境的破坏，实现对环境的保护，建设利于人更好地寓居其中的生态世界。人的视野不论投向自然有多远，都绝不能离开人自身，人的道德关注不论如何走向荒野去确立自然的内在价值，都离不开人的道德视野，而在这里，自律是人类道德自觉的内在根源。与其说生态伦理的兴起是对传统伦理的革命，不如说它是人类对自身的生存方式的自律性变革，是人类如何通过自我改变以实现可持续的生存和发展。在后现代主义生态伦理学的主导精神中，山的方式和人的方式看似二元对立、自然界的事实与应该自在统一，而如果把人理解为生态性存在者，那么这种外在的分化则是人的生存方式的外在显现，其实质仍然是人在自然界中的位置以及由此所延伸的实践主体性与生态制约性的统一方式的重新选择。对现代实践方式及其所蕴涵的现代性、主体性的反叛将推动生态伦理学实现人的生态重置。

当代生态伦理把理论视角主要置放在自然价值的对象性认同之上，这对于实践的对象性本性（受制性）来说具有合理性质，然而，深层的问题在于对象性的自然何以具有与人无关的自在价值，或者说，纯粹的自然如何具有那种专属于人的“价值”？只是静观式地、抽象地从自然获取那种神秘的价值，或者会推翻迄今为止的价值体系（然而这并没有获得预期的成果）；或者会回到旧的认识论思维方式，把自然价值领域外在化、变成人学的空场，从而使得问题的探讨本身变得没有意义。既然外在的生态伦理始终避免不了其内在的理论困限，新的视角必须回到人自身。

① 张伟胜著：《实践理性论》，浙江大学出版社2005年版，第184—185页。

生态伦理通过人类的伦理自律对现代的自然观和人类实践方式提出生态批判，其伦理指向在于力图把合生态性作为基本的伦理原则来制约人对自然的肆意掠夺和随意污染，建构新的人与自然的伦理关系，从而为人类的可持续生存和发展提供生态合理性依据。生态伦理包含了广泛而具体的伦理关系和价值形态，也因此形成了多元化的生态伦理理论形态，从人类中心主义向着动物权利/解放论、生物中心主义、生态整体主义的理论演进就是通过道德共同体的边界扩展以及人的道德理性的对象性重塑来实现人们对人与自然的实践关系的认识转变。然而，生态伦理的道德原则如果不能够在人的生存方式这里寻找到内在根源，则这种伦理实践是难以持续的，自然价值的外在性伦理认同则会缺乏其必要的内在根据。在我们看来，生态实践的内在维度是生态诚信。

诚与信本为一体。《说文解字》中说："诚，信也，从言从声"；"信，诚也，从人言"。所谓"忠诚发乎心，信效著乎外"说的就是"内诚于心"、"外信于人"，在这里，"诚"是道德自我的内在塑造和道德的内在建构，是内在伦理的核心；"信"则是主体际交往的道德实践，是外在伦理的规范原则。在中国传统文化中，诚信具有道德本体性的地位，人"虽有仁智，必以诚信为本。故以诚信为本者谓之君子。以欺诈为本者谓之小人。君子虽殒，善名不减。小人虽贵，恶名不除。"① 道德的诚信本体所指向的实质，就是人的道德存在。这种以诚信为生存之本的道德自律态度侧重的是人们对自身的道德规范，这提供了生态实践的内在维度和视角。

生态诚信指的是人与自然关系中的人的道德自我的生态重塑及其对象性实现。传统的诚信观念指向的是人与人之间的道德关系，其对象域是人际道德共同体；生态诚信指向的是人对自然的道德关系，其对象域是生态系统或生命物质共同体。人对自然的道德自我的生态重塑以生态自然为道德践履对象，这种对象性的道德实践涉及非主体的生态世界，在这里，生态诚信不关注道德实践对象的主体性，而是关注作为道德主体的人的道德自律；不关注无主体性的实践对象如何接受实践主体的诚信道德，而关注如何把实践主体的道德诚信传递到无主体性的实践对象那里。这种道德自律的对象性实践通过提升人的内在的道德境界和塑造道德自我，规范人自身而达到对实践对象的尊重和与其交流，对人自身的生态诚信的道德规范是物质性的生态实践的德行主体性规定，是实践

① 中华思想宝库编写组编：《中华思想宝库》，吉林人民出版社1990年版，第181页。

的伦理理性要求。生态诚信作为人的内在德行要求在从人际向着种际的转换中执行着道德的一致性，体现了道德律令的普适性。

生态诚信针对的是人类对自然的实践方式缺乏诚信伦理的道德现状。如果说人际友好与社会和谐需以人际诚信为伦理基础，构建生态和谐则需以生态诚信为伦理基础。生态环境危机和社会发展的生态困境业已成为打下社会发展和人类生存的不可承受之痛，究其根源，在于人类对待自然环境的态度和行为是非诚信的、不友好的。功利主义的价值论伦理学把自然工具化，无论人们如何确立自然的内在价值，一旦人们对自身内在的诚信德性缺乏逻辑一致的反思，其结果则无论如何也不能是人与自然的友好、和谐的关系。并且，如果离开了人的生态诚信，自然的内在价值本身的真实性值得怀疑，这种自然价值只是纯粹抽象的观念产物，不具有现实性。

在生态诚信中对人的实践方式的生态道德规约要在人的活动中实现人对自然的角色转换，从征服、控制自然转化为尊重自然、还自然之魅。利奥波德认为，"大地伦理是要把人类在共同体中以征服者的面目出现的角色，变成这个共同体中的平等的一员或公民。它暗含着对每个成员的尊敬，也包括对这个共同体本身的尊敬。"① 对物种的尊敬和对生态自然的尊敬必然要求人的诉诸自然的活动受到自身的伦理规定，不能任凭人的意识和功利性需要去控制自然。尊敬大地共同体，是把人与自然置于平等的伦理地位，在生态系统的规律制约下，彼此协调发展。为了挽救人类的生存环境，不仅要从人类的生产方式，也必须要从人的实践理性、价值理性和道德理性中寻找根源，做出人自身的努力。生态诚信观所能做的，首先就是在道德理性上改变人对自身的看法，进而对人类的发展方式做出生态反省，不再把人类的生存家园看作是外在的使用价值来源和以敌对的态度来"征服"、"控制"、"改造"自然，而是把自然当作人的自然存在。深层生态学认为，生态意识的培育应当从浅层走向深层。这一转变"首先从自身对他人的认同开始，在精神上获得一种自身与外界的一体感，进而达到人与自然的认同，这种认同并不抽象，它是在生活中获得一种日益深刻地意识到狼、树木、岩石、河流等自然存在物的实际存在并与之认同的能力的过程。"② 对自然存在物的实际存在的认同和向着自己内心深处不断发问，揭示了生态意识的观念性生成路径，具

① ［美］A. 利奥波德著：《沙乡年鉴》，侯文蕙译，吉林人民出版社 1997 年版，第 194 页。
② 雷毅著：《深层生态学思想研究》，清华大学出版社 2001 年版，第 93 页。

有观念逻辑的合理性。在这里，意识的形成必然是人们的“知觉、态度和判断构成的综合模式”，这是意识的组建环节和生成进路。生态诚信强调在生态实践中突出人自身的道德理性的重建来形成合理的生态意识，从而使得生态认同得以可能。

生态诚信的确立在于改变人自身的道德信念。环境的改变和人的自我改变的一致在于对象性的实践，生态诚信的道德实践同时也就是物质性的生态实践。现代实践方式不仅缺乏生态诚信的伦理规定，更含有反生态的伦理意识。在对自然的控制、征服和改造过程中，充分占有自然物是合乎人的内在道德要求的，人对自然的诚信被抛弃了。生态实践作为对现代实践方式的扬弃，是人与自然的协调发展为价值指向、认同自然价值、蕴涵生态诚信的道德要求的实践形态，是合乎生态制约性的伦理实践。通过对现代实践方式的转变，生态实践改变实践中的片面主体性。片面主体性的自我改变离不开实践中人的内在的道德自律和理性自觉，生态实践中，自然价值的生态正当性认同和道德自我的生态重塑是统一的。

生态诚信作为人们实践中的德行自律的内在根源，也是人的生态实践的内在伦理维度，它与作为外在伦理维度的自然价值认同之间的辩证统一形成了生态实践的伦理辩证法。

当代生态伦理学着力探讨了自然价值的合理性和生态事实的伦理正当性，从而赋予自然以独立的伦理地位。有限的、独立自在的自然界有着“内在价值”，随着人类实践对生态环境的作用强度和范围的扩大以及由此产生的生态环境问题的显化，“‘自然价值’是21世纪人类实践的关键词。”[①] 罗尔斯顿认为，“我们与自然的遭遇还有另外一个特点，即这是我们不依赖于人类的活动而能接触到价值与美的唯一形式”[②]，这是一种“独立于人类价值”的自然价值，是自然的非工具价值。自然的内在价值由于其完整性而具有内在和谐之美。可以说，是否承认自然具有自在价值是生态价值观的最重要的理论基础，价值观念能否越出人际共同体而进入自然之境则是关键。在实践论的自然观中，人化自然替代了原初自然（荒野），然而，“虽说我们在自然中有着独特的文化属性，在很大程度上能统治自然，但真正的、荒野的自然是自己在运行着，不在我们的

---

① 余谋昌著：《自然价值论》，陕西人民教育出版社2003年版，第309页。

② ［美］霍尔姆斯·罗尔斯顿Ⅲ著：《哲学走向荒野》，刘耳、叶平译，吉林人民出版社2000年版，第64页。

掌握之中。自然的自发性价值正是为什么我们在与自然接触时能受到一种再造的原因。”① 在人类的实践中，自然是人的劳动工具和劳动对象的来源，对人有“外在价值”，而就其自身来看，生命和自然界的“自主性”存在表明了其“内在价值”。由此，人的实践活动是在自然生态系统的“外在价值”和“内在价值”的辩证统一中实现的，生态自然的“外在价值”的实现本能以其“内在价值”的丧失为代价。换言之，物的“使用价值”的实现必然受到其“内在价值”的根本制约。由此，人们在实践中应该尊重对象自身的价值。自然价值的生态认同需要获得合理的哲学论证，余谋昌教授认为，“内在价值是由生存主体的目的性来定义的。因而，关于自然界内在价值问题，现在主要是从生命和自然界的生存加以论证。生存是生命和自然界的目的，生存表示它的成功。或者说，生存是生命和自然界的第一要务，追求生存，实现这种目的，就是它的内在价值。”② 这种论证从自然界和生命的生存主体的目的性来考察，问题在于，把目的性赋予自然界何以合法。对自然价值的对象性认同只是从对象性的自然物来考察，这种认识是一种纯粹认识论的思维方式。自然对象的内在价值对于人的对象性实践而言，总是外在于从事对象性实践的人的，对自然价值的伦理考察不能停留于片面性的直观，而是要通过人的实践把它与人联系起来，从实践论的思维方式去考察。在实践中，自然主义和人道主义是真正统一的，在生态实践中，自然的内在价值和生态诚信也是真正统一的。

生态实践既是生态伦理的思维方式前提，也内含生态伦理的辩证统一性。生态价值观（自然的自在价值）不能成为生态实践的唯一道德尺度。生存的需要及其满足可能迫使人类不再考虑自然是否有着自在的价值，或者如果没有人的道德自律作为内在的根据，不论自然如何具有自在价值，它都仅仅是人的物质财富的源泉和满足人的需要的工具。只有从人的内在道德要求和自我规约出发，塑造人的生态诚信，自然生态才能在人的生态实践中获得它应该获得的地位，人也才能够用伙伴式的、交流式的平等的态度从事人对自然的物质性实践。在这里，道德实践的对象可以从人转变为自然，然而诚信本源却是不变，人用生态诚信进行的自我道德约束则是对象性的自然价值的辩证的对立面。同时，以确认

---

① ［美］霍尔姆斯·罗尔斯顿Ⅲ著：《哲学走向荒野》，刘耳、叶平译，吉林人民出版社2000年版，第65页。

② 余谋昌：《自然内在价值的哲学论证》，《伦理学研究》2004年第4期。

自然的内在价值为核心的对象性的生态伦理学也是生态诚信这一内在的德性始源的实现路径，如果只是停留于人的内在的道德自觉，而不在感性的对象性实践中承认实践对象的合理存在方式，则易于导致观念论的生态伦理学。如深层生态学认为，生态意识的培养在于“自己不断地向深层发问、思考和寻求答案”①，之所以提出这种内省式的生态伦理培育方式，是因为深层生态学认为“深层生态意识是潜藏于人的内心而非从外部植入”②。这种观念性的生态意识生成路径的相对独立性由于它“仅仅依靠理性是不够的，尤其在现代社会，它需要直觉和信仰的帮助。”③而走向对生态世界的神秘的抽象和直觉，神秘的理性抽象总是不能真正解决现实的生态问题。

生态伦理既要关注自然的自在价值，也需要关注人的生态诚信。就人是生态问题的始作俑者而言，树立生态诚信、关注人自身的生态德性自律更具有现实性。正如樊浩教授所认为的，“生态智慧不仅要求重新建构自然生态的平衡，而且更重要、更深层的是要重新建构人的精神生态、人格生态以及整个文明的价值生态的平衡。生态觉悟所导致的不只是对人与自然的关系、对人类生存的外部自然环境的觉悟，而且也是对整个人类文化的生态结构和人文精神的觉悟。于是，生态智慧由对人与自然的关系提升、扩展为一种世界观，再由一种世界观落实为一种价值观，并由此引导主体追求和建设一种新的文明，就不仅具有逻辑必然性，而且具有客观现实性。”④ 生态哲学的伦理观念是立足于生态实践的内在维度与外在维度的统一，也是生态诚信与自然价值的统一。认同自然价值，在于确认实践的生态制约性以及由此产生的人类生存的生态可持续性。受生态制约的实践，是人类实践方式的生态化转变，它改变了人类的实践道德。生态实践中，敬畏自然、尊重生命，道德实践的片面主体性由于实践对象的价值确立而被纠正；另一方面，树立生态诚信观念则是深入到人的内心体验和道德自觉，从自律的道德理性来促使生态实践成为人与自然矛盾关系的解决方式。

生态伦理的内在维度和外在维度——生态诚信和自然价值——的辩证统一不是观念性的、而是实践论的，生态诚信与自然价值的实践性统

① 雷毅著：《深层生态学思想研究》，清华大学出版社 2001 年版，第 93 页。
② 雷毅著：《深层生态学思想研究》，清华大学出版社 2001 年版，第 95 页。
③ 雷毅著：《深层生态学思想研究》，清华大学出版社 2001 年版，第 97 页。
④ 樊浩：《当代伦理精神的生态合理性》，《中国社会科学》2001 年第 1 期。

一才是真正的生态伦理辩证统一。生态实践的伦理辩证法从内外两个源头来建设人与自然的和谐伦理关系，一方面是敬畏自然、尊重生命，另一方面则是从道德要求上返求诸已、深察己心。在生态实践中，生态伦理才具有现实性，成为人的合生态生存的生存样式；在生态实践中，自然价值才能标明自主性的自然物的自在运行本身就对人有其世界性存在的意义；在生态实践中，生态诚信才能实现道德信念生存化，通过生态教育，树立内在的道德诚信，来改变人类的反生态实践方式，建设合生态的文明世界。

（四）生态实践的基本特征

生态实践作为优化建设生态环境与实现人和社会协调发展的实践活动除了具有实践一般的基本特征之外，还有自己的特有的征候。与其对生态实践的所有特征作出描述，不如凸显其最为独特之处。在我看来，生态实践的最主要的基本特征包括这样几个维度：师法自然，以自然的物能自在运行为人的实践的"创造原型"和实践典范，吸取对人的实践有益方面，促进实践方式的合理化；系统整合，把实践看作一个整体的系统，以多种力量的非线性系统整合取代现代实践方式的机械的线性方式和二元分立的简单的主客对立；互动优化，即人与自然的关系是互动的、彼此作用与反作用，在这种互动的活动中，不是自然实体而是人与自然的良性动态关系在生态实践的活动中能够为人所实现的。

1. 生态实践是师法自然的实践。生态实践的一个重要的、基本的特征就是以自然为"创造原型"和实践典范，即师法自然。曲格平认为，"师法自然，就要掌握与自然和谐相处的智慧。这对我们人类来说，是最为重要的智慧。"[①] 生态实践是可持续的社会发展与生态环境的优化建设的辩证实现，对生态环境的科学认识既是我们认识人类的活动对生态环境将会产生什么样的影响的前提，又为改进人类实践活动的方式提供了重要的"创造原型"——人的实践是在自然画卷上的创造。这种"创造原型"就是人优化建设生态环境的自然机理，生态系统中的物质、能量的运动机理表现出生态系统的动态平衡，体现为生态系统的运行规律。

生态实践的实践方式是对自然的师法和模仿，是借鉴于自然的法则，模拟生物圈物质生产运动过程，设计清洁生产，以闭路循环的形式实现资源充分合理的利用。在这方面，仿圈学提出了有益的启示。仿圈学的

---

① 曲格平：《师法自然　创造绿色文明》，《人民日报》2000年6月23日。

基本思想是，“运用生物圈的发展规律，模拟生物圈物质运动过程，设计人类的生产和生活装置，以整体最优化的形式，实现社会物质生产无废料的生产过程。这可能有助于我们走出环境危机，走向可持续发展的道路。”① 这种“师法自然”的仿圈学思想是实践的精神走出生态哲学的殿堂，穿上科学的外衣，在具体的工艺流程中的自我实现，与之相应的是生态工艺。生态工艺“把大自然的法则应用于社会物质生产，模拟生物圈物质运动过程，设计无废料的生产，以闭路循环的形式，实现资源充分合理的利用，使生产过程保持生态学上的洁净。”② 通过资源的闭路循环实现无废料化的清洁生产，既能够实现生产的零排放，根本解决废弃物对环境的污染问题；又能够通过资源的回收利用，改变社会生产的资源瓶颈制约。

在不同的生产系统中，各种工艺流程的横向耦合以及资源共享就是一种师法自然的生态实践。资源在各种工艺流程中的横向系统耦合，通过把不同的生产过程连接成总体性的生产系统，增加资源在总体生产过程中的综合利用程度，实现资源的最优化利用，这是当代生态工业园的主导特征。上游生产单位的废弃物变成下游生产单位的原料，对生态环境的污染物减少了，再生资源替代了原生资源补充到总体性的社会生产过程中，从而，减少了对原生资源的需求量。根据基础性的上游生产单位的污染物类型，引进多种中下游生产单位，模拟生态系统的物能运行，力争实现污染物资源化，这应该是生态工业园的主导设计思路。在同一个生产流程中，不同的生产环节中资源流动的纵向闭合是师法自然的生态实践的另一种重要表现形式。现代的生产方式是资源的单向流动，在生态实践中，通过资源的反馈式闭环流动，实现资源的利用达到最大化。单个生产单位实际上是一个微型的社会生产系统，从资源输入、经历生产环节到产品与废弃物的输出，各个生产环节的复合方式对资源的利用程度具有重要的影响。在资源向着产品——废弃物的转化过程中，通过资源的闭路循环使用实现废弃物的资源化是以生态工艺表现出来的生态实践的重要特征。无论是生产系统的耦合，还是单个生产单位，采用各种生态工艺的生产实践都是生态实践，这种生态实践既遵循经济学的规律，又遵循生态学的规律，是经济效益与生态效益的有机统一。

2. 生态实践是系统整合的实践。系统论是对机械论的超越。作为相

① 余谋昌著：《生态哲学》，陕西人民教育出版社 2000 年版，第 67 页。
② 余谋昌著：《生态哲学》，陕西人民教育出版社 2000 年版，第 69 页。

互作用着的要素的复合体，系统论强调整体的“组合性特征”，而不是“累加性特征”。冯·贝塔朗菲指出，“‘整体大于部分之和’，这句话多少有点神秘，其实它的含义不过是组合性特征不能用孤立部分的特征来解释。”[1] 用“孤立部分的特征”来解释系统的整体性，就是以要素的加和来表示系统整体的观念，这种解释体现的就是“物理的累加性或独立性”。独立要素的孤立累加强调一个复合体的总体变化就是各要素变化的(物理)“总和”，如一堆砖头，这是机械论的认识论。系统论的整体高于部分，是一种要素的组合，而且，多样化要素的整合“从来不是相同部分组成的简单聚集”，而是“不同部分组成的有序的整体”，这种整合是“各个组成部分在共享和互利秩序中的协调。”[2] 要素的系统整合是非线性的，是组成部分之间的竞争甚至斗争。部分之间的竞争绝不是线性的要素加和或者单线因果联系，而是以非线性的系统整合、以“对立物的一致”来体现系统的运动的。

生态学强调整体和联系，重视个体对环境的依赖。正如美国学者麦茜特指出的，“生态学的前提是自然界所有的东西联系在一起的。它强调自然界相互作用过程是第一位的。所有的部分都与其他部分及整体相互依赖相互作用。生态共同体的每一部分、每一小环境都与周围生态系统处于动态联系之中。处于任何一个特点的小环境的有机体，都影响和受影响于整个由有生命的和非生命环境组成的网。作为一个自然哲学，生态学扎根于有机论——认为宇宙是有机的整体，它的生长发展在于其内部的力量，它是结构和功能的统一整体。”[3] 在整体的生态系统中，各种生物之间是生态学意义上的多样性和共生。多样性的生物通过食物链的关系形成了内在平衡的生态系统，同时，多样性的生物相互共生，共同生活在一起。多物种的共生是一种生命现象，也是一种生活方式。其中，互利共生关系具有永久性和义务性，是最理想的生物存在方式。

在实践的系统整合的基础上，生态实践是以整体性思维为指导的实践方式。整体性思维是要素的系统整合的观念反映，现代的“整体性思维是用整体论来代替机械论进行思考的思维方式，包括系统性思维；综

---

① ［美］冯·贝塔朗菲著：《一般系统论》，林康义等译，清华大学出版社 1987 年版，第 51 页。

② ［美］E. 拉兹洛著：《决定命运的选择》，李吟波等译，三联书店 1997 年版，第 136 页。

③ ［美］卡洛琳·麦茜特著：《自然之死》，吴国盛等译，吉林人民出版社 1999 年版，第 110 页。

合性思维和非线性思维。”[①] 生态实践中的整体性思维的实现指向的就是把人与自然当作一个有机整体，强调人在自然中进行活动，各种自然要素、社会要素、人的要素在生态实践中呈现非线性系统整合。在人与自然的关系领域，生态实践也是一种人们不断地对实践中的各要素进行非线性系统整合的实践活动。这种整合不是自然力与劳动力的机械加和和物理累积，而是人的现实需要、价值观念、实践能力、社会条件、科技水平、地理状况、生态环境、资源条件等的合力。这些要素在实践中的交叉整合不是以某一个要素或者某一种力量唯一决定的，而是以某一个或几个要素力量为主导，其他要素力量相协调的实践的运动，并且，实践系统中的主导力量和协调力量在特定的条件下处于变动状态。生态实践对人与自然的矛盾关系的解决强调，自然的物质性存在是实践的自然基础，成为“物质财富的源泉”，此外，这种自然基础还以“自然力”进一步参与到生产和生活中，成为生态实践的系统要素。

3. 生态实践是互动优化的实践。在生态实践中，人与自然呈现互动的作用。马克思曾经指出，“自然界是人为了不致死亡而必须与之处于持续不断的交互作用过程的、人的身体。”[②] 人与自然的交互作用表明自然不断地作用于人。以往的实践观或者认为，实践中的人是主动的，而实践对象是通过“对象性的丧失”进入到人的生活当中，即使实践对象作用于人，也是被动的反作用；或者认为，人的生存状况是由环境决定的，人的实践只能是在环境中的消极抗争。实际上，这两种看法都包含了部分的真理性。在实践中，人与自然是互动的，尽管自然没有“主观能动性”，但是，自然环境的动态的物能运动对人的实践具有很大的作用力。人对自然的实践呈现能动性、主动性，这是不言而喻的。然而，自然界还以客体性原则“主动”地约束人的实践活动，可以说，实践活动一开始，实践着的人与作为实践对象的自然都不是消极对应，而是互动“交往”。

经济和生态能够相互起破坏作用，进而导致灾难，这恰如许多地方正在出现的那样。生态系统的自组织运行是一种不以人的意志为转移的、却与人的生存和发展紧密关联的客观规律。生态灾难就是人们的实践活动对生态规律的不遵从的结果，因此我们看到了资源的耗竭导致贫困化和发展瓶颈、环境恶化可以导致人们的健康状况下降，各种环境疾病纷纷涌现，环境由任人宰割的“被动”转化，变成对人类生存的“主动”

---

① 陈筠泉等主编：《科技革命与当代社会》，人民出版社 2001 年版，第 160—163 页。

② 《马克思恩格斯文集》第 1 卷，人民出版社 2009 年版，第 161 页。

颠覆，这就是“自然界的报复”。

生态实践以平等的“伙伴”关系来对待自然，在实践过程中推动人与自然的良性互动。哈贝马斯在分析批判意识形态化的技术和科学时认为，“我们不把自然当作可以用技术来支配的对象，而是把它作为能够［同我们］相互作用的一方。我们不把自然当作开采对象，而试图把它看作［生存］伙伴。”① 人与自然的辩证关系不仅仅是人对自然的能动性，交互作用不是能动的作用与机械反映，而是相互的改变。对自然改变人的科学认识和重视，推动了人改变自然的实践方式的选择。生态实践不是强调人对自然的实践的单向度功能，而是强调多向度的复合功能，因此，重视人与自然的良性互动是生态实践的必然的特征。

生态实践的互动优化是人与自然之间正和，而不是零和的关系形态。在这里，正和意味着对自然生态的保护和建设与社会经济发展的双赢，而不是经济效益与环境效益的冲销，这体现了一种与自然进行对话和交流的实践态度。

优化建设生态环境的生态实践是对自然奴役人和人奴役自然的实践方式的超越。崇拜自然的原始实践方式在“听天由命”的观念下呈现出对自然的过度依赖和臣服，这种实践方式在社会物质性生产方面以及人的发展方面是弱性的，其社会经济效益是低下的。现代的实践方式在征服和控制自然的观念下强势地发展了人化的感性世界，极大地增加了社会的物质财富。可以说，这种实践方式是“奴役自然的观念”在人与自然的实践关系中的物化，是“在生产实践中……拷打出自然的‘财富’（自然资源）。”② 社会经济效益的强势与生态环境效益的弱势形成传统实践方式的二元对立的本质矛盾，其综合效益直接取决于经济效益与生态效益的冲销。生态实践通过建设与自然体系相融洽的经济发展方式、社会生活方式等，来改变现存的环境瓦解状况，通过人与自然之间的最优化的要素组合的实践系统，努力实现资源的最优化整合。生态实践的这种生态成本纳入到经济成本的资源最优化整合，在社会经济领域中并不一定导致短期的经济效益最大化，但是，从长远的角度则是社会经济可持续发展的必要方式。

生态实践所体现的生态环境的建设与人们的社会经济发展的一致性

---

① ［德］哈贝马斯著：《作为“意识形态”的技术与科学》，李黎等译，学林出版社 1999 年版，第 45 页。

② 周林东著：《奴隶与伙伴——环境新伦理》，湖北教育出版社 2000 年版，第 23 页。

在于生态实践方式本身。生态实践蕴涵的价值取向就是人与自然的协调发展，对生态环境的优化建设和对社会经济发展的积极推动是这种价值观的必然实现。这种价值观根源于人们在实践中的生态需要，对良好的生态环境的需要实在地把生态环境在人们的价值排序中推向基本的层次。实践过程中对生态控制的强调是通过对人的实践活动的“自律”来保护和建设作为实践对象的生态环境，“自律”是生态实践的具体实现形式的内在原则。因此，生态实践的整个活动过程，无论是总体性方面还是具体的实践形式，都是对生态环境与社会经济的优化建设的辩证统一。

人在与自然界进行物质变换的过程中，有两种实践形式是非常值得关注的，这两种实践形式就是人们的生产实践和消费实践。这两种实践形式——前者是从自然界获得资源和能源，后者是在获得自然物质的功能性满足的同时把废弃化了的物质排放到自然界——在现代实践方式那里具有这样的一个共同性，即实践自为性的扩张，这是指人们在物质性的生产和消费实践中仅仅是从物对人的功能性的角度获得物的使用价值和价值，实践是为了满足人的需要的活动，在这里，自然界的自在运行、生态承载阈值被忽视了。从生态实践的哲学立场出发，现代意义上的传统生产实践和消费实践是反生态的，而生态实践则是对现代生产实践和消费实践方式的生态学批判。

四、生态实践：马克思生态思想的新思考

生态实践是对现代实践方式的革命性转变，现代实践方式形成了被破坏的生态状况，那么生态实践则是要重建良好生态的实践方式。从生态实践出发来理解马克思的生态思想，我们获得以下几点认识。

（一）生态实践是人的生态存在的基本方式

从人与自然关系来看，对异化劳动的批判体现了对现代实践方式的批判，异化劳动的扬弃则是生产劳动中的现代实践方式的转向，自由自觉的实践的复归、环境的改变和人自身的改变相一致的革命的实践则是生态实践。自由自觉的实践是人的本真存在方式，环境的改变和人的自我改变的一致只能被合理地理解为革命的实践，生态实践是人与自然协调发展的实践方式，三者的一致构成了人与自然有机统一的实践逻辑。实践是人的世界的形成方式，建设良好的生态环境的生态实践是“自然

界的真正的复活”的实践方式，自然界的复活不是自然界的自在地疗伤，而是自然在人的本性、人的实践中的复活。实践是人的根本存在方式，生态实践是人在自然界的根本存在方式，人在自然界中的存在是人与自然的实践性关联，生态实践构成了人的有机的生态存在，而不是传统哲学中的机械的自然存在。传统哲学中人的自然存在是生物学意义上的人，人与自然的自然关系是还原论的、机械的关系，而以生态实践为基础的人与自然是整体性的、有机论的关系，人是实践展开着的生态存在者。正是由于人通过实践展开自然与社会的整体性关联，生态环境的保护和建设、经济社会发展的生态可持续性的实现才能真正揭示人的本质存在。实践是理解人作为生态存在者的中心视界，是描绘和揭示人的自然——社会内在关联的存在方式的根本途径。由于我们所处的自然生态环境已经是深刻的人化自然，人类社会的可持续发展必然是在人化的生态——经济——社会复合系统基础上的发展方式，社会的发展方式必然会形成人的生态生存。

人的生态存在意味着人是自然存在和社会存在的总体。人首先是一个自然存在，作为有生命的生物体是自然统一体中的一部分，正如马克思指出的，“所谓人的肉体生活和精神生活同自然界相联系，不外是说自然界同自身相联系，因为人是自然界的一部分。”① 人不仅是内在组成要素的有机体，也作为生态系统的成员与自然界的各种要素之间具有自然的有机联系，生态系统的物质和能量的流动就是人的物质和能量的摄取与排泄，因此，马克思认为，“人直接的是自然存在物。”同时，人是一切社会关系的总和，社会性主导了人性。马克思指出，“我们越往前追溯历史，个人，从而也是进行生产的个人，就越表现为不独立，从属于一个较大的整体：最初还是十分自然地在家庭和扩大成为氏族的家庭中；后来是在由氏族间的冲突和融合而产生的各种形式的公社中。……人是最名副其实的政治动物，不仅是一种合群的动物，而且是只有在社会中才能独立的动物。”② 因此，每一个现实个人的社会存在性既是自己的生命表现和社会生活的本质确证，也是自我与他人交互作用的内在依据。在这里，分析思维关于人的自然存在和社会存在的二维独立考察在其现实性上根本不能二分，而是整体的一致性。离开了自然存在的社会性是缺乏物质性基础的人的存在，而离开了社会性的自然存在则不是现实

① 《马克思恩格斯文集》第1卷，人民出版社2009年版，第161页。
② 《马克思恩格斯文集》第8卷，人民出版社2009年版，第6页。

的人。

人的生态存在是整体的和有机的。社会性存在和生物学意义上的以及生态学意味上的自然存在是有机的整体，是人的存在方式的基本规定。人的整体性存在是社会——自然的有机统一，是生态性存在。汉斯·萨克塞提出人是生存和生活于整体性的世界图景之中的，“在自然的面貌中，人也看到了自己，作为成员，作为整体的一部分。”① 整体论的思维方式在一定程度上反映了人们的生存方式的整体性，其中包括生产方式和生活方式的整体性。人是生态系统的成员，整体性的存在方式就是人的生态性存在。

人是生态存在者意味着生态需要是人的本质性诉求。马克思指出，“在任何情况下，个人总是‘从自己出发的’……他们的需要即他们的本性。”② 我们关于人的物质性需要的理解常常指向了人对于物质产品的实物性需要，而遗忘了人作为自然生态系统和社会系统的成员所具有的平衡关系性需要。物质性的生态需要是人的生态存在的基本物质性规定，生态需要——从人们的依赖性对象即作为一种对象性规定而言——是对良好的生态环境的需要。现在的生态环境已经由于人类自身的实践对人类的可持续生存造成了深刻的负面影响，其根源在于人类对物质性需要的放纵，这种放纵是以忽视和遮蔽人类基本的生态需要为代价的。生态需要通过以人的物质性需要的对象的客观规律性实现对人自身的主观逐利性的内在规定，需要的对象性满足使人的物质性依赖获得了“肯定的特征”，但是，人对生态环境的依赖及其满足必须合乎生态系统的整体性运行规律。因此，生态需要就必然是物质性需要的生态合理性，这种生态合理性就是客观的生态制约性的内化形态。需要是实践的内在动力和实践方式选择的深层根源，生态需要及其对整个物质性需要体系的变革必将对人类的实践方式及其观念产生根本性的变革，从而导致人的本质诉求的重新表达为人与自然的协调发展。

人的生态存在规定了人的认识和实践方式的合生态的自主性。自主性、能动性与强制性、受动性相对应，表示人在生态环境的保护和建设中的主体性的理性自觉，也是人在处理与自然的实践关系时的权利与义务相统一的德性自律。生态存在的主体性自觉能够把人的本质从自然与社会的二分的状态中转变过来，自然不再是与主体相对立的被动客体，

① ［德］汉斯·萨克塞著：《生态哲学》，文韬、佩云译，东方出版社1991年版，第30页。
② 《马克思恩格斯全集》第3卷，人民出版社1960年版，第514页。

人与自然的交互作用在人的合乎生态环境的实践方式中揭示出人的生态性的存在方式，这样，人就不能够再对自然采取征服性、控制性、掠夺性的实践方式和实践态度，而是采取对话、交流的方式实现经济社会发展与生态环境的保护和建设的一致。

人的生态存在要求人的生存和发展，以及展开人的本质存在的社会发展选择具有生态可持续性的实践方式和发展方式。人类的可持续生存和发展及其具体化规定必然要通过生产方式和生活方式的生态化转向把人的生态性存在实践地揭示出来，在这里，人性的前提改变了旧的实践方式，推动了新的实践和发展方式的生成。

人的生态存在意味着人是自然存在和社会存在的统一体。如果没有人的生态性存在的逻辑预设，必然形成人本导向的实践偏差，发展方式的生态化必将回复旧路。同时，如果不把人理解为生态性存在，和谐的生态社会架构的建设必将由于缺乏公众的内在需求而得不到实质性的回应，资本的逐利性必然会遮蔽生产实践和日常消费的自然后果。

实践是社会历史的生成方式，生态实践是人类史与自然史的真正统一的实践方式。现代实践方式是人类历史真正开始实现，人类史与自然史的统一却是以人类对自然的占有和统治来实现的。以生态实践为基础，真正的人类史是绿色世界史，是人与自然协调发展史。

马克思的唯物史观通过对社会历史的实践解读使得历史成为科学。历史观的实践论思维范式对认识论思维范式的理论突破，既是对只从客体的或者直观的而不是从主体方面去理解的形而上学的根基超越，又为抽象能动的历史唯心主义确定了此岸的世俗基础。实践是人的全部社会生活的本质，也是社会生活中的人的本质的现实性来源，在此，实践的本体性意义在于，历史中的人的主体能动性原则和对象性规律制约在实践中的统一，使得人类历史成为自然主义与人本主义的历史性统一。在实践中，人从自然中分化出来，形成人化世界，同时也在更广阔的生态生存境域中融入自然。人的自然化和自然的人化导致了原始荒野的实践性消逝，也导致了历史的人类生态学化走向。然而，在现代工业文明对自然的掠夺性、控制性、征服性实践中，历史的主体性原则被放大，并且遮蔽了历史的生态合理性，自然的人化导致了自然在历史中的沉沦和颠覆。自然的颠覆实质上是人的自然存在的颠覆。现代工业文明史在经济利益最大化的逐利驱动下凸显了自然对于人的功利性价值，而无视自然的存在性价值，即生态系统的自在运动的结构性平衡为自然的资源化功能所遮蔽，自然呈现出满目疮痍。这种实践的价值偏向实际上源于人的存在受到的资本的现代控制，资本对人的掠夺和对自然的掠夺是同一过程的两个方面。对自然性存在的离根使得作为社会性存在的人在资本的控制下始终游荡在存在原始性的返乡归路。

（二）人类的历史是一部生态实践史

生态历史观的提出是在当代人类社会发展与生态环境问题的对立和冲突中登场的。现实的生态环境问题提供了生态历史观的时代性语境，由此，在一定意义上提供了生态历史观的合法性前提。历史的生态向度的延展，并非真实地能够走向荒野，而是人化自然的实践性和历史性的伸缩，是人与自然之间的实践关系的对话式的、伙伴式的展开。人与自然的实践展开是生态的人类学和人类生态学的视阈融合中的人与环境、尤其是土地的相互影响，因此在梅棹忠夫看来，“所谓历史，从生态学的观点看，就是人与土地之间发生的相互作用的结果。换言之，即主体环境系统的自我运动的结果。决定这种运动的形式的各种主要因素中，最重要的是自然的因素。”① 人类生态学所提供给历史的新的审视维度在于把历史置放在生态系统中进行考察，从而，对实践的主体性原则对生态系统的整体性原则的颠覆予以清醒的认识。克莱夫·庞廷从绿色来审视世界历史时把绿色的命题置放在历史语境中，“在全部人类历史中，最重要的任务就是找到从不同的生态系统中去获取的方法，这样人类就可以得到足够的资源来维持生存——食物、衣物、居所、能源和其他物质材料。这就不可避免地意味着对自然生态系统的干预。人类社会的问题已经成为如何来遏制自己种种超越了各种生态系统能力的需求，以抵挡由此而造成的那些压力。”② 自然资源的自在生成周期、生态系统的环境承载力形成了人类的历史性活动所不能超越的客观的整体性。

克莱夫·庞廷强调了生态环境对于人类发展的重要影响。人类与生态环境是彼此互动和反拨的，通过考察生态系统对动植物的影响导致对社会发展产生深刻的影响，庞廷认为“能够种植的谷物和能够驯养的动物是由一个地方的生态系统决定的，而一个地方的生态系统又是由气候以及大陆漂移所造成的各个大陆的隔离情况，允许什么样的植物和动物

---

① ［日］梅棹忠夫著：《文明的生态史观：梅棹忠夫文集》，王子今译，上海三联书店1988年版，第166页。

② ［英］克莱夫·庞廷著：《绿色世界史》，王毅、张学广译，上海人民出版社2002年版，第20页。

在它们上面进化来决定的。这些地方所出现的农业的不同形式，对那里人类社会的发展有着深刻的影响，所以也对世界历史的进程产生了深远的影响。”[①] 在对这个世界的文明史的梳理过程中，庞廷考察了各种文明作用于自然界以及相应的生态环境的影响。“尽管文化上的成就各不相同，但这些帝国和国家中没有一个改变了定居农业以来所形成的人们获取生活资料的方式。然而，它们对自己直接环境的作用却常常是影响深远的。它们提供了第一批例证，表明人类对环境的巨大改变，以及这种改变的巨大破坏性影响；它们也提供了第一批例证，人们看到那些如此损坏环境的社会又如何带来了自身的崩溃。”[②]

在思想与实践的关系上，庞廷自觉地遵循了唯物史观的原则，认为“人类的行为塑造了一代接一代的人类和不同的社会居住于其中的这个环境。许多这样的行动，它们背后的驱动力非常简单，那就是——需要。随着人类人口数量的逐步增长，需要给它们以食物、衣物和居所。然而，人类对于周围这个世界的思考方式，很重要的一个方面就是论证自己对于环境所采取的态度的合理性，为自己在这整个结构中所扮演的角色提供解释。”[③] 通过考察现代历史进程的生态影响，庞廷在历史的检索中批评了人类中心的欧洲世界观，“人类被视为与一个分离开来的自然世界相隔开，并高出一头，他们认为只要合适就有资格对自然世界进行开发。这种开发被认为是完全自然的，是对一种粗糙的、未完成的自然环境的改进方式。人类行为的结果是有益的，是一个完整的进步故事的一部分，这个故事必然要延续到未来。就是这样一种世界观，过程了欧洲扩张最活跃时期的背景，而由于人们所看到的欧洲的成功，它也吸引了越来越多的人们向往欧洲人及其更高的物质水准。”[④] 对自然世界的进攻性态度受到支配和控制自然的文化传统的支配，这种对自然世界的精神上的自我辩护与他们按照自己的目的来改造其他的社会以及榨取各种自然资源的自我辩护是有着密切的内在关联。对自然世界的掠夺和对社会世界的

① ［英］克莱夫·庞廷著：《绿色世界史》，王毅、张学广译，上海人民出版社2002年版，第48页。

② ［英］克莱夫·庞廷著：《绿色世界史》，王毅、张学广译，上海人民出版社2002年版，第76页。

③ ［英］克莱夫·庞廷著：《绿色世界史》，王毅、张学广译，上海人民出版社2002年版，第157页。

④ ［英］克莱夫·庞廷著：《绿色世界史》，王毅、张学广译，上海人民出版社2002年版，第170页。

掠夺内在一致。

追随着生态环境与社会历史的相互作用的理论路线，中国的环境史学在中国的社会发展的现实境域和马克思主义的理论语境中发展着。例如，有观点认为，“环境史属于历史学科，研究特点时空下的具体的人、人群和社会与自然环境相互作用的历程。”这一“相互作用”，一方面是“研究自然环境对人类文明的影响。其中的‘环境’主题，不同于在传统的历史、地理或其他学科中的自然环境，它不只是作为背景或理论舞台的布景，而且还是作为自主的或半自主的历史过程或动力来发挥功能的；自然环境与人类的生产、分配、交换和消费活动之间存在着对立统一的关系，因而环境与人类互为主、客，交相作用”，另一方面，环境史学“着重于研究由物质文明和精神文明所过程的人类文明的发展对环境的影响，乃至这种影响对人类文明的反作用，以此来认识和理解自然环境的演变和人类文明的进步。从具体历史时空下的人和人类文明出发，研究人与自然的关系，这是环境史研究的突出特色，也是环境史学的基点和出发点。”① 生态史观的提出，是在人类社会发展面临着新的生存条件导致一般的生存条件的丧失的时代背景。对人反作用于自然界和改变自然界的确认导致了对自然界能够作用于人的忘记，确切地说，就是导致没有认识到生态系统对于人类生存和发展的深层制约性。

现代的生态史观与马克思主义历史观之前的地理环境决定论之间有何理论联系？近代法国学者博丹提出了较为系统的地理史观，认为地理环境对历史发展具有决定性作用。受其影响，18世纪法国的启蒙思想家孟德斯鸠从气候、土壤、地形等方面探讨了这些要素与社会发展之间的联系。在恩格斯看来，这种“自然主义的历史观……是片面的，它认为只是自然界作用于人，只是自然条件到处决定人的历史发展，它忘记了人也反作用于自然界，改变自然界，为自己创造新的生存条件。”② 但是，人不能任意地改变自然，人对自然的掠夺会导致自然对人类的报复。针对旧唯物主义关于社会发展的地理环境决定论，马克思批评道，“关于环境和教育起改变作用的唯物主义学说忘记了：环境是由人来改变的……环境的改变和人的活动或自我改变的一致，只能被看作是并合理地理解为革命的实践。”③

① 梅雪芹著：《环境史学与环境问题》，人民出版社2004年版，第25—26页。

② 《马克思恩格斯文集》第9卷，人民出版社2009年版，第483页。

③ 《马克思恩格斯文集》第1卷，人民出版社2009年版，第500页。

（三）生态意识是人类生态实践存在的意识形态

实践是意识的来源和目的，是检验认识真理性和现实性的标准，人们对自然以及人与自然关系的认识是否合理要由生态实践来获得检校。建基于现代实践方式的自然意识是反生态的，而生态意识则是人的生态实践的意识性存在方式。

实践是人的有意识的对象性活动。在实践活动中，人生成意识，并通过意识来把握客观规律以及“懂得处处都把内在的尺度运用于对象”。意识的形成的发生学解释已经非常成熟，就其本身而言，人们的思想、观念、意识的最初形成是与人们的现实的生产和生活过程中的物质性实践直接交织在一起的，“意识在任何时候都只能是被意识到了的存在，而人们的存在就是他们的现实生活过程”，意识不过就是对人们的现实生活过程的观念反映，是“人们物质行动的直接产物”。意识是实践的观念性存在，还表现为人们的实践活动所引起的意识的变化和发展，“人的思维的最本质和最切近的基础，正是人所引起的自然界的变化，而不单独是自然界本身；人的智力是按照人如何学会改变自然界而发展的。”① 马克思主义哲学对实践与意识的关系所作出的科学的说明，对我们探讨生态意识的实践生成具有重要意义。

人们在生态实践中自觉地形成，并深入刻度出生态意识的生成和塑造。生态实践强调在人的实践活动中对生态环境的保护和建设与实现社会经济发展的协调统一，这种实践方式首先认同了生态环境的自在存在及其内在价值，以及生态环境对于人的生存和发展的基础性价值。生态实践的观念形态则形成人们的生态意识，形成对人与自然协调发展的意识关系。

人类史和自然史的复合首先在生产领域，在生产中，人和自然是如此紧密相连，以至缺少任何一方，生产将不复存在。生态意识表达了对现存的观念性的人地关系的批评，也蕴涵了对理想状态的人地关系的观念性建构。而仅仅以观念的形态来建构合理的人地关系、以伦理的规范来对人类的活动做出约束是不够的，必须在人类的物质生产中，在人类实践的发展方式的变革中实现生态意识的主流化。变革现代的实践方式的同时就是建构新质的实践形态，生态实践是人的创造性的实践活动与自然生态的内在平衡有机结合的人的活动方式。在生态实践中，人的活

① 《马克思恩格斯文集》第9卷，人民出版社2009年版，第483页。

动是对象性的活动，也是活动的对象化。生态实践不是人的能动性的抽象发挥，也不是对自然生态系统的感性直观，而是人与自然的辩证互动的根本方式。因此，建构新质的生产方式，以生态理念和生态整体性制约机制来规范实践的发展模式，在生态实践的发展模式中协调好人地关系，这才是生态意识得以根本实现的基础。

在人类的劳动能力低下的情况下，自然是“作为一种完全异己的、有无限威力的和不可制伏的力量与人们对立的，人们同自然界的关系完全像动物同自然界的关系一样，人们就像牲畜一样慑服于自然界”①，人类屈从于自然，为强有力的自然所支配，此时，自然是人的“榜样”。人崇拜自然的伟力，也开始学习、了解自然。随着对自然的认识的深化，人的实践能力得到提高。人用提高了的劳动能力再去改造自然，引起自然的变化，变化了的自然又引起人的认识的改变……在解决人与自然的矛盾关系，追求需要的满足的过程中，人类逐步地凌驾于自然之上，支配、利用和控制自然。此时，自然是人的“敌人”，人类的任务就是去征服、改造、控制自然，使其为我所用，服从人的意志。在实践中人与自然的分离显然是人的胜利。生产越发展，人的物质性实践对自然存在的改变越多，自然的形象就越萎缩，人的形象越高大。此时的观念取向是推崇人的主体性、创造性，是以对人的力量的推崇来规范人与自然之间的观念性关系。然而，人地协调共生、人是自然固有的一部分，因此，人类要设法与自然和谐相处。在征服自然的历史中，我们亲手造就的环境越来越难以为继，我们的生活方式、精神世界也越来越远离人的本真存在。因此，人类必须要从根本上改变生产和生活方式，以生态实践为基础，着力建设现代生态文明。在生态实践的基础上，自然不再是人的“敌人”，而是人的“伙伴”。人以对话的方式与自然进行交流，在交流中，人与自然是平等的，人在从自然中获取物质资料的同时，有责任保护自然，修复人对自然所造成的损害。

自然界不能为人类提供现成的生活资料，人类只有依靠对自然界的改造才能生存，离开了生产的发展，人类便失去了生存的基础。以生态实践为基础，人与自然是协同共生的关系。人的活动不再是随意而行，人的生产和生活方式要受到生态环境的规范和制约。人若不主动地约束自身的行为、树立生态意识，要是再恣意破坏自然生态，那么，被破坏的生态系统反过来就会继续以失衡的生态危机造成人的生存的困境。以

① 《马克思恩格斯文集》第1卷，人民出版社2009年版，第534页。

生态实践为基础，人们将超越工业文明时代那种认为保护环境只是一种权宜之计的肤浅的观点，自觉地从“民胞物予”的生态意识出发，把维护地球的生态平衡视为实现人的本真生存的重要方式。从文明重建的高度，重新确立人在大自然中的地位，重新树立人的“物种”形象，把关心其他物种的命运视为人的一项道德使命，把人与自然的协调发展视为人的一种内在的精神需要和一种新的人的存在方式，这是生态意识的运动方向。因此，生态实践的转向为意识的生态学转向提供了现实的实践观基础。

生态实践对于生态意识的生成性还表现为，对人的生产和生活方式的生态规范是生态意识的根本实现方式。作为观念形态的人地关系是以实践中的人地关系为根据的，在观念中对人的行为的规范是对人的生产和生活方式的规范在人的观念中的映现，在物质生产和生活中约束人对自然的活动则是生态意识的实现。以生产、生活和生态相结合，人的存在方式将发生根本性的改变。在生产中，人的活动不是过度开采、恶意破坏，而是与生态环境相结合，适量、适度地采用自然资源，发展循环经济，减少污染，充分利用清洁能源，推广洁净生产；在生活中，避免奢侈浪费，节制不合理的物欲，提高生活质量，使消费与生态整体性保持一致；在人的意识世界，以整体性的思维方式来创建生态文明，在自然的和谐以及人与自然的协调中发现人的情感依托和观照人的主体性力量，以丰富、充实的和谐精神建造人类精神的家园。

生态意识的生成过程中，意识的逻辑运动总是与生态实践的现实性展开相符合，并得到生态实践的回应。对实践过程中的各种状况的总结、评价，以及在实践中发展自身，这是生态意识的实践性生成的必然逻辑脉络。人与自然协调发展的观念性关系必须要在其实践关系中反观自身，在人们的实践活动中，资源环境以及生态平衡是否真的实现了合理利用、保护、建设还得要通过人们的实践来解决，生态意识对资源环境、生态平衡的重视只有在实践的阿基米德点上才能成为对人地关系的真理性观念。因此，生态意识在观念世界的逻辑展开一方面具有自己的相对独立性，另一方面则必须以实践的现实性运动为界标。与生态实践及人与自然协调发展的实践关系不相符合的意识，并不能真正地反映人与自然的协调发展。

第六章　对话、创新与坚守：马克思生态思想的理论遭遇

立足于现实的时代主题来理解和解释马克思的生态思想，必然会遭遇到后现代的生态伦理学、生态学马克思主义以及中国化马克思主义关于生态问题的理论和实践，这是我们理解和解释马克思的生态思想的当代理论语境。通过比较和分析，我们认为，马克思生态思想与生态伦理学处于对话与交流关系，生态学马克思主义是对马克思生态思想的创新和误解并存，中国化马克思主义采取的是坚守与践行马克思生态思想的基本态度。

一、马克思生态思想与生态伦理学的对话与分歧

马克思生态思想的当代诠释既须立足于当代时代主题所规定的现实境遇，也离不开当代生态伦理学的基本语境。以道德关怀为基本视阈，生态伦理学反映了现代发展的时代主题，批判了发展的生态困限，规约了当代生态思想的理论基调，并且以自然的自在价值引导人类选择自律性的实践方式。

（一）生态伦理学的形成及其发展

在西方，生态伦理的思想自古有之，但是作为一门应用伦理学的生态伦理学，则是现代西方自然环境保护运动的产物，并且随着西方自然环境保护运动的发展而发展。西方生态伦理学的发展历程可以分为三个阶段。19 世纪下半叶到 20 世纪初，是西方生态伦理学的孕育阶段。美国学者乔治·珀金·玛什写的《人与自然》（1864）、英国学者塞尔特写的《动物权利与社会进步》（1892）、英国学者托马斯·赫克斯利写的《进化与伦理学》（1893）、美国学者威廉·詹姆斯写的《人与自然：冲突的道

德等效》（1910）等著作，就是这个时期的生态伦理学的代表作。这些著作的基调是人类中心主义，其内容虽然比较简单，基本观点也没有展开，但实际上成为尔后的人类中心主义生态伦理学发展的逻辑起点和理论源头。20世纪初到20世纪中叶，是西方生态伦理学的创立阶段。许多有识之士重新呼唤生态环境意识，并掀起了西方第二次自然环境保护运动。他们进一步审视人与自然的关系，在更高层次上要求把环境问题与社会问题联系起来；他们还明确提出了创立生态伦理学的任务，并写下了一系列生态伦理学著作。法国学者施韦兹写的《文明的哲学：文化与伦理学》（1923）和《敬畏生命：50年来的基本论述》（1963）、美国学者A.利奥波德写的《保护伦理学》（1933）和《沙乡年鉴》（1949）等著作，就是这个时期的生态伦理学的代表作。这些著作的基调是抨击人类中心主义，主张自然中心主义。20世纪中叶到现在，是西方生态伦理学系统发展的阶段。全球性的生态环境危机日益严重和日益普遍，这就促使越来越多的人质疑传统的经济发展模式，反思人与自然的关系，检讨人类对待自然的态度和行为，并引发了西方第三次自然环境保护运动。这个时期具有代表性的生态伦理学著作有：美国学者R.卡逊的《寂静的春天》（1962）、J.帕斯莫尔的《人类对自然应负的职责》（1974）、澳大利亚学者P.辛格的《动物的解放：我们对待动物的一种新伦理学》（1975）、H.J.麦克洛斯基的《生态伦理学与政治》（1983）、L.埃利奥特和阿伦·伽的《环境哲学》（1983）、罗宾·阿特弗尔德的《环境关系的伦理学》（1983）、多纳尔德·施奥尔和汤姆·阿廷的《伦理学和环境》文集（1983）、T.雷根的《根殖地球：关于环境伦理学的新综论》（1984）、H.罗尔斯顿的《哲学走向荒野》（1986）、《自然界的价值》（1994）、《环境伦理学：自然界的价值和对自然界的义务》（1988）、B.W.泰勒的《尊重自然界》（1986）、塞申斯与德韦尔合写的《深层生态学》（1986）、J.B.考利科特的《捍卫大地伦理学》（1989）、L.F.纳什的《自然界的权利》（1989）、澳大利亚学者福克斯的《超越个人的生态学》（1990年）、B.G.诺顿和W.H.墨迪等人的多篇论文以及“罗马俱乐部”、D.H.梅多斯等人的报告《增长的极限》，等等。随着社会经济发展与生态环境问题之间的矛盾不断暴露出来，对人地关系的反思席卷了中国学界，生态伦理学成为一门显学。著作包括佘正荣著《生态智慧论》、《中国生态伦理传统的诠释与重建》；余谋昌著《生态伦理学》、《生态哲学》、《生态文化论》；雷毅著《生态伦理学》；以及钱俊生和余谋昌主编的《生态哲学》等。相关论文更是浪潮相继，源源不断。

生态伦理把道德关怀从人类社会领域扩展到自然领域，从人际推向种际，形成了对传统伦理学的根本变革。生态伦理学的理论进路所形成的具体伦理规定性既愈益凝结成，也内在根源于一种主导性的精神原则，这种伦理精神是在当代社会发展境域中对自然世界图景的德性把握和对人的生存方式的德性规定，它通过转变对待自然的态度反映了当代的时代精神，并且反拨人类实践方式，从而使得人的实践方式具有必要的生态合理性。

对生态问题的警醒促使人们从各个方面反思人类对待自然的态度和处理人与自然关系的实践方式，生态伦理学的登场就是通过人类的伦理自律对传统的自然观和实践方式提出价值性批评，其伦理指向在于力图把合生态性作为基本的伦理原则来制约人对自然的肆意掠夺和任意污染，以建构新的人与自然之间的伦理关系，从而，为人类的可持续生存和发展提供生态合理性。

尽管当代生态伦理学呈现为多元化的话语体系，但是其中仍然有着内在的逻辑统一性，这种逻辑关联就是贯穿于生态伦理思想逻辑进程的主导精神。生态伦理的主导精神是生态伦理的多元理论形态所具有的共性，恰如思想华冠只不过是以内在的主导精神联结起来的理论繁枝和衍生形态。差异性的理论形态一致的都是对以自然生态为对象的人类对象性生存方式的合理性的道德反思和对可持续生存方式的伦理建构，这就是生态伦理学的主导精神。生态伦理的主导精神不是既成的，而是在人类现代发展方式的当下反思中批判性生成的，与多元化的生态伦理思想形态同路而行。从人类中心主义向着动物权利/解放论、生物中心主义、生态整体主义的理论中心视界的转移就是通过道德共同体的边界扩展以及人的道德理性的对象性重塑来实现对人对自然的实践关系的认识原则的时代性转换。

人类中心主义的自然观把人与自然的关系看作人与人的关系的物质性载体和中介性环节，否定人与自然的关系具有直接的伦理意义，我们之所以要对生态环境承担伦理责任，是人类可持续生存和发展的根本需要，而不是出于对自然事物本身的关注。诺顿把人的偏好区分为感性偏好与理性偏好，认为仅是满足欲望和感性需要的强式人类中心主义的主导精神就是控制、征服和改造自然，而那种只应满足人的理性偏好，并依据一种合理的世界观对这种偏好的合理性进行评判的弱势人类中心主义才能够促使人们合理地利用自然资源和环境。默迪把自然物的内在价值作为其目的性要素区分于工具价值，有效的自然伦理就是建立在内在价值的基础之上。从强人类中心主义向着弱人类中心主义的过渡，生态伦理的主导精神强调了通过对自然环境的保护来实现人类的长远利益，人类的自身利益是目的，而保护自然环境则是实现目的的手段和方式。这在自然之于人的功利性价值方面具有合理性，但是自然的存在性价值仍然没有得到清晰的揭示，自然物本身的价值解蔽只有在生态伦理的进一步逻辑展开中才能得以真正实现。人类中心主义的弱化是以对象性的自然生态的显现为指向的，对控制和征服的实践态度的伦理批判在人的理性偏好和自然物的内在价值基点上成为人在生态之境生存的道德关怀的理论开端。

动物权利论主张将人道的道德关怀推延到高等动物，认为无故造成有感觉动物的痛苦是不道德的。当代的动物权利论以辛格的《动物的解放》和雷根的《为动物权利而辩》为代表，反对娱乐性狩猎、食用家禽家畜、用动物做实验等。在动物权利/解放论看来，“凡是拥有感受痛苦能力的存在物都应给予平等的道德考虑，由于动物也拥有感受痛苦的能力，那么对动物也应给予平等的道德考虑。”[①] 给予动物以与人平等的道德地位，就是要强制性地避免人类对动物的伤害行为。为动物的权利做出道德辩护在强调把道德关怀推广到动物的身上时，必然逻辑地走向生物中心主义。生物中心主义即生命中心主义，它强调所有的生命都是道德关怀的对象。阿尔贝特·史怀泽提出了敬畏生命的生态伦理观，认为“敬畏生命不仅适用于精神的生命，而且也适用于自然的生命……人越是敬畏自然的生命，也就越敬畏精神的生命。”[②] 在这里，善的本质就是保持和促进生命，使生命实现其最高价值，这要求实践着的人类必须善待一切生物。在这里，善待自然生物意味着善待人自身，在人的对象性活动中把动物的权利和对生命的敬畏与人的具有生态可持续性的生存方式内在地统一起来了。

如果说动物权利/解放论的观点仅仅意味着生命伦理在伦理逻辑上作为生态伦理的早期扩展途径，那么，到达生态整体主义则是生态伦理学逻辑演进的深层理论形态。生态整体主义强调的是生态系统的整体性存在方式，以及人的生态存在。例如，大地伦理学提出“土地伦理是要把

① ［澳大利亚］皮特·辛格著：《动物的解放》，孟祥森、钱永祥译，光明日报出版社 1999 年版，第 12 页。

② ［法］阿尔贝特·史怀泽著：《敬畏生命》，陈泽环译，上海社会科学院出版社 1996 年版，第 131 页。

人类在共同体中以征服者的面目出现的角色，变成这个共同体中的平等的一员或公民。它暗含着对每个成员的尊敬，也包括对这个共同体本身的尊敬。”[①] 环境整体性观点认为，“对于环境相互依存性的认识……能积极地使我们理解到人的社会性、在自然界的地位和共同生活的必要性。如果没有这些属性，人类社会就建立不起来，不能生存下去，更无法富裕”，“在人类的任何一个历程中，我们都属于一个单一的体系，这个体系靠单一的能量提供生命的活力。这个体系在各种变化的形式中表现出根本的统一性，人类的生存有赖于整个体系的平衡和健全。”[②] 霍尔姆斯·罗尔斯顿Ⅲ提出，我们需要一种根本的、自然主义的，而不是派生的、人本主义的环境伦理，从而能够把自然事物本身作为道德考虑的对象，这就是“把人类与其他物种看做命运交织在一起的同伴”[③]。在这里，根本意义上的生态伦理学认为生态系统的机能整体特征中存在着固有的道德要求。那么，这种道德要求是什么呢？罗尔斯顿Ⅲ认为，生态系统包含了人类，从而具有一种道德意向性，人类在生态系统中进行实践选择，必然要承受生态系统的整体制约性，这样才能确定人的完整性，即“我们的完整性是通过与作为我们的敌手兼伙伴的环境的互动而获得的，因而有赖于环境相应地也保有其完整性。”[④] 在荒野中，自然的内在价值体现了人的存在价值的延伸，自然与人是大写的自我（Self）的存在形式，而人只是小写的自我（self）。深层生态学甚至认为，“在存在的领域中没有严格的本体论划分。换言之，世界根本不是分为各自独立的主体和客体，人类世界与非人类世界之间实际上也不存在任何分界线，而所有的整体实由它们的关系组成的。”[⑤] 人与自然的边界分隔被整体主义的哲学视界所打破，道德共同体融入生命共同体，成为生命共同体的一致性规定原则，人的生存只不过是生态系统中具有相对独立性的一种存在方式。

把道德关怀从人自身推向整体性的生态系统，其实质就是在人类实践的当代发展所引起的人与自然的物质性关系的变化中重新寻找人类的

---

① ［美］A. 利奥波德著：《沙乡年鉴》，侯文蕙译，吉林人民出版社1997年版，第194页。

② ［美］B. 沃德、R. 杜博斯著：《只有一个地球》，吉林人民出版社1997年版，第258页。

③ ［美］霍尔姆斯·罗尔斯顿Ⅲ著：《哲学走向荒野》，刘耳、叶平译，吉林人民出版社1997年版，第3页。

④ ［美］霍尔姆斯·罗尔斯顿Ⅲ著：《哲学走向荒野》，刘耳、叶平译，吉林人民出版社1997年版，第92—93页。

⑤ Warwick. Fox：Deep Ecology：A New Philosophy of Our Time. The Ecologist，1984. 14（5/6）：pp. 194－200.

合理的实践性生存方式。道德话语不仅是对实然状况的应然批评，更是人类重新反思和考察合理的实践生存方式的道德理性所实现的以道德话语对人类自身永续生存的终极关怀。人类对自身的生存关怀是历史性的。由于实践能力的时代性差异，人类在与自然界的矛盾关系中扮演了不同的角色，人们对自然的伦理取向也是不一样的。在人类的劳动能力低下的情况下，自然是“作为一种完全异己的、有无限威力的和不可制伏的力量与人们对立的，人们同自然界的关系完全像动物同自然界的关系一样，人们就像牲畜一样慑服于自然界”①，人类屈从于自然，为强有力的自然所支配，此时，自然是人的“榜样”。人崇拜自然的伟力，也开始学习、了解自然。随着对自然的认识的深化，人的实践能力得到提高。人用提高了的劳动能力再去改造自然，引起自然的变化，变化了的自然又引起人的认识的改变……在解决人与自然的矛盾关系，追求需要的满足的过程中，人类逐步地凌驾于自然之上，支配、利用和控制自然。此时，自然是人的“敌人”，人类的任务就是去征服、改造、控制自然，使其为我所用，服从人的意志。在实践中人与自然的分离显然是以人的胜利、自然的祛魅为告终的，此时的伦理取向是推崇人的主体性、创造性，是以对人的力量的推崇来规范人与自然之间的伦理关系。但是，当代的生态伦理学认识到人是自然固有的一部分，人类要设法与自然和谐相处。在征服自然的历史中，我们亲手导致生态环境越来越难以为继，我们的生活方式也越来越远离人的本真存在。因此，人类必须要从根本上改变生产和生活方式，不再把自然当作“敌人”，而当作“伙伴”，以对话的方式与自然进行平等的交流，即人在从自然中获取物质资料的同时，有责任保护自然，修复人对自然所造成的损害。

（二）当代生态伦理的主导精神

生态伦理的主导精神在其形成路径中推动了人类实践方式的当代生态化转向。自然界的食物链不以人的道德评判而停滞，人的道德评判只可以通过反拨人类实践方式以及相应的发展方式和认识状况来根本改变人与自然的实践关系，这种反拨是意味着当下实践方式的主导原则和系统结构的变革和重构。当代社会发展境域作为结果是人类发展的延续，这种延续导致对古代的回复已经成为不可能，人的生存再也不能复归到“离群索居”、“小国寡民”的中古社会，同时，现代实践方式由于本身是

① 《马克思恩格斯文集》第1卷，人民出版社2009年版，第534页。

生态环境问题的最终根源也必然不能成为当代人类社会发展的主导性实践方式，这种延续是扬弃，是人类发展的连续性和非连续性的辩证统一。

在当代发展境域中对人在物质世界中的实践性生存方式的重新认识突出地显示了人类认识的否定性发展逻辑，生态伦理学对人与自然的伦理考察就是近代工业化以来人类对于自然的实践方式以及相应态度的否定性发展，这种否定是超越，是对发展问题的当代解决。生态伦理的这种超越性在于其内在的主导精神对于现代社会发展观念的超越性。生态伦理的主导精神的否定性蕴涵着辩证的肯定，即在重新理解人类的实践性生存方式中确认了自然界的物质性统一，以及在世界的物质统一性基础上确立人与自然协调发展的新型实践方式。在现代工业社会，实践的主导性以现代实践方式遮蔽了世界的物质统一性，近视的价值观和发展观颠覆了人与自然的统一观，而生态伦理的主导精神所要确立的是在当代发展境域中的人与自然的和谐发展。

生态伦理的主导精神是当代社会发展境域的时代精神的体现。当代的时代精神就是一种“全面、协调、可持续的”发展精神。正如党的十六届三中全会《决定》所概括指出的，是“坚持以人为本，树立全面、协调、可持续的发展观，促进经济社会和人的全面发展”精神。所谓全面发展，就是要着眼于经济、社会、政治、文化、生态等各方面的发展；所谓协调，就是各方面发展要相互衔接、相互促进、良性互动；所谓可持续，就是既要考虑当前发展的需要，满足当代人的基本需求，又要考虑未来发展的需要，实现“代际公平”。科学发展观强调以人为本，突出了人的创造物服务于人，如果不把人理解为生态性的存在者，或者说不从世界的对象性制约来理解人的主体性，那么人与自然的协调发展就会难以成为真实。

生态伦理的主导精神一方面是人的对象性关怀，另一方面则是对象性存在的人的自我关怀，是以生态觉悟实现人的自我实现的对象性统一。从生态的维度对时代精神的总体性把握，正如樊浩教授所认为的，“如果对上个世纪人类文明的历史发展作一整体的鸟瞰，作出这样的结论也许是恰当的：20世纪人类文明的最重要、最深刻的觉悟之一，就是生态觉悟”，“20世纪的生态觉悟在其现实性上发端于对人类生存环境、对人类文明未来发展命运的关注”，“生态觉悟的实质不只是对人与自然关系的反省，而且更深刻地是对世界的合理秩序、对人在世界中的地位、对人的行为合理性的反省。”① 可以说，生态伦理的主导精神既是对当代人与

① 樊浩：《当代伦理精神的生态合理性》，《中国社会科学》2001年第1期。

自然的实践关系的生态觉醒，又是对人如何通过实践来建构世界秩序的当代反思。

作为时代精神的体现，生态伦理通过确定其主导精神才能真正打开传统人际伦理的疆界。传统伦理观念对世界的德性把握只是把视界限制在人类社会共同体之内，把人类社会规定为道德共同体，伦理只是处理人际关系的自律与他律；生态伦理学则把伦理境域推广至生命共同体，“新伦理学必须专注构成地球进化着的几百万物种的福利。”① 生态伦理要求人对自然的实践必须符合新的伦理规范，这种伦理规范推动人的生存方式和实践方式发生革命性变革，从征服性、控制性、掠夺性的实践方式转向平等性、伙伴式的实践方式。由此，人与自然的实践关系的具体形态及其结果的评价方式必然发生根本变革，传统的评价方式强调生产——经济——财富——消费的实践方式，而新的实践方式则强调生态——经济——社会——人的协调发展。在这样的复合体中，以山的方式去感受、直观和思考人的实践性存在，不是把人当作自然物，而是使得为现代性、绝对主体性所困扰的社会发展方式和人的存在方式把自然和生态置放在人及其历史的内在环节之中，把生态性作为人类史的内在规定，这正是生态伦理的主导精神的秘密所在。生态伦理的理论演化必然要和物质性的实践发展相一致，生态伦理的主导精神决定了人类改变自然的实践方式也是一种道德实践。导致生态破坏的实践方式是生态伦理所要批判的实践方式，是不道德的；人类实践的德性规定不仅存在于人际共同体中，也存在于生态系统之中，实践对于自然界的道德责任与对于人自身的道德责任具有根本一致性。正是确认了人类生存于其中的世界具有根本的统一性，人的实践性生存才能是建立在这种统一性基础上的人的存在方式。

由主导精神的转换所引起的生态伦理学的革命性变革的深层意蕴是关于人类生存方式的根本转变和重新要求，其宗旨在于通过对人与自然的伦理关系的重新规定实现对人的本真存在的考察，因此，生态伦理是以伦理规范形式表现出来的人的一种生存智慧。人的视野不论投向大自然有多远，它都绝不能忽略人自身。这样的话，与其说生态伦理的兴起是对传统伦理的革命，不如说是人类生存方式的自律性变革，是人类如何持续生存和发展的自我改变。在生态伦理的主导精神中，山的方式和人的方式看似二元对立，而如果把人理解为生态性存在者，那么这种外

---

① 佘正荣著：《生态智慧论》，中国社会科学出版社 1996 年版，第 121 页。

在的分化则是人的存在方式的内在矛盾的生态性外化，其实质仍然是人在自然界中的位置以及由此所延伸的主体性与生态制约性如何统一，对现代性、主体性的反叛推动生态伦理以新的方式实现人的生态性重置。生态伦理是对人类处理人与自然之间矛盾关系的背景下产生的，它不仅研究自然生态系统中人的活动之外的物质运动，更考察人的活动对自然的影响，以期建立对人的规范，制止人对自然的征服态度，避免人的活动对环境的破坏，实现对环境的保护。生态伦理学对物种和整体系统的关注只能是从人的立场去关注，而不可能把纯粹的自然界、人的生存之外的荒野作为自己的原生点。生态伦理对人的活动方式的规范是要在人的活动中实现人对自然的角色转换，对物种的尊敬和对生态自然的尊敬必然要求人的诉诸自然的行动受到伦理规定，不能任凭人的意识和意志去控制自然。

生态伦理的主导精神在对生态环境的道德关怀中对人的实践性生存方式做出深刻的自觉，是生态关怀与人的关怀的统一。在生态伦理的理论进路中，道德关怀的目光愈益投向了自然的深远之境，哲学走向了荒野，然而自然的伦理之思在批判性反思中最深层地揭示了人的生存方式的实然结果对人类生存之所的颠覆，从而，要求人类还自然以自在平衡。自然的伦理之思是在人类对自身的终极关怀的思想底蕴中对世界图景的道德关怀，不在人的视野中的自然对人来说只是无，正由此，生态制约下的人类实践方式才能真正展开人的生存、实现人的价值。

（三）马克思的生态思想与生态伦理学的对话式遭遇

对马克思生态思想的当代诠释，必不能离开当代的生态语境而孤芳自赏、自说自话，这一语境提供话语表达[①]，更提供关注现实生态问题的理论平台。因此，马克思生态思想的当代存在首先就要遭遇到生态伦理学，这是一种对话式遭遇，是伦理批判与历史批判的视阈对话、道德逻辑与实践逻辑的逻辑对话、社区组织原则与社会组织原则的路径对话。

1．伦理批判与历史批判的对话。当代的生态伦理学立足于人类掠夺自然时对自然的道德关怀的缺失，对现代实践方式提出了伦理批判，具

---

① 当前，很多研究者借用一些当代的概念直接诠释马克思的生态思想。他们提出了马克思的生态经济思想、马克思的生态伦理思想、马克思的生态政治思想等等，这种提法是否符合马克思文本的语义，或者说，如此包装的生态化的马克思是否就意味着对马克思生态思想的真正研究，令人存疑。

有积极价值。但是，这种伦理批判把伦理意识的相对独立性夸大为绝对的独立性，他们对现代性自然观的后现代批判仍然是一种抽象的文化批判，并且，其对象性的思维方式而始终在生态价值的合理性上处于难解的尴尬境地。比如，新自然主义强烈批判人类中心主义，但他们离不开人类的“种族假相”来解释生态中心主义，而且，一方面对人类中心主义的批判甚至导致了反人类的逻辑结论，即逻辑地推论出人具有反生态的本性，把人的生理需要当作反生态的始源，从而走向反人类的逻辑立场；另一方面，生态中心主义构想却又产生了生态整体的神秘主义，即把整体主义的生态中心主义当作整体性的生态世界，对远离人的荒野进行崇拜。

马克思对现代资本主义社会的历史性批判是全面的，马克思对自然的异化和资本对自然世界的控制的批判包含于现代资本主义的批判。马克思对现代资本主义的批判维度是历史性维度，认为资本主义的产生和发展既具有历史进步性，又是现代最虚假、最黑暗的奴役制，最终必然向着社会主义的转化。资本对雇佣劳动的奴役以人格化的形式出现的，即资本家阶级对无产阶级的奴役，资本主义的历史性的终结也要通过人格化的形式出现，即现代无产阶级通过社会革命取得政治权力，实现无产阶级专政。现代资本主义向着社会主义的转化会导致人与自然的关系从现代分离走向新的有机统一。人与自然的现代分离形成于现代的生产方式，资产阶级生产方式既炸毁了封建主义的社会关系，也把田园诗般的人与自然的关系彻底颠覆了，私有财产制度、资本的逐利本性、现代资产阶级的意识形态等把自然界变成了资本的资源库和垃圾场，自然界是人的外部世界，自然在资本的逻辑中是不经济的。

对生态问题的伦理批判突出了人类在生态系统中的生存方式和生存状态的伦理关怀，期间经历了伦理关怀的对象性转移——从生态系统中的人到生态系统。无论生态伦理学走向自然有多远，对现代社会的伦理批判或道德谴责始终无法离开人的生存指向，这意味着人类中心主义和生态整体主义都是敞现人在自然世界中的存在方式的理论路径。生态伦理学致力于对现存的生态问题的伦理批判和导致这一问题的传统伦理的生态批判，而马克思生态思想的历史关怀则深远得多。马克思的历史关怀认同了现代社会的合法性、进步性，以及现代社会中的自然的异化的必然性，并从历史发展的基本规律处寻获破除现代资本霸权的依据和必然性，希望通过社会的重组来实现生态问题的解决。这意味着，随着资本主义生产方式的发展和资本主义被替代，自然的沉沦和复活同样是不可避免的。

2. 道德逻辑与实践逻辑的对话。生态伦理学的逻辑线索是一种观念性的道德推演。在从人际到种际的伦理拓展中，生态伦理学着重批判了人类中心主义的伦理态度，提出了生态整体主义的伦理原则。人类中心主义（anthropocentrism）把人类视为自然界的中心、以人类的利益为准绳来解释、评价和处理自然。而生态整体主义（ecological holism）则是把生态系统的整体利益而不是把人类的利益作为最高价值，把是否有利于维持和保护生态系统的完整、和谐、稳定、平衡和持续存在作为衡量一切事物的根本尺度，并以此来评价人类实践方式、科技进步、经济增长和社会发展。

在生态整体主义的伦理原则中，自然界有着独立的内在价值。生态伦理学从自然对象的自在性出发，把人归结为生态系统的成员，人与其他自然物一样自然地存在着。自然界应该有着与人的价值存在一样的价值，这就是自然的内在价值。著名的环境伦理学家罗尔斯顿认为，“内在价值指那些能在自身中发现价值而无需借助其他参照物的事物”。相对于被人所用的外在价值，“所谓自然界的内在价值，是它自身的生存和发展。这里，自然界作为生命共同体在宇宙环境中，它是自我维持系统。它按照一定的自然程序（自然规律）自我维持和不断地再生产，从而实现自身的发展和演化。它从其自身的利益加以解说，这是自然价值的内在尺度。”[①] 生态伦理学把道德原则主要置放在自然价值的对象性认同之上，这对于实践的对象性本性（受制性）来说具有合理性质，然而，深层的问题在于对象性的自然何以具有与人无关的自在价值，或者说，纯粹的自然如何具有那种专属于人的“价值”？只是静观式地、抽象地从自然获取那种神秘的价值，或者会推翻迄今为止的价值体系（然而这并没有获得预期的成果）；或者会回到旧的认识论思维方式，把自然价值领域外在化变成人学的空场，从而使得问题的探讨本身变得没有意义。因此，自然的内在价值本身蕴涵着内在的理论背反，而缺乏足够的理论解释力。

马克思生态思想的理论逻辑是实践逻辑。感性世界、人化自然是人的实践的产物，实践是人与自然的基本联结方式、是自然界的生成方式，人与自然的有机统一只有通过实践才能成为现实。在现代工业实践中，联合起来的劳动者把自己的主体性本质力量对象化，在自然界打上了人的烙印，使现代的自然成为真正人类学的自然。尽管异化的工业实践方式造成自然

① 余谋昌著：《生态伦理学：从理论走向实践》，首都师范大学出版社 1999 年版，第 69 页。

的异化存在，但人与自然的分离式的联结比农业文明时期朴素的联结式的分离有着历史性的进步，自然成为真正的历史人类学的自然。通过异化的扬弃复归实践的本性，实践的复归才能获得人的本性的真正复归和自然界的真正复活。实践是马克思生态思想中人——自然——社会——历史有机统一的逻辑主线，实践的逻辑是马克思生态思想的基本逻辑。

马克思依据实践逻辑形成了对现代抽象自然观和异化自然的批判。现代抽象自然观以“作为自然界的自然界”为对象，把人与自然分离开来，以主客二分的思维方式考察自然。在马克思看来，这种静观自然的方式是毫无意义的，离开人的自然是虚幻的，真正的自然是实践的产物，是现代工业和生产力的结果。然而，现代工业则以异化的实践方式把人的本质力量赋予自然，造成了自然的异化，因此，马克思又从实践的本质即自由自觉的活动来批判和扬弃异化实践和实践的异化，以实践的本质复归来完成自然界的真正的复活。

马克思从历史的实践性生成来分析实践的复归与自然界的真正的复活。自然界的真正的复活是世界历史性的过程，是现代虚假社会共同体的历史性终结和真正的社会共同体的历史性生成的结果，是共产主义行动的结果。共产主义行动就是改变现存世界的实践，是人类历史从资本主义社会形态向着社会主义社会形态转变的实践依据，是历史的转折点。人类历史的转折是人类史与自然史的统一、自然主义与人道主义的统一的社会空间，是自然界的真正复活。

3. 社区组织原则与社会组织原则。生态伦理学一方面侧重于把生态问题的解决方案归诸个人，希冀以个体的道德自律来约束对人类自身的行为，另一方面则是从社区主义的视角来微观化地处理人与自然的关系。生态伦理学以道德逻辑的意识性转换为逻辑线索，立足于当代的社区主义（communism）来生态化地重建社会秩序。从社区组织原则出发，新的社会秩序包含在经济、政治和文化的生态化结构中。乔·霍兰德认为，“经济领域：适当的技术和社区合作社”——实质上，经济领域中的适当的技术指的是小型技术，以“人道的社区工作”为基础重组社会经济的合作方式；“政治领域：社区和网络化”——政治是一种社会组织形式，通过建构参与式民主来分散官僚机构的权力，把社会的各个阶层联成整体网络，彼此平等；“文化领域：一种新的根基隐喻。”[①] 新的社会秩序以

① ［美］大卫·格里芬编：《后现代精神》，王成兵译，中央编译出版社 2005 年版，第 85—91 页。

新的整体性价值观和世界观为基础。查伦·斯普雷特纳克列举了后现代社会的“十种关键价值”：生态智慧、基层民主、个人责任和社会责任、非暴力、权力分散化、社区性经济、后家长制价值观、尊重多元性、全球性责任、未来焦点等。更为详细的考察是丹尼尔·科尔曼，他深入分析了这十种关键价值，认为这十大关键价值构成了生态社会的整体性价值观，奠定了人类从反生态的现代社会向着生态社会演进的基础。生态社会的整体性价值观中，可能存在着彼此的矛盾，但我们需要把各种具体的价值视为“统一的世界观”的各个不同侧面，即我们需要“心中装着大局”[①]，可以说，生态可持续是新的社会秩序的基本样式和基本原则，体现了人类可持续发展的整体性视野和分析这一问题的道德逻辑。

马克思的生态思想则是在历史的宏观发展结构中，通过重新组织整体的社会系统来实现人与自然的协调发展。所谓重新组织社会系统，就是通过社会革命的方式打破现代资本主义的生产方式、所有制关系、政治上层建筑和相应的意识形态，建设符合人的本性的共产主义新社会。这一重组，是历史进程中社会形态的彻底转变，具有世界历史性的宏大意义。与生态伦理学奠基于当代具体化的社区组织作为重组社会秩序的原则不同，社会化是社会秩序的“宏大叙事”，是整个社会共同体的根本改变，马克思的这一认识指向了整个人类社会发展的“宏大”走向。

二、生态学马克思主义对马克思生态思想的创新与误解

生态学马克思主义是西方马克思主义的重要流派之一，从马克思的思想出发——或者以马克思的基本理论来观照现时代的生态问题，或者对马克思的基础理论进行批判和重建，生态学马克思主义在发展马克思主义理论中创新与误解并存。近年来，国内学者对生态学马克思主义的专门研究著述颇多，如：徐艳梅的《生态学马克思主义研究》（社会科学文献出版社 2007 年版）、刘仁胜的《生态马克思主义概论》（中央编译出版社 2007 年版）、郭剑仁的《生态地批判》（人民出版社 2008 年版）、曾文婷的《生态学马克思主义研究》（重庆出版社 2008 年版），总体感觉是

---

① ［美］丹尼尔·A. 科尔曼著：《生态政治》，梅俊杰译，上海译文出版社 2002 年版，第 135 页。

介绍和依赖性评价较多，而批判性评价不足。

（一）生态学马克思主义的发展形态①

1972年威廉·莱斯在《自然的控制》中继承了马尔库塞的“技术的资本主义使用”的观点，指出：把自然界当做商品加以控制，把控制自然作为资本主义和社会主义进行竞争的工具，是资本主义社会和社会主义社会普遍面临的生态环境恶化的直接原因。在1976年出版的《满足的极限》中，莱斯指出，人类本身的需求与商品之间的关系在垄断的资本主义市场上已经被打乱和扭曲，西方马克思主义应该更多地关注社会与自然之间的关系，为高度集约化的资本主义市场寻找到替代方案。阿格尔在1975年出版的《论幸福和被毁的生活》以及1979年出版的《西方马克思主义概论》中，吸收了法兰克福学派以及其他生态学说的研究成果，使生态马克思主义逐渐趋于完整和成熟。

生态社会主义在20世纪70年代的主要代表是德国绿党的理论家鲁道夫·巴赫罗。巴赫罗倡导“社会生态运动”，并不断研究“生态马克思主义”，致力于共产主义运动和绿色生态运动的结合，被誉为“西方社会主义生态运动的代言人”。1980年1月，德国成立了世界上第一个有着明确的政治纲领和政治组织的“绿党”，并公开提出了“生态社会主义”的口号，标志着生态社会主义的诞生。在20世纪70年代生态社会主义发展的初始阶段，生态社会主义者虽然最终提出了“生态社会主义”的口号，但是缺乏系统的理论成果。这种口号主要是作为一种对现存的垄断资本主义现状不满而进行反思的政治表现形式，以及为改变现状而在理论上对一种更加合理的社会制度所进行的探索。

生态社会主义在20世纪80年代表现为绿色生态运动继续高涨和理论建构。1987年，国际绿党大会的召开标志着生态社会运动基础上形成的绿党已经成为80年代国际政治舞台上的一支重要力量。在生态社会主义运动不断成熟和壮大的同时，生态社会主义者的理论也不断发展。在80年代，生态社会主义者主要吸收了莱斯和阿格尔的思想，并对生态运动的现实进行了总结。法国左翼理论家安德烈·高兹发表了《作为政治的生态学》，坚持认为社会生态运动必须成为一个更加广泛的斗争的一个部分，而不是看重生态运动本身，将生态运动进一步政治化。英国牛津布鲁克斯大学教授大卫·佩伯也发表了《现代环境运动的根源》，对生态运

① 参见刘仁胜著：《生态马克思主义概论》，中央编译出版社2007年版，序言第1—12页。

动进行了反思。在这一阶段，生态社会主义在理论上比较明确地提出了生态社会主义的社会政治、经济、社会生活和意识形态等要求，在社会生态运动中占有相对的主导地位，初步实现了生态运动向社会主义运动的转向。

20 世纪 90 年代是生态社会主义理论成熟时期。瑞尼尔·格伦德曼在 1991 年出版了《马克思与生态学》，佩伯在 1993 年出版了《生态社会主义：从深生态学到社会主义》，高兹和劳伦斯·威尔德在 1994 年分别出版了《资本主义、社会主义和生态学》和《现代欧洲社会主义》等一系列著作。90 年代的生态社会主义学者在吸收世界绿党和绿色运动的生态学、社会责任、基层民主和非暴力等基本原则的基础上，以马克思的人与自然关系的辩证法为指导重返人类中心主义，抛弃了资本主义的人类中心主义和技术中心主义，将生态危机的根源归结为资本主义制度造成的社会不公和资本主义积累本身的逻辑，更加深刻地批判了资本主义的经济制度和生产方式，在此基础上明确提出了生态社会主义的主张，初步形成了生态社会主义的思想体系。

在构建生态马克思主义和生态社会主义的过程中，虽然其代表人物都自觉或不自觉地与马克思联系起来，但是，对于马克思本人是不是一个生态学家，却存在着两种截然相反的观点。就在争论的各方都在向马克思和马克思主义寻求理论支持和批判灵感的时候，美国俄勒冈州立大学的约翰·贝拉米·福斯特在 2000 年出版了《马克思的生态学——唯物主义和自然》一书。福斯特跟随马克思的生命和理论足迹，以充分的理论根据展示了作为生态学家的马克思。福斯特认为，生态马克思主义就是将现代生态学原则嫁接到马克思主义，而生态社会主义则是将社会主义嫁接到生态运动，这两种嫁接都不能彻底解决现代资本主义时候所面临的生态灾难问题。福斯特分析了生态学的唯物主义起源和马克思的唯物主义传统，回击了西方保护主义对马克思缺乏生态学观念的指责，围绕三个问题，以雄辩的事实恢复了马克思作为生态学家的本来面目。

生态学马克思主义对马克思主义的继承和发展主要有着两种基本路径。一种是以詹姆斯·奥康纳为主要代表，对马克思的理论前提、基本方法进行重新建构，詹姆斯·奥康纳力图将生产、自然、文化融会一体来重建历史唯物主义，进而对当代资本主义进行生态批判；另一种是以威廉·莱斯、本·阿格尔、J. B. 福斯特为代表的立足于马克思的基本前提和基本方法来批判当代资本主义，以生态危机代替经济危机作为资本主义批判的着力点。

（二）詹姆斯·奥康纳的生态学历史唯物主义路径

奥康纳首先解读了马克思的历史唯物主义观念。历史唯物主义是用来解释世俗社会的延续、变迁和转型的一种方法，传统的马克思主义的历史唯物主义只是从社会劳动以及由此所形成的生产力与生产关系模式来解释历史的变迁与发展，而忽视了文化与自然的双重维度，由于马克思的基本语境是一种不发达状态的“前人类学”，因此，奥康纳批评道“马克思的历史唯物主义观念不是并且也不可能是具有充分的历史性（或文化性）的，而且也意味着他对一般性的生产力和生产关系以及具体性的协作模式的理论分析必然是不完全的和有缺陷的。”①

奥康纳在第一章《导言》中指出，“一个客观存在的问题是，马克思恩格斯并没有在任何地方提出对历史研究方法的系统说明。”② 他还对《关于费尔巴哈的提纲》的十一条提纲提出类比看法认为，不能将它看成基督教“十戒”那种东西，并且认为《神圣家族》和《德意志意识形态》这样始源性著作中，马恩依然没有梳理出方法论的清晰轮廓，并将之归因于在他们有生之年没有证明之或否定之的历史资料。因此，奥康纳将生态学马克思主义的历史观即“历史唯物主义观念”（historical materialist conception）认为是一种“源自于马克思主义方法论的历史解释观”，这一点事实上也为生态学马克思主义对历史唯物主义的“重构”提供了合法性依据。

奥康纳对历史唯物主义的批评是以文化、自然和物质生产的组合来代替唯物史观的物质生产作为历史的奠基和研究历史的方法论模式，充分肯定了文化和自然在历史研究中的重要性质。奥康纳批评了历史唯物主义中文化和自然的缺失。在奥康纳看来，传统的马克思主义历史理论强调了生产力与生产关系的解读模式，然而，其中“‘文化’和‘自然’的线索是缺失的”。奥康纳认为，“历史唯物主义的确没有一种（或只在很弱的意义上具有）研究劳动过程中的生态和自然界之自主过程（或‘自然系统’）的自然理论。马克思本人很少对自然界本身的问题进行理论探讨。虽然他的确也意识到了受经济规定性制约的自然发展过程的重

---

① ［美］詹姆斯·奥康纳著：《自然的理由》，唐正东、臧佩洪译，南京大学出版社 2003 年版，第 73 页。

② ［美］詹姆斯·奥康纳著：《自然的理由》，唐正东、臧佩洪译，南京大学出版社 2003 年版，第 50 页。

要性，并认为它对人类生产过程是非常重要的，但他更多的是把自然界当作人类劳动的外在对象来考虑的。”① 作为对传统的马克思主义历史唯物主义的重建，生态学马克思主义力图建构生态学的历史唯物主义，“生态学马克思主义的历史观致力于探寻一种能将文化和自然的主题与传统马克思主义的劳动或物质生产的范畴融合在一起的方法论模式”②，这种“三合一”的方法论模式将会把历史变成环境史。

奥康纳视域中的历史唯物主义的审视对象是“历史的延续、变迁和转型的过程，即世俗性的社会物质生活过程以及令人可敬又可畏的社会和政治动荡、革命以及反革命的过程。”③ 他将历史唯物主义的观念指认为“用来研究历史变迁中的延续性以及历史延续中的变化和转型的一种方法”④，并将这种唯物主义方法的辩证法特征概括为：“历史过程的连续性被放置在历史之断裂性的维度上加以解读。”⑤ 伴随着生态危机的全球蔓延，生态科学的出现和生态斗争的事实，奥康纳认为历史唯物主义理论内涵的拓展已成为必然趋势，这也为“重构”历史唯物主义提供了客观实践支撑。他也指出了历史唯物主义内涵的双向拓展。历史唯物主义的内涵向内拓展：人类在生物学维度上的变化和已经社会化了的人类的再生产都将对人类历史产生影响；不仅如此，作为人类赖以生存的基础的自然界，不管是“第一自然”，“第二自然”（奥氏所言“第一自然”和“第二自然”，笔者认为可理解成“自在自然”和“人化自然”），都应进入历史唯物主义的视域，这便成为历史唯物主义理论内涵的向外拓展。

奥康纳在历史唯物主义的生态化重建理路中，首先是重新理解协作，然后是把文化和自然与劳动整体化，作为历史唯物主义的基本前提和基本架构。他说，“任何对历史唯物主义的重构首先必须迈出的第一步是，对协作和劳动关系模式与历史的变迁和发展之间的关系进行探讨。然后再迈出第二步，即建构一种能够阐明文化与自然界对所有者或统治阶级

---

① ［美］詹姆斯·奥康纳著：《自然的理由》，唐正东、臧佩洪译，南京大学出版社2003年版，第62—63页。

② ［美］詹姆斯·奥康纳著：《自然的理由》，唐正东、臧佩洪译，南京大学出版社2003年版，第59页。

③ ［美］詹姆斯·奥康纳著：《自然的理由》，唐正东、臧佩洪译，南京大学出版社2003年版，第51页。

④ ［美］詹姆斯·奥康纳著：《自然的理由》，唐正东、臧佩洪译，南京大学出版社2003年版，第51页。

⑤ ［美］詹姆斯·奥康纳著：《自然的理由》，唐正东、臧佩洪译，南京大学出版社2003年版，第51—52页。

的力量产生影响或起促进作用的方式，所有者或统治阶级的这种力量正是把生产过程中的劳动因素联合起来并对之施加强制作用的力量。"①奥康纳认为马克思没有谈到协作，所以他突出了协作和劳动之间的关系，并且把协作作为超越和重建历史唯物主义的首要步骤。传统马克思主义的历史唯物主义中，"文化与自然的范畴之所以被忽略或被弱化，其主要原因在于，协作（cooperation）的主题在它需要被全面理解的时候，却被加以了单方面的处理。"②而奥康纳则认为，"任何一个既定的协作模式既是一种生产力也是一种生产关系"，更进一步，"协作或多或少都是建立在文化规范和生态（自然）样式的基础上的"。奥康纳的生态学历史唯物主义正是把协作范畴当作"明显的介入点"来"深入到对历史唯物主义观念加以修正的计划之中，以此来有效地清理文化、社会劳动与自然界之间的辩证关系"，以社会协作来调节自然、文化与劳动的关系，凸显出文化和自然界与所有制的关系，所有制与劳动协作的关系。从协作是生产力和生产关系的合体的模式出发，奥康纳在劳动的生产力和生产关系之外又建造了"文化的生产力和生产关系"、"自然的生产力和生产关系"。

在"文化的生产力和生产关系"中，奥康纳批评了马克思的文化属于上层建筑的定位，认为应该把文化视为与社会的基础相互交织在一起。通过文化来理解历史，奥康纳批评说"由于没能领悟社会历史或现代人类学的真实意蕴，马克思事实上是不可能真正历史地建构历史唯物主义的。"③因此，不是生产力与生产关系的总和的生产方式是文化的理解视阈，而是相反，文化是生产方式的理解视阈，而且生产力和生产关系各自变成了文化的一部分。奥康纳的这种把文化与劳动的倒置并不是真正对马克思的历史唯物主义的有效解构，而毋宁是回到马克思所要批判的近代哲学思维方式，只不过，他用难以界定的文化来代替近代的理论意识。

在"自然的生产关系和生产力"中，奥康纳批评了马克思对自然界内部关系的轻视，而这种关系在现代工业和社会分工中却又无处不在。奥康纳指责马克思说，马克思并没有给我们提供任何东西以使我们关注自然系统恶化的情况，这使得历史唯物主义缺乏对生态危机的解释力。

① ［美］詹姆斯·奥康纳著：《自然的理由》，唐正东、臧佩洪译，南京大学出版社2003年版，第68页。

② ［美］詹姆斯·奥康纳著：《自然的理由》，唐正东、臧佩洪译，南京大学出版社2003年版，第64页。

③ ［美］詹姆斯·奥康纳著：《自然的理由》，唐正东、臧佩洪译，南京大学出版社2003年版，第72页。

自然系统是具有自主性的生产力，内在于生产过程，并且对生产过程具有重要的影响，历史唯物主义忽视了自然的自主性生产力，就会忽视自然在历史中的重大价值。按照奥康纳的这种观点，马克思的历史唯物主义回到了马克思所要批判的自然主义与人道主义的分离的近代历史观那里去了。这不符合马克思的本意，在马克思那里，真正的社会是自然主义与人道主义的实践性统一，人类的历史是人的自然史，自然史与人类史是一体化的进程。

奥康纳把自然、社会劳动和文化构成为相互渗透的辩证统一体。社会劳动与文化和自然之间存在着辩证关系，可以归结为“在根据社会化原则而建构起来的生活劳动中，文化与自然的因素是相互并存和相互融合的。”① 而文化与自然对社会劳动也具有重要作用，即文化与自然维度上的不确定性，共同决定了劳动关系或协作方式的不确定性。奥康纳的生态学历史唯物主义强调了文化、自然与劳动的整体性统一，不主张三者之间的层次性差别，对于我们关注当代生态问题有一定的价值，但是，他对马克思的批评和指责却是建立在对历史唯物主义的误解之上。

奥康纳对马克思的误解之一，没有认识到马克思对生态问题的社会化关注。在马克思那里，生态问题是随着资本主义生产方式的发展而出现的资本对自然界的掠夺。资本主义生产方式已经把社会协作作为自己的一个基本特征，社会分工、劳动者的联合、商品交换已经成为现代社会中协作变成不可或缺的基本要求，协作是一种自然力，是物质生产的必要前提。协作是社会化的体现，资本主义生产的社会化造成了生态问题的社会化，也造就了解决生态问题的社会化原则。马克思关注了生产过程中劳动者处于恶劣的劳动条件，以及劳动者的生产和生活方式的异化所造成的自然的异化，是在重组社会系统的事业中来发展生态思想的，而不是不关注自然系统的恶化。

奥康纳对马克思的误解之二，历史唯物主义是一个整体，是多重线索的层次性统一。在历史唯物主义中，文化和自然的线索始终是存在着的，它们与生产方式辩证统一。生产方式是历史唯物主义的基础，但不是单一的理论线索，文化、意识与生产和生活紧密联系，从来不会分离，生产与生活也从来不能离开自然而存在，离开自然界，劳动者不能创造，人的生活也无从进行。但是，在历史的发展进程中，生产方式具有主导

① ［美］詹姆斯·奥康纳著：《自然的理由》，唐正东、臧佩洪译，南京大学出版社2003年版，第77页。

性的作用，是历史发展的物质动因，是文化和自然的凝聚者，而文化和自然随着生产方式的发展形成独立的存在形态和对历史发展具有独立的存在价值。对生产方式与文化、自然的分离只会导致对历史唯物主义的片面化理解，而不是历史唯物主义本身的片面性存在。

奥康纳对马克思的误解之三，马克思对社会历史和现代人类学的真实意蕴的领悟。奥康纳认为马克思的历史唯物主义是建立在前人类学的前提之上的，没有能够领悟到人类学的真实意蕴，这不符合马克思的本意。马克思吸收和借鉴了黑格尔的世界历史思想中的合理要素，剔除了黑格尔的绝对精神的泛逻辑主义的神秘性质，肯定了最遥远的交往打破了民族、区域、国家之间的界限的必要性，建立了世界历史性的人类学。那种离开历史的世界历史化进程而孤立地建立起来的生态人类学、文化人类学不过是自然主义人种学、区域文化学的变体，以人与动物的关联与区别、区域的文化形态为人类存在样式，而不是人类学的真实意蕴。

因此，尽管奥康纳合理地指出了资本主义的双重危机以及提出以生态社会主义来取代资本主义，但是，奥康纳立足于当代生态问题以生态化地重建历史唯物主义是对马克思的历史唯物主义的一种误解，而不是真正的理论创新。

（三）立足于马克思的历史唯物主义对资本主义制度的生态批判路径

威廉·莱斯和本·阿格尔为代表的生态学马克思主义坚持了马克思的资本批判立场，但认为当代资本主义的主要问题不是经济危机，而是生态危机。他们认为，马克思关于资本主义的经济危机理论已经过时，生态危机已经成为资本主义的新危机，因此，必须立足于生态危机来批判资本主义。

莱斯从科学技术对自然的控制开始，揭露了控制自然的现代资本主义意识形态根源。而在阿格尔看来，“生态马克思主义……把矛盾置于资本主义生产与整个生态系统之间的基本矛盾这一高度加以认识。”① 生态危机的凸显是资本主义条件下资本的扩展逻辑的必然结果，生态学马克思主义根据马克思的异化劳动理论和资本批判理论，批判了现代社会中的异化消费和资本掠夺。值得注意的是，无产阶级的异化消费是无产阶级的自觉追求还是资本控制下的病态消费，作为无产阶级的自觉追求的

① Agger Ben: Western Marxism: An Introduction, California: Goodyear, 1979, p. 273.

物质消费以满足无产阶级自身需要为目的，而资本控制下的异化消费则是以无产阶级的消费来实现资本的价值增值。以无产阶级的异化劳动来实现资本的价值增值与资本主义生产以追逐利润为目标而不是以人的需要为目标是相一致的。

阿格尔构想出“期望破灭的辩证法（dialectic of shattered expectations）”来消灭异化消费，以稳态经济的社会主义来实现生态危机的社会变革。“所谓‘破碎了的期望的辩证法’，说的是发达资本主义社会从人类可以期待得到无穷无尽的商品的消费中取得其合法性，但是，生态危机却使得发达资本主义社会在工业繁荣和物资相对丰裕时起发生供应危机，从而使人们对发达资本主义社会的期望破碎，重新考虑满足需要的可能性，重新组合其价值和欲望，重新评价满足的手段，重新构造人类对好的生活的本质和素质的期望。”① 正是在这种被称为破碎了的期望的辩证法的动态过程中，生态学马克思主义者看到了进行社会主义变革的强大动力。阿格尔是主张用这种辩证法的变革模式来取代传统马克思主义经济危机论的变革模式。期望破碎了的辩证法导致人的需求的重新表达，使人们重新认识从劳动中获得满足的前景。期望破灭理论希望无产阶级自发地调整自己的需要观念，抵制奢侈品消费，消除异化消费。建设稳态经济，通过限制需要来规定生产，促使资本主义的生产和管理模式的改革，从而，以调整消费观念和消费方式为端点，推动整个社会的变革，消解资本主义的生态危机。如果说，无产阶级的异化消费由于受到资本的逐利驱动而身不由己，那么，无产阶级的消费方式的变革也不可能离开解除资本的社会统治而独善其身。消费需求和消费观念是社会的产物，资本主义社会不是无产阶级的需要引导消费，而更是资本的逐利本性诱惑无产阶级进行消费，消费的本质是资本的价值增值。而稳态经济的建设则显得理想化，限制人口、限制消费、社会正义的立体原则是没有理论前提的抽象原则，有着对现实的批判，却没有现实的前提。值得肯定的是，他们坚持了马克思的批判精神，依据时代主题的转换和现实的生态问题，开发出马克思思想的现实价值，是对马克思主义的创新的尝试。

约翰·贝拉米·福斯特强调了马克思的生态学的实践价值。他指出，“假如我们不仅是要去理解世界，而且还要去改变它，以使其与人类自由和生态的可持续性的需要相一致，那么在这个方面一种更广泛的涉及偶然性和共同进化的生态理论就是必要的……重要的是自然是否为人类狭

① 徐崇温著：《“西方马克思主义”论丛》，重庆出版社 1989 年版，第 72 页。

小的目的片面地被支配，或者在一个生产者关联的社会中，人类与自然界之间以及相互之间的异化是否不再作为人存在的前提，需要被意识到的是，所有的疏远都是人类性的。”① 这种更广泛的生态理论就是马克思的社会批判中的生态学，他对马克思的生态学的研究最终得出结论是，“马克思的世界观是一种深刻的、真正系统的生态（指今天所使用的这个词中的所有积极含义）世界观，而且这种生态观是来源于他的唯物主义的。”② 这一结论来自于对马克思文本的深入研究，是福斯特“系统地重建马克思的生态思想”的结果。弗朗西斯科·费尔南德斯·布埃高度评价说，福斯特所撰写的《马克思的生态学：唯物主义与自然》被认为是迄今为止最接近曼努埃尔·萨克里斯坦在20多年前提出的“马克思的生态观”的观点，是对马克思的唯物主义论，以及人类社会和自然之间辩证关系的最新认识③。

在福斯特看来，马克思的生态思想与他的历史唯物主义是一个整体。他认为，“正是在《资本论》中，马克思的唯物主义自然观和他的唯物主义历史观完整地结合在一起。在他的成熟的政治经济学理论中，正如在《资本论》中所表现出来的那样，马克思采用了‘新陈代谢’这一概念来定义劳动过程‘是人和自然之间的过程，是人以自身的活动来引起、调整和控制人和自然之间的物质变换的过程’，然而，资本主义的生产关系和城乡之间相互敌对的分裂，使这种新陈代谢中出现了‘一个无法弥补的裂缝’。因此，在生产者联合起来的社会条件下，应该有必要‘合理地调节他们和自然之间的物质变换’，使之完全超越资产阶级社会的容纳范围。”④ 然而，人们对这一问题缺乏足够的认识，他说，“不幸的是，马克思生态学思想近来在社会科学中的复兴，主要集中在生态关系的政治经济学方面，而较少注意如此远离了更深刻的唯物主义和发展更多的生态唯物主义，而这样的唯物主义在科学内经常由激进的唯物主义所坚持的。”⑤

---

① ［美］约翰·贝拉来·福斯特著：《马克思的生态学》，刘仁胜、肖峰译，高等教育出版社2006年版，第285页。

② ［美］约翰·贝拉来·福斯特著：《马克思的生态学》，刘仁胜、肖峰译，高等教育出版社2006年版，前言第8页。

③ 原文载西班牙《起义报》2004年10月3日，参见《参考消息》2004年10月13日报道。

④ ［美］约翰·贝拉来·福斯特著：《马克思的生态学》，刘仁胜、肖峰译，高等教育出版社2006年版，第141—142页。

⑤ ［美］约翰·贝拉来·福斯特著：《马克思的生态学》，刘仁胜、肖峰译，高等教育出版社2006年版，第284页。

福斯特合理地提出了资本主义生态危机的经济制度原因。福斯特明确宣称“生态和资本主义是相互对立的两个领域”，指认出西方文化中的支配自然的观念不能解答现代社会中人类对自然的依附，而“资本主义制度的扩展主义逻辑”才蕴涵了问题的答案。由于资本主义制度“把以资本的形式积累财富视为社会的最高目的”①，资本主义制度所维护的社会体制、社会秩序“直接与生态规律形成冲突”，因此，他直接从社会制度及其赖以产生的生产方式基础出发揭露了资本主义生态危机的社会根源，认为“资本主义经济把追求利润增长作为首要目的，所以要不惜任何代价追求经济增长，包括剥削和牺牲世界上绝大多数人的利益。这种迅猛增长通常意味着迅速消耗能源和材料，同时向环境倾倒越来越多的废物，导致环境急剧恶化”②。从资本主义的经济制度和生产方式出发来探究当代生态危机的根源，这比观念论的后现代生态主义者更具现实性。

生态问题的出现是由多种原因导致的，解决生态问题则是复杂的系统工程，其中最主要的就是进行制度变革。福斯特说，“要想遏制世界环境危机日益恶化的趋势，在全球范围内仅仅解决生产、销售、技术和增长等基本问题是无法实现的。这类问题提出的愈多，就愈加明确地说明资本主义在生态、经济、政治和道德方面是不可持续的，因而必须取而代之。”③ 在这里，福斯特看到了资本主义条件下仅仅技术性地解决生产、销售、技术和增长等问题还不能真正解决生态问题，而只有寻获新的社会制度取代资本主义社会秩序，人类才能实现可持续发展，他说“我们必须摒弃要求割裂所有生物的社会制度，并由促进整体发展的制度取而代之。如果我们想要拯救地球，就必须摈弃这种鼓吹个性贪婪的经济学和以此构筑的社会秩序，转而构建具有更广泛价值的社会体制。”④

在福斯特看来，资本主义制度不仅是生态危机的制造者，也是阻碍制度变革的根本原因。针对技术决定论者，福斯特宣称，“能解决问题的不是技术，而是社会经济制度本身”，“在发达的社会经济体制下，与环

① ［美］J. B. 福斯特著：《生态危机与资本主义》，耿建新、宋兴无译，上海译文出版社2006年版，第1—2页。

② ［美］J. B. 福斯特著：《生态危机与资本主义》，耿建新、宋兴无译，上海译文出版社2006年版，第2—3页。

③ ［美］J. B. 福斯特著：《生态危机与资本主义》，耿建新、宋兴无译，上海译文出版社2006年版，第61页。

④ ［美］J. B. 福斯特著：《生态危机与资本主义》，耿建新、宋兴无译，上海译文出版社2006年版，第52页。

境建立可持续关系的社会生产方式是存在的，只是社会生产关系阻碍了这种变革。”[①] 这不是一般意义上的社会生产关系，而是现代的资本主义制度。福斯特也认为必须要建立新的生态文化或生态道德，并且把利奥波德的土地伦理学奉为圭臬。在对现代的不道德进行批判时，福斯特认为“如果社会仍然由现代政治经济体制中狭隘的、掠夺式的道德支配，那么危机的到来只是时间问题。”[②] 现代社会中的道德支配离不开资本主义政治经济体制的刚性制约，这是一种资本主义的道德，是资本主义制度对生态正义的不道德，它会用制度的约束力来阻碍对这一制度的变革，因此，要从制度上解决资本主义的生态危机就要从根本上变革资本主义制度。

然而，要摒弃资本主义的社会秩序、体制和制度，就必然涉及统治利益集团对整个社会的掌控权。在福斯特看来，无论是以争取社会改革而爆发的工人阶级斗争，还是以克服环境恶化而开展的环保运动，都在迫使资本主义制度不能完全按照自己的逻辑长期发展。但是资本主义制度的维护者——资本家阶级——却始终阻碍着这种必要的基本变革。因此，福斯特强调了环保主义运动与个人的联合对于真正解决生态环境问题至关重要。环保主义者与工人阶级的分离会导致环境保护运动失去其最可靠的物质力量，从而给资本主义政府抵制环保运动提供了分化征服的裂隙。在这里，福斯特批评了抽象的泛人类主义的环保主义运动，提出要把环保运动和工人阶级争取利益保障运动联合起来，形成坚强的“劳工——环保联盟”的反统治利益集团的变革方式，这种“劳工——环保联盟”意味着社会革命与环境革命的一体化。

作为社会革命与环境革命的一部分，福斯特提出了“生态转化战略”方式。他认为，生态转化是“在满足社会需求的同时规划新的与自然合作的关系。”[③] 满足社会的物质需求、解决工人就业问题是生态转化的一个方面，另一方面是满足人的生态需要、实现环境保护，这样，环保主义和工人就有了联合起来的理性的可能。生态转化的实现方式是怎样的？福斯特认为要从国家层面来开展协作，“从根本上说，实施生态转化战

---

① ［美］J. B. 福斯特著：《生态危机与资本主义》，耿建新、宋兴无译，上海译文出版社2006年版，第95页。

② ［美］J. B. 福斯特著：《生态危机与资本主义》，耿建新、宋兴无译，上海译文出版社2006年版，第85页。

③ ［美］J. B. 福斯特著：《生态危机与资本主义》，耿建新、宋兴无译，上海译文出版社2006年版，第128页。

略，并不十分需要臆想中的衰落社区的积极性，而是需要国家层面上的协作行动，包括寻找在全国范围内强制将经济盈余输入生态转化项目的手段。”① 然而，这样的国家层面是福斯特所要批判的资本主义国家，而他又要借助于这一国家来解决生态转化战略，由此可见，福斯特对社会革命与环境革命之间如何联合也仍然缺乏非常明晰的认识。

这种认识的不足可能在于福斯特对当代社会发展境遇中的社会革命的定位。在当代社区化的秩序重组语境中，社会建设的事业被分解到具体的社会单位，社会责任被微观化为社区、社群的社会责任的实现。国家层面的生态转化战略既离不开国家的经济依靠力量的支撑，也需要采取当代的实践手段来解决生态转化战略。如果仅仅把握经济基础的决定性意义，而离开当代发展方式实际，可能仍然难以解决叙事中的具体生态问题。

以福斯特为代表的生态学马克思主义批判了资本主义制度的反生态本性，突破了观念论的道德革命为主旨的新自然主义生态伦理学的困圄，主张变革社会制度，破除不道德的现代资本主义生产方式，来解除生态危机。这种把生态问题的解决方案从文化领域推进到政治领域，从泛人类的道德革命推进到现代社会的资本主义体制变革，是深入而现实的，体现了一种理论创新的态度。然而，就其哲学基石来说，福斯特强调了马克思生态学的唯物主义性质，淡化了实践的理论原则和方法论视角。

三、当代中国马克思主义对马克思生态思想的坚守与实践

当前，中国化马克思主义的生态思想集中体现为建设中国特色社会主义生态文明。历经近30年的改革开放，中国化马克思主义已经提出了完备的生态思想体系，特别是科学发展观已经成为当前中国建设生态和谐和在全社会牢固树立生态文明观念的根本指导思想。中国化马克思主义关于社会主义生态文明的思想、关于以马克思主义、社会主义作为建设生态文明的指导思想体现了坚守、践行和发展马克思主义的一个基本方面，是在社会主义建设实践中贯彻了对马克思主义生态思想的坚守。

① ［美］J. B. 福斯特著：《生态危机与资本主义》，耿建新、宋兴无译，上海译文出版社2006年版，第127页。

（一）中国特色社会主义生态文明：当代中国马克思主义生态思想的集中体现

随着改革开放后的经济社会发展的日益深入，中国化马克思主义对生态问题日益重视。自20世纪90年代以来，生态思想在以“三个代表”重要思想为标志的中国特色社会主义理论体系中也渐成系统，此时的中国化马克思主义生态思想集中体现在全面、协调、可持续的发展战略中。

随着可持续发展理念的传入，江泽民同志曾经强调可持续发展突出强调了经济发展与人口、资源、环境相协调，“我们讲发展，必须是速度与效益相统一的发展，必须是与人口、资源、环境相协调的可持续发展。”① 针对恶劣的生态环境，江泽民同志说，“要靠我们发挥社会主义制度的优越性，发扬艰苦创业的精神，齐心协力地大抓植树造林、绿化荒漠，建设生态农业去加以根本的改观。”② 对于三峡工程这一关乎国计民生的重大项目建设中，“保护好流域的生态环境极为重要。库区两岸、特别是长江上游地区，一定要大力植树造林，加强综合治理，不断改善生态环境，防止水土流失。这是确保库区和整个长江流域长治久安和可持续发展的重要前提条件，是功在当代、利在千秋的大事，务必年复一年地抓紧抓好，任何时候都不能疏忽和懈怠。总之，要统筹兼顾、着眼长远、科学规划，采取切实可行的措施，努力实现经济、社会和生态环境协调发展。”③ 而在治理黄河流域的讲话中，江泽民同志说，“要从战略上采取措施，坚持经济效益、社会效益、生态效益的统一，保证黄河流域以及沿黄地区经济社会不断发展对水资源的要求”……“生态环境建设，是关系黄河流域经济社会可持续发展的重大问题。几十年的经验证明，必须把水土保持作为改善农业生产条件、改善生态环境和治理黄河的一项根本措施，持之以恒地抓紧抓好。生态工程建设要与国土整治、综合开发、区域经济发展相结合。”④ 在西部大开发的过程中，江泽民同志提出，“搞好西部地区特别是长江、黄河源头和上游重点区域的水土建设，对于改善全国生态环境、实施可持续发展战略具有重要作用。要加强生态环境保护和建设，实施天然林资源保护工程，绿化荒山荒地，对坡耕

---

① 《江泽民文选》第二卷，人民出版社2006年版，第253页。
② 《江泽民文选》第一卷，人民出版社2006年版，第659页。
③ 《江泽民文选》第二卷，人民出版社2006年版，第69页。
④ 《江泽民文选》第二卷，人民出版社2006年版，第354—355页。

地有计划有步骤地退耕还林还草，为实现山川秀美而不懈努力。”[①] 因此，他认为“实现可持续发展，核心的问题是实现经济社会和人口、资源、环境协调发展……为了实现我国经济社会可持续发展，为了中华民族的子孙后代始终拥有生存和发展的良好条件，我们一定要高度重视并切实解决经济增长方式转变的问题，按照可持续发展的要求，正确处理经济发展同人口、资源、环境的关系，促进人和自然的协调与和谐，努力开创生产发展、生活富裕、生态良好的文明发展道路。”[②]

现代工业文明发展模式是一种不可持续发展的文明道路。自工业革命以来的传统发展模式片面地追求经济增长、财富积累，并且实现了人们物质生活水平的提高，但是，工业文明时期那种片面的实践方式在对自然界以高歌凯进的方式予以开发、利用的时候，却产生了日益严重的生态问题：空气污染、水土流失、沙尘暴袭击、酸雨侵蚀、耕地减少、气候变暖、洪水泛滥、土质沙化、生态失衡、环境恶化、资源短缺、粮食匮乏、能源危机、人口膨胀等等，这些已经阻碍和破坏了人类社会的发展和进步。作为一个正处于迅速发展中的国度，中国的现代化建设也遭遇到了资源、环境、人口与社会经济发展的深刻矛盾。改革开放以来，当代中国的发展令国人自豪、使世界瞩目，然而我们还必须看到，中国的发展既存在发展不足而要深入全面地发展经济，又存在发展的资源瓶颈严重制约社会经济发展的悖逆问题。发展不足是因为我们与发达国家相比，新中国成立以来，尤其是以经济建设为中心的社会发展历程显得不足，人们的物质文化生活水平、国民经济发展水平等仍须提高，然而，由于不合理的粗放型经济增长方式，我们在追求经济增长的过程中采用的是大量开采、大量使用、大量浪费的资源使用的方式，为日后发展潜伏着巨大的资源匮乏、环境污染、生态失衡等问题。由于粗放型经济增长方式，人们大量而肆意地开采自然资源，市场经济的“外部不经济性”在资源利用的生态向度面前暴露无遗。工业污染对人们的生存环境造成极大的威胁，生活垃圾得不到妥善处理形成了垃圾围城的尴尬局面，废弃物的随意排放严重地污染了环境。中国发展中的生态问题目前呈现出“复合性”、“压缩性”的特点，体现了生产方式的现代转变与资源环境的巨大压力之间的深层次矛盾。尽管人们在保护生态环境方面做出了一些重要的努力，但是，局部改善、整体恶化的环境状况和自然资源的持续

① 《江泽民文选》第三卷，人民出版社 2006 年版，第 60 页。
② 《江泽民文选》第三卷，人民出版社 2006 年版，第 462 页。

匮乏仍然是当代中国发展的根本性问题。如果一味地在量上扩大经济增长规模，继续走大量开采、大量生产、大量浪费的传统线性发展道路，我们的发展就难以挣脱资源匮乏、环境承载力有限、资源消耗过大的“瓶颈”。

生态文明建设是文明发展道路的新变革。与工业文明时代只强调经济增长、物质充裕的发展道路不同，生态文明建设所实现的是“可持续发展能力不断增强，生态环境得到改善，资源利用效率显著提高，促进人与自然的和谐，推动整个社会走上生产发展、生活富裕、生态良好的文明发展道路”。生态文明的发展模式是社会生产、人民生活和生态环境的整体性复合系统的协调发展，社会生产的发展实现了社会经济的繁荣和物质财富的增长，为人们的生活富足提供了坚实的物质基础，是社会进步的最深层的物质动因；生活富裕是人们的物质生活水平的提高，并带动了精神文明的建设，是广大人民的基本需要的满足和根本利益的实现，是人的发展和解放的根本标志；生态良好是指人们能够生活于一个优化的生态环境之中，是避免环境污染和资源匮乏的努力方向。这三个方面合成了整体性的社会发展评价体系，突出了从资源环境的维度对经济社会发展过程中的生产主义和消费主义的调节和约束，旨在实现发展的可持续性。这一评价体系实现了从生态看待发展的发展观的革命性转变，也实现了当代文明建构路向的历史性转变。生产发展和生活富裕的二维评价向着生产发展、生活富裕和生态良好的三维立体评价的转变规约了生态文明发展路向必然是从生态看待发展，恰恰在这一方面弥补了工业文明缺乏生态可持续性的局限。

生态文明建设就是要尊重生态系统的客观规律，充分发挥人的能动性，实现人与自然协调发展的文明实践。人首先是一个自然存在，作为有生命的生物体是自然统一体中的一部分。正如马克思指出的，“所谓人的肉体生活和精神生活同自然界相联系，不外是说自然界同自身相联系，因为人是自然界的一部分。”[①] 恩格斯也指出，“我们连同我们的肉、血和头脑都是属于自然界和存在于自然界之中的。”[②] 人不仅是内在组成要素的有机体，也作为生态系统的成员与自然界的各种要素之间具有自然的有机联系，生态系统的物质和能量的流动就是人的物质和能量的摄取与排泄。因此，马克思认为，“人直接的是自然存在物”。马克思主义认为，

---

① 《马克思恩格斯文集》第1卷，人民出版社2009年版，第161页。

② 《马克思恩格斯文集》第9卷，人民出版社2009年版，第560页。

实践是人的根本存在方式，这意味着人与自然的关系是通过人类的实践进行的。需要明确的是，生态规律并不在我们的实践之外，而是人们实践活动的客观制约因素。人类实践受到生态系统规律的制约要求生态文明的建设“必须以地球生态系统结构与功能的维持为前提，因为人是地球生态系统的一部分，人类社会的发展只是地球生态系统进化的一种表现形式，而不是它的全部。”[①] 整个地球生态系统的一切自然存在物（包括大气、水、土地、矿藏、森林、草原、野生动物和人等）的协调平衡状态，是整体性的生态系统与人的实践内在结合在人类文明中的映现，自然生态系统是建设生态文明的物质性前提，这是不以人的主观意志为转移的客观实在，因此，生态文明建设只能够在遵从生态规律的基础上，通过改变破坏自然的实践方式来实现人与自然的协调发展。

人与自然协调发展不仅是人类实践的规律性要求，也是源自人自身对良好生态环境的客观需要。在工业文明时代，人的物质性需要被理解成自然资源和物质产品的消费。然而，生态文明重新规定了人的需要的内涵，把生态需要作为人类需求体系中的基础性要素。生态需要——作为一种事实性规定而言——是对良好的生态环境的需要。生态需要在人类需要体系中的基础性地位的确立将会导致人类的物质性需要的根本变革。以生态系统的整体性规律来规定人们的物质性需要，对人的全面需要和全面发展才能真正实现。在这一方面，生态需要的认识是人类实践方式、从而也是人与自然之间的实践关系的根本性转变的深层原因，通过对需要内涵的重新规定实现实践方式的选择，是人与自然和谐发展的根本基点。正是在这个意义上，生态需要既是对良好的生态环境的需要，又是人们的自我约束的物质性需要，二者是辩证统一的，并且，这种统一性也是物质性需要的生态合理性。在生态规律的客观制约和生态需要的内在动力的双重作用下，生态文明建设不仅显得尤为迫切，而且意味着人类文明发展方式必须要有着根本变革。

生态文明建设首先要解决的是资源的持续利用问题。可持续发展首要的是资源的可持续利用，即生态系统的永久发展，可持续发展问题的核心是保护环境，节约资源。生态文明建设通过转变原先的掠夺式资源利用方式，开发清洁的可再生能源（如太阳能、风能等）和新的替代资源，加大废弃物回收利用的幅度，建设资源节约型社会、资源节约型单

---

① 高中华著：《环境问题抉择论——生态文明时代的理性思考》，社会科学文献出版社2004年版，第122页。

位和社区等途径，来实现社会发展的资源可持续性。传统的粗放型、资源型的发展模式由于大量地消耗自然资源而导致对资源的掠夺性开采，经济发展面临着资源匮乏的约束。建设资源节约型社会，其目的在于追求更少资源消耗、更低环境污染、更大经济和社会效益，实现可持续发展。资源节约型社会中，“节约”具有双重含义：一是相对浪费而言的节约，这是节约型社会的最基本的要求；二是在经济运行中对资源、能源需求实行减量化。在物质性生产和消费过程中，用尽可能少的资源、能源，创造更多的财富，最大限度地充分利用回收各种废弃物，增加可再生资源的利用率。这种节约要求彻底转变现行的经济增长方式，进行深刻的技术革新，真正推动经济社会的全面进步。“节约”的这两重含义是内在统一的，必须统筹兼顾，不能片面理解。资源节约型社会不是仅仅要求在社会发展中节约资源，而是资源的综合利用，其中包括，资源的节约使用、资源的高效利用、资源的循环利用等。在这里，节流与开源、节约与循环是一体性的。资源节约型社会是以全面、协调、可持续发展为目标，在生产、流通、消费诸环节，通过深化改革、健全机制、调整结构、技术进步、加强管理、宣传教育等手段，尽可能节约和高效利用资源，以较少的资源消耗满足人们日益增长的物质、文化和生态环境需求。建设资源节约型社会要求转变不可持续的生产方式和消费方式，树立资源节约和环境友好的观念，走节能省地型城市化道路，大力发展循环经济，全面推行清洁生产，开展资源节约综合利用，发展环保产业，建设资源节约和环境保护型的国民经济体系、交通运输体系和消费模式，让全体人民过上现代化的小康社会生活。

生态文明建设还能够实现环境保护和生态建设。可持续发展要以保护自然为基础，与资源和环境的承载能力相协调。因此，发展的同时必须保护环境，包括控制环境污染，改善环境质量，保护生命支持系统，保护生物多样性，保持地球生态的完整性，保证以持续的方式使用可再生资源，使人类的发展保持在地球承载能力之内。环境对人类活动的支持能力有一个限度（或阈值），人类活动如果超越这一限度，就会造成种种环境问题，这就是环境承载力。生态文明建设通过保护环境、生态修复、生态建设、防治结合的手段来实现人的自我约束，避免越过生态承载限度，来实现社会发展的环境可持续性。资源节约和环境友好型社会与循环型社会具有根本一致性。从内在的精神实质来看，资源节约型社会和资源循环型社会是一致的，对“节约型”和“循环型”的字面理解只能导致认识的模糊，二者都是强调在社会发展过程中对自然资源的高效利用，以避免资源瓶颈之困，并且，通过废弃物的循环利用避免对生态环境的污染。无论以节约来节流，还是以循环来开源，在资源进入到人们的生产和生活过程之后，开源和节流都是同一过程。自然资源的节约和循环利用，其目的都是为了更好地保护环境、建设良好的生态，即真正实现人与自然的协调发展。

生态文明建设是人——自然——社会的整体性协调发展。可持续发展是社会、经济、自然复合系统的总体发展，涉及社会可持续发展、经济可持续发展、生态可持续发展的协调统一发展。生态文明建设以经济效益、社会效益和生态效益的统一为主要目标，强调不能以环境为代价获得经济的一时发展，也不能以发展的停滞或零增长来实现生态环境的保护，而是坚持发展硬道理，以人为本，转变发展方式，实现人类的可持续进步。生态文明建设体现了在当代生产力背景中的人类可持续发展能力的增强，即人们有能力控制人口的自然增长、规定自然资源的利用方式、对自然资源做到循环利用和高效利用、控制消费方式、保护生态环境；体现了人们的社会生产的发展、生活水平的提高、生态环境的建设的协调统一，是社会发展的各种要素的全面的、系统的整合与统筹；其实践方式实现了环境代价型的传统发展观向着环境友好型的发展观的转变，是以节约资源、保护环境与社会发展的综合评价来取代单一经济增长指数评价的发展观。

中国的生态文明建设是在中国特色社会主义理论指导下的文明建设过程。中国特色社会主义是当代中国马克思主义，科学发展观是当前的最新理论成果。根据2005年12月3日《国务院关于落实科学发展观加强环境保护的决定》，用科学发展观统领环境保护和生态文明建设工作，要在指导思想上，以邓小平理论和“三个代表”重要思想为指导，按照全面落实科学发展观、构建社会主义和谐社会的要求，坚持环境保护基本国策，在发展中解决环境问题。具体来说，要遵循协调发展、互惠共赢；强化法治、综合治理；不欠新账，多还旧账；依靠科技，创新机制；分类指导，突出重点等基本原则。

（二）建设中国特色社会主义生态文明的实践主张

2006年，《中华人民共和国国民经济和社会发展第十一个五年规划纲要》要求建设资源节约型、环境友好型社会；2007年，中国共产党十七大报告确认了建设社会主义生态文明；2011年，《中华人民共和国国民经济和社会发展第十二个五年规划纲要》要求绿色发展，建设资源节约型、环境友好型社会。2012 年中国共产党的第十八次全国代表大会上，胡锦涛总书记明确提出“大力推进生态文明建设”，并且首次作为独立的部分出现在这类重大报告中。推进生态文明建设需要把生态文明建设“融入经济建设、政治建设、文化建设、社会建设各方面和全过程”。[①] 建设中国特色的社会主义生态文明，就是要基本形成节约能源资源和保护生态环境的产业结构、增长方式、消费模式。循环经济形成较大规模，可再生能源比重显著上升。主要污染物排放得到有效控制，生态环境质量明显改善。这里高度概括了中国特色社会主义生态文明建设的主要内容，即在经济产业结构、社会经济增长方式、人民群众的消费方式根本变革；做大做强循环经济，加强可再生能源的开发和利用，努力做好资源的循环利用；控制污染物的排放，通过生态保护、生态修复和生态建设，明显改善环境质量。

1. 经济产业结构、社会经济发展方式、人民群众消费方式的根本变革。不同产业部门所采取的生态控制性的实践方式在实践的生态适应性方面是一致的，在具体的实践形式上则是有着各自的特点。工业生产过程中的生态控制，“是工业与生态学的结合，即用生态学原理和系统工程优化方法，并应用人类全部科学技术的优秀成果，设计工业生产过程中原料和能量的分层多级利用，以便在生产过程的每一个阶段建立工业循环和环境之间、产品生产与环境保护之间最佳相互作用关系，达到比较理想的经济与环境统一的效果。”[②] 包括不同生产流程之间的系统耦合，企业间的横向耦合可以实现资源共享，企业内部的生产流程之间的纵向闭合可以实现资源的循环利用。工业产业的生态化包括工业结构优化升级，实现发展速度与结构、质量和效益的统一。通过调整产业结构、产品结构和能源消费结构，淘汰落后技术和设备，加快发展以服务业为主要代表的第三产业和以信息技术为主要代表的高新技术产业，用高新技术和先进适用技术改造传统产业，促进产业结构优化和升级，提高产业的整体技术装备水平。2005 年 12 月 2 日，中国国务院发布实施《促进产业结构调整暂行规定》。其中明确了产业结构调整的目标、方向、重点以及指导目录等。根据该规定，产业结构调整的目标是，推进产业结构优化升级，促进第一、第二、第三产业健康协调发展，逐步形成农业为基

① 胡锦涛：《坚定不移沿着中国特色社会主义道路前进 为全面建成小康社会而奋斗——在中国共产党第十八次全国代表大会上的报告》，人民出版社 2012 年版，第 39 页。

② 余谋昌著：《生态文化论》，河北教育出版社 2001 年版，第 51 页。

础、高新技术产业为先导、基础产业和制造业为支撑、服务业全面发展的产业格局，坚持节约发展、清洁发展、安全发展，实现可持续发展。产业结构调整的原则包括，坚持市场调节和政府引导相结合、以自主创新提升产业技术水平、坚持走新型工业化道路、促进产业协调健康发展。

2007 年 10 月，中共中央十七大报告提出了“转变经济发展方式”，突出了生态文明建设的基础性方面是经济发展方式的转变。生态文明建设中，经济发展方式的生态化转变要求资源节约的生产发展。我国能源消耗高、浪费大的根本原因在于粗放型的增长方式，面对当前的新形势，要保持国民经济的健康发展，实现人与自然协调发展，就必须大力推进经济发展方式由粗放型向集约型的根本性转变，依靠科技进步和提高劳动者的素质提高经济增长质量和效益。转变经济发展方式就是要大幅度提高能源利用效率，必须从根本上改变单纯依靠外延发展，忽视发展质量的粗放型发展模式，走科技含量高、经济效益好、资源消耗低、环境污染少、人力资源优势得到充分发挥的新型工业化道路，努力实现经济持续发展、社会全面进步、资源永续利用、环境不断改善和生态良性循环的协调统一。

转变经济发展方式尤其要在生产过程中采用清洁生产方式。2003 年 1 月 1 日开始施行的《中华人民共和国清洁生产促进法》把清洁生产规定为“不断采取改进设计、使用清洁的能源和原料、采用先进的工艺技术与设备、改善管理、综合利用等措施，从源头削减污染，提高资源利用效率，减少或者避免生产、服务和产品使用过程中污染物的产生和排放，以减轻或者消除对人类健康和环境的危害”。清洁生产是循环经济的重要经济环节和主要表现形式。采用清洁的能源和原材料，改进生产过程，提高资源利用率，既是减少污染物排放量。清洁生产把综合预防的环境策略持续应用于生产过程和产品中，从而减少对人类和环境的风险；是推进经济发展方式转变和实现污染物总量控制目标的重要手段。

要实现可持续发展，就要改变人们的消费观念，倡导文明、节约、绿色、低碳消费理念，推动形成与我国国情相适应的绿色生活方式和消费模式。消费方式从物质型向着功能型、服务型的转变，由消费的高标准转向高质量是未来社会进步最迫切需要解决的事情。挥霍物质并不能给生活带来真正的热情和快乐，唯有精神的享受和实现才能带给人们幸福和热情。现代消费方式的生态学转向就是从不合理的消费方式转向绿色消费。所谓绿色消费，是指在现有的社会生产水平上，以人地协调发展的生态理念为指导，由满足人的基本需要出发，既提高生活质量，又不产生污染、破坏环境，从而促进社会经济发展的生态化的消费观念、消费方式、消费结构和消费行为。绿色消费一方面是消费生态产品，无公害的绿色食品、节能型绿色建筑、清洁能源和可再生能源消费、绿色旅游等生态消费品已经逐步进入消费市场；另一方面，在社会生活层面的生态实践，是通过选择绿色生活方式来实现“自律”性消费的生活实践，主要表现为节约资源、垃圾分类、选择环保产品等绿色消费实践。

如果说，转变现代经济发展方式、走生态化生产方式的道路是推进可持续发展战略的生产实践基础的话，那么在某种意义上说，树立绿色生活方式、建立绿色消费模式就是实行可持续发展战略的重要的生活实践基础，“只有当各地的消费水平重视长期的可持续性，超过基本的最低限度的生活水平才能持续……可持续发展要求促进这样的观念，即鼓励在生态可能的范围内的消费标准和所有的人可以合理地向往的标准。”①

2. 做大做强循环经济，加强可再生能源的开发和利用，努力做好资源的循环利用。传统的经济模式中，自然物质和能量被采用到生产过程之后，就开始了单向度的线性流动，它要求人们大量地开采自然资源，以保证足够的生产原料，这就往往导致人类肆无忌惮地掠夺自然资源，并引发资源匮乏和生态失衡。由于原料“充足”，人们对自然物质的利用率很低，对资源的利用是粗放的、一次性的，产品往往是用后即弃的，资源的使用周期短。高开采、低利用的资源利用方式往往导致大量的资源进入生产和消费环节，并迅速废弃化，自然资源尚未得到充分利用就会被当作弃物扔掉，从而导致生态环境的污染。对自然资源的不循环利用已经导致了一系列生态后果，资源枯竭、环境污染、生态失衡等已经变得极其严重，人类面临紧迫的发展与生存危机。因此，我们必须从根本上改变以大量消耗能源和资源、大量生产和消费、大量产生废弃物的非循环利用为主导形态的经济发展模式，实施经济发展中的资源的循环利用，从而根本解决资源匮乏和环境污染问题。

2008 年 8 月 29 日，中国第十一届全国人民代表大会常务委员会第四次会议通过的《中华人民共和国循环经济促进法》把循环经济界定为在生产、流通和消费等过程中进行的减量化、再利用、资源化活动的总称。该法中，减量化是指在生产、流通和消费等过程中减少资源消耗和废物产生；再利用是指将废物直接作为产品或者经修复、翻新、再制造后继

① 世界环境与发展委员会著：《我们共同的未来》，王之佳等译，吉林人民出版社 1997 年版，第 53 页。

续作为产品使用，或者将废物的全部或者部分作为其他产品的部件予以使用。资源化是指将废物直接作为原料进行利用或者对废物进行再生利用。这种界定以法律规范的形式把循环经济的内涵特征规定下来，代表了中国社会对循环经济的主流认识。循环经济本质上是一种生态转向的资源利用方式，它要求运用生态学规律而不是机械论规律来指导人类社会的经济活动，在充分利用资源的基础上，是人的劳动效率和自然生态效率协同发展的经济实践模式。循环经济要求系统内部要以互利的方式进行物质交换，以最大限度利用进入系统的物质和能量，从而能够形成“低开采、高利用、低排放”的结果。对资源的充分利用必然要求减少资源开采量，使资源得以持续利用；提高资源的利用率，延长资源的使用周期，扩大资源的利用环节；减少废弃化的资源，把废弃物投入循环利用。循环经济发展模式就是切合实际地考虑到自然资源的有限性，并以有限的自然资源来满足发展的需要。这一方面减少对原生的自然资源的依赖程度，另一方面对现有的废物继续重新利用，从输入端和输出端控制资源的流量，从而减少环境因子的限制作用，提高在生态系统中的生存竞争力。

以资源循环利用的方式进行经济活动，在承认生态系统的整体价值基础上对资源的开采利用与维持生态系统的成本间的价值比较，充分地显示出人地协调发展的生态理念在经济发展方式中的重要作用。以资源的永续利用为基本特征的循环经济要求人们在生产实践中坚持生态与经济的结合，或经济学原则与生态学原则相结合。经济活动不仅仅以经济发展、产品增加为目标，还应包括社会公平和改善环境质量的目标。人类的经济发展方式必须要遵从生态系统的整体性制约机制，遵循经济与生态协同发展的规律，“人对自然的需要不能‘取走的比送回的多’”，人类在发展社会经济总量的时候，一定要“保持生态潜力的积蓄速度超过经济增长速度，随着每一次大量使用资源，社会必须投入用于资源保护的资金，对资源消耗进行补偿，以维持利用和保护之间的平衡。”[①] 在经济发展模式中充分考虑到生态的参数，避免人类生存资源的不足和生存环境的破坏。把生态系统中的物质运行方式运用于人类社会生产，在经济效益统计中把生态环境的修复、自然资源的生态成本内化为生产成本，一方面能够减少对自然资源的开采和利用，保持生态潜力和生态平衡，化解环境污染；另一方面又提高经济发展的质量和效益，使经济生产与

① 余谋昌著：《生态哲学》，陕西人民教育出版社2000年版，第109页。

生态制约内在统一，人类发展与环境保护的内在一致，从而实现生态效应、经济效应和社会效应三者的统一。

能源建设是社会经济发展的主要动力系统，是生态文明建设的基础性要求，大力发展可再生能源，鼓励生产与消费可再生能源，提高在一次能源消费中的比重。

2007 年 10 月 28 日第十届全国人民代表大会常务委员会第三十次会议修订了《中华人民共和国节约能源法》。该法明确界定，“节约能源，是指加强用能管理，采取技术上可行、经济上合理以及环境和社会可以承受的措施，从能源生产到消费的各个环节，降低消耗、减少损失和污染物排放、制止浪费，有效、合理地利用能源。”依据这一基本共识，中国近 10 年的能源发展战略在宏观政策与微观项目两个方向协同发展。“十一五”期间，中国能源发展既有宏观政策上的强化能源节约和高效利用的政策导向，又有技术、工程方面的具体目标。这就是，通过优化产业结构特别是降低高耗能产业比重，实现结构节能；通过开发推广节能技术，实现技术节能；通过加强能源生产、运输、消费各环节的制度建设和监管，实现管理节能。突出抓好钢铁、有色、煤炭、电力、化工、建材等行业和耗能大户的节能工作。加大汽车燃油经济性标准实施力度，加快淘汰老旧运输设备。制定替代液体燃料标准，积极发展石油替代产品。鼓励生产使用高效节能产品。“十一五”期间的节能重点工程主要有低效燃煤工业锅炉（窑炉）改造、区域热电联产、余热余压利用、节约和替代石油、电机系统节能、能量系统优化、建筑节能、绿色照明、政府机构节能、节能监测和技术服务体系建设等项目。

这一思路延续到“十二五”期间。“十二五”期间，中国绿色发展要求抑制高耗能产业过快增长，突出抓好工业、建筑、交通、公共机构等领域节能，加强重点用能单位节能管理。强化节能目标责任考核，健全奖惩制度。完善节能法规和标准，制订完善并严格执行主要耗能产品能耗限额和产品能效标准，加强固定资产投资项目节能评估和审查。健全节能市场化机制，加快推行合同能源管理和电力需求侧管理，完善能效标识、节能产品认证和节能产品政府强制采购制度。推广先进节能技术和产品。加强节能能力建设。开展万家企业节能低碳行动，深入推进节能减排全民行动。相比较来说，“十二五”期间的能源发展比“十一五”更多地强调宏观调控和政策法规的管理。

废弃物的综合处理是一个复杂的过程。包括废弃物的回收再利用、生活垃圾的焚烧填埋等。循环回收利用是循环经济的重要方面，循环经济不仅在生产过程中要求施行清洁生产，而且，在生产的末端要求对废弃物的综合回收，把生产和生活产生的废弃物重新投入生产过程。人们在生产和生活中必然要产生一定量的废弃物，通过对生产企业无法处理的废弃物进行集中回收、处理，可以减少或者避免废弃物对环境造成的污染以及实现废弃物的资源化。“垃圾是放错了地方的资源”，在循环经济日益崛起的今天，这句话已经成为越来越多的人的共识，在许多国家，再生资源的回收利用已成为一个十分重要的产业。对于最终无法资源化的废弃物，尤其是生活垃圾，只能妥善处理。这种处理办法，目前比较多的是焚烧或者填埋。

针对产业链的输出端——废弃物，把废弃物再次变成资源以减少最终处理量，也就是我们通常所说的废品的回收利用和废物的综合利用。资源化能够减少垃圾的产生，制成使用能源较少的新产品，“资源化有两种，一是原级资源化，即将消费者遗弃的废弃物资源化后形成与原来相同的新产品，例如将废纸生产出再生纸，废玻璃生产玻璃，废钢铁生产钢铁等；二是次级资源化，即废弃物变成与原来不同类型的新产品。原级资源化利用再生资源比例高，而次级资源化利用再生资源比例低。与资源化过程相适应，消费者应增强购买再生物品的意识，来促进整个循环经济的实现。”[①]“十一五”期间，做好资源的循环利用全面展开。抓好煤炭、黑色和有色金属共伴生矿产资源综合利用，提高矿产资源的利用率。推进粉煤灰、煤矸石、冶金和化工废渣及尾矿等工业废物利用，转废为宝。推进秸秆、农膜、禽畜粪便等循环利用，充分利用好农村的可循环资源。建立生产者责任延伸制度，推进废纸、废旧金属、废旧轮胎和废弃电子产品等回收利用。加强生活垃圾和污泥资源化利用。

3. 控制污染物的排放，通过生态保护、生态修复和生态建设，明显改善环境质量。自20世纪90年代以来，中国颁布实施了一系列的环境保护的法律法规和环境标准，这些环境保护的法律法规和环境标准对控制污染物的排放发挥了重要的作用。1999年颁布实施的《环境标准管理办法》强调“为防治环境污染，维护生态平衡，保护人体健康，国务院环境保护行政主管部门和省、自治区、直辖市人民政府依据国家有关法律规定，对环境保护工作中需要统一的各项技术规范和技术要求，制定环境标准”。2002年开始实施的《生活垃圾焚烧污染控制标准》在“生活

① 曲格平：《发展循环经济是21世纪的大趋势》，载毛如柏等编：《论循环经济》，经济科学出版社2003年版，第3页。

垃圾焚烧设施的设计、环境影响评价、竣工验收以及运行过程中污染控制及监督管理”等方面“规定了生活垃圾焚烧厂选址原则、生活垃圾入场要求、焚烧厂污染物排放限值等要求”。当前，中国的环境标准有环境标志产品技术要求、清洁生产标准、建设项目竣工环境保护验收技术规范等。

加大环境保护力度就是要坚持预防为主、综合治理，强化从源头防治污染，坚决改变先污染后治理、边治理边污染的状况。中国经济社会发展“十二五”期间，加大环境保护力度要求构建生态安全屏障，即加强重点生态功能区保护和管理，增强涵养水源、保持水土、防风固沙能力，保护生物多样性。加大环境保护力度要求强化生态保护与治理，即继续实施天然林资源保护工程，巩固和扩大退耕还林还草、退牧还草等成果，推进荒漠化、石漠化和水土流失综合治理，保护好林草植被和河湖、湿地。加大环境保护力度要求建立生态补偿机制，即按照谁开发谁保护、谁受益谁补偿的原则，加快建立生态补偿机制。

植树造林、退耕还林还草、污染治理等生态修复实践直接体现了对人地关系的改善，通过生态保护和修复的实践，人们部分地取得了良好的生态环境，弥补了过去不合理的发展方式所造成的生态破坏，这既是对失衡生态的修复，又是对新生态的建设。建设新的生态就是对既定生态状况的优化，从而为人们的生产发展、生活富裕、生态良好的和谐发展提供生态基础。生态建设以社会——经济——自然人类复合生态系统理论为依据，以区域或行业为单元，或以解决生态环境问题或以生态恢复为宗旨而进行的。我国生态建设的基本经验是：站在可持续发展的高度，以生态革命的新思路进行战略规划；以生态经济学、产业生态学和生态工程学原理为指导进行技术规划，同时提出优先发展的生态产业类型、技术和方法；第一性生产量最大、生物物种最多、物质利用率最高和废弃物就地消化是生态建设的基准，并应制定相应的目标和标准；生态建设需要有领导、组织、科技、资金、培训、宣传等作为支持系统。

中国的生态文明建设是在中国特色社会主义理论体系的根本指导下进行的，突出了经济社会发展的科学性和合理性，符合中国国情，体现了中国化马克思主义的本质特征。在实践中，社会主义生态文明建设必须以科学发展观为指导，做到社会主义生态文明建设依靠人民，社会主义生态文明建设为了人民，走和谐发展的新文明道路，这要求我们要在马克思主义中国化进程中来坚持和发展马克思的生态思想。

四、在马克思主义中国化进程中坚持与发展马克思的生态思想

马克思主义的中国化是把马克思主义的基本原理与中国实际相结合以推进中国革命与发展的过程，其中，中国国情是坚持和发展马克思主义的基础和原则。不同的历史时期，中国国情是不同的，马克思主义中国化的理论形态也会有所不同。当前，中国仍然处于社会主义初级阶段，中国社会的主要矛盾是生产与人民群众的需要之间的矛盾，发展是中国的硬道理，这是中国最大的国情，这一国情要求马克思主义有着与此相适应的理论形态。

（一）马克思主义的中国化进程

马克思主义中国化是指马克思主义基本原理与中国实际相结合的过程。马克思主义中国化既是马克思主义本土化的具体表现形式，也是中国社会发展的切实需要。

马克思主义本土化是根据不同历史条件和国家状况来应用马克思主义解决具体问题的过程。研究“不同的历史环境”需要具体的理论形态，就国别来说，这种具体的历史环境可以对应着马克思主义的本土化、国别化。在中国，本土化的马克思主义就是中国化的马克思主义。中国化的马克思主义是马克思主义中国化的理论成果，马克思主义中国化就是马克思主义不断与中国实际相结合的过程。

当前，中国的马克思主义研究中有两个基本传统。一个是从前苏联发展起来的马克思主义研究传统，这个传统帮助中国取得了革命，也在中国的社会主义建设中起过很大的作用，因此，长期以来是中国马克思主义的主要观点。另一个传统就是20世纪90年代以来的西方马克思主义研究传统，这个传统是在中国改革开放进程中由当代学者引进的，极大地拓展了中国学者研究马克思主义的学术视野，并且把西方国家现代化进程中遭遇到的社会问题引入到哲学学术研究中。目前，这两个传统之间既有差异乃至对立的观点，又有深入影响到中国马克思主义的理论研究。然而，马克思主义是现实的学问，只有立足中国实际，我们才能合理取舍，甚至创造出中国特色、中国风格、中国气派的马克思主义。

马克思主义中国化进程中，中国国情是根本，中国发展的需要是根源。

不同的历史时期，中国的国情经历了从革命到社会主义建设的不同阶段。在革命时期，马克思主义中国化就是把马克思主义基本原理与中国革命实际相结合，解决中国革命的根本问题。在社会主义建设时期，马克思主义中国化就是把马克思主义基本原理与中国发展实际相结合，解决中国发展的根本问题。在马克思主义中国化进程中，中国的具体国情、不同历史时期中国社会的需要是规制马克思主义中国化的基本原则。这一原则，规定了马克思主义中国化的具体性质和特征，也形成了马克思主义中国化的具体理论路径。

马克思主义中国化是坚持马克思主义基本原理与坚持具体问题具体分析的实践需要相结合的理论发展过程。具体问题具体分析是马克思主义的精髓，每个国家的具体国情、不同历史时期的社会发展状况都需要具体分析，在具体问题具体分析中，马克思主义获得其现实性。中国的具体问题需要我们用中国化的马克思主义来具体分析，对于中国而言，中国化马克思主义才是解决中国革命和建设的理论，才是马克思主义与中国实际相结合的理论形态。

马克思主义中国化是一个长期的历史过程，其中既有历史经验，也有现实需要，更有未来发展的原则。作为历史经验，马克思主义中国化是中国革命与社会主义建设中历史选择的结果。作为现实需要，马克思主义中国化是当代中国发展客观需要和必须坚持的理论指导。作为未来发展原则，马克思主义中国化则是中国的未来发展的战略性策略。我们解决中国发展中的新情况、新问题，考量中国未来发展的走向和趋势，都不能离开中国化马克思主义的理论指导，否则就会迷失发展方向，导致价值观混乱、社会失去稳定，因此，只要中国寻求持续、稳定的发展，就必须坚持马克思主义中国化。由于中国的具体国情、不同历史条件下中国社会的主要矛盾不同，马克思主义中国化表现为具体的理论成果。

在中国革命时期，马克思主义中国化就是把马克思主义基本原理与中国革命实际相结合，解决中国革命问题的过程，这一过程形成了毛泽东思想这一重大理论成果。

1938 年 10 月，毛泽东在中共六届六中全会的政治报告《论新阶段》中指出，“离开中国特点来谈马克思主义，只是抽象的空洞的马克思主义。因此，使马克思主义在中国具体化，使之在其每一表现中带着必须有的中国的特性，即是说，按照中国的特点去应用它，成为全党亟待了解并亟须解决的问题。”① 那么，什么是中国的特性（特点）呢？这就是

① 《毛泽东选集》第二卷，人民出版社 1991 年版，第 534 页。

中国革命的背景，即农业文明占主导、工业文明的发展伴随着殖民主义、民族资本主义、官僚资本主义的统治，以及由此形成的工农联盟成为主要的革命力量。随着从革命向着社会主义建设的转变，中国的特点表现为社会主义初级阶段。

在中国特色社会主义建设阶段，马克思主义中国化就是把马克思主义与中国发展和社会主义建设实际相结合的过程，这一过程形成了中国特色社会主义理论体系这一重大理论成果。

作为马克思主义中国化的最新成果，中国特色社会主义理论体系就是包括邓小平理论、“三个代表”重要思想以及科学发展观等重大战略思想在内的科学理论体系。在中国共产党第十五次全国代表大会正式使用“邓小平理论”，指出邓小平理论是毛泽东思想的继承和发展，是马克思主义中国化的新成果，并且作出总体性概括，认为“邓小平理论形成了新的建设有中国特色社会主义理论的科学体系”[①]。中国共产党第十六次全国代表大会全面概括了“三个代表”重要思想。“三个代表”重要思想“是对马克思列宁主义、毛泽东思想和邓小平理论的继承和发展，反映了当代世界和中国的发展变化对党和国家工作的新要求，是加强和改进党的建设、推进我国社会主义自我完善和发展的强大理论武器，是全党智慧的结晶，是党必须长期坚持的指导思想。”[②]中国共产党第十七次全国代表大会全面概括了科学发展观，指出“科学发展观，是对党的三代中央领导集体关于发展的重要思想的继承和发展，是马克思主义关于发展的世界观和方法论的集中体现，是同马克思列宁主义、毛泽东思想、邓小平理论和‘三个代表’重要思想既一脉相承又与时俱进的科学理论，是我国经济社会发展的重要指导方针，是发展中国特色社会主义必须坚持和贯彻的重大战略思想。”[③]

作为马克思主义中国化的理论成果，中国化马克思主义一直坚持把马克思主义基本原理和中国具体国情相结合，解决了中国革命和社会主义发展的根本问题，取得了历史性的、实质性的效果。在当代中国，坚持中国化马克思主义，才是真正坚持马克思主义。

---

① 《江泽民文选》第二卷，人民出版社2006年版，第11页。

② 《江泽民文选》第三卷，人民出版社2006年版，第536页。

③ 胡锦涛：《高举中国特色社会主义伟大旗帜　为夺取全面建设小康社会新胜利而奋斗——在中国共产党第十七次全国代表大会上的报告》，人民出版社2007年版，第12页。

（二）在马克思主义中国化进程中坚持和发展马克思的生态思想

在马克思主义中国化进程中坚持和发展马克思的生态思想，需要立足中国具体国情和发展实际，把马克思的生态思想与中国特色社会主义发展道路和中国特色社会主义理论体系相结合，推进马克思生态思想中国化；同时，也立足中国生态文明建设理论，大力发展马克思的生态思想。

1．在马克思主义中国化进程中坚持和发展马克思的生态思想，就是要把马克思的生态思想与中国的具体国情相结合。当前中国的基本国情是，我们仍然处于并将长期处于社会主义初级阶段，社会主义初级阶段的主要社会矛盾是人民日益增长的物质文化需要与落后的社会生产之间的矛盾。这一主要矛盾，决定了大力促进社会生产、解放和发展生产力是当代中国的主要任务。只有扩大生产，增加社会财富，才能满足人民群众日益增长的物质文化需要。社会发展中的主要矛盾决定着社会发展的阶段性特征，当前，我国发展的阶段性特征就是社会主义初级阶段基本国情在新世纪、新阶段的具体表现。把马克思的生态思想与中国具体国情相结合，需要立足当代中国社会主义初级阶段这一基本国情及其阶段性特征来坚持和发展马克思的生态思想。

在历史唯物主义的视野中，生产力是社会发展的最深层的物质原因，是社会发展的根本动力。解放和发展生产力是社会主义初级阶段的主要任务，是满足人民群众日益增长的物质文化需要的根本途径。解放和发展生产力主要通过扩大生产、提高生产效率等方式实现。同时，解放和发展生产力，不仅能够增加社会财富，还涉及资源环境问题。在中国的现代化发展过程中，经济建设是发展的中心，经济增长是发展的主要标志，然而，由于不合理的经济增长方式和社会生产方式，我们的发展付出了巨大的资源环境代价。这种资源环境代价，就是我们在发展中遇到的资源环境问题或者生态问题。环境问题是中国社会主义发展道路中出现的新问题，是与解决社会主义初级阶段主要矛盾相适应的新情况。

在马克思主义中国化进程中坚持和发展马克思的生态思想，就是要把马克思的生态思想与当代中国发展相结合，根据中国发展的具体情况来坚持和发展马克思的生态思想。这要求，立足中国国情、运用科学的马克思主义生态理论，着力解决当代中国发展中的生态环境问题和建设中国特色社会主义生态文明。

2．在马克思主义中国化进程中坚持和发展马克思的生态思想，就是要把马克思的生态思想与中国特色社会主义发展道路相结合。中国特色社会主义道路，就是在中国共产党领导下，立足基本国情，以经济建设为中心，坚持四项基本原则，坚持改革开放，解放和发展社会生产力，巩固和完善社会主义制度，建设社会主义市场经济、社会主义民主政治、社会主义先进文化、社会主义和谐社会，建设富强民主文明和谐的社会主义现代化国家。在中国特色社会主义发展道路上坚持和发展马克思的生态思想，就是要在社会主义市场经济、民主政治、先进文化、和谐社会的建设中坚持把马克思的生态思想与中国发展道路相结合。

建设社会主义市场经济，需要转变经济发展方式。转变经济发展方式，不仅要大力发展循环经济、低碳经济，更要推进经济体制的结构性变革，使经济发展与资源环境更好地兼容。在市场经济体制中，市场是资源配置的主要方式。由于市场以逐利的方式作为资源配置的内在要求，可能会导致资源配置与国家发展、民生保障的错位，因此，社会主义市场经济把市场手段与国家宏观调控紧密结合起来。在社会主义市场经济建设中转变发展方式，关键在于要调整经济结构，就是要把大量使用资源、大量浪费资源、污染生态环境的经济主体淘汰出去，大力发展科学技术、提高产品的科技附加值，促进清洁生产和循环经济的迅速发展。

建设社会主义民主政治，需要发展社会主义民主、加快和完善社会主义法制建设。人民民主是社会主义的生命，也是人民参与生态建设的政治保障。生态建设的社会参与也是社会主义民主建设的重要组成部分，体现了生态文明建设中的人民当家作主。同时，社会主义法制建设正在逐步完善，并且出台了大量有关环境保护的法律法规。通过制度保障和法律规范来约束破坏环境的行为，社会主义民主法制建设及其在生态环境保护和建设中发挥着越来越重要的作用。

建设社会主义先进文化，需要坚持马克思主义的指导，建设社会主义核心价值体系。社会主义核心价值体系是社会主义先进文化的核心，马克思主义是社会主义核心价值体系的指导。建设社会主义先进文化，是中国特色社会主义文化大发展大繁荣的主要内容，是中国特色社会主义文化发展的基本要求。在建设社会主义先进文化的过程中，坚持和发展马克思的生态思想，就是大力发展社会主义生态文化，倡导人与自然有机统一的环境保护理念和生态建设理念；就是大力建设社会主义生态文明，满足人民群众的生态需要；就是把生态和谐与社会和谐有机统一，以社会和谐促进生态和谐。

建设中国特色社会主义生态文明，既要坚持马克思主义的指导地位，又要坚持和发展马克思的生态思想。在生态文明建设中，坚持历史唯物主义的自然观，把握好生态和谐与社会和谐的辩证关系，加快体制改革，发展社会生产力。具体来说，就是正确处理好经济发展与资源环境约束关系、深入贯彻节约资源和保护环境基本国策，走生产发展、生活富裕、生态良好的新型工业化道路，真正做到科学发展、以人为本，既增加社会财富，又促进美好生活。

3. 在马克思主义中国化进程中坚持和发展马克思的生态思想，就是要把马克思的生态思想与中国特色社会主义理论体系相结合。中国特色社会主义理论体系，就是包括邓小平理论、"三个代表"重要思想以及科学发展观等重大战略思想在内的科学理论体系。邓小平理论强调了中国仍然处于社会主义初级阶段，这一阶段的主要任务就是以经济建设为中心，解放和发展生产力，通过先富带动后富的方式最终达到共同富裕。"三个代表"重要思想强调了党的执政能力建设，突出了中国先进生产力的发展要求、中国最广大人民的根本利益、中国先进文化的前进方向。科学发展观，第一要义是发展，核心是以人为本，基本要求是全面协调可持续，根本方法是统筹兼顾。这个理论体系，坚持和发展了马克思列宁主义、毛泽东思想，凝结了几代中国共产党人带领人民不懈探索实践的智慧和心血，是马克思主义中国化的最新成果，是党最可宝贵的政治和精神财富，是全国各族人民团结奋斗的共同思想基础。就具体内容来说，中国特色社会主义理论体系，就是包括中国特色社会主义经济建设理论、政治建设理论、文化建设理论、社会建设理论、生态文明建设理论等的理论体系，是指导中国经济、政治、文化、社会建设、生态文明等的总体理论。

把坚持和发展马克思的生态思想与中国特色社会主义理论体系相结合，就是在当代中国经济社会发展和生态文明建设中，坚持和发展中国特色社会主义生态文明理论。中国特色社会主义生态文明理论是中国的马克思主义生态理论，是马克思主义生态理论与中国特色社会主义发展道路相结合的理论形态，也是中国特色社会主义理论体系在生态文明建设中的具体运用。

在马克思主义中国化进程中坚持和发展马克思的生态思想，需要把坚持科学社会主义的基本原则与中国具体国情相结合，把马克思的生态思想与中国生态文明建设实践相结合。中国生态文明建设是中国发展的内容和要求之一，是根据中国发展实际而提出的。中国的生态文明建设首先要立足本国实际，解决中国生态环境问题。马克思的生态思想需要适应中国生态文明建设这一实际，就要和中国特色社会主义理论相结合、和中国的社会主义理论相结合，努力建设和发展中国特色社会主义生态文明理论。

在马克思主义中国化进程中坚持和发展马克思的生态思想，需要在提高中国共产党的执政能力建设中，切实提高环境治理水平。提高执政能力，要正确处理经济社会发展与资源环境的关系，在经济社会发展中实现人与自然协调发展；提高执政能力，要有正确的发展观和政绩观，不能把经济增长当作唯一标准，而是建立起发展的整合评价体系；提高执政能力，需要处理好发展与生态的关系，做到以发展促生态、以生态促发展，大力发展合乎生态环境的产业形态；提高执政能力，要切实加强环境问题治理，做到环境治理依靠人民、环境治理成果人民共享。

在马克思主义中国化进程中坚持和发展马克思的生态思想，需要在科学发展与和谐社会建设中，转变发展方式、实现人与自然协调发展。转变发展方式、实现科学发展，要求全面协调可持续地解决发展与资源环境等关系问题，切实做到发展以人为本。在转变发展方式、扭转发展观念过程中，坚持用马克思主义生态理论来满足中国生态文明建设的理论需要。

在马克思主义中国化进程中坚持和发展马克思的生态思想，就是把马克思的生态思想和中国社会主义市场经济理论、中国社会主义民主政治理论、中国社会主义文化建设理论、中国社会主义生态文明理论相结合。这不仅是在各种具体理论中坚持马克思主义的指导地位，而且是把马克思生态思想结合进具体发展领域中。

中国特色社会主义生态文明理论是对马克思生态思想的坚持和发展，也是对马克思主义生态理论的补充和丰富。马克思的生态思想批判了资本中心主义导致了人与自然的现代分离，也指出了人与自然协调发展的社会化原则。在中国的现代化进程中，如何避免资本的现代宰控，如何在社会主义建设中实现人与自然的协调发展，中国特色社会主义生态文明理论所提出的一系列基本观点都坚持了马克思的生态思想的基本原则，也进一步丰富了马克思主义的生态理论。

余论　马克思的生态思想对当代生态哲学的启示

随着生态问题的凸显和生态文明建设的深化，生态哲学成为当代哲学新的增长点。新生的哲学需要思想资源，马克思的生态思想及其当代性的解释可以为建构当代生态哲学提供一些必要的启示，这一启示将指向人的实践化、社会化生存中的生态和谐。生态哲学的内在精神不在于对生态科学的知识性反思，而是以人与自然的和谐发展为理论主题的理念创新。当代生态哲学的理念创新，是建设生态文明的理论基础，为人在自然界中的位置提供全新的认识视野；当代生态哲学的理念创新，以生态来观照发展，为自然在社会发展中的位置提供全新的检校维度；当代生态哲学的理念创新，以生态和谐为价值指向，为“自然界的真正的复活”、为人类史与自然史的真正的统一提供了合理性的依据。关注生态现实、立足时代主题、创新研究方法、深化生存性质、指向生态和谐，是建构当代生态哲学的基本维度。

一、当代生态哲学要立足现实问题与时代主题

真正的哲学要关注重大的现实问题。马克思的生态关注是现代社会中资本对自然的掠夺，尽管生态问题尚未到危机程度，但已然呈现为问题，马克思对生态问题的历史性批判，以及由于现实研究的需要而创立的一般理论原则给建构当代生态哲学启示了理论原则的现实性要求。生态危机已是当代重大的现实问题之一，当代生态哲学必须以现实的生态问题为理论关注点和立足点。

关注现实的生态问题，生态哲学的理论原则才能服务于现实需要，具有现实性。没有抽象就没有哲学，抽象的思维方法是哲学的理论原则。

哲学却不能停留于抽象的、思辨的、逻辑的东西，何所抽象则是哲学抽象思维的来源及其合法性的根基。马克思批判了蒲鲁东的抽象方法论，如果离开现实而把哲学观念看作是“自生的思想”，用普遍抽象的方法“抽去每一个主体的一切有生命或无生命的所谓偶性，人或物，我们就有理由说，在最后的抽象中，作为实体的将是一些逻辑范畴。所以形而上学者也就有理由说，世界上的事物是逻辑范畴这块底布上绣成的花卉：他们在进行这些抽象时，自以为在进行分析，他们越来越远离物体，而自以为越来越接近物体，以至于深入物体”，蒲鲁东的抽象方法受到黑格尔的泛逻辑主义影响，“正如我们通过抽象把一切事物变成逻辑范畴一样，我们只要抽去各种各样的运动的一切特征，就可得到抽象形态的运动，纯粹形式上的运动，运动的纯粹逻辑公式。如果我们把逻辑范畴看作一切事物的实体，那么我们也就可以设想把运动的逻辑公式看做是一种绝对方法，它不仅说明每一个事物，而且本身就包含每个事物的运动。”① 这种抽象方法的实质就是理性的自我设定，是理性离开现实的抽象运动，抽象的范畴和观念是人们按照事实所形成的意识创造，因此，抽象的范畴和原则都不过是现实和历史的产物。对人——社会——自然的关系的哲学思考，最基本的问题就是人如何处理好自己在自然界中的位置问题，最主要的问题就是人类在自然界中的可持续生存的实现方式。人不能处理好自己在自然界中的位置，意味着人通过自然界所不曾有的东西超出了自然界，如社会、理性、道德、政治、资本、科学与技术、生产工具等。问题是，人对自然界的现代超越是一种异化，这种异化导致了自然界的丧失。人是生态系统中的一员，这意味着社会物质财富的创造、社会的发展都必须以人的可持续生存为指向。离开人的可持续生存来讨论生态哲学，只能把生态哲学变成以生态知识的反思为对象的学问，这却又回到了近代形而上学。现实中的生态问题是当代人在自然界的生存所遭遇到的问题，是工业文明中的现代实践方式造成的资源短缺、匮乏与环境污染、失衡的问题。现实的生态问题是当代生态哲学的关注点，由此联结着思想史的追溯和向着未来的开放。

关注现实的生态问题，当代生态哲学就必须培育和建构生态意识。工业文明以来关于人与自然关系的意识是在对自然生态的客观反映的基础上的人“控制”、“改造”自然的观念，对于人与自然之间出现的负面关系，这种反生态的意识有着不可推卸的责任，应该通过生态哲学进行

---

① 《马克思恩格斯文集》第1卷，人民出版社2009年版，第600页。

批判和消解其社会影响。与近代以来的控制自然的意识之不同在于，生态意识是以人与自然协调发展为根本价值取向的观念。生态意识，1. 是对生态环境以及人与生态环境之间关系的意识；2. 包含了人与自然之间的伦理关系，其价值取向是人与自然的协调共生，是一种事实性意识和价值性意识的统一；3. 与人们的实践紧密相关，是人与生态环境协调发展的实践关系的观念反映，因此也必然会是生态现实的意识反映。生态意识不仅在人们的主观境域客观地描述了生态环境，而且，还进一步以人与自然的协调发展为己任，在强调利用自然资源服务于人的同时突出生态环境的优化建设。控制自然的意识是一种征服意识，而生态意识则是一种协调意识、"伙伴"意识和"交流"意识。这种生态意识是在当代社会发展的语境中形成的一种环境保护意识、资源循环意识和生态建设意识，是一种"生态良好"意识。当代生态意识不是对于自然生态环境的模糊的意识，而是随着自然科学、人文科学的日益精确化所形成的清晰的生态意识，尽管这种清晰的生态意识仍然存在着大量的争论。新的生态意识是在当代生产力发展水平的基础上，以对话、交流的态度实现人与自然的交互作用；新的生态意识也是在生态良好的环境中的社会发展意识，是社会经济发展与生态环境的保护和建设的协调发展的意识。

关注现实的生态问题，当代生态哲学就必须创新一般的理论原则。在马克思那里，现实问题是"庖丁解牛"的"牛"，而一般的理论原则就是马克思手中的解牛之"刀"。只有有了一般的理论原则、方法论的创新，对现实的"解释"和"改变"才能更为科学、合理和有效。当代生态哲学的一般理论原则的创新包括生态世界观、生态人学、生态价值论、生态方法论、生态实践观等的整体性创新。这一创新是当代生态哲学的基础性理论创新，为具体的问题研究提供理论方法，为生态保护、生态修复和生态建设的实践以及社会的生态化发展提供理论依据。

关注现实的理论离不开理论创新的时代境遇。社会革命的时代主题无形而有力地规约着马克思的理论指向，随着时代主题的转换，当代生态哲学要立足于当代的发展主题、发展境遇，在对工业文明的超越性批判、在当代的全球化进程中、在当代的科学技术发展中、在传统思想资源的当代诠释和当代的多元文化交流中得到发展。

立足于发展的时代主题，当代生态哲学是对工业文明的超越性批判哲学。工业生产方式是现代社会的主导性生产方式，工业文明是现代文明的主导形态，工业生产力是现代生产力的发展标志。然而，当前的生态问题就是工业生产方式造成的，是以工业生产方式为基础的现代社会的代价和“后果”。生态哲学对造成生态问题的现代意识的批判和超越，意味着在当代的时代主题和生产力发展水平条件下、走新型工业化道路的生态文明社会建设中展开人与自然关系的哲学思考。新型工业化道路是一种全新的工业产业形态，是信息化、知识化、绿色化的产业模式。新型工业化道路既是国家发展战略意义上的生态化转向，又是工业产业链、工业园区和工业生产过程的生态化转向。在新型工业化道路上，需要大力发展生态化的循环农业，提高服务业等第三产业比重。

立足于时代主题的当代的生态哲学是一种世界哲学。随着全球化的进程日益深入到地球的每一个角落和人们日常生活的每一个领域，生态问题变成了全球性问题和人类性问题。人类问题需要全人类求同存异，撇开各自的利益差别，相互交流、彼此合作，共同面对。全球性问题需要能够提供价值共识的世界哲学。

当代的生态哲学关注在全球化进程中的世界问题和人类利益，这需要宽广的世界视野和深远的战略眼光，宽广的世界视野就是以合力的方式解决全世界的生态问题为共同的责任，深远的战略眼光就是以人类的可持续生存为价值旨归。以世界的生态建设、以人类的长远利益为目标，当代的生态哲学需要合理地看待国家利益和人类利益、区域环境保护和世界共同责任之间的关系，而避免狭隘的民族主义和国家至上主义。

立足于时代主题的当代生态哲学是科技化生存的风险规避哲学。所谓科技化生存，就是指科学技术愈益全面地深入到人的生存状况的各个方面和领域之中，并且构建起主体性的生存方式。必须明确的是，科技化生存中的科学技术不是外在于人的生存方式，因此也就不是科学技术与人的生存方式的机械加和，而是作为人的生存方式的内在成分和系统要素，在人的生产生活实践、交往实践、认识活动等方面都体现为科技渗透的人的生存方式。

当代的时代发展离不开科学技术，科学技术不仅建造了当代的人类生存世界，更是打造了人的生存方式，而人的生存方式和生活方式是什么样的，人自身就是什么样的。然而，现代的科学技术造成了社会的风险化，科学主义、技术统治不仅造成了对自然的控制和人的控制，也把人的生存带入到更多的不确定性之中。危机中的生态环境需要规避生态风险的生态哲学，对科学技术的生态责任的担当需要合乎时代主题的生态伦理和生态哲学，这样，解决生态危机才能获得足够的科学技术支持。

立足于时代主题的当代生态哲学需要处理好传统思想资源的当代诠释和不同文化的融会交流。人类的思想史中，有着大量的“天人合一”

的、“阿卡迪亚式”的生态思想，尽管其中有着田园诗般的浪漫情怀和乌托邦式的理想设定，甚或小生产方式下的自足与自乐，但它们为当代生态哲学提供了有益的思想资源。

值得注意的是，当代的生态哲学的解决方案，必须立足于当代的生产力发展水平和发展的时代主题以及发展方式的根本变革，因此，当代的生态哲学必须立足于当代发展来诠释、继承和发展传统的思想资源。从世界文化的交汇来看，当代的生态哲学需要充分吸收世界各国有益的生态文化，形成民族之间、国家之间的交流会通。只有充分吸收传统的、别国的有益的思想资源，当代的生态哲学才能具有历史厚度和世界宽域。

二、当代生态哲学要有着研究方法的创新

研究方法的创新是科学发展的前提，也是生态哲学的发展前提，在生态哲学的研究中至关重要，这将推动当代生态哲学的理论创新，并且为解决现实中的生态问题提供基本理念。建构当代生态哲学的方法包括以整体主义、有机论方法取代二元分离、机械论方法；以需要作为实践的动力学方法；历史批判与伦理批判相结合的方法；世界的有限性预设方法；以生产、生活与生态为三位一体的系统评价方法等。

（一）整体主义、有机论的生态学方法

由于生态学“是探求一种把所有地球上活着的有机体描述为一个有着内在联系的整体的观点，这个观点通常被归类于‘自然的经济体系’。”[①] 因此随着人的活动的深入，人类生态学强调用整体论、有机论的思维方式和方法论原则来看待人与自然之间的关系。在汉斯·萨克塞看来，“生态学的考察方式是一个很大的进步，它克服了从个体出发的、孤立的思考方法，认识到一切有生命的物体都是某个整体智慧的一部分。”[②] 整体论的思维方式和有机论的方法论原则是一致的，“生态学思维，或生态学方法，它以有机论为特征，强调事物和现象的相互联系和相互修养

① ［美］唐纳德·沃斯特著：《自然的经济体系——生态思想史》，侯文蕙译，商务印书馆1999年版，第14页。

② ［德］汉斯·萨克塞：《生态哲学》，文韬、佩云译，东方出版社1991年版，前言第1—2页。

的整体性。……所谓生态学方法，是用生态观点研究现实事物，观察现实世界；又称生态学思维，用生态观点思考问题。”① 在这种生态学思维方式中，人和自然界是一个有机联系的整体，人的活动不应该越过生态系统的环境容量，即人类不能为了自己的利益而不顾生态环境的自在运行，而应该二者兼顾。

生态系统的物质和能量的存在和运行规律是生态学的基本规律，它规定了研究生态问题的基本方法。生态系统“就是包括特定地段中的全部生物和物理环境相互作用的统一体，并且在系统内部，能量的流动导致形成一定的营养结构、生物多样性和物质循环。”② 物质的循环运动是生态系统的重要特征，不同的生物都是生物圈的物质和能量库，生态系统中的物质循环的平衡运动就是使生态系统内各种能量库之间保持物质贮存和能量流通的协调，从而构成生物进化的协同系统。在生态系统中，“各种化学元素，包括原生质的所有必不可少的各种元素，在生物圈里具有沿着特定途径，从周围的环境到生物体，再从生物体回到周围环境循环的趋势。”③ 生命体在相互联系的整体性环境中进行物能运转，自养系统和异样系统与无机环境在功能上构建起密闭的“生物地化”资源循环路向，从而形成稳态的生态系统。植物通过光合作用把太阳能、水和无机物转化成有机物，微生物分解产生的无机物质是可以继续利用的原料，生命体从环境中获得物质和能量，最终通过循环把物质和能量返还给无机环境。物质的循环运动是生态系统存在和发展的重要方式，循环使用物质的生态运动对环境不产生污染。在生态系统中，物质的循环不是恶性的失衡运动，无论是整个生态系统的物质循环，还是具体的生物与环境之间的物质循环，物质的循环运动是保持平衡的。

（二）需要的动力学方法

在马克思那里，需要是实践的动力学，有什么样的需要，就会有什么样的实践。因此，当代生态哲学必须把根基建立在人的生态需要及其满足实践上，消除不合理的实践方式首先要节制人的某些需要。以实践为基石、关注生态现实的生态哲学必须要关注实践的需要动力学方法，从人的需要出发，来分析和解决现实中的生态环境问题。

---

① 余谋昌著：《生态哲学》，陕西人民教育出版社 2000 年版，第 61 页。

② ［美］E. P. 奥德姆著：《生态学基础》，孙儒泳等译，人民教育出版社 1981 年版，第 8 页。

③ ［美］E. P. 奥德姆著：《生态学基础》，孙儒泳等译，人民教育出版社 1981 年版，第 83 页。

需要是人的物质依赖性。需要是附载在人那里的对生存条件的依赖关系，人的生存和发展以满足需要的形式表现出来。马克思说："他们的需要即他们的本性"[①]，人们生产自己的生活资料和生产资料，其目的在于满足人的不断发展着的需要，这是人的生存和发展的本性和前提。需要一方面是实践的产物，另一方面，它更是人们的实践的最终动力。需要呈现不断发展的状态，是实践的社会性生成产物，"已经得到满足的第一个需要本身、满足需要的活动和已经获得的为满足需要而用的工具又引起新的需要，而这种新的需要的产生是第一个历史活动。"[②] 生产、分配、交换和消费构成人们整体性的社会实践活动，在这些实践活动所组成的链条中，人们实现自己的生存和生活。人的需要引发生产，而消费活动作为需要的实现，是社会生产和人们生活的重要环节，是新的需要的再生产。在这个实践链条中，人的需要具有最终动力性。

过度的需要导致了需要的不合理，不合理的需要导致了人对自然资源的掠夺和对自然生态的破坏。关键之处不在于人有需求，而在于人们的不合理的需求及由此引发的人们的消费行为。因此，必须调整人们的需要状况，发展人的生态需要。所谓生态需要，首先从人们的需要对象的角度看，生态需要是对良好的生态环境的需要，在这里，生态需要与物质产品需要、精神文化需要并列；进一步地，从人作为实践主体的角度看，生态需要是人的自律性的适度需要。对良好的生态环境的需要是与人的其他物质性需要是一致的，通过建构人们的适度需要强化实践的自律性才能真正实现人们的生态需要。适度需要是建立在自我的满足和对象（生态环境）的承载限度基础上的需要，是需要的度的界限。适度需要是人们对自身需要的规约和自律，是对过度需要和不合理需要的生态化转向，因此是一种生态化的物质性需要。

适度需要是反对无限消费自然资源。人们通常认为，需要是不断发展的，因而是无限的。不论是扩展外延的"恶无限"的需要，还是揭示内涵的"真无限"的适度需要，在具体的环境中，都是有限的、受制的。在无限需求观念的支配下，人们无限制地追求消费水平的提高，以及不择手段、暴殄天物地开发和使用自然资源，而生产和消费的增长反过来催生需要的"新陈代谢"。发展人们的适度需要，提高人们需要的层次、质量和水平，从而实现人的发展，这是正当的，合理的。没有需要的发

---

① 《马克思恩格斯全集》第3卷，人民出版社1960年版，第514页。
② 《马克思恩格斯文集》第1卷，人民出版社2009年版，第531页。

展，人们的物质生产就失去了根本动力，精神文化的建设就缺失了存在的基础。物质生产的发展刺激了需要的满足，科学技术的进步拓展了需要的空间，生活水平的提高孕育了需要的丰度，文化和文明的发展深化了需要的内涵。最终制约人的需要的，是人们生存和生活于其中的整体性环境，其中包括：各种客观规律的制约，需要对象的要素制约，生态环境的整体性制约，一定时期满足这种需求的生产能力制约，以及社会机制等制约。

（三）历史批判与伦理批判相结合的方法

生态哲学的研究方法是一种历史批判与伦理批判相结合的整体性方法。人与自然分离的伦理批判是生态伦理学的主要研究方法，对人类中心主义的伦理批判、道德领域的种际扩展、自然价值的对象性确认。

伦理批判是一种应然的价值批判。生态哲学的伦理批判力图填平自然界中的事实性与价值性之间的鸿沟，以自然界的生态系统的事实性作为自然的价值性之源，从而，形成对生态危机的价值批判原则。在生态伦理学的价值视野内，确认自然的内在价值，给自然界的生命体以应有的价值合法性，才能从根本上否定和破除人类对于自然界的功利主义态度。

生态哲学的价值批判与传统的价值观截然不同。生态哲学的价值批判是对传统的人对自然的价值态度的根本不同，传统的价值观念认为物对于人的需要的意义就是物的价值，把价值存留在人际领域，是从人的需要出发所规定的价值内涵。而生态价值则从自然界的整体性的系统稳定出发，来进行价值内涵的规定，把人际伦理和主体性价值推广到生命体和生态系统中，是一种种际伦理和生命体价值。因此，生态哲学的价值观念不仅与传统价值观根本不同，甚至就是对传统价值观念的根本批判。

历史批判则是在人类历史发展的进程中，考察现代生态环境问题的出现原因，分析导致环境问题的各项因素如何产生、发展和走向消亡。现代的生产方式、人对自然的态度、科学技术对自然的控制、资本的褫夺等是当前生态危机的原因，而这一现代原因是现代工业文明生产方式的必然要求，是现代发展的代价。然而，现在这一代价使得人类发展处于转折点，正如1972年联合国人类环境会议发表的《人类环境宣言》所提出的，“现在已达到历史上这样一个时刻：我们在决定世界各地的行动的时候，必须更加审慎地考虑它们对环境产生的后果。由于无知或不关心，我们可能给我们的生活和幸福所依靠的地球环境造成巨大的无法挽回的损害。反之，有了比较充分的知识和采取比较明智的行动，我们就可能使我们自己和我们后代在一个符合人类需要和希望的环境中过着较好的生活。”[①] 在人类的可持续发展的未来走向中，这种不可持续性的代价必然要得到矫治和消除，生态可持续性是人类历史不可越出的受制性，因此，人类必然要选择具有生态可持续性的发展方式，从根本上解决生态问题，实现生态和谐的全面发展。

历史批判的根据是社会历史发展的基本规律。唯物史观是关于人类历史的科学，在唯物史观看来，人类社会发展的基本规律是生产力与生产关系、经济基础与上层建筑之间的辩证关系这一社会基本矛盾。随着生产力的发展，现代发展方式以生态环境为代价实现了人类社会的现代化，以及由此形成了人类的现代文明。同样，随着生产力的发展，现代发展方式也必然会丧失其必然性，而被生态化的发展方式所替代。现代生产方式造成了人与自然的实践性、社会性分离，生态化的生产方式会保护生态、建设生态，形成人与自然的重新统一。

（四）有限性预设方法

人们通常认为世界是无限的，是无限性与有限性的统一，这种观点对生态哲学是不利的，生态哲学的基本方法就是有限性预设方法。无限性是一种抽象，具有普遍主义的性质。世界是无限的，这是一种普遍主义的思维方式的结论，普遍对应着无限，尽管世界的无限性存在提供了拓展更广阔的生存空间的可能性，但是，一旦这种可能要成为现实，它就必然是有限的，现实性意味着有限性。只要人现实地存在着，人就总是在有限的世界中生存。只要哲学关注到现实的世界、关注到人的现实生存，哲学的基本预设就是有限性预设。

设定世界的有限性，就必然要承认自然资源的稀缺性。自然资源的稀缺性是满足人的生产生活、社会发展的自然物是有限的，在既定的生产力水平条件下，不是所有的自然物都能够为人所用，人们对自然界的开发受到自然环境的限制和科学技术水平的制约，相对于既定的科学技术水平和生产能力而言，自然资源是稀缺的。自然资源的稀缺性的哲学认识论前提就是世界的有限性设定。世界的有限性是就人的实践能力而言的、服务于人的生产和生活的世界、人所关联的世界是有限的。人类在地球上生存，地球可供人类生存的空间和资源存量是有限的，当人类

---

① 参见万以诚、万岍选编：《新文明的路标》，吉林人民出版社2000年版，第2—3页。

的生存和发展不危及生态系统，地球就被认为拥有无限的资源储量，随着人口的增加、高效生产工具的使用、掠夺式生产方式、污染性生活方式的广泛应用，地球越来越不堪重负，在这种条件下，仍然认为地球生态系统具有无限性，则只能是抽象的无限性。

设定世界的有限性，就必须要采取合乎生态保护和生态建设的实践方式。世界的有限性意味着人类只能在已有的世界中生存和发展，这个生存世界具有不可替代性，一旦目前的生态系统遭到全面破坏，人就会失去他的全部生存。世界的有限性预设必然要求人类的生存和发展既改变世界，又要合乎世界，这体现实践方式上，就是需要人类既开发自然界，把自在的自然物转化为对人有用的消费品，同时，也要积极地保护环境、建设生态。环境保护、生态建设的实践方式就是如何最大限度地利用自然资源、尽可能地避免破坏生态环境的实践方式，具体而言，包括发展科学技术、开发清洁能源，避免环境污染；减少资源的使用量，大力发展清洁生产、资源回收利用的循环经济；节制消费、普及生态消费，等等。

设定世界的有限性，才能彻底破除资源无限、追求片面的物质发展的迷梦。人的生存需要是全面的、丰富的，设定世界的无限性，就会认为只要人有足够的生产能力，就会创造无限的物质财富，这是“人有多大胆，地有多大产”式的生产主义和现代发展主义的迷梦。以世界的有限性为基本预设，却提供另一种生活的丰富性，这是物质生活与精神文化生活的真正统一，是对精神生活和高质量的全部生活的追求，是生活富裕和精神充实的真正实现。以世界无限性为前提的生活是一种物质主义的生活，是物对人的遮蔽和人对物的崇拜，而以世界有限性为前提的生活则是人的自然存在和精神存在的有机统一的生活，是真正的人的生活。

（五）以生产、生活与生态为三位一体的立体评价方法

生态哲学的实践目标是建设生态文明，生态文明社会最基本的三个要求是生产发展、生活富裕和生态良好，生态文明的发展道路是社会生产、人民生活和生态环境的整体性复合系统的协调发展。社会生产的发展实现了社会经济的繁荣和物质财富的增长，为人们的生活富足提供了坚实的物质基础，是社会进步的最深层的物质动因；生活富裕是人们的物质生活水平的提高，并带动了精神文明的建设，是广大人民的基本需要的满足和根本利益的实现，是人的发展和解放的根本标志；生态良好是指人们能够生活于一个优化的生态环境之中，是避免环境污染和资源匮乏的努力方向。这三个方面合成了整体性的社会发展评价体系，突出了从资源环境的维度

对经济社会发展过程中的生产主义和消费主义的调节和约束，旨在实现经济社会发展和人的生存的可持续性。生产发展、生活富裕、生态良好的发展要求，构成了当代生态哲学的立体式的评价方法，用这一方法来看待社会发展，就是坚持社会发展与生态和谐的双赢多效，彻底转变发展观念，对发展过程进行生态控制，对发展结果进行绿色评价。

生产发展、生活富裕、生态良好的立体评价方法是生态文明时代生产方式合理性的评价方法。生产发展才能有更为发达的物质文明，才能解决当前中国社会的主要矛盾，满足人们日益增长的物质文化需要，我们不能以生产的停滞、倒退来保持良好的生态。既然生产发展是当前中国的主要任务，那么，如何既在环境保护中促进生产，又在生产发展中保护环境呢？这就是在生产发展中"全面促进资源节约"、"加大自然生态系统和环境保护力度"。

生产发展、生活富裕、生态良好的立体评价方法是生态文明时代生活方式合理性的评价方法。富裕是人们的生活追求，也是社会发展的人本目标，生态文明建设是推动人们获得更好的生活条件，我们也不能让人们的生活条件、生活质量下降，否则，生态文明建设就会失去人民群众的支持。生活富裕是社会主义条件下的生产的目的，如何能够协调生活与生态呢？这需要一场"消费革命"。

生产发展、生活富裕、生态良好的立体评价方法是把生态文明建设融入经济社会发展的各方面和全过程的基本指导方法。把生态文明建设"融入经济建设、政治建设、文化建设、社会建设各方面和全过程"[①]能否实现并且获得成效，或者说，生态文明建设与经济建设、政治建设、文化建设、社会建设等能否取得一致性，以及这种一致性能否深入到其他领域建设的各方面和全过程，这需要用生产发展——生活富裕——生态良好的立体评价为指导。

生产发展、生活富裕、生态良好的立体评价方法是审视生态文明制度建设的基本方法。"保护生态环境必须依靠制度。"[②]制度是生态文明建设的有力保障，无论是"把资源消耗、环境损害、生态效益纳入经济社会发展评价体系"，"建立国土空间开发保护制度，完善最严格的耕地保

① 胡锦涛：《坚定不移沿着中国特色社会主义道路前进 为全面建成小康社会而奋斗——在中国共产党第十八次全国代表大会上的报告》，人民出版社2012年版，第39页。

② 胡锦涛：《坚定不移沿着中国特色社会主义道路前进 为全面建成小康社会而奋斗——在中国共产党第十八次全国代表大会上的报告》，人民出版社2012年版，第41页。

护制度、水资源管理制度、环境保护制度”，还是“健全生态环境保护责任追究制度和环境损害赔偿制度”，都立足于生产发展——生活富裕——生态良好的评价体系。

三、当代生态哲学要促进生态和谐，应答生存要求

当代生态哲学的价值指向是人、社会与自然协调发展的生态和谐，在社会的可持续发展中实现人与自然的协调发展，从而获得人在自然界中的可持续生存。生态和谐的价值指向是以人类的可持续生存为根本，也是生态哲学的价值原则，规定和引导生态哲学的理论逻辑。

生态和谐就是人与自然的协调发展。自然界不会主动地满足人，人只有通过自己的实践改变自然物的存在形式，才能实现自己需要的满足。从这个意义上说，人与自然是一对矛盾着的关系。人与自然的矛盾一方面是人从自然界获得自然资源，另一方面则是人把自己消费过的废弃物排放到自然界。人与自然的矛盾如果能够保持在自然界的生态阈值范围之内，这种矛盾就不会造成生态环境的破坏，就不会对自然界的运动、变化和生态系统的稳定造成破坏。这就是说，人类在追求社会物质财富、发展物质文明的时候，不能破坏生态系统的整体性和多样性的稳定。

生态和谐是人与自然的实践地统一。在实践论的理论视野中，人与自然的统一是人的实践的结果。当前的生态问题是由现代实践方式所造成的人与自然彼此分离，这一分离使得人的生存面临危机，问题的解决只能在于实践方式的革命，以生态实践实现人与自然的统一。人与自然的协调发展是生态实践的根本价值指向，在生态实践中，社会的物质财富的增加与生态系统的整体性稳定、实践的生态效益与经济效益、社会效益处于有机统一之中。

生态和谐人与自然的社会地统一。社会是人与人之间的相互联系、相互合作、相互交往的产物，是人与自然关系的前提和社会性质。马克思说，“人们在生产中不仅仅影响自然界，而且也互相影响。他们只有以一定的方式共同活动和互相交换其活动，才能进行生产。为了进行生产，人们相互之间便发生一定的联系和关系；只有在这些社会联系和社会关系的范围内，才会有他们对自然界的影响，才会有生产。”① 人指向自然

① 《马克思恩格斯文集》第1卷，人民出版社2009年版，第724页。

界的生产是社会生产，是人的社会化联合中对自然的物质变换，马克思曾经说过，“社会化的人，联合起来的生产者，将合理地调节他们和自然之间的物质变换，把它置于他们的共同控制之下，而不让它作为一种盲目的力量来统治自己；靠消耗最小的力量，在最无愧于和最适合于他们的人类本性的条件下来进行这种物质变换。”①

生态和谐是人与自然历史的统一。在人类历史的不同时期，人与自然的关系出现为历史性的状态。在前现代的农业文明时期，人与自然处于简单地统一之中，人以自然为人生的榜样，人与自然的和谐关系形成了人类生活的田园诗。在现代的工业文明时期，人与自然处于分离状态，人把自然变成了资源库和垃圾场，对自然的大肆掠夺和占有导致了自然的沉沦和颠覆，生态环境处于危机之中。在后工业的生态文明时期，人与自然重新走向统一，这是随着社会生产力和生产方式的新的发展、人们消费行为和消费观念的生态化变革而形成的生态和谐，此时，人与自然关系不是回到田园诗般的浪漫主义和谐，而是立足发展方式和实践方式的转变的现实主义的和谐，是自然界的真正的复活。

生态和谐的价值指向也是生态哲学的价值原则。生态哲学的价值原则规定了人类实践的生态化价值目标，即生态效益、社会效益和经济效益的辩证统一，而不是纯粹的经济效益。生态化的实践价值目标从根本上引导了生态哲学的逻辑架构和理论评价，引入绿色评价标准和形成绿色化的评价体系。

当代生态哲学要应答人的生存要求，应答人的生存要求的实质是以人的生存为基点来理解生态世界的存在和寻找解决生态危机的方案，而不是就生态世界本身寻获知识性的解魅，知识性的解魅哲学是一种纯粹的客观主义的“直观”哲学，从属于近代形而上学的思维方式。

应答人的生存要求就是要把当代生态哲学建基于当代生存论哲学基础之上。当代生存论哲学突出了人的当下生存主题，是有着多种理论倾向的哲学流派，主要有海德格尔、雅斯贝斯、克尔凯戈尔等哲学家。雅斯贝斯在批判现代哲学时指出，现代哲学是一种科学主义的基本态度，以科学为榜样，借用的科学的方法来说明人生。现代哲学“以认识论来研究整个的认识，以一种仿照科学理论借用科学方法设计出来的形而上学来说明整个的世界万物，以一种普遍有效的价值学说来规定整个的人生理想”，但是这种哲学从根本上来说，“它太无关痛痒，太缺乏魄力，

① 《马克思恩格斯文集》第7卷，人民出版社2009年版，第928页。

太不看现实了。"[①] 当代生存论哲学从人的生存关注世界的存在，以人的生存作为存在的解释维度，反对从实体性存在者来理解存在、反对人的理性主义解释、反对近代形而上学。海德格尔力图从生存论路向来重建哲学的基础存在论，"追问生存的存在论结构，目的是要解析什么东西组件生存。我们把这些结构的联系叫做生存论建构（Existanzialität）。"[②] 生存论路向的着眼点是"作为此在的我们"，由此，"对此在的生存论分析"是寻找那派生各种具体存在论的基础存在论的基本路径，由此，海德格尔区分了存在性质的两种基本可能性，即"此在的存在特性"为标志的"生存论性质（Existanzialien）"和以"非此在式的存在者的存在规定"为标志的"范畴"。建基于当代生存论哲学的生态哲学就是从人的生存来理解世界的关联和存在，而不是把生态哲学认作关于生态环境的知识。

应答人的生存要求就是以人的可持续生存作为生态哲学的深层价值眷注。人类的可持续生存是生态哲学的生存眷注，人的生存是动态的展开着的，是共在中的此在与世界的关联，是可持续的。对人类的可持续生存的眷注不仅指向当下的人，也指向后代人，不仅是代内的共时态生存展开，也是代际的历时态生存展开。生存与发展是人类的基本要求，这两大主题在不同的历史时期有不同的具体形态。可持续生存和可持续发展就是针对现代社会的不可持续发展造成人类生存的不可持续性而提出的。现代发展方式是缺乏长远眼光的、物化的发展，它既削弱了人类的生存基础，又遮蔽了社会发展的人本价值。以人的可持续生存为基础的生态哲学就是要通过经济社会的可持续发展来复活自然界、建设生态环境、最终实现人的全面发展和持续生存。

应答人的生存要求就是以生存论性质作为生态哲学的理解维度。近代形而上学的"思维和存在、本质和现象、形式和内容等等的本质上的二元论"的核心框架奠基于"意识的内在性"这一最隐蔽的核心，如此，世界在人之外，与意识的内在性相对。世界的外在性与意识的内在性的二元分离为作为客体的自然之死提供了形而上学的精神依据。而当代生态哲学以生存论性质为存在的基本维度，以生存论性质的存在论为基础，即"各种科学都是此在的存在方式，在这些存在方式中此在也对那些本

① ［德］卡尔·雅斯贝斯著：《生存哲学》，王玖兴译，上海译文出版社2005年版，第3—5页。

② ［德］马丁·海德格尔著：《存在与时间》，陈嘉映、王庆节合译，三联书店2006年版，第15页。

身无须乎是此在的存在者有所交涉”[①]。在生存论性质的存在论基础之上，世界本身以此在而敞现，世界“被了解为一个实际上的此在作为此在‘生活’‘在其中’的东西。世界在这里具有一种先于存在论的生存上的含义。在这里又有各种不同的可能性：世界是指‘公众的’我们世界或者是指‘自己的’而且最切近的‘家常的’周围世界”[②]。日常的周围世界则是人们的实践活动所形成的感性世界，这一感性世界就是人的生存环境，是从“主体的方面”显现出来的“对象、现实和感性”世界，同时，人在世界之中存在，依寓于世界而存在是此在的始源性存在方式。

四、立足中国国情，建设具有中国特色的生态哲学

生态哲学的抽象理论原则必须要与具体实际相结合，才能成为实践的指南，具有现实意义。当代中国的生态哲学必须与当代中国的发展实践相结合，才能成为指导我们建设社会主义生态文明的理论依据，立足中国国情，生态哲学才能指向生态和谐；立足中国国情，我们才能建设具有中国特色的生态哲学。

（一）建设具有中国特色的生态哲学必须立足于当代中国的现代化发展实际

作为一个正处于迅速发展中的国度，中国的现代化建设遭遇到了资源、环境、人口与社会经济发展的深刻矛盾。中国特色的生态哲学必须以当代中国的现代化发展实际和生态现实为立足点。

立足于中国现实才能有效地借鉴传统的优秀文化遗产和国外的先进理论资源，提高我们生态哲学研究能力和研究水平，为生态问题的解决提供切实而有效的思想方法。立足于中国现实才能发展出具有中国特色的现实的生态哲学，而不是纯粹抽象的生态哲学，离开了具体的生态现实所发展起来的哲学抽象是无根的生态哲学。立足于中国现实的生态哲学是关注当下中国社会发展状况和中国人的生存状况的现实哲学，生态

① ［德］马丁·海德格尔著：《存在与时间》，陈嘉映、王庆节合译，三联书店2006年版，第16页。

② ［德］马丁·海德格尔著：《存在与时间》，陈嘉映、王庆节合译，三联书店2006年版，第76页。

哲学只有关注现实的人才能有存在的空间，生态哲学只要关注现实的人就必然会有自己的理论空间。

（二）建设具有中国特色的生态哲学必须充分吸收中国传统文化的思想资源

蕴涵了生态智慧的自然观已经有着悠久的历史，天人合一的基本理念是中国传统的生态文化的内在逻辑，中国哲学“比较早地发展了辩证逻辑，也比较早地发展了辩证法的自然观”[①]。中国哲学的辩证自然观既包括自然界的辩证运动，更包括人与自然直接的辩证关系。中国古代哲学自然之“天”是一种自然科学和自然哲学的朴素统一体，《易经》中认为，“风行雨施，万物流行”[②]；“天地变化，草木蕃”[③]。孔子说，“天何言哉？四时行焉，百物生焉，天何言哉”[④]；老子的自然观包含了朴素的辩证法思想，“万物负阴而抱阳，冲气以为和”[⑤]。中国哲学一直把天人关系作为基本问题来加以讨论，天人合一还是天人相分的辩论响彻整个中国哲学史。这种天人关系的实质是人应该如何在自然界活动的问题。以道家为代表的哲学认为人的活动必须遵从自然法则。老子强调人们的活动要遵从自然界的法则，但其缺点在于人为的消极性，他认为，“人法地、地法天、天法道、道法自然”[⑥]，“不行而知，不见而名，不为而成”[⑦]，“天网恢恢，疏而不漏”[⑧]。范蠡的天人相应说认为，“夫人事必将与天地相参，然后乃可以成功”[⑨]，即人的活动必须遵从自然界的运行规律。庄子认为，“牛马四足，是谓天；落马首，穿牛鼻，是谓人。故曰：无以人灭天，无以故灭命，无以得殉名”[⑩]，他要求与自然相适应，“顺物自然而无容私”[⑪]。然而，以荀子为代表的“人定胜天”传统突出了人的力量，荀子认为，“天地合而万物生，阴阳接而变化起。……天能生物，

---

① 冯契著：《中国古代哲学的逻辑发展》，上海人民出版社1983年版，第46页。
② 《乾·彖传》。
③ 《坤·文言》。
④ 《论语·阳货》。
⑤ 《老子·42章》。
⑥ 《老子·25章》。
⑦ 《老子·47章》。
⑧ 《老子·73章》。
⑨ 《国语·越语》。
⑩ 《庄子·秋水》。
⑪ 《庄子·应帝王》。

不能辨物；地能载人，不能治人也”[①]，“天行有常，不为尧存，不为桀亡”[②]，因此，人必须要“制天命而用之”。在这里，天人相分是在遵从自然法则的基础上的人力的增长。随着小生产的发展和对自然法则的深入认识，人与自然之间渐趋合德。汉代董仲舒曾说：“天人之际，合而为一。”[③] 张载明确地提出了“天人合一”的命题，他说：“儒者因明致诚，因诚致明，故天人合一。”[④] 天人合一是“与天地合其德”，“与四时合其序”，这种天人关系一直成为中国哲学的一个主要的脉络。建设中国特色的生态哲学，必须对传统思想资源做出当代诠释，开发传统思想资源的当代价值。传统的生态思想资源有其产生的时代性和条件性，主要是以小生产方式为主导的农业文明时代人们对人与自然关系的认识，体现了先辈们对自身如何能够安身立命于天地间的精神追求，形成了“天人合一”的生态文化心理。随着现代化的发展，工业化、信息化的生产方式形成了新的工业文明和后工业文明，当代人的精神世界也表现了新的生存追求，因此，当代生态哲学必须立足于当代社会发展实际和人的生存追求实际，开发传统思想资源的当代价值，而不能简单复古。开发传统生态思想的当代价值，就是立足于当代实际创新地诠释传统思想，创造出既承接传统文化成果又回应现实需要的新的生态哲学。

（三）建设具有中国特色的生态哲学，必须坚持中国特色社会主义发展道路和理论体系

中国特色社会主义道路，就是在中国共产党领导下，立足基本国情，以经济建设为中心，坚持四项基本原则，坚持改革开放，解放和发展社会生产力，巩固和完善社会主义制度，建设社会主义市场经济、社会主义民主政治、社会主义先进文化、社会主义和谐社会，建设富强民主文明和谐的社会主义现代化国家。在当代中国，坚持中国特色社会主义道路，就是真正坚持社会主义。中国特色社会主义理论体系，就是包括邓小平理论、“三个代表”重要思想以及科学发展观等重大战略思想在内的科学理论体系。在当代中国，坚持中国特色社会主义理论体系，就是真正坚持马克思主义。建设中国特色生态哲学，必须坚持中国特色社会主

---

① 《荀子·礼论》。
② 《荀子·天论》。
③ 《春秋繁露·深察名号》。
④ 《正蒙·乾称》。

义发展道路。中国特色社会主义发展道路是中国现代化建设的主导方式，是真正解决中国发展的实践方式，是建设社会主义生态文明的发展道路，改革开放以来，这一发展道路成为中国发展的最大实际。中国特色的生态哲学必须立足于中国特色社会主义的发展实际，在发展中坚持社会主义，在发展中建设生态文明。建设中国特色生态哲学，必须坚持中国特色社会主义理论体系。中国特色社会主义理论体系是中国发展道路的指导理论，是中国化马克思主义的理论成果，是创建中国特色生态哲学的基本语境和意识形态。离开中国特色社会主义发展道路及其理论体系，就不能建设符合我国发展实际、方向明确的中国特色生态哲学。

（四）建设具有中国特色的生态哲学，必须立足于社会主义初级阶段的总体性特征与当前发展所呈现出来的新的阶段性特征

社会主义初级阶段仍然是当代中国的基本国情。“社会主义初级阶段”不是指任何国家进入社会主义都经历的起始阶段，而是特指我国在生产力落后，商品经济不发达的条件下建设社会主义必然经历的特定阶段。这一特定阶段的主要社会矛盾是社会生产与人民需要之间的矛盾，它规定了这一阶段的主要任务是大力解放和发展生产力，改革不合时宜的体制和机制，增加社会物质财富。在社会主义初级阶段，科学发展才是硬道理。立足于社会主义初级阶段的当代中国生态哲学是发展中的生态哲学，离开科学发展这一硬道理，当代中国生态哲学就可能偏离中国国情这一大的现实。经过新中国成立以来特别是改革开放以来的不懈努力，我国取得了举世瞩目的发展成就，但我国仍处于并将长期处于社会主义初级阶段的基本国情没有变，人民日益增长的物质文化需要同落后的社会生产之间的矛盾这一社会主要矛盾没有变。基本国情没有变、社会主要矛盾没有变，这是推进改革、谋划发展的根本依据，也是建设社会主义生态文明、构建中国特色生态哲学的根本依据。立足于社会主义初级阶段这个最大的实际，才能把握发展过程中的各种各样的新课题、新矛盾，建设可持续发展和生存的生态哲学。进入新世纪、新阶段，我国发展呈现一系列新的阶段性特征。新阶段的主要特征是：生产发展与经济增长方式转变要求之间的矛盾；经济体制改革遇到的深层次矛盾；经济社会发展的协调性矛盾；等等。当前我国发展的阶段性特征，不是对社会主义初级阶段的总体性特征的根本否定，更不是对社会主义的根本否定，而是社会主义初级阶段基本国情在新世纪、新阶段的具体表现。

新阶段决定了发展的新特征，新的发展特征决定了当代中国的生态哲学的理论特征。只有认真研究发展的新阶段、新特征，才能建构真正的具有中国特色、中国风格的生态哲学。因此，我们必须始终保持清醒头脑，立足社会主义初级阶段这个最大的实际，科学分析我国全面参与经济全球化的新机遇新挑战，全面认识工业化、信息化、城镇化、市场化、国际化深入发展的新形势新任务，深刻把握我国发展面临的新课题新矛盾，更加自觉地走科学发展道路，奋力开拓中国特色社会主义更为广阔的发展前景。

参考文献

Ⅰ. **马克思主义文献:**

1.《马克思恩格斯文集》第1—10卷，人民出版社2009年版。
2.《马克思恩格斯全集》第1卷，人民出版社1995年版。
3.《马克思恩格斯全集》第2卷，人民出版社1957年版。
4.《马克思恩格斯全集》第3卷，人民出版社2002年版。
5.《马克思恩格斯全集》第47卷，人民出版社2004年版。
6.《马克思恩格斯全集》第3卷，人民出版社1960年版。
7.《马克思恩格斯选集》第1—4卷，人民出版社1995年版。
8. 恩格斯:《自然辩证法》人民出版社1984年版。
9.《马克思恩格斯全集》第25卷，人民出版社1975年版。
10.《邓小平文选》第一——三卷，人民出版社1993年版。
11.《江泽民文选》第一——三卷，人民出版社2006年版。
12. 胡锦涛:《高举中国特色社会主义伟大旗帜　为夺取全面建设小康社会新胜利而奋斗——在中国共产党第十七次全国代表大会上的报告》，人民出版社2007年版。
13. 胡锦涛:《坚定不移沿着中国特色社会主义道路前进　为全面建成小康社会而奋斗——在中国共产党第十八次全国代表大会上的报告》，人民出版社2012年版。

Ⅱ. **中文译著:**

1. [古希腊] 亚里士多德:《尼各马科伦理学》，苗力田译，中国人民大学出版社2003年版。
2. [德] 康德:《实践理性批判》，邓晓芒译，人民出版社2003年版。
3. [德] 黑格尔:《精神现象学》，贺麟、王玖兴译，商务印书馆1979年版。
4. [德] 黑格尔:《小逻辑》，贺麟译，商务印书馆2004年版。
5. [德] 黑格尔:《自然哲学》，梁志学等译，商务印书馆1980年版。
6. [德] 马丁·海德格尔:《存在与时间》，陈嘉映、王庆节译，三联书店2006年版。

7. [德] 马丁·海德格尔:《面向思的事情》,陈小文、孙周兴译,商务印书馆 1999 年版。
8. [德] 马丁·海德格尔:《人,诗意地安居》,郜元宝译,广西师范大学出版社 2000 年版。
9. [德] 马丁·海德格尔:《路标》,孙周兴译,商务印书馆 2000 年版。
10. [德] 卡尔·雅斯贝斯:《生存哲学》,王玖兴译,上海译文出版社 2005 年版。
11. [德] 卡尔·雅斯贝斯:《时代的精神状况》,王德峰译,上海译文出版社 1997 年版。
12. [德] 马克斯·霍克海默:《批判理论》,李小兵等译,重庆出版社 1989 年版。
13. [联邦德国] A. 施密特:《马克思的自然概念》,欧力同、吴仲昉译,商务印书馆 1988 年版。
14. [德] 恩斯特·卡西尔:《人论》,甘阳译,西苑出版社 2003 年版。
15. [德] 哈贝马斯:《作为"意识形态"的技术与科学》,李黎等译,学林出版社 1999 年版。
16. [法] 路易·阿尔都塞:《保卫马克思》,顾良译,商务印书馆 2006 年版。
17. [法] 保罗·萨特:《存在主义是一种人道主义》,周煦良、汤永宽译,上海译文出版社 2005 年版。
18. [南] 卢卡奇:《历史和阶级意识》,张西平译,重庆出版社 1996 年版。
19. [南] 卢卡奇:《关于社会存在的本体论》,白锡塑、张西平等译,重庆出版社 1993 年版。
20. [英] 乔纳森·沃尔夫:《当今为什么还要研读马克思》,段忠桥译,高等教育出版社 2006 年版。
21. [意] 安东尼奥·葛兰西:《实践哲学》,徐崇温译,重庆出版社 1990 年版。
22. [英] 恩斯特·拉克劳:《我们时代革命的新反思》,孔明安、刘振怡译,黑龙江人民出版社 2006 年版。
23. [美] 乔恩·埃尔斯特:《理解马克思》,何怀远等译,中国人民大学出版社 2008 年版。
24. [美] 霍尔姆斯·罗尔斯顿Ⅲ:《哲学走向荒野》,刘耳、叶平译,吉林人民出版社 2000 年版。
25. [美] 大卫·格里芬:《后现代科学》,马季方译,中央编译出版社 2004 年版。
26. [美] S. 贝斯特、[美] D. 科尔纳:《后现代转向》,陈刚等译,南京大学出版社 2002 年版。
27. [美] 约翰·贝拉米·福斯特:《马克思的生态学》,刘仁胜、肖峰译,高等教育出版社 2006 年版。
28. [美] J. B. 福斯特:《生态危机与资本主义》,耿建新、宋兴无译,上海译文出版社 2006 年版。
29. [美] 卡洛琳·麦茜特:《自然之死》,吴国盛等译,吉林人民出版社 1999 年版。

30. [美] 威廉·巴雷特:《非理性的人》，段德智译，上海译文出版社 2007 年版。
31. [美] 路易斯·亨利·摩尔根:《古代社会》，杨东莼等译，商务印书馆 1977 年版。
32. [美] 巴里·康芒纳:《与地球和平共处》，王喜六等译，上海译文出版社 2002 年版。
33. [美] 莱斯特·布朗:《生态经济》，林自新等译，东方出版社 2002 年版。
34. [美] 艾伦·杜宁:《多少算够:消费社会与地球的未来》，毕聿译，吉林人民出版社 1997 年版。
35. [美] 唐纳德·沃斯特:《尘暴 1930 年代美国南部大平原》，侯文蕙译，三联书店 2003 年版。
36. [美] 巴里·康芒纳:《封闭的循环》，侯文蕙译，吉林人民出版社 1997 年版。
37. [美] E. 拉兹洛:《决定命运的选择》，李吟波等译，三联书店 1997 年版。
38. [美] A. 利奥波德:《沙乡年鉴》，侯文蕙译，吉林人民出版社 1997 年版。
39. [美] 芭芭拉·沃德、勒内·杜博斯:《只有一个地球》，吉林人民出版社 1997 年版。
40. [美] 詹姆斯·奥康纳:《自然的理由》，唐正东、臧佩洪译，南京大学出版社 2003 年版。
41. [德] 汉斯·萨克塞:《生态哲学》，文韬、佩云译，东方出版社 1991 年版。
42. [德] 弗里德里希·奥斯特瓦尔德:《自然哲学概论》，李醒民译，华夏出版社 2000 年版。
43. [法] 塞尔日·莫斯科维奇:《还自然之魅》，庄晨燕、邱寅晨译，三联书店 2005 年版。
44. [法] 克洛德·阿莱格尔:《城市生态，乡村生态》，陆亚东译，商务印书馆 2003 年版。
45. [法] 阿尔贝特·史怀泽:《敬畏生命》，陈泽环译，上海社会科学院出版社 1996 年版。
46. [法] 波德里亚:《消费社会》，刘成富、全志纲译，南京大学出版社 2001 年版。
47. [英] 罗宾·柯林伍德:《自然的观念》，吴国盛、柯映红译，华夏出版社 1999 年版。
48. [英] 克莱夫·庞廷:《绿色世界史》，王毅、张学广译，上海人民出版社 2002 年版。
49. [加] 威廉·莱斯:《自然的控制》，岳长龄、李建华译，重庆出版社 1993 年版。
50. [加] 本·阿格尔:《西方马克思主义概论》，慎之等译，中国人民大学出版社 1991 年版。
51. [日] 广重彻:《物理学史》，李醒民译，求实出版社 1988 年版。
52. 世界环境与发展委员会:《我们共同的未来》，王之佳等译，吉林人民出版社 1997 年版。
53. [澳大利亚] 皮特·辛格:《动物的解放》，孟祥森、钱永祥译，光明日报出版社 1999 年版。
54. [德] 赫尔曼·舍尔:《阳光经济 生态的现代战略》，黄凤祝等译，三联书店 2000 年版。

Ⅲ. 国内学者著作:

1. 苗力田主编:《古希腊哲学》,中国人民大学出版社 1989 年版。
2. 陈修斋、杨祖陶:《欧洲哲学史稿》,湖北人民出版社 1986 年版。
3. 蔡德贵:《阿拉伯哲学史》,山东大学出版社 1992 年版。
4. 黄心川:《印度哲学史》,商务印书馆 1989 年版。
5. 北京大学哲学系外国哲学史教研室:《古希腊罗马哲学》,商务印书馆 1982 年版。
6. 刘放桐等:《新编现代西方哲学》,人民出版社 2000 年版。
7. 冯契:《中国古代哲学的逻辑发展》,上海人民出版社 1983 年版。
8. 黄楠森等:《马克思主义哲学史》,北京出版社 1996 年版。
9. 吴晓明:《形而上学的没落》,人民出版社 2006 年版。
10. 俞吾金:《重新理解马克思》,北京师范大学出版社 2005 年版。
11. 孙承叔:《真正的马克思》,人民出版社 2009 年版。
12. 邹诗鹏:《生存论研究》,上海人民出版社 2005 年版。
13. 魏义霞:《生存论》,黑龙江人民出版社 2002 年版。
14. 张一兵:《文本的深度耕犁》,中国人民大学出版社 2004 年版。
15. 孙伯鍨、张一兵:《走进马克思》,江苏人民出版社 2001 年版。
16. 陈学明:《生态文明论》,重庆出版社 2008 年版。
17. 余谋昌:《自然价值论》,陕西人民教育出版社 2003 年版。
18. 余谋昌:《生态哲学》,陕西人民教育出版社 2000 年版。
19. 钱俊生、余谋昌主编:《生态哲学》,中共中央党校出版社 2004 年版。
20. 佘正荣:《中国生态伦理传统的诠释和重建》,人民出版社 2002 年版。
21. 佘正荣:《生态智慧论》,中国社会科学出版社 1996 年版。
22. 徐嵩龄:《环境伦理学进展:评论与阐释》,社会科学文献出版社 1999 年版。
23. 李向前等:《绿色经济——21 世纪经济发展新模式》,西南财经大学出版社 2001 年版。
24. 吴季松:《循环经济——全面建设小康社会的必由之路》,北京出版社 2003 年版。
25. 雷毅:《深层生态学思想研究》,清华大学出版社 2001 年版。
26. 韩民青:《当代哲学人类学》,广西人民出版社 1998 年版。
27. 郇庆治:《绿色乌托邦》,泰山出版社 1998 年版。

Ⅳ. 学术论文:

1. 俞吾金:《对马克思实践观的当代反思——从抽象认识论到生存论本体论》,《哲学动态》2003 年第 6 期。

2. 俞吾金：《存在、自然存在和社会存在——海德格尔、卢卡奇和马克思本体论思想的比较研究》，《中国社会科学》2001年第2期。
3. 俞吾金：《从"道德评价优先"到"历史评价优先"——马克思异化理论发展中的视角转换》，《中国社会科学》2003年第2期。
4. 俞吾金：《物、价值、时间和自由——马克思哲学体系核心概念探析》，《哲学研究》2004年第11期。
5. 吴晓明：《马克思的哲学革命与全部形而上学的终结》，《江苏社会科学》2000年第6期。
6. 吴晓明：《试论马克思哲学的存在论基础》，《学术月刊》2001年第9期。
7. 吴晓明：《内在性之瓦解与马克思哲学的当代境域——一个批判性的对话》，《江苏社会科学》2002年第2期。
8. 吴晓明：《重估马克思哲学革命的性质与意义》，《复旦学报》（社科版）2004年第6期。
9. 任平：《走向交往实践的唯物主义》，《中国社会科学》1999年第1期。
10. 丁立群：《亚里士多德的实践哲学及其现代效应》，《哲学研究》2005年第1期。
11. 樊浩：《当代伦理精神的生态合理性》，《中国社会科学》2001年第1期。
12. 贺来：《马克思哲学与"存在论"范式的转换》，《中国社会科学》2002年第5期。
13. 贺来：《"生态困限"与现代社会的发展方式》，《江海学刊》2002年第1期。
14. 邹诗鹏：《生存论转向与当代生存哲学研究》，《求是学刊》2001年第5期。
15. 邹诗鹏：《当代哲学的生存论转向与马克思哲学的当代性》，《学习与探索》2003年第2期。
16. 雷毅：《深层生态学：一种激进的环境主义》，《自然辩证法研究》1999年第2期。
17. 尹世杰：《关于生态消费的几个问题》，《求索》2000年第5期。
18. 陈昌曙：《关于发展"绿色科技"的思考》，《东北大学学报》（社科版）1999年第1期。
19. 陶火生：《论生态需要对人类实践的内在规定性》，《福州大学学报》（哲学社会科学版）2007年第2期。
20. 陶火生：《生态伦理的主导精神及其反拨实践方式探析》，《贵州大学学报》（社会科学版）2007年第3期。
21. 陶火生：《自然的返魅路径：伦理拓展、制度变革与资本批判》，《哲学动态》2009年第9期。

Ⅴ. **英文文献：**

1. Martin Heiderger. Being and Time. Translated by John Macquarrie &Edward Robinson. SCM Press Ltd . 1962.

2. The Holy Bible, Published by World Publishing Nashville, TN.
3. C. J. F. Williams. What is existence? Clarendon press. Oxford. 1981.
4. Nicholas Maxwell. From Knowledge to Wisdom. Basil Blackwell. 1984.
5. Walter A. Davis. Inwardness and Existence The University of Wisconsin Press. 1989.
6. Mary Warnock: Existentialism. Oxford University Press. 1970.
7. Karl Jaspers: Philosophy of existence. Translated and with an introduction by Richard F. Grabau University of Pennsylvania press. 1971.
8. Paul Heyer: Nature, human nature, and society. Greenwood press Westport, Connecticut, London, England, 1982.
9. Keith. Graham: Karl Marx: our contemporary: Social theory for a post – Leninist world. Harvester wheatsheaf, 1992.
10. Warwick. Fox, Deep Ecology: A New Philosophy of Our Time. The Ecologist, 1984. 14 (5/6): pp. 194 – 200.
11. John Bellamy Foster, Ecology Against Capitalism, New York: Monthly Review Press, 2002.
12. John Bellamy Foster, Marx's Ecology, New York: Monthly Review Press, 2000.
13. James O'connor, Marx's Ecology or Ecological Marxism, Capitalism, Nature, Socialism, 2001.
14. Chiara Certomà, Ecology, environmentalism and system theory, Kybernetes, Vo. 35, No. 6. 2006 pp. 915 – 921.
15. Kate Crowley, Jobs and environment: The "double dividend" of ecological modernisation?, International Journal of Social Economics, Vol. 26No. 7/8/9 1999 pp. 1013 – 1027.
16. Giovanni Azzone, Giuliano Noci, Seeing ecology and "green" innovations as a source of change, Journal of Organizational Change Management, Vol. 11 No. 2 1998 pp. 94 – 111.
17. Felix Geyer, Globalization and sustainability: the cynics, the romantics and the realists, Kybernetes, Vol. 32 No. 9/10 2003 pp. 1235 – 1252.
18. Elena Fraj, Eva Martinez, Environmental values and lifestyles as determining factors of ecological consumer behaviour: an empirical analysis, Journal of Consumer Marketing, Vol. 23 No. 3 2006 pp. 133 – 144.
19. Clem Tisdell, Transitional economies and economic globalisation, International Journal of Social Economics, Vol. 28, No. 5 – 7, 2001pp: 577 – 590.
20. Devashish Pujari, Gillian Wright, Developing environmentally conscious product strategies: a qualitative study of selected companies in Germany and Britain, Marketing Intelligence & Planning, Vol. 14 No. 1 1996 pp. 19 – 28.
21. Stig Ingebrigtsen, Ove Jakobsen, Circulation economics – a turn towards sustainability, International Journal of Social Economics, Vol. 33 No. 8 2006 pp. 580 – 593.

22. Ioannis A. Kaskarelis, Capitalism, democracy and natural environment, Humanomics, Vol. 23, No. 4, 2007, pp: 221 - 229.

23. Mark Clark, The importance of a new philosophy to the post modern policing environment, Policing: An International Journal of Police Strategies & Management, Vol. 28 No. 4. 2005 pp. 642 - 653.

后　记

真正的哲学必须要关注重大的现实问题。当前的生态问题涉关到社会的可持续发展和人类的可持续生存，进而规制了国家发展战略、区域发展规划以及人民群众的日常生活，这是当代生态理论的现实起点。我们应该选择什么样的理论来分析这一问题态的生态环境，并且使之得到合理而有效的解决，这是当代生态哲学所面临的重大理论问题。在开放的理论交流中，后现代的生态伦理学、生态学马克思主义等为我们提供了丰富的思想资源，促使人们更新发展理念、选择具有生态效益的发展观和发展模式，建设生态文明。同时，这也促使人们对马克思主义是否包含生态思想、马克思主义的生态思想如何具有当代性的溯源式诠释，从而为中国化马克思主义增添新的内涵、为建设中国特色社会主义的发展道路提供新的理论依据。因此，深入发掘马克思的生态思想、明确马克思生态思想的当代性，就显得必要且迫切。

从其产生至今，马克思的思想总显现出其当代性。这种当代性，不仅是各个社会发展的实际离不开马克思的思想，而且也是马克思思想本身的当代性质。作为共识，马克思所实现的哲学变革是对近代西方哲学的根本超越，之所以如此，就是因为实践论的、辩证的、历史的哲学革命根源于存在论路向的当代转向。存在论路向的转变引发整个哲学的根本变革，当代的哲学就是建基于这一根本变革的基础之上。整个哲学体系的根本变革必然渗透于各个思想论域的变革，如马克思的生态思想中的以“人化自然”所表现出来的人类生态学思想、现代社会中的自然的异化缘起于作为人的本质生存方式的劳动的异化、资本的超越性扩展能力及其对现代世界和人的全面控制、科学技术为资本服务的从属性质，等等。

这本著作是在我的博士论文和博士后研究基础上所作的返本开新的研究成果。返本是开新的前提和依据，开新则是立足时代主题的转换的开创性工作。在本著作的写作过程中，思想的砥砺与激荡总成为一种内在的张力，这种力量左冲右突，让我在现实问题分析和马克思文本诠解之间来回跌撞，这跌撞促使我去审视当代的时代主题、马克思思想指向的时代性及其基本方法的跨时代性；这跌撞使得我在马克思的思想与现代西方的思想家们之间游移。所幸的是，本研究的写作使我更深刻地体会到马克思思想的魅力，也能够对当代生态问题有着自己的理论立场。再次要向我的博士后合作导师吴晓明教授以及在博士后开题和中期考核中多次予以帮助的俞吾金教授、陈学明教授、张庆熊教授、张汝伦教授、孙承叔教授等先生表示诚挚的谢意。他们的指点或使我醍醐灌顶，或使我柳暗花明，他们的批评则让我避免了诸多可能的误思。感谢福州大学马克思主义学院的庄穆教授、华侨大学马克思主义学院许斗斗教授，他们所提供的无私帮助为我的研究提供了便利的通道；还有很多的学术同仁，他们的研究成果是本研究所借鉴的重要思想资源，在此一并致谢；感谢父亲和母亲的殷切鼓励，他们的亲情与期望是我从事学术追求的精神动力；感谢妻子的支持，我才有着专门从事研究的充足的精力和时间；女儿的诞生和初长给我带来无限的快乐，在快乐的生活中不时会有着理性思索的灵感。

陶火生

2012 年 10 月于福建福州

[illegible]

2012年10月[illegible]